Forschung für die Praxis
Universität Leipzig
Institut für Massivbau und Baustofftechnologie

M. Zink

Zum Biegeschubversagen schlanker Bauteile aus Hochleistungsbeton mit und ohne Vorspannung

Forschung für die Praxis

Herausgegeben von

Prof. Dr.-Ing. Dr.-Ing. e.h. Gert König
Universität Leipzig
Institut für Massivbau und Baustofftechnologie

Die Reihe „Forschung für die Praxis" stellt Beiträge und Arbeiten der Bauingenieure und Architekten an der Universität Leipzig vor. Diese Forschungsarbeiten und Dissertationen liefern Bausteine für ein vertieftes Grundlagenwissen aus allen Bereichen des aktuellen Baugeschehens, und sie stellen aussichtsreiche Neuentwicklungen vor.

Die Reihe wendet sich an interessierte Ingenieure aus Forschung und Baupraxis, für die das Hintergrundwissen zu Vorschriften, Richtlinien und Neuentwicklungen zum Handwerkszeug gehört.

Zum Biegeschubversagen schlanker Bauteile aus Hochleistungsbeton mit und ohne Vorspannung

Von Dr.-Ing. Martin Zink
Universität Leipzig

B.G.Teubner Stuttgart · Leipzig 2000

Dr.-Ing. Martin Zink

Geboren 1966 in Aschaffenburg. Von 1987 bis 1992 Studium des Konstruktiven Ingenieurbaus an der Technischen Hochschule Darmstadt. Förderpreis Baubetrieb der Bilfinger + Berger Bauaktiengesellschaft und Stipendium der Studienstiftung des deutschen Volkes. Diplomhauptprüfung mit Auszeichnung durch den Stifterverband für die Deutsche Wissenschaft. Seit 1992 Mitarbeiter im Ingenieurbüro König und Heunisch, Frankfurt am Main, Berlin und Leipzig. Externe Mitarbeit bei Prof. Dr.-Ing. Dr.-Ing. e.h. Gert König von 1992 bis 1995 am Institut für Massivbau der Technischen Hochschule Darmstadt und von 1995 bis 1998 am Institut für Massivbau und Baustofftechnologie der Universität Leipzig.

Die Arbeit „Zum Biegeschubversagen schlanker Bauteile aus Hochleistungsbeton mit und ohne Vorspannung" ist eine von der Wirtschaftswissenschaftlichen Fakultät der Universität Leipzig genehmigte Dissertation zur Erlangung des akademischen Grades Doktor-Ingenieur (Dr.-Ing.). Die Gutachten wurden vorgelegt von Prof. Dr.-Ing. Dr.-Ing e.h. Gert König, Prof. Dr.-Ing. Rolf Thiele und Prof. Dr.-Ing. Josef Hegger. Die Verteidigung fand am 30. 07. 1999 statt.

Die Deutsche Bibliothek – CIP-Einheitsaufnahme

Ein Titelsatz für diese Publikation ist bei
Der Deutschen Bibliothek erhältlich

ISBN 978-3-519-00322-9   ISBN 978-3-663-05914-1 (eBook)
DOI 10.1007/978-3-663-05914-1

Umschlaggestaltung: Peter Pfitz, Stuttgart, nach einer Idee von Christoph Nahm

Vorwort

Die vorliegende Arbeit entstand während meiner externen Tätigkeit für das Institut für Massivbau der Technischen Universität Darmstadt und das Institut für Massivbau und Baustofftechnologie der Universität Leipzig.

Eigene Versuche wurden im Rahmen des durch die Bilfinger + Berger Bauaktiengesellschaft und die Bilfinger + Berger Vorspanntechnik finanzierten Forschungsvorhabens „Einfluß von Vorspannung auf das Verhalten von Bauteilen aus hochfestem Beton" in den Engelsdorfer Versuchshallen der MFPA Leipzig durchgeführt. Den Abteilungen Massivbau und Baustoffe der MFPA Leipzig gilt mein Dank für die fruchtbare Zusammenarbeit.

Mein besonderer Dank gilt Herrn Prof. Dr.-Ing. Dr.-Ing. e. h. Gert König, der es an Herausforderungen und Anregungen nicht fehlen ließ und mir die Forschungstätigkeit parallel zur Mitarbeit an der Kyll-Talbrücke ermöglichte.

Den Professoren Rolf Thiele und Josef Hegger danke ich für die Übernahme der Korreferate und die kritische Durchsicht meiner Arbeit.

Mein herzlicher Dank gilt Herrn Dr.-Ing. Gerd Remmel. Die Mitarbeit an der Auswertung seiner Darmstädter Schubversuche an Stahlbetonbalken aus Hochleistungsbeton bildeten Anregung und Grundlage für die vorliegende Arbeit. Herrn Dr.-Ing. habil. Nguyen Tue danke ich für seine stete Diskussionsbereitschaft und die hilfreiche Rückendeckung bei der Verteidigung meiner Thesen.

Herrn Dr.-Ing. Rainer Grimm, der mit seinen Arbeiten an die Versuche von Dr.-Ing. Gerd Remmel anknüpfte, verdanke ich nicht nur die grundlegende Ausbildung für die Planung und Durchführung von Versuchen. Seinem persönlichen Engagement in Leipzig ist es zu verdanken, daß der straffe Zeitplan für die Durchführung der Versuche umgesetzt werden konnte.

Dem Ingenieurbüro König und Heunisch, insbesondere Herrn Dr.-Ing. Michael Heunisch und Herrn Dr.-Ing. Tilman Zichner, danke ich für die erfahrene Unterstützung. Ohne die Billigung meiner ehrenamtlichen Tätigkeit hätte diese Arbeit nicht zustande kommen können. Die Erfahrungen aus der Arbeit im Büro bildeten die Grundlage für die Planung und Herstellung der Versuchskörper sowie für die inzwischen erfolgte Umsetzung der Ergebnisse im Brückenbau.

Leipzig, Oktober 1999   Martin Zink

Inhaltsverzeichnis

1 Einführung

1.1 Hochleistungsbeton im Hochbau

In den vergangenen 30 Jahren hat sich die Druckfestigkeit des Betons verdoppelt, die unter Baustellenbedingungen zielsicher erreicht werden kann. Mit Zylinderdruckfestigkeiten von 60 N/mm² erreichte die Entwicklung Mitte der 70er Jahre ihre vorläufige Grenze, die seit 1945 in Normung und Anwendung galt. Leistungsfähige Fließmittel erlaubten erstmals die Reduzierung des Wasserzementwertes ohne Einbußen bei der Verarbeitbarkeit. Der Begriff hochfester Beton, der für die neuen Betone mit Zylinderdruckfestigkeiten über 60 N/mm² verwendet wurde, beschreibt die Weiterentwicklung des klassischen Baustoffs nur unzureichend. Betrachtet man alle Eigenschaften von der Verarbeitung bis zum fertigen Bauteil, so ist die Bezeichnung Hochleistungsbeton zutreffender. Einen Überblick über diesen Werkstoff und seine Eigenschaften gibt Kapitel 2.

Entscheidend für den Einsatz von Beton ist häufig seine Tragfähigkeit unter Druckbeanspruchung, die verbunden mit den Vorteilen der freien Fromgebung die kostengünstigste Ausführung eines Bauteils ermöglicht. Erste Anwendungen für Hochleistungsbeton nutzten folgerichtig direkt die hohe Beanspruchbarkeit unter Druck aus. Vor allem in Nordamerika konnten durch die Anwendung von Hochleistungsbeton im Hochhausbau Bereiche zurückerobert werden, die lange Zeit alleine vom konstruktiven Stahlbau dominiert wurden [66]. Gebäude wie Water Tower Place Chicago (1975, f_c = 62 N/mm²), La Laurentienne Bulding Montreal (1983, f_c = 120 N/mm²), 311 South Wacker Drive Chicago (1990, f_c = 83 N/mm²) und Two Union Square Seattle (f_c = 131 N/mm²) (Bild 1.1) kennzeichnen eine Entwicklung, die den Betonbau weltweit beeinflußt hat.

Die zur Zeit höchsten Bürogebäude der Welt, die Petronas Twin Towers (1996, f_c = 80 N/mm²) im Kuala Lumpur City Center Projekt sind mit je 450 m Höhe beeindruckende Zeugnisse der Möglichkeiten, die der Hochleistungsbeton dem modernen Hochhausbau eröffnet. Die Stützen in den pagodenförmig verjüngten Turmspitzen, eine Hommage Cesar Pellis an die traditionelle asiatische Bauweise, fügen sich mühelos der veränderlichen Neigung (Bild 1.2).

In Deutschland wurde die Entwicklung hochfester Betone erst Ende der 80er Jahre aufgegriffen. Auch hier gelang der Schritt zur Erstanwendungen beim Bau eines Hochhauses, des Trianon Gebäudes in Frankfurt am Main (1990, f_c = 80 N/mm²) [54]. Weitere Projekte und verstärktes Engagement in der Forschung bereiteten

Bild 1.1:   Two Union Square, Seattle

Bild 1.2:   Petronas Twin Towers,
Kuala Lumpur

zwischen 1992 und 1995 den Weg zur Regelung der Anwendung von Hochleistungsbeton durch die „DAfStb-Richtlinie für hochfesten Beton" [31]. Die Richtlinie enthält die Grundlagen für die Anwendung von Beton der Festigkeitsklassen B 65 bis B 115 im Stahlbetonbau. Im Hochbau gehört damit heute die Anwendung von Hochleistungsbeton bereits zum Stand der Technik. Eine tabellarische Zusammenstellung wichtiger Hochbauprojekte mit Hochleistungsbeton weltweit ist in [27] und [46] enthalten.

1.2 Hochleistungsbeton im Brückenbau

Die Anwendung von Hochleistungsbeton blieb nicht auf Druckglieder beschränkt. Im Vergleich zu Normalbeton sprechen vor allem die hervorragende Dichtheit, der größere E-Modul sowie die schnelle Festigkeitsentwicklung für eine Anwendung auch in hochbeanspruchten Biegetraggliedern. Neben möglichen Materialeinsparungen war damit vor allem die erwartete hohe Dauerhaftigkeit bisher der Motor für Anwendungen im Brückenbau.

Erste Brückenprojekte mit hochfestem Beton wurden um 1970 in Japan realisiert. Durch die Reduzierung des Wasserzementwertes auf 0,30 mit Hilfe von Fließmitteln konnten Festigkeiten bis 90 N/mm² erzielt werden [27]. Der Zementgehalt war mit ca. 500 kg/m³ noch sehr hoch. Unter den ersten Brücken waren bereits 3 Eisenbahnbrücken im Zuge des Sanyo Shinkansen. Bei dieser zweiten Ausbaustufe für die japanischen Hochgeschwindigkeitszüge wurden von 554 Streckenkilometern lediglich 12 % klassisch auf den Erdkörper gegründet. Bahnbrechende 88 % der Strecke bestehen aus Kunstbauten. Ganze 37 % der Strecke verlaufen auf Brücken und Viadukten. Die Suche nach neuen, wirtschaftlichen Bauweisen war dringend geboten. Neben Fertigteilkonstruktionen wurde auch eine Betonfachwerkbrücke mit Hochleistungsbeton realisiert. Man versprach sich neben Einsparungen beim Eigengewicht auch eine verbesserte Dauerhaftigkeit und damit geringere Instandhaltungskosten. Trotz guter Erfahrungen hinsichtlich der gesteckten Ziele blieb der große Durchbruch in Japan wegen der geologisch stark begrenzten hochwertigen Zuschläge und der harten Konkurrenz durch den Stahlbau aus.

In den frühen 80er Jahren wurde hochfester Beton in Nordamerika und Norwegen erstmals für den Brückenbau eingesetzt. In den Vereinigten Staaten lag ein wesentlicher Schwerpunkt der Entwicklung bei der Fertigteilindustrie. Die rasche Festigkeitsentwicklung verkürzt die Zeiten in den Fertigungsanlagen. So erreicht ein B 85 bereits nach einem Tag die Festigkeit, die ein B 45 erst nach 28 Tagen erlangt. Schnellere Produktionszyklen ermöglichen eine noch wirtschaftlichere Auslastung der teuren Produktionsanlagen mit Spannbett sowie der Einrichtungen für die Nachbehandlung. Zudem läßt sich das Eigengewicht von Fertigteilträgern reduzieren oder bei gleichem Querschnitt die Spannweite vergrößern. Teure Transport- und Hebezeuge können wirtschaftlicher eingesetzt werden. Die Verbundeigenschaften mit dem Spannstahl bei Vorspannung mit sofortigem Verbund werden deutlich verbessert [88] [112]. Die Kriechverkürzung fällt unter gleicher Spannung in Hochleistungsbeton geringer aus als bei Normalbeton, was bei gleicher Vorspannung zu Einsparungen beim Spannstahl führt.

In Frankreich und Norwegen wurden Mitte der 80er Jahre erste Brücken aus Hochleistungsbeton geplant. Anstelle von Flugasche wurde verstärkt Silicastaub als Füllstoff beigegeben. Am Anfang standen auch hier Fertigteil- und Segmentbrücken. Die 1988 fertiggestellte Pont de Ile de Ré (Bild 1.3) ist mit ihrer Länge von 2640 m eine der bedeutenden Anwendungen von Silicabeton (f_c = 67 MN/m²).

Bild 1.3:   Pont de Ile de Ré
             bei La Rochelle

Aber auch monolithische Konstruktionen wurden ausgeführt. Frankreich suchte parallel zur Einführung des neuen Werkstoffes auch gezielt nach neuen Bauweisen und Bauverfahren. Balkenbrücken mittlerer Spannweite mit Wellstahlstegen waren darunter ebenso vertreten wie leichte räumliche Fachwerke mit externer Vorspannung. Unter den weitgespannten Brücken sind besonders der 261 m frei über die Rance gespannte Bogen sowie die Schrägkabelbrücken über die Elorn bei Quimper und die Seine bei Brest zu nennen. Letztere, die Pont de Normandie, hat der norwegischen Skarnsundet Brücke mit einem gewaltigen Sprung den Spannweitenrekord für Schrägkabelbrücken abgerungen. Der leichte, tragflächenförmige Stahlüberbau wird über zwei Pylone aus Hochleistungsbeton abgespannt.

In Norwegen wurden seit Ende 1987 zahlreiche Brücken in Hochleistungsbeton ausgeführt. Darunter sind auch Schrägkabelbrücken, deren Fahrbahnträger und Pylone aus hochfestem Leichtbeton erstellt wurden. In Norwegen werden darüber hinaus seit ca. 1990 viele gewöhnliche Bauwerke im Straßennetz aus Hochleistungsbeton hergestellt. Auch für die Straßendecken selbst, die während der Wintermonate größtenteils nur geräumt und nicht mit Taumittel beaufschlagt werden, hat sich der Hochleistungsbeton gut bewährt. Er trotzt dauerhaft dem Angriff der Spike-Bereifung, die in den skandinavischen Ländern für die Aufrechterhaltung der Mobilität im Winter nicht wegzudenken ist. Die Abriebfestigkeit wird nicht nur primär über die Druck- und Zugfestigkeit erhöht, auch die sekundären Schädigungen durch Witterungseinflüsse wie Frostwechsel werden reduziert.

In Japan wurde 1990 erneut eine Brücke aus Hochleistungsbeton gebaut. Die CNT-Super Bridge überspannt mit einer Schlankheit von l/h = 40 einen Innenhof im Research and Development Center der Takenaka Corporation (Bild 1.4). Die Fußgängerbrücke dient als Versuchs- und Demonstrationsbrücke. Zur Dämpfung der Bauwerksreaktion auf Anregungen nahe der Eigenfrequenz wurden eigens mechanische Dämpfer vorgesehen. Messung haben jedoch gezeigt, daß auch bei Deaktivierung der Dämpfer kein kritisches dynamisches Verhalten auftritt.

Im Ausland wurde Hochleistungsbeton häufig nicht nur wegen seiner Festigkeit, sondern ausschließlich wegen seiner verbesserten Dauerhaftigkeit angewendet. Bei den dänischen Brücken im Zuge der festen Verbindung über den großen Belt wurde auf den Ansatz der höheren Festigkeit ganz verzichtet. Nur die erhöhte Widerstandsfähigkeit gegen die maritimen Umweltbedingungen in der Ostsee führte zum Einsatz von Silicastaub und zur Reduzierung des Wasserzementwertes. Die dichte Struktur verhindert wirkungsvoll den Eintrag von Schadstoffen in den Beton. Allgemein ist ein dichtes Gefüge für die Dauerhaftigkeit der hochbeanspruchten Massivbauwerke der Infrastruktur besonders wichtig, da sie Witterungseinflüssen und dem Einsatz von Taumitteln standhalten müssen.

Ein gutes Beispiel für die gezielte Einführung von Hochleistungsbeton im Brückenbau bieten die Niederlande. Durch die gemeinsame, sorgfältige Vorbereitung von TU Delft, dem Ministerium für Verkehr, öffentliche Arbeiten und Wasserwirtschaft und der Bauindustrie gelang eine schnelle und erfolgreiche Umsetzung. Im Jahre

1995 konnte die Überführung bei Burgerveen mit einer maximalen Spannweite von 32,5 m als erste niederländische Brücke in B 85 ausgeführte werden (Bild 1.5).

Bild 1.4: CNT Super Bridge, Takenaka Research & Development Center

Bild 1.5: Überführung bei Burgerveen

Bild 1.6:   Stichtse Brücke bei Huizen

Bereits ein Jahr später folgte der Schritt zur Großanwendung [119]. Mit dem Bau
der Stichtse-Brücke im Zuge der niederländischen A 27 bei Amsterdam (Bild 1.6)
haben unsere Nachbarn gezeigt, daß auch bei in Deutschland üblichen
Bauverfahren mit Hochleistungsbeton wirtschaftliche Lösungen erzielt werden
können. Die Querschnittsfläche dieser 160 m weit gespannten Freivorbaubrücke
konnte infolge der höheren Festigkeit um ca. 20 % verringert werden. In den
massigen Stützquerschnitten der Freivorbaubrücke waren Einsparungen bis zu
30 % möglich. Die Einsparungen sind beachtlich, da der nun verwendete B 85 mit
dem bei der ersten Stichtse Brücke verwendeten Leichtbeton LB 45 konkurrieren
mußte. Größere Vorbauabschnitte und damit eine kürzere Bauzeit wogen
zusammen mit der Masseneinsparung beim Beton die Mehrkosten pro Kubikmeter
Beton auf. Besonders im Stützbereich von weitgespannten Hohlkastenbrücken
führt die Erhöhung der Betondruckfestigkeit zu günstigen Lösungen.

Bei Brücken mit Voll- bzw. Rechteckquerschnitt wirkt sich die höhere Druckfestigkeit wegen der geringeren Völligkeit der Arbeitslinie des hochfesten Betons
nicht so günstig aus wie bei den aufgelösten Querschnitten. Dennoch kann durch
den Einsatz von B 85 anstelle von B 45 die Bauteilhöhe einer Platte um bis zu
25 % reduziert werden, wenn die zulässigen Grenzen der Materialbeanspruchung
voll ausgenutzt werden. Wegen des erhöhten E-Moduls tritt bei bis zu 5 % Reduzierung in den Bauteilhöhen keine Abminderung der Steifigkeit ein. Allgemein
erhöhen sich damit zugleich die Grenzspannweiten von üblichen Brückentypen im
Spannbetonbau in Richtung Stahlbau. Der große Vorteil der höheren Steifigkeit
bleibt jedoch gegenüber dem Stahlbau erhalten. Ein Umstand, der z. B. unter den

geringen Verformungstoleranzen von Bahnbrücken mit fester Fahrbahn ausschlaggebend für die Materialwahl ist. Auch die Masse bleibt größer als die einer Stahlbrücke und das Dämpfungsverhalten günstiger. Zugleich lohnt sich bei der Verwendung von Hochleistungsbeton zur Reduzierung der Bauteildicke die Vorspannung bereits bei kleineren Spannweiten. Die höheren zulässigen Stahlspannungen des Spannstahls im Vergleich zum Betonstahl und die planmäßige Überdrückung von Betonzugspannungen unter häufigen Gebrauchslasten führen zu einem werkstoffgerechten Einsatz von Beton und Stahl. Schlankere Überbauten mit Spanngliedern im nachträglichen Verbund reduzieren die Reibungsverluste durch Reduzierung der planmäßigen Umlenkwinkel.

Während u. a. in Japan, den U. S. A., Kanada, Norwegen, Frankreich, Dänemark und den Niederlanden bereits Erfahrungen mit der Anwendung von Hochleistungsbeton im Brückenbau vorliegen, ist die Situation in Deutschland heute noch weitgehend von der Zurückhaltung der meist öffentlichen Auftraggeber gekennzeichnet. Lediglich in Baden-Württemberg (Bild 1.7) und Bayern wurde 1998 je ein Pilotprojekt ausgeführt [17]. Ein weiteres Projekt folgt 1999 in Sachsen. Eine Auswahl bereits realisierter Brückenprojekte ist in Anhang 5 beigefügt.

Bild 1.7: Pilotprojekt Sasbach

Die Anwendung von Hochleistungsbeton im Brückenbau steckt in Deutschland noch in den Anfängen, aber die erhöhte Dauerhaftigkeit und die statischen Möglichkeiten des Werkstoffs werden zu weiteren Anwendungen führen. Die Entwicklung in der Anwendung von Hochleistungsbeton im Ausland und der heutige Stand der Technik im Inland, wo dieser Baustoff bereits im Hochbau mit

Normengrundlage eingeführt ist, lassen keinen anderen Schluß zu. Die Anwendung im Brückenbau mußte sorgfältig vorbereitet werden. Die spezifischen Anforderungen des Brückenbaus müssen unbedingt beachtet werden. Der hohe Anteil der Verkehrslasten, die Beaufschlagung mit Taumitteln und die Forderung nach einfacher Bauwerksüberwachung und niedrigen Instandhaltungskosten sind einige Beispiele hierfür. Vor dem Hintergrund dieser Randbedingungen ist der Spannbetonbau heute untrennbar mit dem Brückenbau verbunden. Die Anwendung eines neuen Baustoffes im Brückenbau setzt eine hinreichende Kenntnis der für Tragfähigkeit und Gebrauchstauglichkeit maßgebenden Einflüsse und Werkstoffeigenschaften voraus.

1.3 Forschungsbedarf

Hochfester Beton ist nicht nur ein Beton mit höherer Druckfestigkeit. Andere wesentliche Materialeigenschaften erhöhen sich nur unterproportional zur Druckfestigkeit. Dieser Trend ist bei der Zugfestigkeit und dem E-Modul von Normalbeton bereits bekannt, fällt jedoch bei hochfestem Beton noch gravierender aus. Bei der Einführung des neuen Baustoffs wurde vorrangig das Verhalten unter Druckbeanspruchung erforscht. Bereits hier zeigten sich erhebliche Probleme hinsichtlich der Extrapolierbarkeit von Materialgesetzen für Normalbeton auf Hochleistungsbeton. Eine Einführung in die Materialeigenschaften von Hochleistungsbeton gibt Kapitel 2.

Mitte der 80er Jahre wurde mit der systematischen Erforschung des Zugtragverhaltens von Betonen begonnen, das für die Ermittlung der erforderlichen Mindestbewehrung, für die Beschreibung des Einflusses von Eigenspannungen, vor allem aber für die Beschreibung des Schubtragverhaltens von erheblicher Bedeutung ist.

Die Zugtragfähigkeit und das Verhalten unter zentrischer und ausmittiger Druckbeanspruchung sind heute weitgehend erforscht. Die Forschung an hochfesten Betonen hat dabei auch zu einem verbesserten Verständnis der Versagensmechanismen in Normalbeton beigetragen. Rein empirisch begründet ist dagegen noch immer die Prognose der Schubtragfähigkeit schlanker Bauteile ohne Schubbewehrung.

Als größtes Hindernis für das Verständnis des Einflusses einer wachsenden Druckfestigkeit auf das Schubtragverhalten stellte sich das Fehlen eines schlüssigen mechanischen Modells für diese Versagensart heraus. In den 80er Jahren wurden die unterschiedlichen Theorien und vorwiegend empirischen Ansätze kontrovers diskutiert. Um 1990 wurden dann drei wesentliche Einflüsse isoliert, die seither allgemein anerkannt sind. Neben dem Einfluß des Längsbewehrungsgrades und der unterproportionalen Zunahme der Schubtragfähigkeit mit der Druckfestigkeit gehört dazu auch der Maßstabseffekt, der jedoch schwächer ausfällt, als von der klassischen Bruchmechanik prognostiziert. Trotz zahlreicher Bauteilversuche und der zunehmenden Neigung, die empirisch ermittelten Ergebnisse durch mechanische Interpretation aufzuwerten, gibt es bis heute kein bewiesenes mechanisches Modell zur Beschreibung des Biegeschubbruches. Obwohl die u. a. im Model Code 1990 [26] enthaltenen empirischen Modelle erstaunlich kleine Streuungen aufweisen, erfolgt deren Umsetzung in die Normung nur schleppend. Hinzu kommt, daß der Anteil an Balken aus Hochleistungsbeton und der Anteil an besonders hohen Balken unter den veröffentlichten Versuchen sehr klein ausfällt. Eine solche Verzerrung der Datenbasis für eine empirische Modellbildung ist ohne besondere Maßnahmen bei der Auswertung unzulässig, wenn gleichmäßig zuverlässige Aussagen über die komplette Basis gemacht werden sollen. Die empirisch gefundenen Zusammenhänge sollten nicht für Anwendungsfälle außerhalb der untersuchten Versuchsdaten herangezogen werden.

Vorgespannte Bauteile aus Normalbeton ohne Schubbewehrung zeigen ein ähnliches Verhalten unter Biegeschubbeanspruchung wie entsprechende Stahlbetonbauteile. Eine geschlossene, für beide Bauweisen gleichermaßen gültige Lösung des Schubproblems steht aber ebenfalls aus. Auch hier gilt, daß zwar einzelne Einflüsse für sich untersucht und beschrieben wurden. Es fehlt jedoch die zutreffende Beschreibung des Verhaltens unter kombinierter Beanspruchung aus Biegung mit Querkraft und Normalkraft.

Die Suche nach einer mechanisch begründeten Formulierung des Schubversagens schlanker Bauteile ohne Schubbewehrung ist somit als vorrangig einzustufen. Die vorliegende Arbeit hat daher drei wesentliche Ziele:

* Beschreibung des Versagensvorgangs beim Biegeschubbruch

* Mechanisch abgestützte Erfassung der wesentlichen Traganteile bei schlanken Stahlbeton- und Spannbetonbauteilen

* Ableitung eines Bemessungsmodells zum Biegeschubversagen bei schlanken Stahlbeton- und Spannbetonbauteilen

Zunächst werden die erforderlichen Grundlagen hinsichtlich des Materialverhaltens (Kapitel 2) und der Mechanik (Kapitel 3) angesprochen. Aufbauend auf dem Stand der Forschung (Kapitel 4) und den eigenen Versuchen (Kapitel 5) wird ein mechanisch begründeter Ansatz für das Schubversagen schlanker, unverbügelter Bauteile mit und ohne Vorspannung hergeleitet (Kapitel 6 und 7).

2 Hochleistungsbeton

2.1 Allgemeines

Unter dem Begriff Hochleistungsbeton werden Betone vereint, die mit Normalzuschlägen eine Zylinderdruckfestigkeit zwischen 60 und 140 N/mm² erreichen und die unter Baustellenbedingungen hergestellt und verarbeitet werden können. Diese Betone unterscheiden sich von herkömmlichem Normalbeton vor allem durch einen reduzierten Wasserzementwert (w/z-Wert) und die Zugabe von Zusatzstoffen wie Silicastaub. Bei dem geringen w/z-Wert unter 0,4 und einem hohen Feinkornanteil wird eine baustellengerechte Konsistenz des Betons erst durch Zugabe von leistungsfähigen Fließmitteln ermöglicht.

Festigkeiten über 140 N/mm² sind aufgrund der Inhomogenität des aus Zuschlägen und Zement zusammengesetzten Materials nur sehr schwer zu erreichen. Eine weitere Festigkeitssteigerung ist erst bei Zurücknahme des Größtkorns auf eine Größe um 300 µm und einer weiteren Steigerung des Bindemittelanteiles mit reaktiven Stäuben möglich [4]. Im Vergleich zu einem üblichen Größtkorn von 16 mm bei hochfesten Betonen entspricht dies etwa einer Reduzierung im Verhältnis 1:50. Die Steifigkeiten der Bestandteile gleichen sich dadurch stark an. Die so entstehenden zementgebundenen Werkstoffe oberhalb des Hochleistungsbetons werden als 'reactive powder concrete' bezeichnet. Mit hochwirksamen Fließmitteln sind Festigkeiten bis ca. 200 N/mm² möglich [99]. Setzt man die Mischung vor und während der Abbindephase unter Druck und ergänzt eine thermische Behandlung bis zu 400 °C, so läßt sich die Druckfestigkeit bis auf ca. 800 N/mm² steigern [98]. Der 'reactive powder concrete' stellt damit ein Bindeglied zwischen Hochleistungsbeton und Hochleistungskeramik dar.

Für die zielsichere Herstellung von Hochleistungsbeton sind verschiedene Stoffe erforderlich. Die grundlegenden Komponenten werden unter Punkt 2.2 angesprochen. Eine ausführlichere Beschreibung der einzelnen Stoffe und ihrer Einflüsse mit Diagrammen und Anwendungsbeispielen haben Grimm [66] und Schmelter [97] zusammengestellt.

2.2 Stoffe

2.2.1 Zuschläge

Für das Erreichen der Betondruckfestigkeit spielt bei Hochleistungsbeton der Zuschlag eine entscheidende Rolle. Zugrisse spalten bei Zylinderdruckfestigkeiten ab ca. 70 N/mm² die Zuschläge, während sie bei normalfesten Betonen meist entlang der Kontaktflächen zwischen Matrix und Zuschlag verlaufen. Kiese mit hohem Quarzanteil und homogener Struktur ermöglichen Betonfestigkeiten bis etwa 120 N/mm². Dagegen werden viele normale Kieszuschläge schon bei Betondruckspannungen um 80 N/mm² zerstört. Die Prüfung der regional vorhandenen Zuschläge auf ihre Eignung ist eine der Aufgaben der Eignungsprüfungen, die jede Betonrezeptur vor der Anwendung durchlaufen muß. Gute Voraussetzungen bieten meist Flußkiese, die zum Teil über sehr große Entfernungen transportiert wurden. Beim Transport der Gesteine werden die schweren und festeren Bestandteile aussortiert. Sind keine Kiese ausreichender Festigkeit vorhanden, so wird häufig auf Splitt-Zuschläge zurückgegriffen. Je nach geologischer Beschaffenheit dieser gebrochenen Zuschläge sind Betondruckfestigkeiten von bis zu 140 N/mm² bei niedrigen w/z-Werten um 0,25 möglich.

Für die Betondruckfestigkeit hochfester Betone sind hauptsächlich die größeren Fraktionen der Zuschläge maßgebend. Ihre Festigkeit und Steifigkeit im Verhältnis zur umgebenden Matrix bestimmt den Grad der Inhomogenität des Betons. In gebrochenen Zuschlägen finden sich in den größeren Fraktionen meist auch die Anteile mit höherer Festigkeit. Der Austausch der Korngruppe 2 - 8 mm gegen Zuschläge mit niedrigerer Festigkeit hat daher i. d. R. keinen maßgeblichen Einfluß auf die Druckfestigkeit. Werden gebrochene Zuschläge zur Steigerung der Betonfestigkeit eingesetzt, brauchen daher nur die Fraktionen ab 8 mm Größtkorn ausgetauscht werden. Die verbleibenden Kieszuschläge in den unteren Fraktionen mit 2 - 8 mm Größtkorn verbessern die Verarbeitbarkeit und reduzieren die Zahl der im Mischwerk zusätzlich benötigten Silos. Reinhardt und Weber [96] haben erfolgreich die Möglichkeit der inneren, selbsttätigen Nachbehandlung von Hochleistungsbeton untersucht. Die Fraktion 2 - 8 mm wird dabei durch wassergesättigte Leichtzuschläge ersetzt, die zwar selbst keine nennenswerte Festigkeit mitbringen, deren Wasserreservoir jedoch eine beachtliche Nacherhärtung des Betons sowie ein günstigeres Schwindverhalten ermöglicht.

Der verwendete Sand sollte nur geringe Feinkornanteile unter 0,25 mm besitzen. Durch den hohen Anteil von Bindemitteln und feinkörnigen Zusatzstoffen mit ca. 400 - 500 kg/m³ ist bei Hochleistungsbeton das unteren Ende des Kornbandes bereits besetzt. In der DAfStb-Richtlinie für hochfesten Beton [31] sind Höchstwerte der Feinkornanteile als Hilfestellung bei der Auswahl des Sandes angegeben.

2.2.2 Zement

Der Zement, der bei Normalbeton alleine für die Festigkeit der Matrix verantwortlich ist, spielt auch bei Hochleistungsbeton eine wesentliche Rolle.

Bohrkerne aus alten Betonbauwerken mit hohem Zementanteil besitzen häufig Festigkeiten von bis zu 65 N/mm². Sie überschreiten damit die angestrebte Festigkeitsklasse um den Faktor 2 bis 3. Verantwortlich für diese enorme Nacherhärtung, die über viele Jahrzehnte stattfindet, ist die geringe Mahlfeinheit der vor 40 bis 80 Jahren verwendeten Zemente. Bei ausreichendem Wasservorrat finden langsame Reaktionsprozesse statt, die zu Festigkeiten weit über den 28-Tage-Werten führen. Heute verwendete Zemente weisen eine viel höhere Mahlfeinheit und meist ein empirisch abgestimmtes Kornband auf. Die Endfestigkeit wird daher bei heute üblichen Zementen sehr früh erreicht. Dennoch hat sich die erreichbare Zementsteinfestigkeit damit kaum verändert. Bentur [13] gibt etwa 83 N/mm² als Obergrenze der Zementsteinfestigkeit an.

Die Obergrenze der Zementsteinfestigkeit spiegelt sich in Druckversuchen an Betonen wieder. Ohne Zugabe von Zusatzstoffen ist auch hier nur eine Zylinderdruckfestigkeit von ca. 80 N/mm² erreichbar, unabhängig von einer weiteren Steigerung des Zementanteiles. Die Mahlfeinheit und Kornabstimmung des Zementes hat folglich nur Einfluß auf die zeitliche Entwicklung der Festigkeit, nicht aber auf die erreichbare Druckfestigkeit. Deshalb müssen bei Hochleistungsbeton zusätzlich Füllstoffe wie Silicastaub beigegeben werden. Sie ergänzen das Kornband um ein bis zwei Größenordnungen unterhalb des Zementes.

Der Unterschied in der Steifigkeit von Matrix und Zuschlag bleibt jedoch weiterhin bestehen. Hauptaufgabe der verbesserten Matrix bleibt die gleichmäßige Einbettung der Zuschläge. Die Steigerung des Mörtelanteils ist deshalb nur begrenzt günstig. Zementanteile über 450 kg/m³ bringen kaum noch Festigkeitssteigerungen beim Beton. Auch wegen der bei der Hydratation freiwerdenden Wärme, die mit dem Zementgehalt steigt, sind höhere Gehalte als 450 kg/m³ zu vermeiden. Anzustreben ist vielmehr eine Beschränkung des Zementgehaltes auf ca. 400 bis 420 kg/m³. Zusätzlich ist ein langsamer Verlauf der Hydratation wegen der günstigeren Wärmeentwicklung vorteilhaft. Eigenspannungen infolge abfließender Hydratationswärme, die zur Rißbildung führen können, werden vermieden. In den Niederlanden wurde beim Bau der Stichtse Brücke beispielsweise eine Mischung aus CEM III A (HOZ) und CEM I 42,5 (PZ) eingesetzt [119].

Der zur Erzielung der gewünschten Matrix nötige Zementgehalt ist wie bei allen Betonen von Kornband und Größtkorn der verwendeten Zuschläge abhängig. Labormischungen mit 8 mm Größtkorn sollten daher nicht direkt auf Lieferbeton mit 16 mm oder 32 mm Größtkorn übertragen werden.

Zusatzstoffe und Fließmittel ergeben meist eine klebrige Konsistenz. Deshalb wird für Hochleistungsbeton in der Regel eine fließfähige Konsistenz (KF) angestrebt. Gegenüber Normalbeton wird dafür ein geringfügig höherer Matrixanteil erforderlich. Für einen typischen Beton der Festigkeitsklasse B 45 mit 16 mm Größtkorn wird z. B. ein Zementgehalt von 390 kg/m³ angesetzt. Ein entsprechender B 85 benötigt etwa 420 kg Zement/m³ und zusätzlich ca. 30 kg Silicastaub Trocken-masse.

2.2.3 Silicastaub

Neben dem niedrigen w/z-Wert bildet der Füllereffekt von Feinstäuben die wesent-liche Basis für die Festigkeitssteigerung bei hochfesten Betonen. Besonders geeignet sind Feinstäube, die reaktive Nebenwirkungen haben. Silicastaub (SF: silica fume), der zu ca. 90 % aus amorphem Siliciumdioxid (SiO_2) besteht, reagiert puzzolanisch. Er ist damit um ca. 20 % effektiver als ein nicht reaktiver Füller. Der Füllereffekt entsteht durch die geringe Korngröße des Silicastaubes, die nur etwa der 0,01 bis 0,03-fachen Zementkorngröße entspricht. Nanosilica oder andere mineralische Produkte, die im Korngrößenbereich unterhalb von Zement ange-siedelt sind, können alternativ zum Einsatz kommen. Die Silicastaubpartikel kön-nen sich zwischen den Zementkörnern ablagern. Die während der Hydratation entstehende Matrix wird dadurch dichter, Verformungen und Querzugspannungen werden reduziert. Infolge der puzzolanischen Reaktion des SiO_2 mit Calcium-hydroxid (CH) entstehen zusätzlich Calciumsilikathydrate (CSH), die den CSH-Phasen des hydratisierten Zementes sehr ähnlich sind.

Der niedrige Wasserzementwert des Hochleistungsbetons sorgt dafür, daß kein freies Wasser mehr zur Verfügung steht, das sich bei Normalbeton häufig an der Kontaktzone zwischen Zuschlag und Matrix sammelt. Die Kontaktzone wird zu-sätzlich durch den Silicastaub gestärkt, indem der Gehalt von Calciumhydroxid (CH) und Ettringit verringert wird. Es entsteht ein ausgezeichneter Verbund zwischen Zuschlag und Zementkorn, der durch das ausgeprägte autogene Schwin-den der Matrix auch noch leicht vorgespannt wird. Matrix und Kontaktzonen erreichen so die Festigkeit der Zuschläge. Die Spaltzugkräfte innerhalb des Betons werden auf der Mikroebene verringert (Bild 2.1). Die Zementsteinfestigkeit verliert etwas an Bedeutung. Die Wahl eines CEM I 52,5 bringt gegenüber einem CEM I 42,5 bei gleichzeitigem Einsatz von Silicastaub nur geringe Festigkeitssteige-rungen, wenn Kornband und Zusammensetzung des Zementes gleich sind.

Der gewünschte Einfluß auf die Festigkeit und eine gleichmäßige Verteilung des Silicastaubes können erst ab einer Trockenmasse von ca. 5 % des Zementes erzielt werden [13]. Die Beigabe von Feinstaub erfolgt am besten in der Mischung mit Wasser als Silicasuspension.

Durch den Einsatz von Silicastaub erhält der fließfähige Frischbeton eine geschmeidige Konsistenz. Auch an der oberen Grenze des Bereiches KF neigt der Frischbeton nicht mehr zum Entmischen.

Die dichte Struktur verhindert beim erhärteten Beton wirkungsvoll den Eintrag von Schadstoffen. Gerade für die hochbeanspruchten Bauwerke der Infrastruktur, die Witterungseinflüssen und dem Einsatz von Taumitteln standhalten müssen, ist ein dichtes Gefüge für die Dauerhaftigkeit besonders wichtig.

2.2.4 Fließmittel

Die Beigabe leistungsfähiger Fließmittel (FM) oder Betonverflüssiger (BV) ist Voraussetzung für die zur Erzielung hoher Festigkeiten notwendige Reduzierung des Wasserzementwertes. Erst mit Fließmittel läßt sich trotz des niedrigen Wassergehaltes eine verarbeitbare Konsistenz erreichen. Ohne Fließmittel ergibt sich bei w/z-Werten unter 0,40 nur ein erdfeuchtes Gemisch aus Zuschlag und Bindemittel. Je nach Zusammensetzung des verwendeten Zements kommen unterschiedliche Ausgangsstoffe zum Einsatz, unter ihnen Naphtaline, Melamine, Ligninsulfonat und Acrylate. Fließmittel auf Naphtalinbasis basieren auf der mechanischen Schmierwirkung der möglichst langen Molekülketten zwischen Wasser und Zementpartikeln. Fließmittel auf Naphtalinbasis haben zusätzlich verzögernde Nebenwirkung, verlängern also gleichzeitig die Verarbeitungszeit auf der Baustelle. Harze wie Melamin wirken dagegen über den Aufbau von Oberflächenspannung und die damit verbundenen abstoßenden Kräfte zwischen Zement- und Wasserpartikeln. Fließmittel auf Melaminharzbasis ergeben oft eine klebrige Konsistenz des Frischbetons, die zusammen mit der versteifenden Wirkung des Silicastaubes (SF) zu unerwünschten Eigenschaften führen kann. Künstlich erzeugte Acrylate wirken ebenfalls durch die Bildung von Abstoßungskräften zwischen Wasser und Zement und durch die Verringerung der Oberflächenspannung des Wassers, haben aber selbst keine klebrige Konsistenz. Ligninsulfonat hat stark verzögernde Nebenwirkung und kann daher nur in sehr geringen Anteilen zugegeben werden.

Meist verliert das Fließmittel (FM) sehr früh seine Wirkung. In der Kombination mit unabhängig vom FM wirkenden Verzögerern (VZ) kommt es daher häufig zu einer unerwünschten Ruhezeit des Betons, in welcher der Beton erstarrt ist bevor die Hydratation begonnen hat. Die Entwicklung neuer Fließmittel u. a. auf Basis von sulfonierten Venylpolymeren und Carbonpolymeren zielt daher auf eine Verlängerung der verflüssigenden Wirkung. Eine Abstimmung von Fließmittel und Verzögerer ist insbesondere dann geboten, wenn Zwängungen des erhärtenden

Betons infolge Temperatureinwirkung oder Traggerüstverformungen zu erwarten sind (siehe auch Bild 5.5).

In der Zeit vor Beginn der Hydratation kann der Beton an seiner Oberfläche durch schnelles Austrocknen geschädigt werden. Wegen des sehr niedrigen w/z-Wertes führt bereits ein leichter Feuchtigkeitsentzug zur Bildung einer dünnen, starren Schicht, die wie eine feine Haut den Frischbeton überzieht. Unabhängig von der Wirkungsdauer des Fließmittels sind deshalb die Pausen in der Betonierfolge zu minimieren. Sobald der Beton bis zur Oberfläche eines Bauteils eingebracht ist, ist die Oberfläche entsprechend der gewünschten Rauhigkeit abzuziehen und durch Folienabdeckung oder eine gleichwertige Maßnahme vor Feuchtigkeitsentzug zu schützen.

Bei der Verwendung von verflüssigenden Betonzusatzmitteln ist ein Entmischen des Betons unbedingt zu vermeiden. Eine gute Regulierbarkeit der Konsistenz ergibt sich bei Wahl eines hohen Feinkornanteils sowie bei Zugabe von Zusatzstoffen unterhalb der Zementkorngröße, wie sie bei Hochleistungsbeton üblich sind.

Die Zugabe des Fließmittels erfolgt nach der Zugabe von Silicasuspension und Wasser. Da die Zuschläge einen gewissen Eigenanspruch an Wasser haben, werden gering dosierte Zusatzmittel wie FM und VZ leicht von unzureichend angefeuchteten Zuschlägen gebunden und verlieren damit ihre Wirksamkeit.

2.2.5 Verzögerer

Hat das gewählte Fließmittel nicht genügend verzögernde Nebenwirkung, oder reagiert der Zement sehr schnell, so wird der Beginn der Hydratation durch Verzögerer (VZ) ausgesetzt. Beim Einsatz von Verzögerern kommt es häufig zum vorzeitigen Wirkungsverlust des Fließmittels, wie oben bereits beschrieben. Der Beton steift an, bevor die Festigkeitsentwicklung mit der Hydratation begonnen hat. Nachweisen läßt sich dieser Vorgang z. B. durch Temperaturmessungen und die Beobachtung des Erstarrungsverhaltens. Problematisch ist diese Ruhezeit dann, wenn der Beton nach dem Erstarren Verformungen erfährt. Dies ist bei fast allen Brückenüberbauten der Fall. Betonierzeiten von bis zu 9 Stunden für einen Abschnitt sind durchaus üblich. Bei Traggerüsten ohne Mittelunterstützung kommt die größte Traggerüstverformung erst gegen Ende des Betoniervorganges. Hier muß deshalb eine Betonrezeptur mit guter Abstimmung von Fließmittel und Verzögerer verwendet werden. Die Wirkung des Fließmittels sollte erst mit der einsetzenden Hydratation nachlassen. Gut geeignet sind hier u. a. Fließmittel auf Naphtalin-Basis.

Der Verzögerer (VZ) ist das Zusatzmittel, welches i. d. R. in der geringsten Menge beigegeben wird. Nach [31] wird die Zugabemenge auf 0,4 % des Zementgewichtes begrenzt. Zusätze mit so geringer Dosierung können nur dann gleichmäßig verteilt werden, wenn der Beton bereits den Konsistenzbereich KR oder KF erreicht hat. Der Verzögerer wird daher zweckmäßig als letztes Zusatzmittel dem Mischgut beigegeben oder mit anderen flüssigen Komponenten vorgemischt.

2.3 Materialeigenschaften

Beton ist von Natur aus ein inhomogener Mehrphasen-Werkstoff. Seine Eigenschaften werden besonders durch die beiden Hauptkomponenten, die zementgebundene Matrix, die Zuschläge und den Verbund zwischen beiden bestimmt. Die Hydratationsprodukte des Zements bilden gemeinsam mit den feinkörnigen Füllstoffen und den Sanden eine Matrix, welche die grobkörnigen Zuschlagstoffe umgibt. Steifigkeit und Festigkeit von Matrix und Zuschlag unterscheiden sich deutlich. Ihre absolute Größe, aber auch ihr Verhältnis zueinander bestimmen das Verhalten und die Festigkeit des Betons.

Eine Schlüsselrolle kommt dabei der Zugfestigkeit des Betons zu. Sie überträgt Zugspannungen infolge der Umlenkung lokaler Druckspannungen zwischen den Zuschlägen. Während bei Normalbeton die Druckkräfte vorrangig über das Korngerüst abgetragen werden, beteiligt sich die Matrix bei hohen Druckfestigkeiten selbst in zunehmendem Maße an der Lastabtragung (Bild 2.1). Die Umlenkkräfte werden durch die steife Matrix verringert. Beim Einsatz von Leichtzuschlägen mit sehr geringer Festigkeit bleibt für die Druckstreben nur die Matrix zwischen den Zuschlägen übrig, da sich Leichtzuschläge der Last durch Verformung entziehen. Die Zugfestigkeit und die Steifigkeitsverhältnisse in der hochgradig innerlich statisch unbestimmten Matrix sind maßgebend für das Verhalten des Betons. Der große Einfluß der Steifigkeiten von Matrix und Zuschlag trägt auch dazu bei, daß ein geringer Anstieg der Zugfestigkeit bei Hochleistungsbeton eine überproportionale Zunahme der Druckfestigkeit ermöglicht.

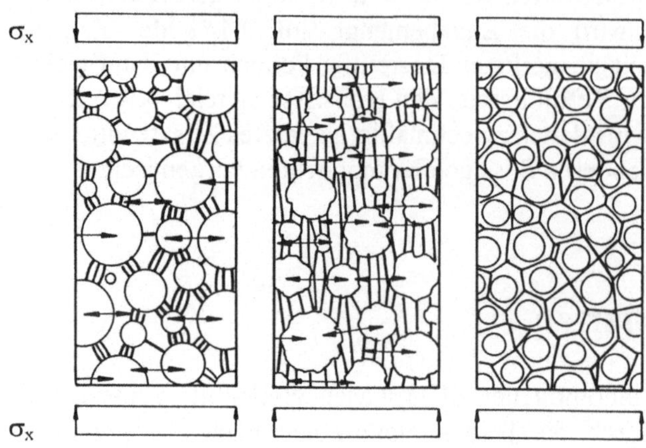

Normalbeton   Hochleistungsbeton   Leichtbeton

Bild 2.1:   Druck- und Zugstrebenmodelle für verschiedene Betone

2.3.1 Druckfestigkeit

Eine Klassifizierung von Betonen findet i. d. R. über die Druckfestigkeit statt. Da die Zugtragfähigkeit eine Größenordnung unter der Druckfestigkeit liegt, wird ihre Wirkung wenn möglich vernachlässigt. Aus historischen Gründen wird in Deutschland die Druckfestigkeit meist an Würfeln bestimmt. Die Normen der DIN-Reihe legen den Würfel mit 200 mm Kantenlänge zugrunde. Das Versagen von Druckgliedern mit so geringer Schlankheit wird jedoch wesentlich von der Einspannwirkung der Lastplatten und ihren Reibeigenschaften bestimmt. Das Versagen tritt durch Absprengen eines Ringes um den Kern des Würfels ein. Geprüft wird also ein gemischter Zustand aus Ringzug und Druck. Eine deutliche Maßstabsabhängigkeit der Prüfergebnisse ist die Folge. Daher werden in den neueren Normen Zylinder mit einem Verhältnis 2:1 von Höhe zu Durchmesser zur Ermittlung der Zylinderdruckfestigkeit f_c (auch $f_{c,cyl}$) verwendet. Zur Umrechnung von Prüfergebnissen an hochfesten Betonen mit $f_c > 55$ N/mm² werden die in [31], Gleichung R2 angegebenen Umrechnungsbeiwerte verwendet (Gleichung 2.1).

$$f_c \quad = \quad f_{c,cube200} \, / \, 1,1 \tag{2.1 a}$$

$$= \quad 0,95 \cdot f_{c,cube150} \, / \, 1,1 \tag{2.1 b}$$

$$= \quad 0,92 \cdot f_{c,cube100} \, / \, 1,1 \tag{2.1 c}$$

Für Normalbeton mit Zylinderdruckfestigkeiten $f_c \leq 55$ N/mm² ergibt sich nach Gleichung 2.2 ein etwas größerer Abstand zwischen Zylinderdruckfestigkeit f_c und Würfeldruckfestigkeit $f_{c,cube}$.

$$f_c = 0,85 \cdot f_{c,cube200} \qquad\qquad (2.2\ a)$$

$$= 0,85 \cdot 0,95 \cdot f_{c,cube150} \qquad\qquad (2.2\ b)$$

$$= 0,85 \cdot 0,92 \cdot f_{c,cube100} \qquad\qquad (2.2\ c)$$

Bei allen Betonen wird Lagerung und Prüfung nach DIN 1048-5 unterstellt. Eine Wasserlagerung bis zur Prüfung, wie sie beispielsweise in vielen internationalen Normen gefordert wird, hat eine weitere Reduzierung der Festigkeit um ca. 5 % zur Folge.

Die zentrische Druckfestigkeit und die zugehörigen Stauchungen lassen sich am genauesten an Prismen mit Schlankheiten zwischen 3 und 5 ermitteln. Bei diesen Schlankheiten entstehen aus anfangs zufällig verteilten Mikrodefekten [105] zunächst Längsrisse parallel zur Richtung der Druckspannungen. Die Längsrißbildung spaltet das Druckglied in schlanke, knickgefährdete Lamellen auf, deren lokale Beanspruchungsspitzen ein schlagartiges Versagen verursachen. Der Bruch schreitet dabei terrassenartig durch die Lamellen fort. Es bilden sich dabei sogenannte Schubbänder aus, die etwa unter 1:2,5 gegen die Richtung der Hauptdruckspannungen geneigt sind. Wegen der in Prüfkörper und Prüfmaschine gespeicherten Energie treten immer erhebliche Schereffekte beim Bruch auf. Erst eine hochempfindliche und schnelle Steuerung des Druckversuchs über einen während des Bruchvorgangs stetig und möglichst progressiv wachsenden Parameter ermöglicht die gezielte Untersuchung des Bruchprozesses. Als Steuergröße wird dabei häufig die Querdehnung verwendet, da diese zumindest im bruchauslösenden Bereich zunimmt. In den letzten Jahren ist das Druckbruchverhalten von zementgebundenen Werkstoffen wieder Gegenstand zahlreicher Untersuchungen [81] gewesen.

Da das Versagen unter Druck durch das Ausbrechen bzw. Ausknicken der randnahen Fasern ausgelöst wird, spielt der Dehnungsgradient und damit die Krümmung der Druckzone eine erhebliche Rolle. Unter ausmittiger Druckbeanspruchung werden die Lamellen zu Beginn des Bruchprozesses vom freien Rand weg gekrümmt. Bereiche mit kleineren Stauchungen werden zur Lastabtragung mit herangezogen und stabilisieren den vorgeschädigten Randbereich.

Die Gefügeschädigungen durch Mikrorisse und daraus entstehende Längsrisse spiegeln sich im Verformungsverhalten wieder. Bis zu ca. 40 % der Zylinderdruckfestigkeit f_c zeigt der Beton ein lineares Wachstum der Stauchung gegenüber der Spannung. Dieser Bereich läßt sich gut über den statischen E-Modul beschreiben, der zum Beispiel nach DIN 1048-5 [36] mit einer Oberspannung von 0,3 f_c ermittelt wird.

Danach sinkt die Steifigkeit mit wachsender Spannung. Da alte Gefügeschädigungen erhalten bleiben, sich fortpflanzen und zusätzlich neue Mikrorisse gebildet werden, wird keine Gerade in der Lastverformungskurve mehr erreicht. Die Krümmung der Kurve nimmt ständig zu, bis kurz vor Erreichen der Höchstlast eine sehr rasche Verformungszunahme festzustellen ist. Kontrolliert man die Verformungszunahme bei Erreichen der Festigkeit, so gelingt zumindest bei Betonen niedriger Festigkeit eine kontrollierte Entlastung. Während des Abfallens der rechnerischen Druckspannung nehmen die Stauchungen noch erheblich zu. Dieser sogenannte abfallende Ast der Spannungsdehnungslinie läßt sich nur in ausmittig gedrückten Bauteilen oder statisch unbestimmten Tragwerken mit entsprechenden Lastumlagerungsmöglichkeiten ausnutzen. In zentrisch gedrückten Bauteilen ist mit Erreichen der Druckfestigkeit die Tragfähigkeit des betroffenen Querschnitts erschöpft, da keine ungeschädigten Bereiche zur Stabilisierung oder inneren Lastumlagerung zur Verfügung stehen. Die von der entfestigten Zone erreichte mittlere Grenzstauchung zeigt deshalb auch eine Abhängigkeit von der Rotation des maßgebenden Querschnitts.

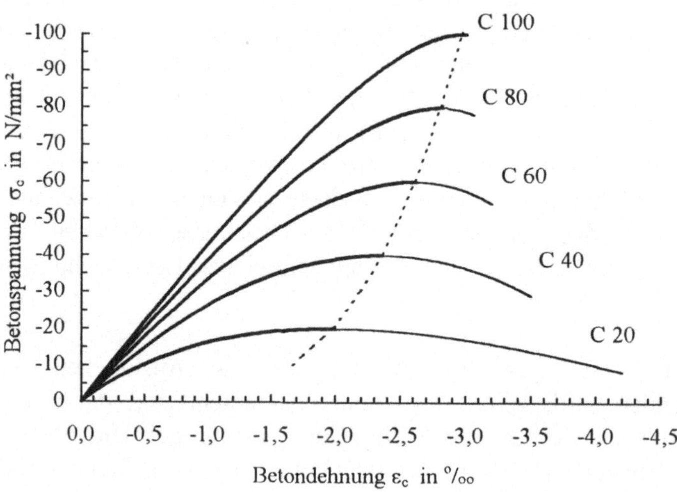

Bild 2.2:   Spannungsdehnungslinien von Beton mit Normalzuschlägen

Im ansteigenden Ast der Spannungsdehnungslinie steigt mit zunehmender Festigkeit die Anfangs- bzw. Tangentensteifigkeit. Gleichzeitig wird der abfallende Ast der Spannungsdehnungsbeziehung mit zunehmender Festigkeit immer steiler. Die

Stauchung bei Erreichen der Druckfestigkeit steigt mit zunehmender Festigkeit nur noch sehr langsam, während die Bruchdehnung bei ausmittiger Belastung deutlich abfällt [3], [81], [92]. Der Belastungsast wird so mit zunehmender Druckfestigkeit deutlich gestreckt. Der Abfall der Steifigkeit zwischen dem Beginn der Schädigung und dem Erreichen der Druckfestigkeit wird immer geringer (Bild 2.2).

Bei Leichtbetonen oder Betonen mit Festigkeiten über 90 N/mm² ist ein kontrolliertes Entlasten ab dem Erreichen der Druckfestigkeit nur noch über eine gleichzeitige Rücknahme der Verformung möglich.

Für die Berechnung der Tragfähigkeit von Querschnitten und für die Ermittlung von Verformungen im gerissenen Zustand II werden charakeristische Spannungsdehnungslinien benötigt. Dabei wird der aufsteigende Ast häufig durch eine Parabel beschrieben. Bis zur Bruchstauchung wird dann eine konstante Spannung in der Form eines „Fließplateaus" angenommen. Als charakteristischer Wert f_{ck} der Zylinderdruckfestigkeit f_c wird die untere 5 %-Fraktile aus den Prüfergebnissen an den gesondert hergestellten Zylindern angesetzt. Zusätzlich muß der Unterschied zwischen der i. d. R. nach 28 Tagen durchgeführten Druckfestigkeitsprüfung und dem realen Bauteil mit seiner wesentlich größeren Nutzungsdauer beachtet werden. Nach DIN 1045 [07.88] werden dazu im Vergleich zu den im Labor an Würfeln mit 200 mm Kantenlänge ermittelten Bruchspannungen vier Einflüsse berücksichtigt. Der Mittelwert der Serie aus mindestens drei Probekörpern darf vereinfachend durch Reduzierung der Serienfestigkeit um 5 N/mm² für alle Festigkeitsklassen auf einen 5 % Fraktilwert umgerechnet werden, sofern keine genaueren statistischen Untersuchungen vorliegen. Wie oben beschrieben, wird die Bruchspannung des Würfels in die niedrigere Bruchspannung eines Zylinders umgerechnet. Zusätzlich wird berücksichtigt, daß ein Beton unter Baustellenbedingungen oft nicht mit gleicher Zuverlässigkeit wie im Labor hergestellt werden kann. Schließlich wird der Einfluß der Zeit über einen Dauerstandsfaktor berücksichtigt. In [54] wird für die geringere Festigkeit im Bauteil vor allem der Einfluß der Hydratationswärme verantwortlich gemacht.

Im Gegensatz zur Reduzierung der Spannungen werden die Stauchungen bei der Ermittlung der rechnerischen Spannungsdehnungslinie nicht einheitlich behandelt. Die Stauchung bei Erreichen der größten Spannung liegt in den Normen i. d. R. zwischen 2,0 ‰ und 2,2 ‰. Im Model Code 90 [26] gilt der Wert 2,2 ‰ für alle Betone bis zu f_{ck} = 80 N/mm². Diese Vorgehensweise ergibt mit zunehmender Festigkeit einen immer größeren Abstand zur tatsächlichen Stauchung unter Maximallast (Bild 2.2), der mit der gleichzeitig wachsenden Sprödigkeit begründet wird. Dagegen liegen die rechnerischen Grenzstauchungen unter ausmittiger Last für mittlere Festigkeiten meist sehr nah am tatsächlichen Wert. Die Abhängigkeit der Grenzstauchung und des abfallenden Astes von der Bauteilgeometrie wird in den heute gültigen Normen noch nicht angemessen erfaßt.

Eine gleichmäßige Reduzierung aller Spannungen auf einen Bemessungswert führt zu einer entsprechenden Unterschätzung der Tangentensteifigkeit, die insbesondere bei knickgefährdeten Bauteilen großen Einfluß auf die Verformungen hat. Wird dagegen die Tangentensteifigkeit unter Kurzzeitbelastung in den rechnerischen Spannungsdehnungslinien beibehalten, so ist bei knickgefährdeten Bauteilen dem Kriechen und der verzögert elastischen Verformung besondere Aufmerksamkeit zu schenken.

2.3.2 Zugfestigkeit

Mit Zugfestigkeit f_{ct} wird die maximal von Beton ertragene Zugspannung bezeichnet. Bei Erreichen der Zugfestigkeit bildet sich ausgehend von Mikroschädigungen senkrecht zur Hauptzugspannung im schwächsten Querschnitt ein Rißband aus. Durch die Verzahnung der Rißufer können bis zur vollständigen Separation der Rißufer bei einer Rißöffnung von ca. 150 bis 200 µm noch Kräfte zwischen den Rißufern übertragen werden. Berechnet man aus diesen Rißverzahnungskräften eine Zugspannung und trägt diese über der Rißöffnung auf, so ergibt sich mit wachsender Rißöffnung ein abfallender Verlauf. Das zähe Verhalten in diesem Bereich der Rißöffnung ist für den starken Einfluß eines Dehnungsgradienten in der Zugzone verantwortlich. Die reine Materialeigenschaft Zugfestigkeit kann daher nur in zentrischen Zugversuchen genau bestimmt werden. Remmel gibt in [97] eine umfassende Beschreibung des Zugtragverhaltens von Beton.

Der Mittelwert f_{ctm} der zentrischen Zugfestigkeit f_{ct} für Beton mit Normalzuschlägen kann nach Remmel [97] entsprechend Gleichung 2.3 aus der Zylinderdruckfestigkeit f_c abgeleitet werden.

$$f_{ct} \quad = \quad 2{,}12 \cdot \ln\left(1 + \frac{f_c}{10}\right) \tag{2.3}$$

mit: f_{ct} zentrische Betonzugfestigkeit in N/mm²
      f_c Zylinderdruckfestigkeit in N/mm²

Für gleiche Zuschläge und ähnliche Rezepturen wird eine Streuung der Zugfestigkeit von 20 % angegeben. Berücksichtigt man unterschiedliche Zuschläge und Rezepturen, so wird eine Streuung von 30 % erreicht, wie sie z. B. im Model Code [26], Tabelle 2.1.2 zur Ermittlung charakteristischer Zugfestigkeiten verwendet wird. Da zentrische Zugversuche wegen der erforderlichen steifen Prüfmaschinen und der Steuerung sehr aufwendig sind, wird die Zugfestigkeit meist durch Spaltzug- oder Biegezugversuche ermittelt. Nach Model Code [26] entspricht die zentrische Zugfestigkeit etwa 90 % der im Versuch ermittelten Spaltzugfestigkeit $f_{ct,sp}$. Remmel fand für Spaltzugversuche dagegen nur einen um ca. 5 % höheren Mittelwert als bei zentrischen Zugversuchen (Gleichung 2.4).

$$f_{ct,sp} \quad = \quad 2{,}22 \cdot \ln\left(1 + \frac{f_c}{10}\right) \tag{2.4}$$

mit: $f_{ct,sp}$ Spaltzugfestigkeit in N/mm²

Für Biegezugversuche ergibt sich eine starke Maßstabsabhängigkeit der unter Annahme einer linearen Spannungsverteilung ermittelten Biegezugfestigkeit $f_{ct,fl}$. Das Verhalten bei der Rißbildung und damit auch die Bauteilgeometrie haben Einfluß auf die Bruchlast von Biegezugkörpern (siehe Kapitel 3).

2.3.3   Steifigkeit

Das Verformungsverhalten des ungerissenen Betons läßt sich, wie oben bereits erläutert, sehr gut über den E-Modul beschreiben, der als Sekantenmodul bei einer Oberspannung von 0,3 f_c ermittelt wird. Wegen der bis ca. 0,4 f_c annähernd linearen Beziehung zwischen Druckspannungen und Stauchungen besteht nur ein geringer Unterschied zum größten Tangentenmodul. Wie bei Grimm [46] wird auch hier die empirische Beziehung nach Gleichung 2.5 für die Ableitung des E-Modul aus der Zylinderdruckfestigkeit f_c verwendet.

$$E_c \quad = \quad 9500 \cdot f_c^{1/3} \tag{2.5}$$

mit: f_c Zylinderdruckfestigkeit in N/mm²

Der Faktor 9500 wurde für durchschnittliche Zuschläge ermittelt. Bei weichen Quarz-, Sandstein- oder Kalksteinzuschlägen kann der Tangentenmodul um bis zu 30 % niedriger liegen, bei Basaltsplitt oder sehr dichten Kalksteinen kann er dagegen um bis zu 20 % größer sein als die Werte nach Gleichung 2.5 [26]. Für Verformungsberechnungen und für die Beurteilung von Versuchsergebnissen ist zu beachten, daß durch den konservativen Ansatz der Grenzstauchung von $\varepsilon_{cu} = -2{,}2$ ‰ in [31] Betone mit $f_c > 95{,}5$ N/mm² selbst bei ideal elastischem Verhalten ihre Festigkeit rechnerisch nicht erreichen. In diesem Festigkeitsbereich sollte daher bei Versuchsnachrechnungen eine linear-elastische Spannungs-Dehnungslinie angesetzt werden. Die Grenzstauchung ergibt sich aus dem Quotient von Zylinderdruckfestigkeit f_c und dem durch Versuch ermittelten E-Modul.

2.3.4 Bruchenergie

Die Bruchenergie G_f eines Werkstoffes ist der Teil der Arbeit, der zur vollständigen Separation eines Zugrisses erforderlich ist und der bei der Entlastung nicht wieder gewonnen werden kann. Man erhält die Bruchenergie durch Integration der Zugspannungs-Rißöffnungsbeziehung (Bild 2.3). Während im Model Code 1990 [26] Werte für die Bruchenergie angegeben werden, fehlen in den eingeführten Normen solche Angaben.

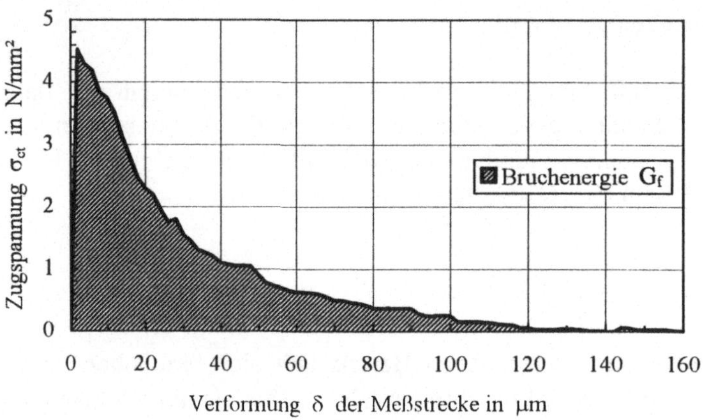

Bild 2.3: Bruchenergie eines B 85 mit 16 mm Größtkorn

Remmel und Grimm untersuchten die Bruchenergie G_f von Betonen unterschiedlicher Druckfestigkeit. Sie fanden, daß die Bruchenergie proportional zur Betonzugfestigkeit f_{ct} zunimmt (Gleichung 2.6). Ab einer Zylinderdruckfestigkeiten von 80 N/mm² konnten sie keinen nennenswerten Zuwachs der Bruchenergie mehr beobachten [46] [97].

$$G_f = 0{,}0307 \text{ mm} \cdot f_{ct} \quad \text{für:} \quad f_c \leq 80 \text{ N/mm}^2 \qquad (2.6)$$
$$ = 143 \text{ N/m} \quad\quad\quad \text{für:} \quad f_c > 80 \text{ N/mm}^2$$

mit: f_c Zylinderdruckfestigkeit
      f_{ct} zentrische Betonzugfestigkeit nach Gleichung 2.3

Die Form des abfallenden Astes der Zugspannungs-Rißöffnungsbeziehung bestimmt maßgeblich die Sprödigkeit bei der Rißbildung. Die Rißöffnung, bei der gerade keine Spannungen mehr übertragen werden können, liegt für alle Festigkeiten zwischen 150 und 200 µm. Auch die Völligkeit der σ-w Kurve ändert sich kaum (Gleichung 2.6). Bild 2.4 zeigt die Rißöffnung bei zentrischen Zugversuchen von Remmel [97] für unterschiedliche Zylinderdruckfestigkeiten f_c.

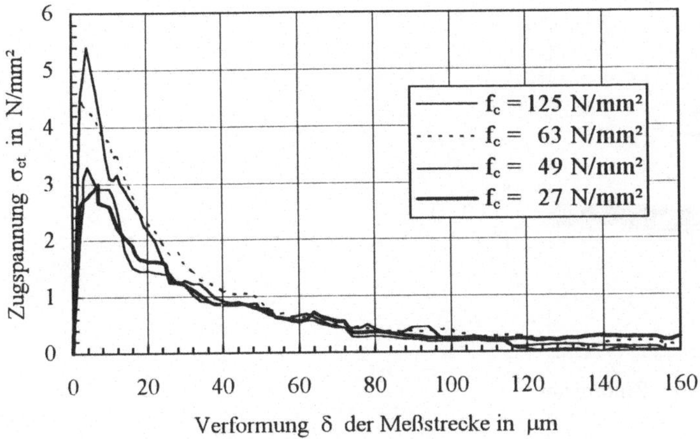

Bild 2.4: Zugspannungs-Rißöffnungs-Beziehung

Der abfallende Ast der Zugspannungs-Rißöffnungs-Beziehung wird durch die
Vereinigung der Mikrorisse zu einem Einzelriß geprägt (Bild 2.5). Remmel
beschreibt, daß die Mikrorißbildung bereits bei ca. 60 % der Zugfestigkeit in sehr
geringem Umfang einsetzt, ab ca. 90 % f_{ct} ist die Mikrorißbildung dann über
Schallemissionsmessungen sicher nachzuweisen [97]. Dabei entstehen in der
Bruchprozesszone zuerst unabhängige Risse, die von Betonbrücken unterbrochen
sind (Bild 2.5). Form und Größe der Rißbrücken werden wie die Ausdehnung der
Bruchprozesszone in Lastrichtung bei hochfesten Betonen von den Zuschlägen
beeinflußt. Da die Rißufer sich nur senkrecht zur Rißebene bewegen können,
entsteht in den Rißbrücken neben einer Biegebeanspruchung auch Zwang infolge
Verkantung. Wird bei nicht vollständig geöffnetem Riß dagegen eine Verformung
in der Rißebene erzwungen, so behindern die Rißbrücken diese Gleitung wie eine
Verzahnung. Vervuurt, Schlangen und Van Mier [113] haben diesen Tragmecha-
nismus mit numerischen Untersuchungen im Mesobereich belegt. Sie bildeten
Matrix und Zuschläge mit Hilfe von ebenen und räumlichen Stabmodellen ab. Sie
konnten dabei nachweisen, daß die Zuschläge die Tragwirkung aus Rißüber-
brückung wesentlich beeinflussen. Sie steuern die Dicke und damit die Biegesteifigkeit und die geometrische Wirksamkeit der Lamellen. Bei Leichtzuschlägen
entstehen die Risse zunächst in den schwächeren Zuschlagkörnern. Bei sehr festen
Zuschlägen beginnen die Risse dagegen zunächst in der Matrix zwischen den Zuschlägen. Die Ausdehnung der Bruchprozesszone senkrecht zur Rißebene und der
Abstand von ersten Mikrorissen wird so durch die größeren Zuschläge bestimmt.
Das Größtkorn ist deshalb sowohl als besonders schwaches Element als auch als
besonders starkes Glied Maßstab für die Inhomogenität des Betons. Es löst
Schädigungen aus oder behindert und steuert den Rißfortschritt.

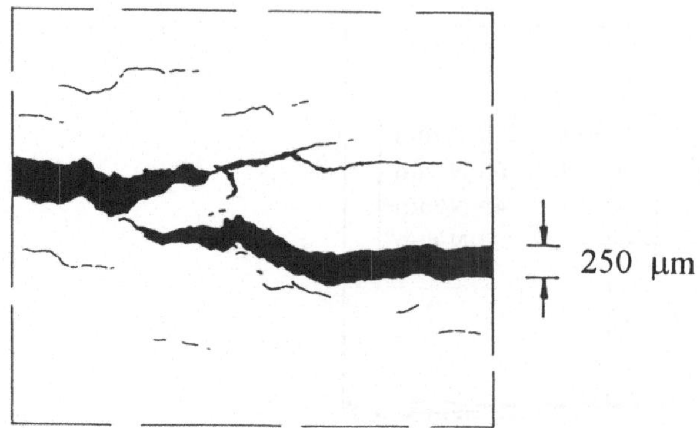

Bild 2.5: Rißverzahnung durch Rißbrücken

Die Bruchenergie eines Werkstoffs spielt insbesondere dann eine bedeutende Rolle,
wenn der Werkstoff nicht alleine nach einem Festigkeitskriterium versagt, sondern
nach Erreichen der größten ertragbaren Spannung mit zunehmender Verformung
noch weitere Spannungen übertragen kann. Die dabei noch aufnehmbaren
Spannungen nehmen mit zunehmender Verformung ab, so daß sich ein abfallender
Ast in der Spannungs-Dehnungs-Linie ergibt (Bilder 2.3 und 2.4). Das zugehörige
Bruchverhalten kann z. B. mit Hilfe der Bruchmechanik beschrieben werden.
Abschnitt 3 gibt hierzu eine kurze Einführung.

2.3.5 Schwinden

Beton zeigt zeitabhängige Verformungen, die unabhängig von der Höhe der
Belastung sind. Die beobachteten Verformungen werden bei Normalbeton meist
durch die Abgabe bzw. Aufnahme von Feuchtigkeit verursacht. Bei normalfesten
Betonen ist i. d. R. ein erheblicher Feuchtigkeitsüberschuß vorhanden, der erst
über einen viele Jahre andauernden Trocknungsprozeß abgebaut wird. Man
spricht daher von Trocknungsschwinden. Maßgebend ist hierbei die Differenz der
Feuchtigkeit zwischen Umgebung und Beton. Der Prozeß wirkt sich zunächst an
der Oberfläche und erst stark verzögert bis ins Innere eines Bauteils aus. In Bauteilen entstehen daher Eigenspannungen infolge der unterschiedlichen Verkürzung.
Eine Verkürzung der Betonbauteile hat auch eine Stauchung der umschlossenen
Bewehrung zur Folge. Vorgedehnte Spannstähle verlieren damit an Spannkraft.

Bei hochfesten Betonen ist der Wassergehalt soweit reduziert, daß keine vollständige Hydratation des Zements mehr möglich ist. Es herrscht daher ein Wasser-
mangel, der das Austrocknen des Betons durch Wasserentzug und damit auch die
zugehörige Schwindverkürzung stark einschränkt. Die hohe Dichtigkeit von Hoch-

leistungsbeton behindert wirkungsvoll auch andere Stofftransportmechanismen. Das nach dem Abschluß der Hydratation einsetzende Trocknungsschwinden kann damit bei Hochleistungsbeton keine wesentliche Rolle spielen.

Während der Hydratation des Frischbetons wird dagegen die Packdichte im Beton erhöht. Die sehr gut aufeinander abgestimmte Matrix aus Wasser, Zement, Silicastaub und Feinsand setzt sich nach dem Ende der Fließmittelwirkung. Mit der Hydratation findet dann eine weitere Volumenabnahme statt, die als autogenes oder auch chemisches Schwinden bezeichnet wird. Ursache ist das geringere Volumen der Hydratationsprodukte gegenüber den Ausgangsstoffen Wasser und Zement. Es kann je nach Anteil an Silicastaub (SF) und Wasserbindemittelwert erhebliche Verkürzungen von bis zu 0,25 mm/m bewirken. Schon bei w/z-Werten um 0,30 und einem Silicagehalt um 8 % kann diese Größenordnung erreicht werden [62]. Die experimentelle Bestimmung des autogenen Schwindens ist wegen des frühen Einsetzens und der Überlagerung mit den Längenänderungen infolge Hydratationswärme aufwendig. Die Bestimmung der Verkürzung infolge autogenem bzw. chemischem Schwinden ist dennoch wichtig, da sie im Unterschied zur Verkürzung infolge Abkühlung nur den Beton, nicht jedoch die Bewehrung betrifft. Durch die Bereitstellung von zusätzlichem Wasser läßt sich das autogene Schwinden deutlich reduzieren. Für die Oberfläche kann dies z. B. durch eine geeignete Nachbehandlung geschehen. Noch besser ist die selbsttätige Nachbehandlung durch die Zugabe wassergesättigter Leichtzuschläge mit kleinem Korndurchmesser nach Reinhardt und Weber [96]. Bei kleinem Korndurchmesser des Leichtzuschlags sind nur geringe Einbußen der Druckfestigkeit zu verzeichnen.

Für die Bestimmung der Mindestbewehrung in Bauteilen, in denen sich diese Verkürzung nicht frei einstellen kann, muß das autogene Schwinden unbedingt beachtet werden. Bei langen Betonierabschnitten können die Verkürzungen Auflagerverschiebungen bewirken, deren Einfluß ebenfalls zu verfolgen ist. Grundlagen für die Bemessung zwangsbeanspruchter Bauteile aus Hochleistungsbeton hat Bergner in [14] erarbeitet.

Während das autogene Schwinden unabhängig von der Größe des Bauteils und seiner Oberfläche ist, wird das Austrocknungsschwinden von der wirksamen Dicke d_{eff} des Bauteils bestimmt (Gleichung 2.7). Die wirksame Dicke stellt eine Analogie zwischen einem beliebigen Querschnitt und einem flächengleichen Scheibenausschnitt her, dessen zwei freie Oberflächen der Trocknung ausgesetzt sind.

$$d_{eff} = \frac{2 \cdot A}{u} \tag{2.7}$$

mit: A   Fläche des Betonquerschnitts
      u   Umfangsteil des Querschnitts, welcher der Trocknung ausgesetzt ist

Endwerte $\varepsilon_{s\infty}$ für die Schwindverkürzung von Hochleistungsbeton sind in [31], Tabelle R6 angegeben. Das autogene Schwinden ist in diesen Endwerten als Anteil der Gesamtverkürzung bereits enthalten. Für den zeitlichen Verlauf des Austrocknungsschwindens können nach [66] die im EC 2 angegebenen Schwindkurven verwendet werden.

2.3.6 Kriechen

Die zeitabhängige Vergrößerung der elastischen Verformung unter Last wird als Kriechen bezeichnet. Für Druckspannungen unter 40 % der Zylinderdruckfestigkeit f_c ist die Kriechverformung proportional zur elastischen Verformung. Neben der wirksamen Dicke d_{eff} hat der Zeitpunkt der Belastung einen großen Einfluß auf die Größe der Kriechverformung.

Endkriechzahlen φ_∞ für Hochleistungsbeton sind in [31], Tabelle R7 angegeben. Für den zeitlichen Ablauf des Kriechens können nach [66] die in EC 2 angegebenen Kriechkurven verwendet werden. Die Endkriechzahlen für silicastaubhaltigen Hochleistungsbeton fallen deutlich niedriger aus als bei Normalbeton. Kleinere Kriechverluste für vorgespannte Bewehrungen aber auch geringere Lastumlagerungsmöglichkeiten bei statisch unbestimmten Tragwerken sind die Folge. Eine Aussage über verzögert elastische Verformungen, die nach DIN 4227-1 [37] für Normalbeton mit einer Verformungszunahme von immerhin 40 % berücksichtigt werden, fehlt in der DAfStb-Richtlinie [31]. Der Model Code 1990 [26] gibt für die Berücksichtigung der verzögert elastischen Verformung bei Berechnungen im Zustand I eine Abminderung der Steifigkeit auf 85 % an, was einem Verformungszuwachs von 18 % entspricht. Dieser Anteil wird durch Beobachtungen von Verformungen an einer großen Bogenbrücke mit $f_c \approx 55$ N/mm² bestätigt [124]. Der Model Code schlägt die gleiche E-Modul Abminderung für alle Festigkeiten bis $f_c = 80$ N/mm² vor.

3 Berechnungsgrundlagen

3.1 Bezeichnungen

Die in dieser Arbeit verwendeten Bezeichnungen sind weitgehend an die Nomenklatur des Model Code 1990 [26] angelehnt. Ein Verzeichnis der verwendeten Bezeichnungen ist als Anhang hinter den Literaturangaben beigefügt. Dieser Anhang enthält auch Umrechnungsfaktoren zwischen altem amerikanischem Maßsystem und SI-Einheiten, die bei der Auswertung von Versuchsergebnissen in dieser Arbeit verwendet wurden.

3.2 Maßstabseffekt

Die Bemessung von Betonbauteilen wird i. d. R. als reine Querschnittsbemessung durchgeführt. Den mit Hilfe der Elastizitätstheorie ermittelten Spannungen wird dabei auf der Materialseite eine Festigkeit gegenübergestellt. Eine solche vereinfachende Betrachtung ist nicht in der Lage, Maßstabseffekte zu erfassen, zumal wenn die Zugfestigkeit des Betons vernachlässigt wird.

Bei den Untersuchungen zum Zug- und Schubtragverhalten wurde häufig eine starke Abhängigkeit der im Versuch ermittelten Bruchspannungen von der Größe der verwendeten Probekörper beobachtet. Diese Abhängigkeit der rechnerischen Bruchspannung bei sonst ähnlicher Geometrie und gleicher Belastungsgeschichte wird als Maßstabseffekt bezeichnet. Das verwendete Material mit seinen Eigenschaften wie E-Modul, Festigkeit u. s. w. bleibt gleich. Bei linear-elastischer Rechnung wird als Versagenskriterium immer eine im Bauteil vorhandene Vergleichsspannung σ_v mit einer konstanten Materialbruchspannung bzw. Festigkeit σ_u verglichen. Die Zuordnung einer konstanten Spannung bzw. einer Flächenlast auf der Einwirkungsseite, die unabhängig von einer Vergrößerung des Bauteils bleibt, ist deshalb eine triviale Forderung (Gleichung 3.1). Die Belastung des untersuchten Bauteiles darf daher nicht mit dem Volumen vergrößert werden, wie dies beispielsweise beim Eigengewicht der Fall ist. Für Betonversagen infolge Separation wird als Vergleichsspannung häufig die Hauptzugspannung σ_1 der Betonzugfestigkeit gegenübergestellt. Das Versagenskriterium ist dann eine Normalspannungshypothese.

$$\sigma_v = \sigma_u \tag{3.1}$$

Als Beispiel für die maßstäbliche Veränderung von Geometrie und zugehöriger Belastung kann beispielsweise ein Einfeldträger mit Rechteckquerschnitt b × d und der Stützweite l dienen, der auf der Oberseite durch eine konstante Flächenlast q belastet wird (Bild 3.1). Wird der beschriebene Einfeldträger im Maßstab 2:1 vergrößert, so verdoppeln sich alle Abmessungen b, d und l. Die Last q bleibt konstant, so daß sich die über die Balkenbreite b aufintegrierte Gleichstreckenlast b·q ebenfalls verdoppelt. Berechnet man die Randspannung in Balkenmitte und setzt dabei bis zu einer Bruchspannung σ_u linear elastisches Werkstoffverhalten voraus, dann gehört unabhängig vom Maßstab des Balkens zum Erreichen von σ_u die gleiche Last q auf der Oberseite des Balkens. Es tritt also kein Maßstabseffekt auf, wenn der Werkstoff sich linear elastisch verhält und nach einer Festigkeitshypothese versagt.

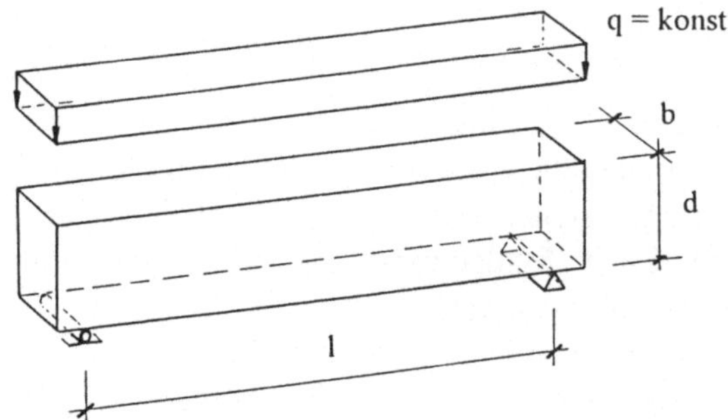

Bild 3.1:   Balken unter Gleichflächenlast

Analog kann auch die rechnerische Unabhängigkeit einer Schubspannung τ vom gewählten Maßstab gezeigt werden. Die Breite b geht unter den hier getroffenen Voraussetzungen bei Last, Schnittgrößen, Widerständen und Spannungen linear ein und kann deshalb bei der maßstäblichen Streckung unberücksichtigt bleiben.

Versagen hingegen maßstabstreu veränderte Balken unter unterschiedlicher Belastung q und damit auch unterschiedlicher Vergleichsspannung σ_v, so spricht man von einem Maßstabseffekt. Als Bezugsgröße für die Tragfähigkeit wird dabei im Massivbau vereinfachend keine Fläche, sondern die Bauteilhöhe d gewählt. Diese mechanisch zunächst inkonsequente Vorgehensweise beruht auf der Beobachtung, daß die Veränderung der Bauteilbreite keine signifikante Veränderung der ertragenen Belastung ergibt. Hingegen hat die Bauteildicke und damit der Dehnungsgradient einen starken Einfluß auf die Tragfähigkeit.

Maßstabseffekte werden häufig bei Bauteilen mit Rissen beobachtet. Im Stahlbetonbau wird die Rißbildung meist toleriert, da die ausgefallene Betonzugkraft

durch Bewehrung abgedeckt wird. Wo dies gelingt, tritt kein starker Maßstabseffekt mehr auf. Da die Bewehrung jedoch erst bei der Rißbildung aktiviert wird,
ist z. B. die Biegezugfestigkeit $f_{ct,fl}$ auch bei bewehrten Bauteilen maßstabsab-
hängig. Aus Biegezugversuchen ergibt sich bei Annahme einer linearen Spannungsverteilung eine deutliche Abhängigkeit der Biegezugfestigkeit $f_{ct,fl}$ von der Bauteildicke. Die Maßstabsabhängigkeit wurde im Entwurf für den Model Code 1990
über das Verhältnis der Querschnittshöhe h zu einer Bezugshöhe $h_0 = 100$ mm
dimensionslos beschrieben (Gleichung 3.2). Für große Bauteilhöhen h nähert sich
die Biegezugfestigkeit $f_{ct,fl}$ der zentrischen Zugfestigkeit f_{ct} an. Nach Grimm [46]
unterschätzt diese empirische Beziehung zwar für niedrige Druckfestigkeiten den
Maßstabseffekt, kann aber für mittlere und hohe Festigkeiten mit guter Übereinstimmung angesetzt werden.

$$f_{ct} = f_{ct,fl} \cdot \frac{2{,}0 \cdot \left(h / h_0\right)^{0,7}}{1 + 2{,}0 \cdot \left(h / h_0\right)^{0,7}} \qquad (3.2)$$

mit: h   Bauteilhöhe in mm

          h_0 Bezugshöhe $h_0 = 100$ mm

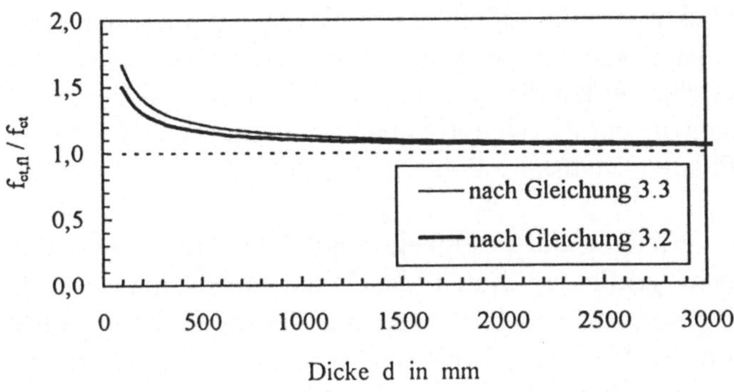

Bild 3.2: Maßstabsabhängigkeit der Biegezugfestigkeit $f_{ct,fl}$

In der endgültigen Fassung des Model Code 1990 [26] wurde Gleichung 3.2 durch
Gleichung 3.3 ersetzt, die eine bessere Übereinstimmung mit den Versuchsergebnissen bei niedrigen Festigkeiten ergibt. Die Bezugshöhe h_0 bleibt dabei
unverändert.

$$f_{ct} = f_{ct,fl} \cdot \frac{1{,}5 \cdot \left(h / h_0\right)^{0,7}}{1 + 1{,}5 \cdot \left(h / h_0\right)^{0,7}} \qquad (3.3)$$

Ein ähnlicher Effekt tritt beim Biegeschubversagen von Bauteilen ohne Schubbewehrung auf, das in den Kapiteln 4 und 6 noch näher untersucht wird.

Neben der empirischen und numerischen Beschreibung dieser Effekte werden drei
unterschiedliche Ansätze zur mechanisch-mathematischen Erklärung von Maßstabseffekten unter Zugbeanspruchung im Massivbau gewählt [12]:

a)   Ansätze über die beim Bruchvorgang freigesetzte Energie

b)   Ansätze über die zufällige Verteilung der Festigkeit im Material

c)   Ansätze über die fraktale Struktur von Mikroschädigungen

Ansätze der Gruppe c sind nicht in der Lage, Versuchsergebnisse zutreffend zu
beschreiben. Beton besitzt zwar als inhomogener Werkstoff eine Vielzahl von
Singularitäten und verteilten Mikrodefekten, die zu Beginn der Rißbildung zuerst
zu Mikroschädigungen führen [105]. Der Beton gleicht als innerlich vielfach statisch unbestimmter Werkstoff aber diese Inhomogenitäten bei der Rißbildung weitgehend aus, solange die mittlere Dehnung kontrolliert wächst. Schon bei noch
kleinen Rißflächen spielen Anfangsschwächungen nur noch eine untergeordnete
Rolle. Obwohl Untersuchungen des Rißverhaltens [122] zeigen, daß im Randbereich von gezogenen Probekörpern die Rißbildung einen größeren Bereich erfaßt
als im Inneren der Probe, kann kein maßgeblicher Einfluß der so entstehenden
räumlichen Rißfront festgestellt werden. So zeigen zentrische Zugversuche bereits
bei Querschnittsabmessungen in der Größenordnung des dreifachen Größtkorn-
durchmessers keinen signifikanten Maßstabseffekt mehr [97].

Ansätze über die zufällige Verteilung der Festigkeiten im Bauteil (b) basieren auf
der Annahme, daß in einem größeren Bauteil die Wahrscheinlichkeit für das
Unterschreiten eines bestimmten, für das Versagen maßgebenden Fraktilwertes
zunimmt. Es handelt sich um die klassische Erklärung von Maßstabseffekten. Zur
Beurteilung der Versagenswahrscheinlichkeit wird die 1939 von Weibull entwickelte Theorie verwendet. Sie beschreibt Ereignisse, für die das Auftreten eines
Elementes in einer großen Datenmenge ausschlaggebend ist. Mit der Weibull-
Verteilung wird u. a. auch die Lebensdauer von Geräten prognostiziert. Übertragen
auf Werkstoffe erhält man eine Aussage über die Versagenswahrscheinlichkeit
eines großen Bauteils infolge eines mikroskopischen Defektes. Die übliche Streuung der Zugfestigkeit von Beton ist jedoch auf ca. 20 % begrenzt. Maßstabseffekte
mit Festigkeitseinbußen von 50 % und mehr können damit nur unzureichend
erklärt werden. Auch das stabile Rißwachstum, das beispielsweise dem Biegeschubbruch vorausgeht und selbst eine große Zahl an Makrodefekten produziert,
paßt nicht zu den Voraussetzungen für die Anwendung der Weibull-Theorie.

Es bleiben die Ansätze über die beim Bruchvorgang freigesetzte Energie (a). Die Annahme, daß der Bruchvorgang bei Erreichen einer kritischen inneren Energie durch das Auslösen des Rißwachstums eingeleitet wird, ersetzt hier die Festigkeitshypothese. Verfahren zur Beschreibung des Bruchvorganges über die kritische Energie wurden in den 50er und 60er Jahren entwickelt, um Brüche in Metallen unter niedrigen Spannungen aber nach Vorschädigung durch Rißbildung zu beschreiben. Eine kurze Einführung in die bei Beton angewandten Ansätze gibt das folgende Kapitel 3.3.

3.3 Bruchmechanik

Das Hauptanwendungsgebiet der Bruchmechanik ist die Beschreibung des Rißwachstums und der Resttragfähigkeit in gerissenen Metallbauteilen. Sie findet damit vor allem im Maschinenbau ihre Anwendung, z. B. bei der Beurteilung der Restlebensdauer der Bauteile von Flugzeugen, Schiffen und Fahrzeugen aller Art. Voraussetzung für die Berechnung der Energie im Bereich der Rißspitze ist die Beschreibung des Spannungszustandes, der in Metallen von einer starken Kerbwirkung geprägt ist. Neben der linearelastischen Ermittlung der Spannungen wird deshalb in der elastisch-plastischen Bruchmechanik unmittelbar an der Rißspitze eine Fließzone zugelassen. Sie begrenzt die rechnerisch unendlich hohen Kerbspannungen unmittelbar an der Rißspitze sinnvoll durch die Fließgrenze des Stahls.

Unter den nachfolgend aufgeführten Ursachen für das Rißwachstum bei Metallen spielen die beiden ersten die weitaus wichtigste Rolle [20]. Die übrigen Ursachen gewinnen mit zunehmender Festigkeit, z. B. bei besonders vergüteten Spannstählen an Bedeutung.

- Ermüdung unter schwingender Last

- Spannungsrißkorrosion

- Kriechen bzw. Relaxation

- Chemisch begründeter Festigkeitsverlust, z. B. wasserstoffinduzierte Rißbildung

- Physikalisch begründeter Festigkeitsverlust, z. B. Rißbildung durch Beaufschlagung mit flüssigen Metallen

Durch die Lokalisierung der Schädigung in Rissen kann das Versagen nicht mehr mikroskopisch als reines Werkstoffverhalten beschrieben werden. Es muß vielmehr zusätzlich das Bauteilverhalten in der Umgebung der Rißspitze berücksichtigt werden. Als Bruchursache treten allgemein zwei Versagensmechanismen oder eine Kombination aus beiden auf:

- Separation

- Abscheren

Nach der auf die Rißspitze einwirkenden Verformung werden drei zugehörige Belastungsarten (Modi) unterschieden (Bild 3.3).

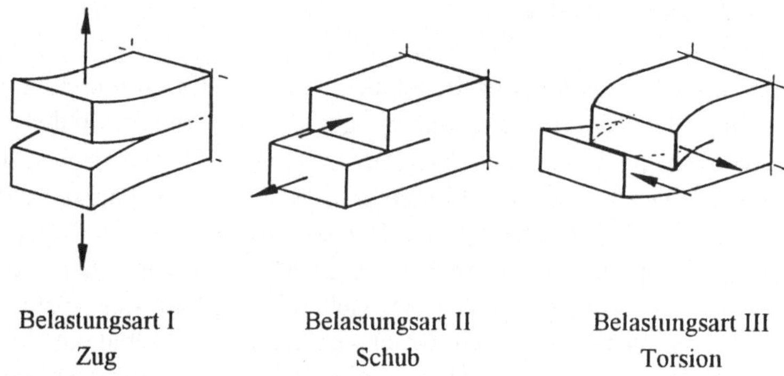

Bild 3.3: Die Belastungsarten

Seit Anfang der 80er Jahre werden bruchmechanische Ansätze auch zur Beschreibung des Versagens von Beton benutzt. Dabei muß wie im Metallbau die reine Querschnittsbetrachtung aufgegeben werden. Bazant entwickelte auf der Grundlage der im Bauteil gespeicherten Energie sein Maßstabsgesetz, das er auf verschiedene Arten des Schubversagens erweiterte [8], [9], [10], [11]. Reinhardt beschreibt ebenfalls die Übertragung der für Metalle entwickelten Bruchmechanik [95] auf Beton. Demnach beginnt das instabile Rißwachstum, wenn der Spannungsintensitätsfaktor K_I einen kritischen Wert K_c erreicht (Gleichung 3.4). Die kritische Spannungsintensität K_c ist dabei eine Materialeigenschaft, also maßstabsunabhängig. Die Spannungsintensität faßt dagegen alle Einflüsse auf die im Bauteil vorhandenen Spannungen σ_x, σ_y und τ_{xy} zusammen (Bild 3.4). Dazu gehört die einwirkende Belastung σ, die bestehende Rißlänge a sowie die darauf bezogene Geometrie von Bauteil und Riß. Der Einfluß der Geometrie wird im maßstabsunabhängigen Faktor β zusammengefaßt. Im Massivbau wird dabei immer ein ebener Spannungszustand vorausgesetzt, das heißt, die Querkontraktion wird als nicht behindert angenommen.

$$K_c \quad = \quad K_I \quad = \quad \sigma\,\beta\,\sqrt{a} \quad = \quad \sigma\,\sqrt{\pi\cdot a} \tag{3.4}$$

mit: σ Zugspannung im Bauteil außerhalb des Rißbereichs, äußere Last

a halbe Länge eines inneren, beidseitig begrenzten Risses

β Geometrieparameter, hier für einen inneren Riß (Bild 3.4): $\beta = \sqrt{\pi}$

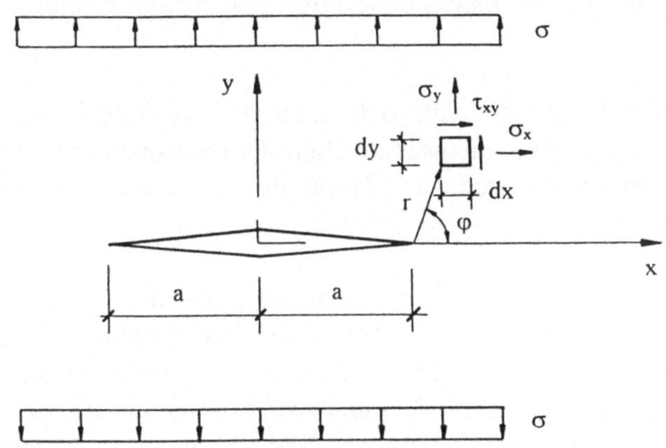

Bild 3.4: Riß der Länge 2 a innerhalb einer unendlichen Scheibe

Nimmt man vereinfachend das Rißbild und damit auch die Rißlänge proportional zur gewählten Bauteildicke d an, so erhält man bezogen auf eine Vergleichsdicke d_0 eine Maßstabsabhängigkeit der ertragbaren äußeren Spannung σ nach Gleichung 3.5. Die Spannungsintensität ist bei beiden Bauteilen gleich der kritischen Spannungsintensität K_c und kann damit gekürzt werden.

$$\frac{\sigma}{\sigma_0} \quad = \quad \frac{K_I\sqrt{\pi\cdot d_0}}{K_{I,0}\sqrt{\pi\cdot d}} \quad = \quad \sqrt{\frac{d_0}{d}} \tag{3.5}$$

Griffith zeigte bereits 1921, daß diese rein aus einer elastischen Scheibenberechnung ermittelten Zusammenhänge einfacher über die Energie ausgedrückt werden können [20]. Er fordert als Kriterium für das Rißwachstum da, daß die freigesetzte Energie $G = dU/da$ gleich der zum Rißwachstum benötigten kritischen Energie $G_c = dW/da$ ist. Die kritische, das Rißwachstum auslösende Spannung σ_c läßt sich durch Integration der Spannungen über die Dehnungen in einer Scheibe mit eingeschlossenem Riß nach Gleichung 3.6 ermitteln.

$$\sigma_c \;=\; \sqrt{\frac{E\,G_c}{\pi\,a}} \;=\; \frac{K_c}{\sqrt{\pi\,a}} \tag{3.6}$$

mit: E   E-Modul des linear-elastischen Werkstoffs
      a   halbe Länge eines inneren, beidseitig begrenzten Risses
      G_c kritische, zum Rißwachstum benötigte Energie
      K_c kritische, zum Rißwachstum benötigte Spannungsintensität
            (Gleichung 3.4)

Der Vergleich mit Gleichung 3.4 zeigt, daß auch dort eigentlich eine Energie-bedingung formuliert wird. Die unanschaulichen Dimensionen der Spannungs-intensität entstehen lediglich durch die Trennung in maßstabsabhängige und maßstabsunabhängige Anteile.

Bei der Anwendung der Bruchmechanik auf Betonbauteile müssen einige wichtige Unterschiede gegenüber Metallen berücksichtigt werden, die eine einfache Über-tragung aller Methoden ausschließen. Die Zugfestigkeit ist beim Beton wesentlich niedriger als die Druckfestigkeit. Das Versagen wird bei Beton durch Separation unter der Belastungsart I (Bild 3.3) bestimmt. Nach Erreichen der Zugfestigkeit fällt die im Riß übertragene Spannung mit zunehmender Dehnung stark ab. Bei Erreichen der Zugfestigkeit tritt also kein Fließen auf, so daß auch bei Annahme eines ebenen Spannungszustandes keine großen lokalen Verformungen in der Rißspitze auftreten, die einen wesentlichen Beitrag zur kritischen Energie G_c liefern können. Aufgrund der geringen Zugfestigkeit und der niedrigen Querdehnzahl ν treten vor der Rißbildung kaum nennenswerte Querzugspannungen auf, wenn die Querdehnung behindert wird. Ein ausgeprägter Unterschied zwischen ebenem Spannungs- und ebenem Dehnungszustand läßt sich daher in Betonbauteilen nicht beobachten.

Während sich im Stahl an der Rißspitze ein Fließbereich ausbildet, entsteht im Beton bei Annäherung an die Zugfestigkeit eine Zone mit Mikrorissen, die sich schließlich zu einem Sammelriß vereinigen. Der von Mikrorißbildung betroffene Bereich wird als Bruchprozesszone bezeichnet (Bild 3.5). Bazant und Oh bezeichnen den so entstehenden Streifen als Rißband [8]. Hillerborg projiziert die von der Mikrorißbildung betroffene Zone auf eine fiktive, ebene Rißfläche. Er beschreibt das Bruchverhalten von Beton an dem durch die Projektion gebildeten, fiktiven Einzelriß [56].

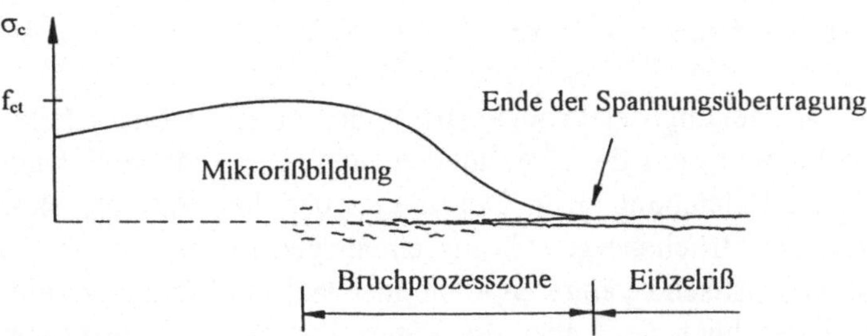

Bild 3.5: Bruchprozesszone

Als Folge der Mikrorißbildung gibt es im Beton keine physikalische Rißspitze. Zwischen dem Punkt im Riß, an dem keine Zugspannung mehr übertragen werden kann und dem Punkt mit der maximalen Spannung $\sigma_c = f_{ct}$ liegt ein Bereich, in dem der Riß in eine Vielzahl von Mikrorissen übergeht. Hillerborg ermittelt anstelle der einzelnen Rißöffnungen die Gesamtöffnung w seines fiktiven Risses, indem er den elastischen Anteil von der Gesamtverformung Δl einer Meßstrecke l abzieht, die genau eine vollständige Bruchprozesszone enthält (Bild 3.6).

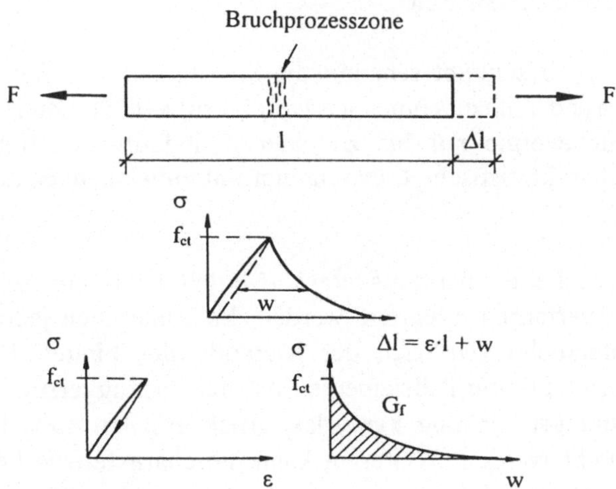

Bild 3.6: Verformungsverhalten von Beton unter Zugbeanspruchung

Die Fläche unterhalb der so ermittelten Zugspannungs-Rißöffnungsbeziehung $\sigma(w)$ (Bild 2.3) entspricht genau der Bruchenergie G_f des Werkstoffs, die unter

Punkt 2.3.4 eingeführt wurde. Sie ist die Energie, die pro Einheit vollständig geöffneter Rißfläche freigesetzt wird. Hillerborg beobachtete in Biegezugversuchen, daß die mit Hilfe der linear-elastischen Bruchmechanik ermittelte kritische Energie G_c für sehr große Abmessungen der Bruchenergie G_f des Betons zustrebt.

Als Maßstab für die Beurteilung der Probekörperabmessungen definiert Hillerborg die charakteristische Länge l_{ch} aus dem Energiegleichgewicht eines Zugkörpers mit genau einer Bruchzone (Gleichung 3.7). Der Zugkörper, bei dem die elastische Energie genau gleich der Bruchenergie G_f aus einem geöffneten Riß ist, hat die Länge $2 \cdot l_{ch}$. Die charakteristische Länge ist keine mechanische Größe, sondern ein reiner Rechenwert. Tatsächlich liegt aber die Länge der Bruchprozesszone oder der Rißabstand bei der Rißbildung bei etwa $0{,}3 \cdot l_{ch}$ bis $0{,}5 \cdot l_{ch}$ [56].

$$G_f \quad = \quad \int_{-l_{ch}}^{l_{ch}} \sigma \cdot \varepsilon \, dl \quad = \quad \frac{1}{2} \cdot f_{ct} \cdot \frac{f_{ct}}{E_c} \cdot 2 \, l_{ch} \qquad\qquad (3.7\,a)$$

$$l_{ch} \quad = \quad \frac{E_c \cdot G_f}{f_{ct}^{\,2}} \qquad\qquad (3.7\,b)$$

mit: E_c E-Modul des Betons
      G_f Bruchenergie nach Bild 3.7 bzw. Gleichung 2.6
      f_{ct} zentrische Betonzugfestigkeit

Die charakteristische Länge beschreibt sehr gut die Sprödigkeit von Beton unter Zugbeanspruchung. Während mit zunehmender Druckfestigkeit die Zugfestigkeit zunimmt, steigt die Bruchenergie nur bis zu einer Zylinderdruckfestigkeit um $80 \ N/mm^2$ an [97]. Die charakteristische Länge nimmt mit zunehmender Festigkeit dagegen ab.

Das von Hillerborg entwickelte „fictitious crack"-Modell kann nur schwer in vereinfachte Berechnungsverfahren integriert werden. Es eignet sich jedoch sehr gut für numerische Untersuchungen nach der Methode der Finiten Elemente (FEM). Durch die Verwendung von Rißelementen mit der im Zugversuch gemessenen Spannungs-Rißöffnungsbeziehung kann das Bruchverhalten auch bei sehr großen Bauteilen untersucht werden. Weiterhin kann die charakteristische Länge gut als Bezugsgröße für Bauteilabmessungen bei der empirischen Beschreibung von Maßstabseffekten verwendet werden [55].

Die korrekte Erfassung des abfallenden Astes in der Zugspannungs-Rißöffnungs-Beziehung ist für die mechanische Modellierung des Bruchverhaltens von Beton von großer Bedeutung. Die linear-elastische Bruchmechanik ist nicht in der Lage, den komplexen Bruchprozeß mit der von Mikrorissen geprägten Bruchprozesszone zu beschreiben. Die Entfestigung in der Bruchprozesszone muß daher berücksichtigt werden. Für Vergleichsrechnungen kann vereinfachend die in Bild 3.7 gezeigte Beziehung verwendet werden. Sie setzt am Ende der Zugkraftübertragung eine maximale Rißöffnung von 150 mm unabhängig von der Betonfestigkeit an. Die Völligkeit der Zugspannung-Rißöffnungs-Beziehung beträgt nach Gleichung 2.6 ca. 0,20.

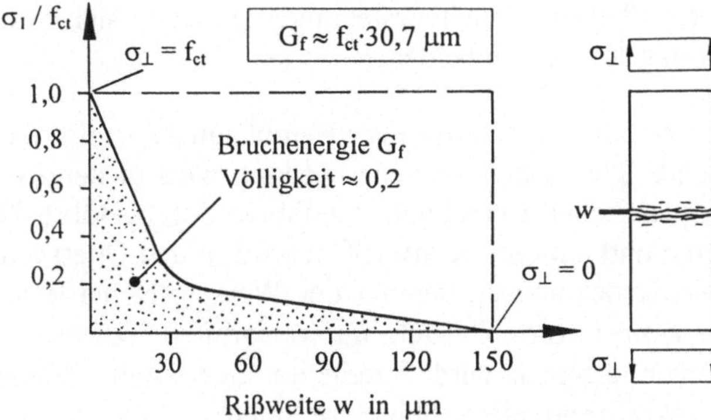

Bild 3.7: Vereinfachte Zugspannungs-Rißöffnungs-Beziehung

4 Schubversagen

4.1 Definition

Seit Ende der 50er Jahre war das Schubtragverhalten von Stahlbeton- und Spannbetonbalken mit und ohne Schubbewehrung Gegenstand zahlreicher Untersuchungen. Trotz der umfangreichen theoretischen und praktischen Arbeiten auf diesem Gebiet gibt es heute noch viele unterschiedliche Ansätze für eine mechanisch begründete Beschreibung des Tragverhaltens von Bauteilen ohne Schubbewehrung. Die unterschiedlichen Modellvorstellungen schlagen sich in den aus ihnen abgeleiteten Bemessungskonzepten nieder.

Die statische Berechnung und Bemessung stabförmiger Betonbauteile erfolgt meist nach der technischen Biegelehre. Die Schnittgrößenermittlung wird in der Regel mit elastischen, seltener auch plastischen Berechnungsverfahren durchgeführt. Das Gleichgewicht zwischen inneren und äußeren Kraftgrößen wird in den Querschnitten der Stäbe über die Spannungsdehnungsbeziehung der Werkstoffe hergestellt, indem nach der Hypothese von Bernoulli auch im verformten Zustand ein Ebenbleiben der Querschnitte vorausgesetzt wird. Bereits im ungerissenen Zustand gilt diese Annahme nur für querkraftfreie oder schubstarre Stäbe.

Wird ein Bauteil nicht alleine durch Biegung, sondern zusätzlich durch Quer- und Normalkräfte beansprucht, so wird neben den Dehnungsebenen oft auch das ertragbare Biegemoment beeinflußt. Die zusätzliche Schubbeanspruchung kann dazu führen, daß die Biegetragfähigkeit maßgebender Querschnitte beeinträchtigt wird. Ein durch Querkraft beanspruchtes Bauteil kann folglich versagen, bevor es die aus der Biegebemessung ermittelte Traglast cal $M_{u,fl}$ erreicht. Man spricht von Schubversagen. Je nach Höhe der Schubbeanspruchung treten verschiedene Arten des Schubversagens auf, die in Kapitel 4.2 kurz beschrieben werden.

Die Schubbemessung hat die Aufgabe, das Erreichen der vollen rechnerischen Biegetragfähigkeit cal $M_{u,fl}$ durch Verhinderung eines vorzeitigen Schubbruchs sicherzustellen. Die Beurteilung der Schubtragfähigkeit kann am erreichten Anteil der Biegetragfähigkeit orientiert werden. Eindrucksvoll und treffend beschreibt Kani die Auswirkung des Schubbruchs [60]. Mit der Interpretation der Schubtragfähigkeit als Schubtal in der Ebene $M_{u,exp}$/cal $M_{u,fl}$ veranschaulicht er das Unterschreiten der Biegetragfähigkeit (Bild 4.1). Die Aufgabe der Schubbemessung ist dieser Interpretation folgend eine tragfähige Brücke über das Schubtal zu bauen.

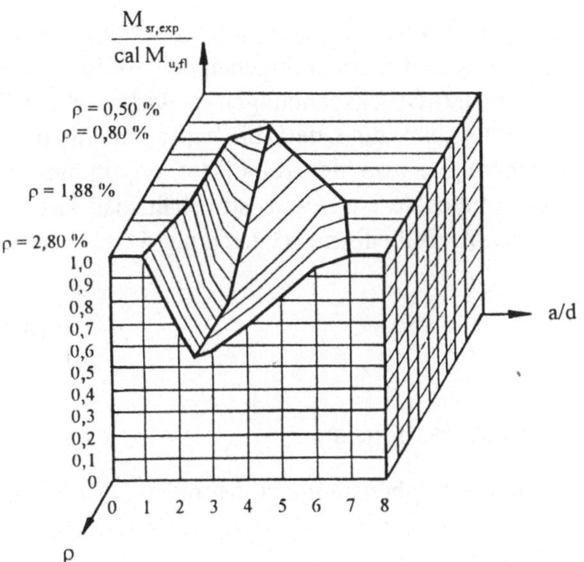

Bild 4.1: Schubtal nach Kani [60]

Für die Formulierung der Schubtragfähigkeit ist die Verknüpfung mit der rechnerischen Biegetragfähigkeit cal $M_{u,fl}$ sehr aufwendig, da der unter einer Querkraft V erreichte Anteil der Biegetragfähigkeit von vielen Einflüssen abhängt. Dazu gehört insbesondere auch die Stahlgüte der Längsbewehrung. Unter Vernachlässigung der Interaktion von Biegung und Schub bzw. Biegung, Schub und Normalkraft wird deshalb analog zum reinen Biegeversagen die Schubtragfähigkeit häufig unabhängig von Biegemoment und Normalkraft betrachtet.

Nach der technischen Biegelehre können aus den Gleichgewichtsbedingungen am Balken die wesentlichen Komponenten der Querkraft V aus der Änderung des Biegemomentes dM/dx ermittelt werden (Gleichung 4.1). Die erste Komponente resultiert aus der Änderung der Gurtkräfte und erzeugt damit Schubspannungen im Steg zwischen den Gurten. Die zweite Komponente resultiert aus der Neigung der Gurtkräfte gegeneinander und verursacht damit eine Änderung des inneren Hebelarmes z. Bei der Schubbemessung wird meist vereinfachend der Hebelarm der inneren Kräfte als konstant angenommen. Die zweite Komponente wird damit zu Null. Lediglich bei gevouteten Trägern wird sie berücksichtigt.

$$V = \frac{dM}{dx} = \frac{d(F_s \cdot z)}{dx} = \frac{dF_s}{dx} \cdot z(x) + F_s(x) \cdot \frac{dz}{dx} \qquad (4.1)$$

Nach der Elastizitätstheorie läßt sich die im Querschnitt wirkende Schubspannung τ_{xz} über die Änderung der Biegespannungen $d\sigma_x$ pro Längeneinheit dx berechnen (Bild 4.2). Die Resultierenden der Zug- und Druckspannungen σ_x wirken ebenfalls parallel zur Stabachse. Sie können damit nicht zur Querkraft beitragen. Integriert man die Änderung $d\sigma_x/dx$ der Spannungen von der Randfaser an, in der die Schubspannung τ_{xz} wegen des freien Randes zu Null wird, so erhält man aus den Gleichgewichtsbedingungen die sogenannte Dübelformel (Gleichung 4.2).

$$\tau_{xz}(z) = \frac{V_z \cdot S_y(z)}{I_y \cdot b(z)} \qquad (4.2)$$

mit: $S_y(z) = \int z\,dA$ statisches Moment

$\quad\;\; I_y(z) = \int z^2\,dA$ Flächenträgheitsmoment, Moment 2. Ordnung

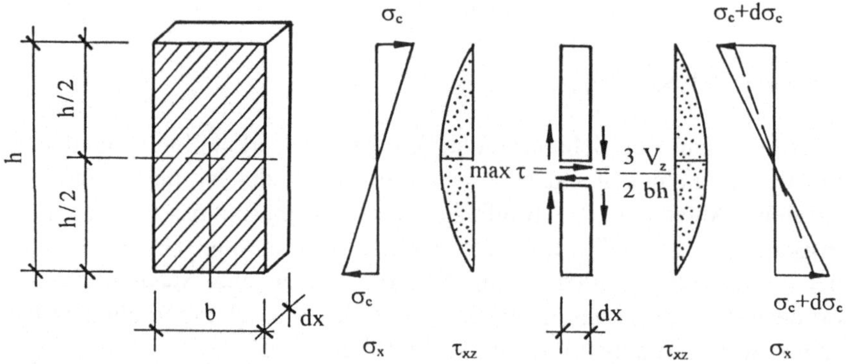

Bild 4.2: Schubspannungsverteilung im Zustand I nach Gleichung 4.2

Bei ungerissenen Rechteckquerschnitten mit linear-elastischen Werkstoffen erhält man den Maximalwert der Schubspannung τ_{xz} in Höhe der Schwerachse aus dem Kräftegleichgewicht nach Gleichung 4.3 (Bild 4.2).

$$\max \tau_{xz} = \frac{1}{4} \cdot \frac{d\sigma_c bh}{b \cdot dx} = \frac{6}{4} \cdot \frac{dM}{dx} \cdot \frac{1}{bh} = \frac{3}{2} \cdot \frac{V_z}{b\,h} \qquad (4.3)$$

Bei Stahlbetonquerschnitten im Zustand II ist die Dehnsteifigkeit der gesamten Zugzone dagegen auf die Bewehrung konzentriert. Unterstellt man trotz Querkraft und damit geneigter Biegerisse einen ebenen Querschnitt, so erhält man bei Anwendung der Gleichung 4.2 eine Schubspannungsverteilung nach Bild 4.4. Der Maximalwert $\max \tau_{xz}$ bleibt in der Zugzone konstant auf dem Wert nach Gleichung 4.4. Allgemein entspricht Gleichung 4.4 dem ersten Traganteil aus Gleichung 4.1 bei konstantem Hebelarm der inneren Kräfte z.

$$\max \tau_{xz} \ = \ \frac{dF_{s,x}}{b \cdot dx} \ = \ \frac{dM}{b\,z \cdot dx} \ = \ \frac{V_z}{b \cdot z} \tag{4.4}$$

mit: $V_z \quad = dM / dx$
  $z \qquad$ Hebelarm der inneren Kräfte, konstant

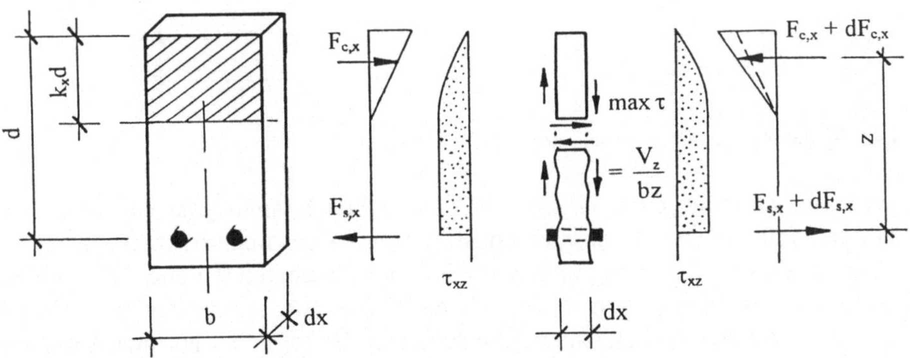

Bild 4.3: Rechnerische Schubspannungsverteilung im Zustand II

Während in der deutschen Normung die nominelle Schubspannung τ nach Gleichung 4.4 verwendet wird, beziehen die meisten internationalen Normen die Querkraft V einfach auf den statischen Querschnitt (Gleichung 4.5).

$$\tau \ = \ \frac{V}{b \cdot d} \tag{4.5}$$

Im ungerissenen Bauteil ist die Schubspannung τ_{xz} nur eine Hilfsgröße, über die bei geneigten Hauptspannungen σ_1 und σ_2 der Spannungszustand in lokalen Stabkoordinaten ausgedrückt wird (Bild 4.4). Erreicht die Hauptzugspannung σ_1 die Zugfestigkeit, so entstehen Mikrorisse die sich schließlich zu Rissen verbinden. In der überwiegenden Zahl aller Fälle werden die Risse im Modus I, also unter der Hauptzugspannung σ_1 durch Separation gebildet (Bild 3.3). Für den Fall, daß senkrecht zur Balkenachse keine Spannung σ_z wirkt, kann die Hauptzugspannung σ_1 nach Gleichung 4.6 ermittelt werden.

$$\sigma_1 \quad = \quad \frac{\sigma_x}{2} + \sqrt{\frac{\sigma_x^{\,2}}{4} + \tau_{xz}^{\,2}} \tag{4.6}$$

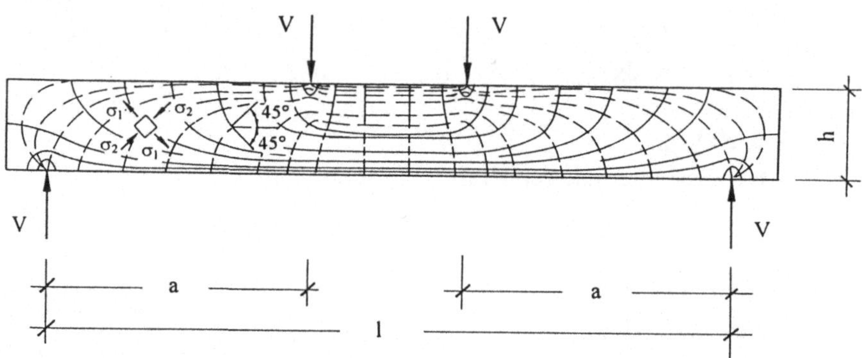

Bild 4.4: Spannungszustand in einem ungerissenen Balken

Die gerissene Zugzone entzieht sich einer einfachen Spannungsbetrachtung. Die Risse folgen anfangs den Druckspannungstrajektorien des ungerissenen Zustandes. In Abhängigkeit von Belastung und Bauteilgeometrie entstehen dabei unterschiedliche Rißbilder. Abhängig von der durch die Rißbildung aktivierten Bewehrung werden drei Versagensmechanismen unterschieden. Bevor näher auf den Anteil der einzelnen Komponenten der Querkraftabtragung eingegangen wird, müssen daher die verschiedenen Versagensformen gegeneinander abgegrenzt werden. Die Unterscheidung erfolgt anhand der Rißbildung und der zum Versagen führenden Kinematik.

4.2 Arten des Schubversagens

Im Unterschied zum Biegeversagen wird das Schubversagen durch Risse gekennzeichnet, die nicht normal zur Balkenachse verlaufen. Die Neigung dieser sogenannten „Schubrisse" wird durch die schiefen Hauptzugspannungen σ_1 des Zustandes I bestimmt. Die Risse werden zumindest an der Rißspitze im Modus I (siehe Kapitel 3) durch Separation geöffnet. Schubrisse bleiben infolge ihrer Neigung nicht auf einen Querschnitt im Sinne der technischen Biegelehre beschränkt, sondern besitzen durch ihre Neigung in Richtung der Balkenachse eine Ausdehnung.

Hierdurch wird das Ebenbleiben der Querschnitte eingeschränkt, welches eine Voraussetzung für die Anwendung der technischen Biegelehre darstellt. Die Neigung der Risse verursacht zusätzlich zu den Beanspruchungen eines ebenen Querschnitts weitere sekundäre Beanspruchungen. Dazu gehören lokale Konzentrationen von Hauptdruckspannungen zu geneigten Druckstreben oder die Dübelbeanspruchung der Zugbewehrung in den geneigten Rissen.

4.2.1 Biegeschubversagen

Mit Biegeschubversagen wird der Schubbruch bezeichnet, bei dem sich der zum Versagen führende Riß aus einem Biegeriß bildet. Der Biegeschubbruch bestimmt das Versagen von schlanken Balken mit Rechteckquerschnitt oder Querschnitten mit schwach profilierter Zugzone. Die Schubschlankheit a/d der Balken ist als Verhältnis von Lastabstand a zu statischer Höhe d definiert. Oberhalb einer Schubschlankheit von a/d = 3 kann der in Bild 4.5 skizzierte Versagensvorgang beobachtet werden.

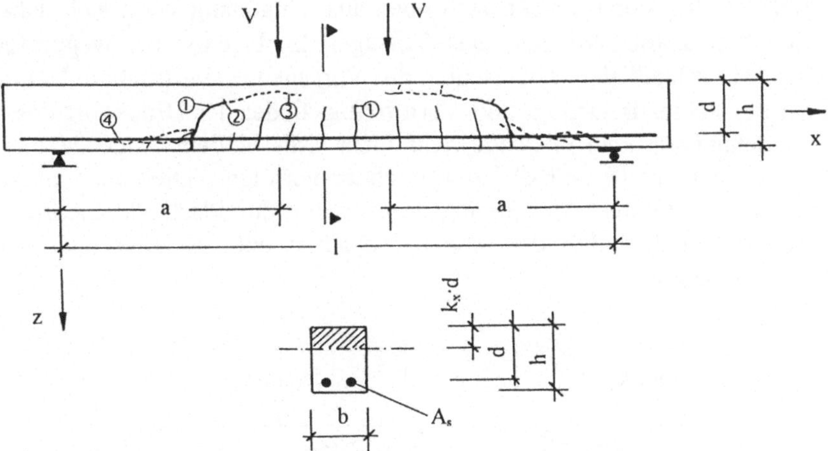

Bild 4.5: Biegeschubversagen

Nach Überschreiten der Betonzugfestigkeit in der gezogenen Randfaser bilden sich zunächst Biegerisse ①, die mit steigender Belastung weiter in den Querschnitt vordringen. In den Schubfeldern folgt der Rißverlauf ① dabei den Trajektorien der Hauptdruckspannungen des Zustandes I. Die Neigung gegenüber der Stabachse hängt dabei vom Verhältnis der Querkraft V zum Rißmoment M_{cr} ab und liegt häufig um 70° (Bild 4.4, Bild 4.5). Nach weiterer Laststeigerung beginnt bei den äußeren Biegerissen des Schubfeldes ein noch stabiles Abdrehen der Rißspitze ② in Richtung Lasteinleitung.

Durch die Kinematik der geneigten Biegerisse wird eine Dübelbeanspruchung des Zugbandes auf der Auflagerseite aktiviert. Am Ende des stabilen Rißwachstums stellt sich zwischen Angriffspunkt der Dübelkraft und Rißspitze ein Winkel von ca. 45° ein. Die Querkrafttragfähigkeit des Biegeträgers ist erschöpft. Jeder weitere Rißfortschritt bringt im Rißbereich höhere Verformungen der Gurte von der Stabachse weg als parallel zu ihr. Gleichzeitig wachsen nun sowohl der maßgebende Biegeschubriß ③ und der Dübelriß ④ instabil. Damit versucht der Balken eine Systemumlagerung in ein Sprengwerk bestehend aus Zugband und Druckstreben zwischen den Kraftangriffspunkten zu vollziehen. Die Rißrichtung spiegelt diese Drehung von $\tan \theta = 1$ auf $\tan \theta = k_z \cdot d/a$ wieder. Dieser Rißbildungsprozess löst den Stab im Sinne der technischen Biegelehre endgültig in ein System aus Zug- und Druckstreben auf. Die Biegeschubrißlast V_{sr} ist damit die Obergrenze für die Schubtragfähigkeit stabförmiger Bauteile im Sinne der Elastizitätstheorie. Sie ist gleichwertig mit der Traglast V_u eines unverbügelten Querschnitts.

Bei Stahlbetonbalken mit kleinem Längsbewehrungsgrad ρ und entsprechend niedriger Druckzone führt das instabile Rißwachstum direkt zum Versagen. Entweder durchtrennt der Riß die Druckzone noch vor der Lasteinleitung, oder der isolierte obere Teil der Druckzone knickt nach oben aus. Ungünstig wirkt sich daher eine große Schubschlankheit a/d aus. Das Versagen läuft selbst bei weggesteuerten Versuchen sehr schnell ab, da bei Beginn des Versagens die ertragbare Last abfällt. Selbst bei konstanter Belastung und Verformung findet der Druckgurt des aufgespaltenen Schubfelds kein Gleichgewicht mehr. Mit bloßem Auge ist das Fortschreiten beider Risse ③ und ④ kaum noch zu verfolgen. Die u. a. von Muttoni [86] bereits aufgezeigten Anwendungsgrenzen für die Plastizitätstheorie zeigen sich besonders deutlich bei den Stahlbetonbalken mit mittleren und niedrigen Längsbewehrungsgraden.

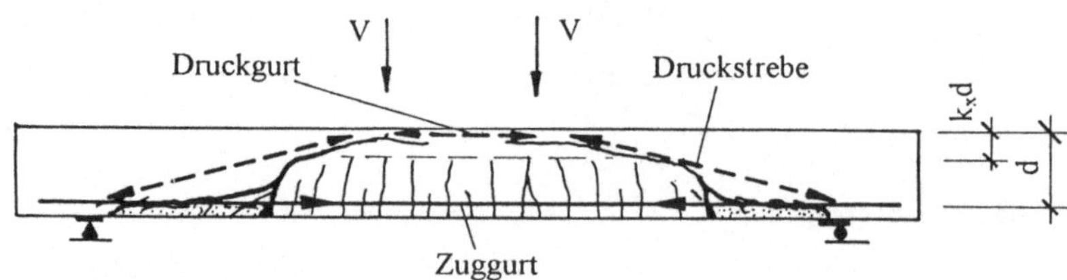

Bild 4.6: Systemumlagerung in ein Sprengwerk

Bei hochbewehrten Stahlbetonbalken und bei Spannbetonbalken mit entsprechend hoher Druckzone verläuft die Rißbildung langsamer. Die bei Beginn des Rißwachstums vorhandene Querkraft kann vollständig in ein Sprengwerk umgelagert werden (Bild 4.6). Das Wachstum der Risse ③ und ④ bei stehender Last kann besser verfolgt werden. Die Rißstrecke ① bis ④ bildet einen einzigen Trennriß zwischen dem Zuggurt und den Druckstreben. Die Höhe der Biegedruckzone wird durch den Trennriß auf 30 % bis 50 % der Druckzonenhöhe bei intakten Dehnungsebenen reduziert. Unter den Lastplatten bilden sich Gelenke aus, so daß das Sprengwerk nur bei annähernd symmetrischer Last stabil bleibt. Der Riß ③ (Bild 4.5) wandert häufig unter den Lastplatten hindurch und durchtrennt auch die Druckzone im benachbarten Bereich unter reiner Biegung. Als Beispiel für eine besonders große Laststeigerung nach der Umlagerung ist in Bild 4.7 und Bild 4.8 der Schubversuch S 3.4 von Grimm [46] dargestellt. Für die gelungene Umlagerung ist vor allem der hohe Längsbewehrungsgrad $\rho = 3{,}57\ \%$ verantwortlich.

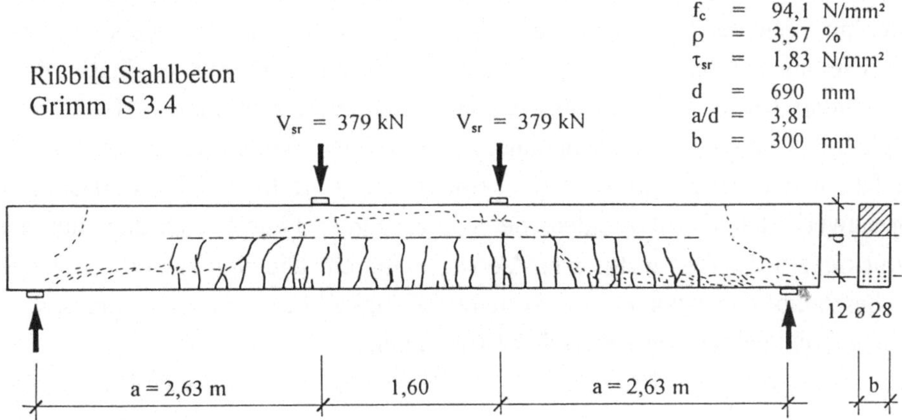

Bild 4.7: Schubversuch S 3.4 von Grimm [46]: instabile Rißbildung

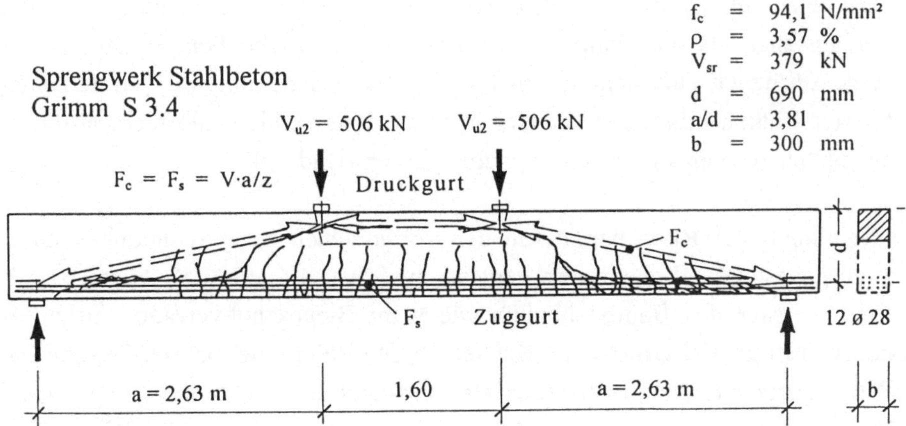

Bild 4.8: Schubversuch S 3.4 von Grimm [46]: Sprengwerk

Obwohl die im Versuch ermittelte Laststeigerung nach dem Aufreißen der Schubfelder kaum auf allgemeine Bauteile übertragen werden kann, wird häufig die Versagenslast V_{u2} des umgelagerten Systems als Bruchlast angegeben. Für Berechnungen nach technischer Biegelehre mit elastischer Schnittgrößenermittlung und elastischer oder plastischer Querschnittsbemessung ist diese Vorgehensweise nicht zulässig. Auch bei Verfahren mit plastischer Schnittgrößenermittlung ist eine Aufspaltung von Stäben in unabhängige Zug- und Druckzonen mit komplexer Kinematik nicht sinnvoll. Die Querkraft V_{sr} und die zugehörigen Momente und Normalkräfte bei Beginn des instabilen Rißwachstums sind deshalb als Versagenslasten im Sinne der Berechnungsgrundlagen für stabförmige Tragwerke zu bewerten. Die im Sprengwerk mögliche Laststeigerung kann nur qualitativ für die Beurteilung der Sprödigkeit des Versagensvorgangs und für die Beschreibung möglicher Lastumlagerungen herangezogen werden. Wegen der Krümmung wird die Druckzone dabei durch die gerissene Zugzone gestützt. Eine Entlastung des Sprengwerks kann, insbesondere bei vorgespannter Längsbewehrung, durch das Zurückfedern des Zuggurtes zum Versagen führen. Die Sprengwerktragfähigkeit V_{u2} beschreibt daher immer eine Systemtragfähigkeit bei einmalig progressiver Belastung, nicht jedoch eine Querschnittstragfähigkeit.

4.2.2 Schubzugbruch

Bei Bauteilen mit profiliertem Zuggurt kann die Randzugspannung σ_x deutlich kleiner ausfallen als die Hauptzugspannung σ_1 im anschließenden Steg, in dem außer σ_x zusätzlich eine Schubspannung τ_{xz} wirkt (Gleichung 4.6). In den Stegen profilierter Balken können sich daher geneigte Risse bilden, die nicht aus Biegerissen entstehen. Man spricht von Schubzugrissen (Bild 4.9).

Die Neigung θ der Risse hängt von den vorhandenen Längsspannungen ab. Bei nicht vorgespannten Biegeträgern liegt sie zwischen 40° und 45°. Ohne Bügelbewehrung versagt das Bauteil ähnlich wie beim Biegeschubversagen durch Aufspalten von Zug- und Druckgurt. Bei sehr breiten Flanschen ist ein Durchtrennen des Druckgurtes nicht zu beobachten. Es ergibt sich eine plattenartige Umlagerung ähnlich einem Durchstanzproblem. Die das Versagen bestimmenden Risse trennen dann zunächst den Gurt parallel zur Stabachse vom Steg, bis der Gurt unter lokaler Biegung versagt.

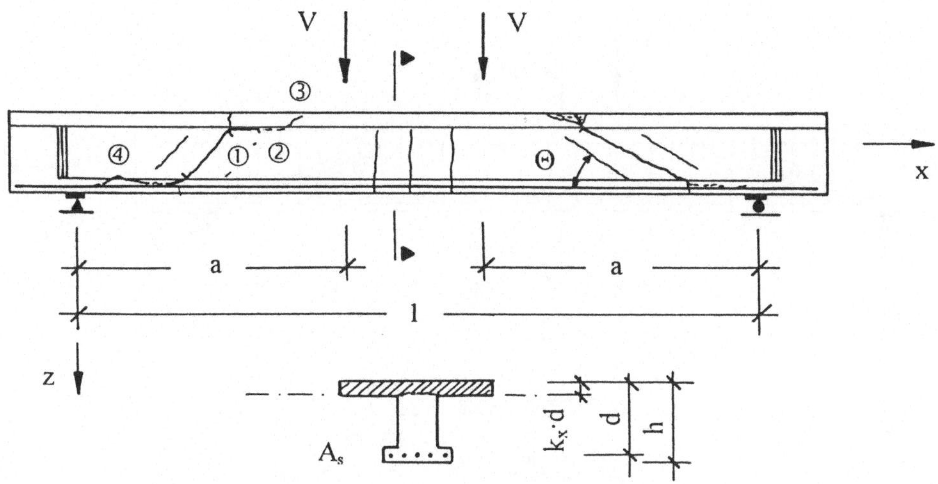

Bild 4.9: Schubzugbruch

Im Unterschied zum Biegeschubversagen läßt sich beim Schubzugbruch die Rißlast einfach über die Hauptzugspannungen im Steg bestimmen. Der Spannungszustand im Steg kann bis unmittelbar vor Ausbildung der Schubrisse noch gut im Zustand I berechnet werden. Die Rißbildung wird eingeleitet, wenn die größte, so berechnete, schiefe Hauptzugspannung σ_1 die Betonzugfestigkeit f_{ct} erreicht. Im Unterschied zum Biegeschubbruch ist die Ermittlung der Rißlast beim Schubzugbruch daher trivial. Der Schubzugbruch wird daher in dieser Arbeit nicht weiter verfolgt.

Schubzugrisse treten auch bei profilierten Balken mit niedriger Schubbewehrung auf. Dort kann durch die Aufnahme der Rißkräfte in den Bügeln eine erhebliche Laststeigerung erzielt werden. Die Querkraft wird fachwerkartig über geneigte Betondruckstreben und die Stahlzugkräfte der Bügel aufgenommen. Der Bruch wird dort entweder durch das Fließen der Bügel oder durch die damit verbundene sekundäre Rißbildung ausgelöst [53]. Die schiefen Hauptdruckspanungen σ_2 können dabei infolge Rißreibung deutlich flacher geneigt sein als die Schubrisse.

4.2.3 Druckstrebenversagen

Bei profilierten Balken mit hoher Schubbewehrung erreichen die Bügel ihre Streckgrenze nicht mehr. Die Druckspannungen wachsen in den schrägen Druckstreben mit steigender Schubbeanspruchung an, bis der durch die Schubrißbildung vorgeschädigte Beton unter der Druckbeanspruchung versagt (Bild 4.10).

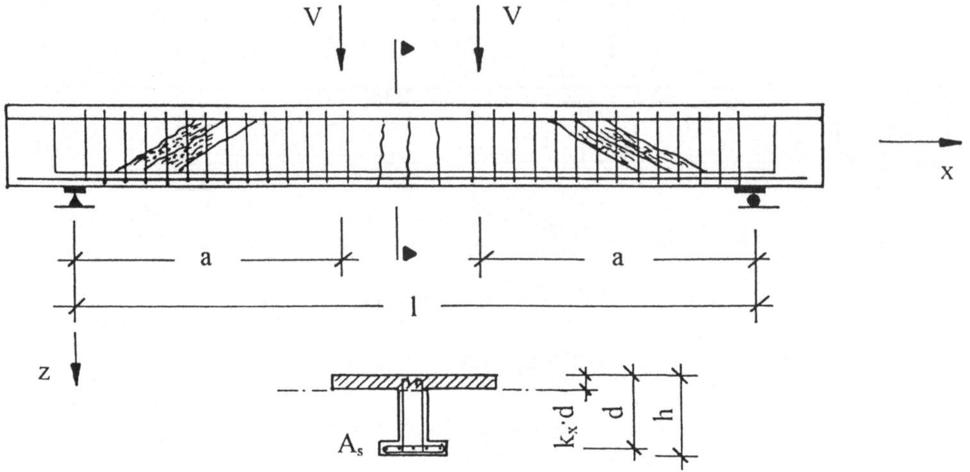

Bild 4.10: Druckstrebenversagen

Im Unterschied zu profilierten Balken mit niedriger Schubbewehrung bleibt die Fachwerkwirkung der schiefen Druckstreben und Bügel bis zum Bruch erhalten. Auch die Neigung θ der Druckstreben ändert sich wegen der niedrigen Bügeldehnung kaum. Die Rißweiten der Schrägrisse bleiben klein. Erst mit dem Fließbeginn der Bügel können sich flachere Rißneigungen einstellen. Verbunden mit den flacheren Rissen ist jedoch eine spürbare Abnahme der mittleren Druckfestigkeit in den stark geschädigten Stegen.

Da die Querkrafttragfähigkeit durch eine weitere Erhöhung der Schubbewehrung nicht mehr gesteigert werden kann, begrenzt das Druckstrebenversagen die Querkrafttragfähigkeit eines Bauteils.

Im Rahmen dieser Arbeit soll jedoch vorrangig das Schubtragverhalten von Balken ohne Schubbewehrung behandelt werden. Mehr als bei anderen Formen des Schubversagens bauen die Berechnungsansätze dort noch immer weitestgehend auf empirischen Untersuchungen auf.

4.3 Komponenten der Querkraftabtragung

An der Abtragung von Querkräften in Betonbalken sind viele verschiedene Tragwirkungen beteiligt. Die meisten der im folgenden beschriebenen Tragwirkungen werden in den bekannten Rechenmodellen zur Ermittlung der Schubtragfähigkeit herangezogen (Bild 4.11). Die Wertung der Anteile an der Schubbruchlast V_u ist jedoch sehr unterschiedlich.

Zu den beiden aus der Stabstatik abgeleiteten Grundanteilen nach Gleichung 4.1 kommen weitere Anteile hinzu, die nicht mit der technischen Biegelehre vereinbar sind. Dazu gehört die Dübelwirkung der Längsbewehrung, die infolge der Rißneigung und der damit verbundenen Verletzung der Bernoulli-Hypothese vom Ebenbleiben der Querschnitte aktiviert wird.

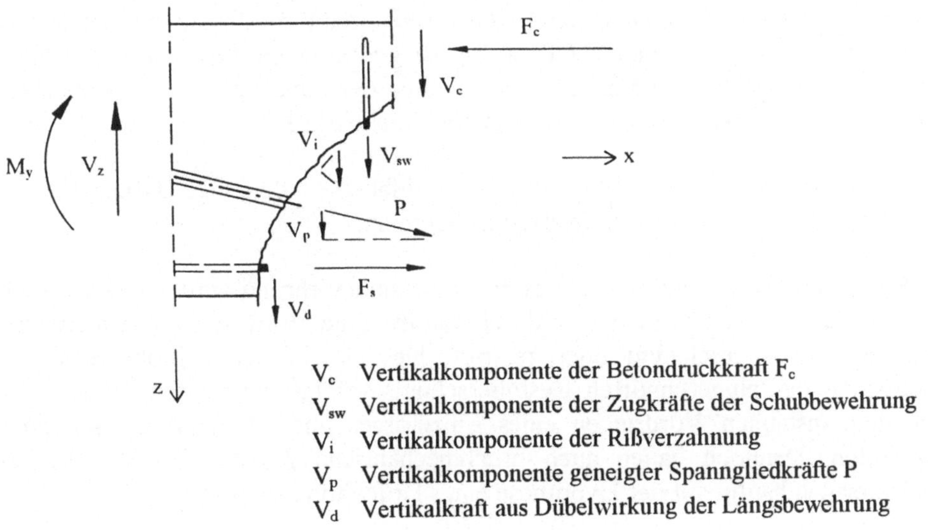

V_c Vertikalkomponente der Betondruckkraft F_c
V_{sw} Vertikalkomponente der Zugkräfte der Schubbewehrung
V_i Vertikalkomponente der Rißverzahnung
V_p Vertikalkomponente geneigter Spanngliedkräfte P
V_d Vertikalkraft aus Dübelwirkung der Längsbewehrung

Bild 4.11: Querkraftkomponenten (Darstellung unmaßstäblich)

4.3.1 Querkraftanteil des ungerissenen Betonquerschnittes

Solange der Beton ungerissen im Zustand I bleibt, übernimmt er die gesamte Querkraft. Die eingelegte Schubbewehrung kann wegen des geringen Flächenanteils kaum Kräfte übernehmen. Nach dem Übergang in den Zustand II kann die Betondruckzone noch immer einen maßgebenden Anteil der Querkraft übernehmen. Ein starker Einfluß wird in der Literatur der Neigung der Druckkraft in der Druckzone zugeschrieben. Neben der Neigung der Druckkraft wird auch die mittlere Druckspannung als maßgebend für die Querkrafttragfähigkeit der Druckzone genannt [46]. Mit zunehmender Druckkraft bei konstanter Höhe der Druckzone steigt die Möglichkeit, die schiefen Hauptzugspannungen infolge Biegung und Querkraft zu überdrücken oder zumindest unterhalb der Betonzugfestigkeit zu halten. Drucknormalkräfte, welche die gerissenen Bereiche in den Schubfeldern verkleinern, wirken sich günstig auf die Schubtragfähigkeit aus.

Die meisten Ansätze, unabhängig ob elastisch oder plastisch, leiten die Schubtragfähigkeit der Betondruckzone aus ihrer Tragfähigkeit für die Druckstreben in Fachwerk-, Sprengwerk, oder Bogen-Zugband-Modellen ab. Bazant führt in seinen bruchmechanischen Untersuchungen einen Teil des Maßstabseffektes beim Schubbruch auf die Mikrorißbildung in der Druckzone zurück [12].

Der Querkraftanteil der Druckzone geht mit zunehmender Aktivierung der Schubbewehrung zurück. Das entstehende Fachwerk treibt die Risse zwischen den geneigten Betondruckstreben weiter in die Biegedruckzone vor. Prinzipiell kann dies auch bei einer starken Verdübelungswirkung der Längsbewehrung beobachtet werden, da der Dübel wie ein einzelner Betonbügel wirkt [7].

Bei Balken mit Schubbewehrung wird die Tragfähigkeit der ungerissenen Druckzone durch die Druckfestigkeit des Betons begrenzt.

Bei Balken ohne oder mit nur sehr geringer Schubbewehrung wird die Druckzone während der Biegeschubrißbildung durch das instabile Vordringen von meist nur einem Riß stark geschädigt oder zerstört. Der Druckbruch am oberen Querschnittsrand des eingeschnürten Restquerschnitts erfolgt ganz offensichtlich erst nach dem instabilen Vordringen eines Einzelrisses und ist damit als sekundär einzustufen. Dennoch bauen auch bruchmechanische Ansätze für das Biegeschubversagen häufig auf der Hypothese eines Druckbruchs auf [12].

4.3.2 Dübelwirkung der Längsbewehrung

Beim Übergang in den Zustand II neigen sich die Biegerisse von querkraftbeanspruchten Bauteilen entsprechend der Richtung der Hauptdruckspannung σ_2. In Balkenlängsrichtung entsteht ein Versatzmaß v zwischen Rißspitze und Kreuzungspunkt mit der Zugbewehrung. Mit fortschreitender Rißöffnung erfährt die Längsbewehrung folglich eine Scherbeanspruchung (Bild 4.12). Die dabei aktivierte Dübelkraft V_d belastet die auflagerseitige Betonüberdeckung. Solange die Kraft dort nicht zum Absprengen der Betonüberdeckung ausreicht, wird ein Anteil der Querkraft über den Riß hinweg transportiert (Bild 4.13). Mörsch schrieb

bereits 1920 der Dübelwirkung einen wesentlichen Anteil an der Querkrafttragfähigkeit zu [84]. In den folgenden Jahren wurde jedoch die Verdübelungswirkung
der Längsbewehrung zusammen mit den anderen Komponenten der gerissenen
Zugzone in den meisten Rechenansätzen vollständig vernachlässigt. Ab 1960
zeigten nähere Untersuchungen, wie die von Acharya und Kemp [1], daß diese
Vernachlässigung zu einer physikalisch nicht exakten Beschreibung des Biegeschubversagens führen kann. Mehrfach wurde festgestellt, daß der Ausfall der
Verdübelungswirkung der Längsbewehrung eine kinematische Voraussetzung für
das Eindringen der Schrägrisse in die Biegedruckzone darstellt [69], [97], [125].

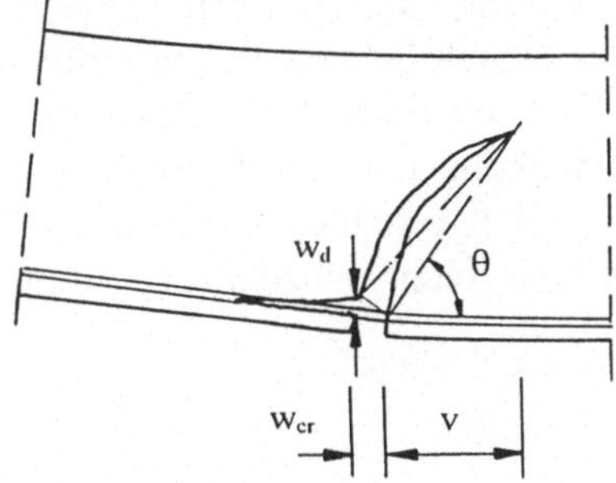

Bild 4.12: Dübelkinematik

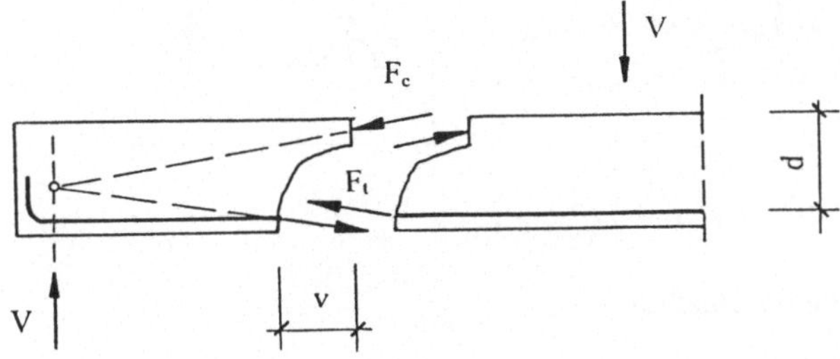

Bild 4.13: Dübelwirkung und Versatzmaß

Die zum instabilen Wachstum des Dübelrisses erforderliche Kraft $V_{d,cr}$ hängt vor
allem von der Biegesteifigkeit der Bewehrungsstäbe und der Tragfähigkeit der
zwischen den Bewehrungsstäben verbleibenden Betonfläche ab (Bild 4.14). Über
sie wird die auf die Überdeckung abgesetzte Dübelkraft V_d in die Betondruckzone
zurückgehängt. Auf welcher Strecke in Längsrichtung Zugspannungen aktiviert
werden können, hängt wieder von der Biegesteifigkeit der Längsbewehrung aber
auch vom Lastumlagerungsvermögen des Betons ab.

Ab einer kritischen Rißöffnung von ca. 0,08 mm bis 0,10 mm ist das Umlagerungsvermögen des Dübels erschöpft [7]. Bei dieser in der Literatur [23], [49] mehrfach bestätigten Rißöffnung können keine nennenswerten Zugspannungen mehr im Bereich des Rißbeginns übertragen werden (Bild 2.3, Bild 3.7). Der Zugspannungsblock über dem Dübelanriß erreicht sein größtes Volumen und damit die maximale Dübellast $V_{d,cr}$. Der Riß beginnt sich entlang der Bewehrung fortzupflanzen. Die Dübelkraft bleibt dabei konstant, wenn wie in den Dübelversuchen die Rißöffnung entsprechend vergrößert wird.

Zu beachten ist die stark exzentrische Belastung der Rißfläche. Vergleichsrechnungen mit FE-Modellen zu den von Remmel durchgeführten Schubversuchen ergaben, daß durch reißverschlußartiges Öffnen der Dübelrißebene die mitwirkende Breite des Zugspannungsblockes in einem Querschnitt nur etwa 50 % beträgt [125] (Bild 4.14). Ein nennenswerter Einfluß der Überdeckung und der Verteilung der Bewehrungsstäbe konnte nicht festgestellt werden, solange sich ein Trennriß in der Bewehrungslage einstellt und die Bewehrungsstäbe nicht einzeln nach unten ausgebrochen werden.

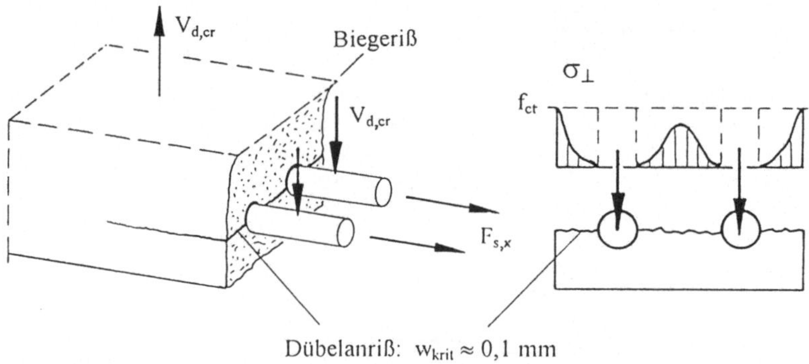

Bild 4.14: Zugspannungsverteilung im Dübelriß

Bei einem FE-Netz, bei welchem die Längsbewehrung am oberen Rißufer angehängt wird, trat kein Schubversagen ein [125]. Fischer [43] zeigte später mit umfangreichen weiteren FE-Berechnungen, daß der Ausfall des Dübels zumindest bei niedrigen Balken tatsächlich eine notwendige kinematische Voraussetzung für den Biegeschubbruch ist. Der Dübel übernimmt damit quantitativ einen Anteil an der Schubtragfähigkeit eines Balkens. Welche Bedeutung die Dübeltragfähigkeit $V_{d,cr}$ für die Schubtragfähigkeit besitzt, hängt jedoch davon ab, zu welchem Zeitpunkt innerhalb des Bruchvorgangs $V_{d,cr}$ erreicht wird.

Für die Auswertung von Versuchsergebnissen ist die Quantifizierung der Dübeltragwirkung hilfreich. Baumann und Rüsch [7] geben für einlagige Bewehrung die

Rißlast $V_{d,cr}$ des Dübels als Produkt aus Betonzugfestigkeit β_z, der Nettobreite des Balkens b_n und einer empirisch ermittelten Länge l_z an. Die Länge l_z ist dabei proportional zum Durchmesser der Längsbewehrung $\varnothing_s$ und nimmt mit steigender Betondruckfestigkeit ab ([7], Gleichung 2.3).

$$V_{d,cr} \;=\; \beta_z \cdot b_n \cdot l_z \;=\; \beta_z \cdot b_n \cdot \varnothing_s \frac{14,3}{\sqrt[3]{\beta_W}} \;=\; 7,6 \cdot b_n \cdot \varnothing_s \cdot \sqrt[3]{\beta_W} \qquad (4.7)$$

mit: $V_{d,cr}$ Dübelrißlast, maximale Dübellast   [kp]

      β_z Betonzugfestigkeit   [kp/cm²]
           $= 0{,}53 \cdot \beta_W^{2/3}$ mit β_W in [kp/cm²]

      β_W Würfeldruckfestigkeit (Kantenlänge 20 cm)   [kp/cm²]

      b_n Nettobreite $b - \Sigma \, \varnothing_s$ [cm]

      $\varnothing_s$ Durchmesser der einlagigen Längsbewehrung   [cm]

Die von Baumann und Rüsch [7] gefundene Abhängigkeit der Dübeltragfähigkeit von der Nettobreite b_n und der Betonzugfestigkeit f_{ct} ist mechanisch offensichtlich. Untersuchungen von Vintzileou und Tassios [114], Reineck [93], Jimenez [58] et al. bestätigen den von Baumann und Rüsch gefundenen großen Einfluß des Stabdurchmessers $\varnothing_s$ der Bewehrung auf die Dübeltragfähigkeit $V_{d,cr}$.

4.3.3 Rißverzahnung und Reibung

Die Übertragung von Schubkräften in Rissen wird in zahlreichen Untersuchungen als wesentlicher Mechanismus der Schubkraftübertragung beurteilt. Insbesondere die Modelle, die in der Zugzone von Balken ohne Schubbewehrung nennenswerte Schubspannungen zulassen, benötigen neben der Verdübelungswirkung der Längsbewehrung die Rißreibung als zweite Komponente der Querkrafttragfähigkeit der Zugzone. Dazu gehören insbesondere die Zahnmodelle (siehe unten).

Rißverzahnung entsteht infolge lokaler oder globaler Unebenheiten in der Oberfläche von Rissen als Reaktion gegenüber Scherverformungen v parallel zur Rißebene (Bild 4.15). Neben der erzwungenen Gleitung v hat jedoch auch die Rißöffnung w und die Behinderungen der Gleitung durch den Riß kreuzende Bewehrung Einfluß auf die entstehenden Schubwiderstände. Walraven [116] untersuchte systematisch die Zusammenhänge zwischen Rißöffnung w, Rißgleitung v, Rißschubspannung τ_i und Normalspannung σ. Wie die meisten anderen Untersuchungen zum Schubwiderstand in Rissen waren die Versuche zur Rißverzahnung jedoch so ausgelegt, daß der Widerstand gegen eine erzwungene Scherverformung im Riß bestimmt wurde. Der Riß wurde dabei i. d. R. vor dem Aufbringen der

Scherbeanspruchung erzeugt. Die Rißöffnung wird durch eingelegte Bewehrung oder äußere Verbügelung behindert. Das von Walraven entwickelte Modell beruht auf der Vorstellung eines Einzelrisses mit diskreten Rißufern und einer unmittelbaren Verzahnung der unterschiedlich großen Zuschläge. Die Verzahnung der Zuschläge (aggregate interlock) wird häufig als Synonym für die Übertragung von Schubspannungen in Rissen verwendet.

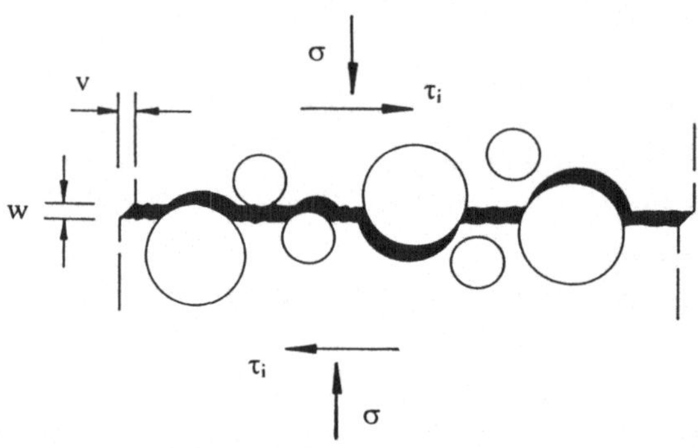

Bild 4.15: Rißverzahnung durch Kornverzahnung

Verformungsmessungen nahe der Spitze von Biegeschubrissen ergaben auch bei Balken ohne Schubbewehrung keine großen Rißgleitungen. Diese Beobachtung kann kaum überraschen, da an der Rißwurzel keine Relativverschiebung der Rißufer möglich ist. Die kritische Dübelrißöffnung von 0,08 bis 0,10 mm bestimmt den Größtwert der Rißgleitung vor Beginn des Versagens. Entsprechend der Rißneigung sind am zugehörigen Biegeriß Öffnungen zwischen 0,1 mm und 0,25 mm zu erwarten. Entlang des Rißverlaufes stellen sich Kombinationen von Rißgleitung v und Rißöffnung w ein, deren Einzelwerte unter denen auf Höhe der Längsbewehrung liegen. Während des stabilen Rißwachstums ist die Rißgleitung immer kleiner als die zugehörige Rißöffnung. Die Gleitung v wird nicht nur durch die mittlere Rißneigung bestimmt, die in der stabilen Phase immer kleiner als 45° ist. Biegung und Schubverformung des Betons zwischen den Rissen reduzieren die Gleitung der Rißufer zusätzlich. Eine Aktivierung der Reibung ist damit zumindest vor Beginn des instabilen Rißwachstums nicht zu erwarten.

Die meisten Versuche zur Bestimmung der Rißreibung wurden an bewehrten Körpern durchgeführt. Bei unbewehrten Körpern wurde die Rißöffnung durch externe Stahlpendel behindert [116], um eine Kontrolle der Rißöffnung zu ermöglichen. Die Rißfläche wurde in den Versuchen meist vorab erzeugt. Bei unbewehrten Probekörpern entstehen dabei wegen der schlechten Kontrollierbarkeit der Spaltkräfte im Mittel größere Anfangsrißöffnungen als bei bewehrten Körpern. Die beim Spalten unvermeidlichen Anfangsgleitungen wurden meist nicht erfaßt. Die Drucknormalkraft auf der Rißfläche wurde bei beiden Varianten mit Hilfe der gleich großen Zugkraft in der Bewehrung oder den externen Ankern über deren Dehnung berechnet.

Die so gemessenen Schubspannungs-Rißufergleitungs-Beziehungen bei unterschiedlicher Rißweite passen nicht zu den Bedingungen des Biegeschubversagens schubschlanker Balken ohne Schubbewehrung. Sie wurden vielmehr zur Beschreibung der Druckstrebenrotation in verbügelten Schubfeldern konzipiert. Auch der Schubwiderstand in sehr kurzen Konsolen, in den Momentennullpunkten von Durchlaufträgern oder in großen Betonstrukturen wie Dämmen, Wehranlagen etc. läßt sich damit bestimmen. Die gleichmäßige Durchdringung der gescherten Rißfläche mit Bewehrung oder die Anordnung verteilter externer Verankerungen führt in den Versuchen zu einem komplexen Tragverhalten, bei dem sich Dübelwirkung, Kornverzahnung, physikalische Reibung, Eigenspannungen zwischen Bewehrung und Reibfläche etc. gegenseitig beeinflussen. Da die verschiedenen Anteile von der Belastungsgeschichte und dem dabei bereits erreichten Grad der Sekundärrißbildung abhängen, sind ihre einzelnen Anteile nicht superponierbar.

Einen wichtigen Anteil an der Schubtraglast liefert die Rißverzahnung dagegen zweifelsfrei bei Balken mit Schubbewehrung. Die Behinderung gegenseitiger Rißuferverschiebungen erlaubt dort mit steigender Querkraft die Drehung der Risse. Die Rißneigung, die bei der Rißbildung senkrecht zur Richtung der schiefen Hauptzugspannungen σ_1 zunächst ca. 45° beträgt, kann durch die Bildung von Sekundärrissen bis auf ca. 22,5° verkleinert werden. Besonders nach dem Fließbeginn in der Schubbewehrung ist eine Reduzierung der Druckstrebenneigung durch Sekundärrißbildung zu beobachten. Ein weiterer Anstieg der Querkraft wird so ermöglicht. Für eine wirtschaftliche Bemessung der Schubbewehrung ist die korrekte Berücksichtigung der Reibung daher erforderlich.

4.3.4 Maßstabseinfluß

Seit Anfang der 60er Jahre wurde der Maßstabseffekt beim Schubtragverhalten in Berechnungsansätzen berücksichtigt. Kani betont, daß die Übertragbarkeit der empirisch ermittelten Schubtragfähigkeit auf reale Bauteilabmessungen ohne Beachtung der Maßstabsabhängigkeit nicht sicher ist [61]. In seinen Versuchen ermittelte er zwischen üblichen Probekörperdicken von ca. 25 cm und großen Probekörpern mit ca. 1,0 m Dicke einen Abfall auf 60 % in den flächenbezogenen Schubrißlasten $\tau_{sr} = V_{sr} / b_w d$.

Leonhardt stellte in seinen Versuchen [75] fest, daß ein Teil der beschriebenen Maßstabsabhängigkeit aus der nicht maßstäblichen Abbildung der Versuchskörper resultiert. Wie in der Baupraxis üblich liegt das Größtkorn der Versuchsmischungen im Bereich zwischen 8 mm und 32 mm, wobei in den Versuchen meist der untere Bereich von 8 mm bis 16 mm bevorzugt wird. Die Stabdurchmesser der Längsbewehrung variieren im Bereich zwischen 8 mm und ca. 28 mm, nur in Ausnahmefällen kommen größere Durchmesser bis 50 mm zum Einsatz. Bei Schubversuchen wird häufig eine hohe Biegetragfähigkeit angestrebt. Deshalb werden auch bei kleinen Querschnitten häufig große Stabdurchmesser um ca. 20 mm gewählt. Die Verbundeigenschaften des Betonstahls sind jedoch zweifellos abhängig vom Durchmesser des Bewehrungsstabes und der Geometrie der Rippen bzw. der Profilierung. Ein schlechter Verbund hat jedoch größere Rißbreiten und damit einen rascheren Übergang in den Zustand II zur Folge. Die Sammelrißbildung bei großen Bauteilhöhen, die zu vergleichsweise wenigen Rissen mit größeren Rißbreiten als bei kleinen Balken führt, wird ebenfalls für ein schnelleres Rißwachstum bei großen Balken verantwortlich gemacht.

Weder Größtkorn, noch Stabdurchmesser lassen sich in der Praxis um wesentlich mehr als den Maßstabsfaktor 3 anpassen. Bei den Versuchen von Leonhardt, bei denen er neben Größtkorn und Stabdurchmesser auch die Kantenlänge der gesondert hergestellten Probekörper zur Ermittlung der Druckfestigkeit veränderte, fällt der Maßstabseffekt bereits schwächer aus als bei den von Kani getesteten Balken [61]. Eine Serie mit konstant beibehaltenem Stabdurchmesser zeigt einen weiteren Abfall des Maßstabseffektes. Leonhardt führt diesen Trend auf den Einfluß der Verbundeigenschaften zurück, welche die Rißbreiten und damit auch das Rißwachstum steuern.

Bei Versuchsbalken mit unterschiedlicher Höhe wird häufig vereinfachend die Bauteilbreite b konstant belassen. Dadurch werden mit wachsender Dicke Verteilung und Einbettung der Bewehrung verändert (Bild 4.16, Bild 4.17 b). Auch Eigenspannungen aus abfließender Hydratationswärme können in Querrichtung die ertragbaren Zugspannungen beeinträchtigen. Kani stellt bei seinen Schubversuchen an unterschiedlich breiten Balken jedoch keinen maßgebenden Einfluß der veränderten Breite bei sonst gleichen Bedingungen fest [63].

Tritt ein Maßstabseffekt auf, dann kann mit verändertem Maßstab auch der Versagensmechanismus ein anderer werden. Beurteilt man die Maßstabsabhängigkeit einer bestimmten Tragfähigkeit, so muß sichergestellt sein, daß nicht unterschiedliche Versagensmechanismen miteinander verglichen oder vermischt werden. So zeigen z. B. Serien von Schubversuchen, bei denen die Bauteildicke von 2,5 cm bis 40,6 cm vergrößert wird, während die Breite mit 3,8 cm konstant bleibt, mit wachsender Dicke auch eine wachsende Kippgefahr [11].

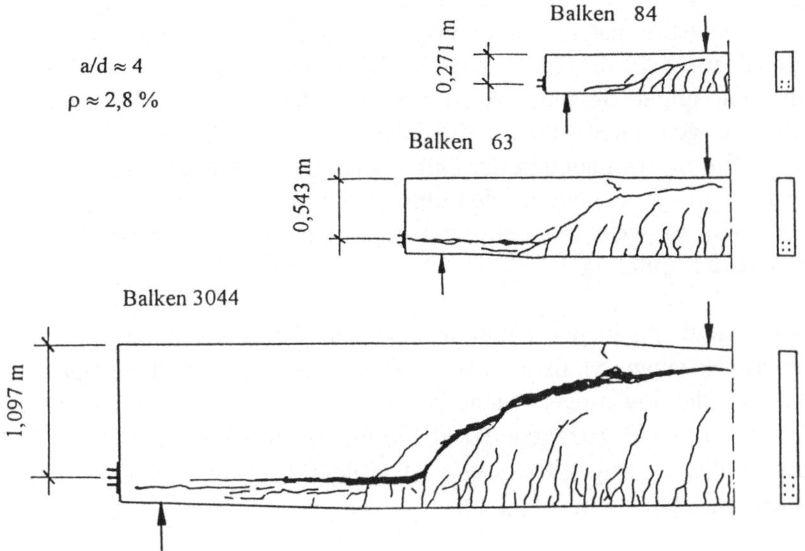

Bild 4.16: Unterschiede im Rißbild von Balken mit verschiedenen Höhen bei Kani [61]

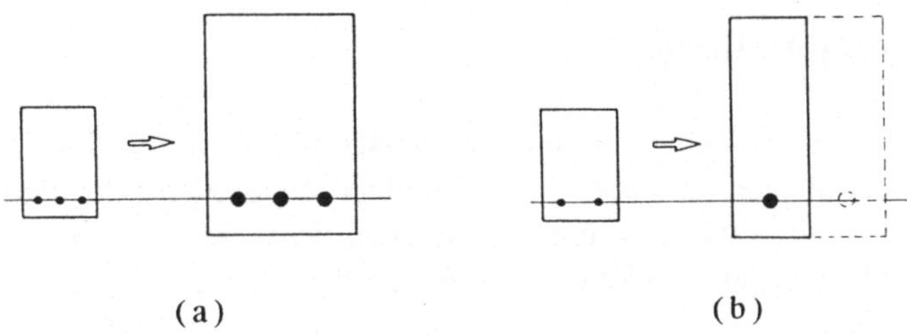

Bild 4.17: Abbildungen im Maßstab 2:1

Eine starke Maßstabsabhängigkeit läßt sich aus Gleichung 4.7 für die Dübeltragfähigkeit $V_{d,cr}$ ableiten. Die Stabdurchmesser der Längsbewehrung $\varnothing_s$ lassen sich wie gezeigt in der Praxis nur sehr beschränkt maßstabstreu verändern. Bei den 105 von Fischer [43] ausgewählten Schubversuchen mit einlagigem Zugband liegen alle Stabdurchmesser im Bereich zwischen 10 mm und 36 mm bei einem Mittelwert von 20 mm. Die Nettobreite $b_n = b - \Sigma\,\varnothing_s$ zwischen den Stäben wächst bei den Schubversuchen nicht proportional mit zunehmender Höhe d. Häufig wurde in Versuchsserien die Breite b konstant gehalten und nur der Bewehrungsgrad erhöht (z. B. Bild 4.16). Dabei nimmt die Nettobreite b_n mit zunehmender Bauteilgröße sogar ab. Die Dübelkraft, die in die Druckzone hochgehängt werden kann, ist aber

linear abhängig von b_n und nimmt damit ebenfalls ab (Bild 4.14) (Gleichung 4.7).
Werden weitere Bewehrungslagen angeordnet, so steigt die Dübeltragfähigkeit
nicht proportional zur Zahl der Lagen an [7]. Dies liegt ebenfalls an der Nettobreite, die bei mehrlagiger Bewehrung unverändert bleibt. Liegen die Stäbe der
unterschiedlichen Lagen nicht direkt übereinander, so ergibt sich sogar eine
Verschlechterung für die Aufhängung der Dübelkraft. Ob die Dübelrißlast $V_{d,cr}$ eine
traglaststeigernde Wirkung gegenüber den übrigen Traganteilen haben kann, hängt
vor allem davon ab, zu welchem Zeitpunkt während des Versagens der Dübel
ausgelöst wird (siehe Kapitel 6).

Der Bruchprozess und die in der Bruchprozesszone getragene Kraft verursacht
dagegen zweifelsfrei einen Maßstabseffekt. Da beim Biegeschubversagen die
instabile Rißbildung die Versagensursache ist, hat die unmittelbar vor Beginn des
Versagens im geneigten Riß getragene Kraft Einfluß auf das Versagen. Ein Effekt
wie er von der Biegezugfestigkeit bekannt ist (Bild 3.2), kann daher auch beim
Biegeschubbruch auftreten (siehe Kapitel 6).

Ein Ansatz zur Bestimmung der Schubtragfähigkeit muß die maßgeblichen Einflüsse, die eine Maßstabsabhängigkeit der Schubtraglast $V_{sr}/b_w d$ verursachen, in der
richtigen Größenordnung erfassen.

4.3.5 Anteil der Vorspannung

Die in Versuchen an Spannbetonbalken beobachteten Mechanismen der Querkraftabtragung beim Biegeschubbruch sind denen von Stahlbetonbauteilen sehr ähnlich.
Auch bei Spannbetonbalken kann bei einer kritischen Last V_{sr} ein instabiles
Rißwachstum festgestellt werden, welches den Biegeträger in ein Sprengwerk
auflöst.

Vergleicht man einen Spannbetonbalken und einen Stahlbetonbalken mit dem
gleichen Querschnitt $b_w d$ und der gleichen Biegetragfähigkeit $M_{u,fl}$, so kommt der
vorgespannte Träger mit einem wesentlich kleineren Bewehrungsgrad ρ aus
(Bild 4.18). Ursache ist die etwa dreimal größere Festigkeit des Spannstahls.
Wegen der Vordehnung ε_{p0} des Spannstahls gegenüber dem Beton sind die rechnerischen Randdehnungen des Betons und damit auch die Rotation bei Erreichen
der Fließgrenze im Zugband bei beiden Bauweisen sehr ähnlich (Bild 4.19). Beim
Spannbetonträger beginnt die Rißbildung jedoch wesentlich später als beim
Stahlbetonbauteil. Da das Erreichen des gerissenen Zustandes Voraussetzung für
das Biegeschubversagen ist, tritt die instabile Schubrißbildung beim Spannbetonträger i. d. R. erst bei einer höheren Last ein.

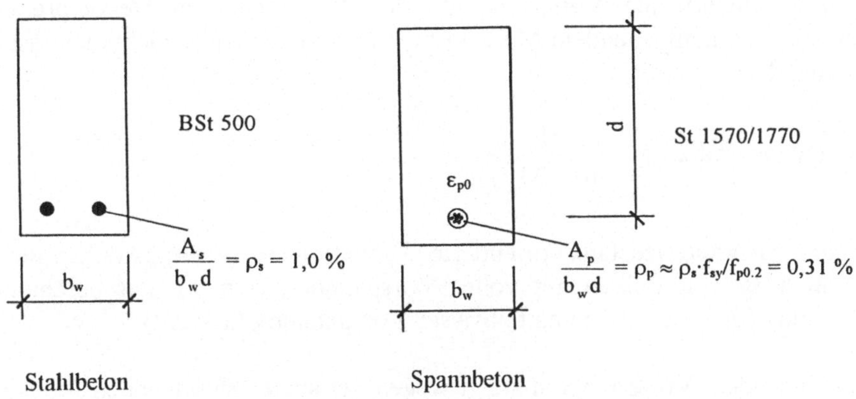

Bild 4.18: Beispiel für Querschnitte mit gleicher Biegetragfähigkeit $M_{u,fl}$

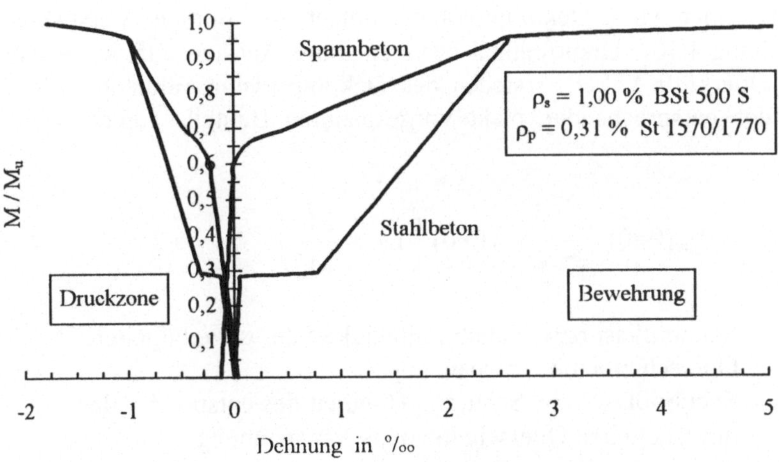

Bild 4.19: Biegeversagen bei Stahl- und Spannbetonquerschnitten.

Der Übergang zu Bauteilen ohne Schubbewehrung wurde bereits früh durch
Leonhardt, Thürlimann et. al. durch die Einführung eines Vorspanngrades
hergestellt. Thürlimann definiert den Vorspanngrad Λ mit dem Anteil der
Spannbewehrung an der Tragfähigkeit der Zugzone (Gleichung 4.8).

$$\text{Vorspanngrad } \Lambda \ = \ \frac{A_p f_{p0,2}}{A_p f_{p0,2} + A_s f_{sy}} \qquad\qquad (4.8)$$

Leonhardt definiert den Vorspanngrad κ als Verhältnis von Dekompressionsmoment M_o und maßgebendem Moment max M_{g+p} unter voller Gebrauchslast g+p (Gleichung 4.9).

$$\text{Vorspanngrad } \kappa \;=\; \frac{M_o}{\text{max } M_{g+p}} \tag{4.9}$$

Diese am Gebrauchszustand orientierte Definition ist aussagekräftig für die Unterscheidung von Balken mit voller Vorspannung ($\kappa = 1$), mit beschränkter Vorspannung ($0{,}7 < \kappa < 1{,}0$) und teilweiser Vorspannung ($\kappa < 0{,}7$).

Mit zunehmendem Vorspanngrad steigt wegen der später einsetzenden Rißbildung bei Balken ohne Schubbewehrung die Schubrißlast V_{sr} merklich. Die Schubbewehrung wird mit steigendem Vorspanngrad erst später aktiviert (Bild 4.20). Eine Gruppe von Ansätzen zur Beschreibung der Schubtragfähigkeit unverbügelter Spannbetonträger erweitern die für Stahlbetonbauteile gefundene Lösung durch einen Faktor c_p, der vom Dekompressionsmoment M_0 infolge Vorspannung abhängt (Gleichung 4.10). Ursprünglich basieren diese Ansätze auf der Vorstellung, daß die Querkraft V bei Erreichen des Dekompressionsmomentes M_0 zur Tragfähigkeit des entsprechenden nicht vorgespannten Bauteils addiert werden kann.

$$V_{sr}(P) \;=\; c_p{\cdot}V_{sr}(P{=}0) \;=\; V_{sr}(P{=}0){\cdot}\left(1 + c \cdot \frac{M_0}{M_u}\right) \tag{4.10}$$

mit: $V_{sr}(P)$ Schubrißlast bzw. Schubtragfähigkeit des unverbügelten
                 Querschnitts mit Vorspannung

     $V_{sr}(P{=}0)$ Schubrißlast bzw. Schubtragfähigkeit des entsprechenden
                 unverbügelten Querschnitts ohne Vorspannung

     M_0 Dekompressionsmoment

     M_u Bruchmoment für Biegeversagen

     c_p Erhöhungsfaktor zur Erfassung des Einflusses der Vorspannung

     c   =   1,00   nach Hedmann und Losberg [52] mit $c_p \le 2{,}0$
             =   1,25   nach Hegger [53]

Eine zweite Gruppe von Ansätzen berücksichtigen die Längsvorspannung durch eine lineare Abhängigkeit zwischen zentrischem Anteil der Vorspannung P/A_c und Traglaststeigerung (Gleichung 4.11). Andere Ansätze stützen sich direkt auf die lokale Rißlast unter Bezug auf die schiefen Hauptzugspannungen σ_1 im Bauteil.

$$\frac{V_{sr}(P)}{b_w d} = \frac{V_{sr}(P=0)}{b_w d} + c\,\frac{P}{A_c} \qquad (4.11)$$

mit: $V_{sr}(P)$ Schubrißlast bzw. Schubtragfähigkeit des unverbügelten
              Querschnitts mit Vorspannung

      A_c Betonquerschnittsfläche

      c   Erhöhungsfaktor zur Erfassung des Einflusses der Vorspannung

              =   0,10   nach DAfStb-Richtlinie für hochfesten Beton [31]

              =   0,12   nach E DIN 1045-1 [34]

              =   0,15   nach EC 2 Teil 1 / DIN V ENV 1992 [41]

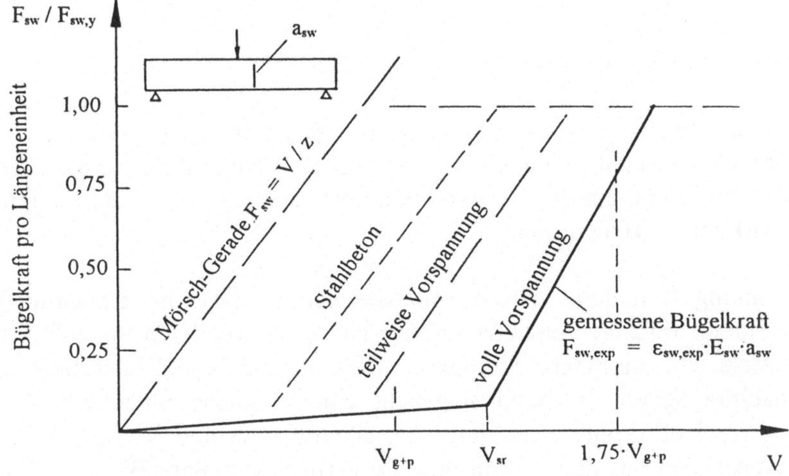

Bild 4.20: Einfluß des Vorspanngrades auf die Schubtragfähigkeit nach Leonhardt

In vielen jüngeren Normen wie der „DAfStb-Richtlinie für hochfesten Beton" [31] oder dem EC 2 wird ein additiver Ansatz nach Gleichung 4.11 zur Erfassung der günstigen Wirkung einer zentrischen Druckkraft P gewählt. Bei dieser Vorgehensweise wird dem Schubtraganteil des nicht vorgespannten Bauteils ein Sprengwerk überlagert, in dem die veränderliche Ausmitte der Vorspannkraft einen Teil der äußeren Lasten im Gleichgewicht halten kann (siehe auch Kapitel 7 und 8). Die Sprengwerkwirkung wird bereits vor der Rißbildung durch die Veränderung dz(P)/dx des inneren Hebelarmes z(P) ausgelöst. Genauer beschrieben wird dieses Sprengwerk im CEB/FIP Model Code 1990 [26]. Die Normalkraft hält dabei den Anteil $\lambda\cdot P = P\cdot dz/dx$ der äußeren Lasten und Stützkräfte im Gleichgewicht (Bild 4.21). Die daraus resultierende Querkraft V_λ darf von der Schnittgröße V aus äußeren Lasten abgezogen werden. Umgekehrt folgt daraus, daß der Sprengwerkanteil die Tragfähigkeit des nicht vorgespannten Querschnitts additiv erhöht.

Der Stich des Sprengwerks reicht von der Wirkungslinie der Vorspannkraft im Momentennullpunkt bzw. am Auflager bis in die Mitte der Betondruckzone des gerissenen Querschnitts.

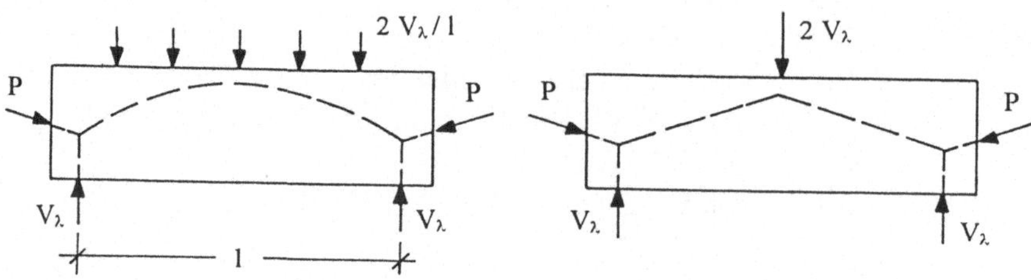

Bild 4.21:   Gleichgewichtsanteil λ aus Vorspannung, [26], Bild 6.3.11

Die Vertikalkomponente $P\cdot\sin\alpha$ eines gegenüber der Stabachse geneigten Spannglieds wird zusätzlich als Schubtraganteil berücksichtigt. Werden die Spannglieder vor den Auflagern zur Erhöhung der Vertikalkomponente hochgezogen, so verliert die Sprengwerkwirkung an Bedeutung.

Mit der Vorspannung kommen weitere Einflüsse hinzu, die eine einheitliche Behandlung mit Stahlbetonbalken erschweren. Die häufig verwendeten Spannlitzen haben beispielsweise eine geringere Steifigkeit als Stabstahl. Die Einbettung in Hüllrohre bei nachträglichem Verbund schwächt eine mögliche Dübelwirkung. Neben der geringeren Nettobreite b_n ist dafür vor allem die geringe Steifigkeit des Einpreßmörtels verglichen mit dem Beton und die vernachlässigbare Biegesteifigkeit der dünnen Litzen bzw. Drähte verantwortlich. Untersuchungen zu den Verbundeigenschaften und dem Rißverhalten zeigen, daß die schlechteren Verbundeigenschaften vor allem bei der Rißbildung eine Rolle spielen [121]. Wird gleichzeitig eine Mindestbewehrung aus Betonstahl vorgesehen, so übernimmt diese zunächst einen Großteil der Rißkraft. Ob der Anteil der Spannbewehrung ρ_p zum Bewehrungsgrad ρ bei der Ermittlung der Schubtragfähigkeit gerechnet werden darf oder nicht, ist daher umstritten. Die bei der Rißbildung bereits vorhandene Querkraft führt zu deutlich flacher geneigten Biegeschubrissen als bei Stahlbetonbalken. Rißüberbrückende Zugtraganteile können dadurch beeinflußt werden.

Versuche an vorgespannten Balken sind meist grundlegend anders aufgebaut als solche an Stahlbetonbalken. Die Spannbewehrung liegt meist weit im Querschnitt, um Randzugspannungen während der Lagerung zu begrenzen. Wird praxisgerecht eine rißbreitenbeschränkende Mindestbewehrung angeordnet, so ergeben sich zwei getrennte Bewehrungslagen. Im Spannbetonbau haben profilierte Querschnitte eine wesentlich größere Bedeutung als im Stahlbetonbau. Das spiegelt sich auch bei der Wahl der Querschnitte in den Versuchen wieder. Größe, Richtung und Verteilung der schiefen Hauptzugspannungen sind in profilierten Trägern jedoch grundlegend anders als in Rechteckquerschnitten. Anstelle des hier untersuchten Biegeschubversagens tritt dort häufig ein Schubzugbruch ein. Während profilierte Träger i. d. R. eine Mindestschubbewehrung erhalten, wird bei breiten Balken und vorgespannten Decken oder Fahrbahntafeln gerne auf jede Art von Schubbewehrung verzichtet. Auch bei vorgespannten Balken ist daher die Schubrißlast V_{sr} des Rechteckquerschnitts als Bemessungsgrenze von besonderer Bedeutung. Diese für die Dimensionierung von Bauteildicke und Mindestbewehrung maßgebende Grenze soll daher im folgenden näher untersucht werden (Kapitel 7).

4.3.6 Anteil der Schubbewehrung

Die Schubbewehrung hat die Aufgabe, die Stegzugkräfte in querkraftbeanspruchten Bauteilen aufzunehmen. Ritter und Mörsch begründeten zu Beginn des Jahrhunderts den Ansatz, die geneigten, parallel verlaufenden Schubrisse mit vertikalen Bügeln zu kreuzen, die als Zugstreben die Querkraft aufnehmen. Die klassischen Fachwerkmodelle von Ritter und Mörsch nehmen für die zugehörigen Druckstreben eine Neigung von $\theta = 45°$ gegen die Stabachse an, die etwa der Neigung der Schubrisse im Steg entspricht. Die Zugstreben werden allgemein unter $\alpha = 45°$ bis $\alpha = 90°$ angeordnet (Bild 4.22). In der Baupraxis spielen senkrecht zur Bauteilachse angeordnete Bügel die wichtigste Rolle. Aufgebogene Bewehrungsstäbe aus dem Zuggurt, die in der Vergangenheit häufig verwendet wurden, führen zu einer ungünstigeren, schneidenartigen Beanspruchungen in den Zuggurtknoten des gedachten Fachwerks. Aufgebogene Stäbe der Längsbewehrung schwächen den Zuggurt. Das durch die Fachwerkwirkung verursachte Versatzmaß muß abgedeckt werden, da die zugehörige Betondruckstrebe im Zuggurt ein ausreichend tragfähiges Auflager benötigt.

Beim Übergang in den gerissenen Zustand wird die Bügelbewehrung zunächst nur unwesentlich beansprucht. Die Schubtraganteile des Betons sind wie bei unverbügelten Balken noch wirksam (siehe Kapitel 6). Erst ab einer bestimmten, kritischen Schubbeanspruchung, die der Schubrißlast V_{sr} des unverbügelten Bauteils entspricht, übernehmen die Bügel ihren Anteil an der Querkraftabtragung. Die Betontraganteile werden dabei mit steigender Last in das durch die Schubrißbildung vorgezeichnete Fachwerk umgelagert. Soll die Biegeschubrißlast V_{sr} des unverbügelten Bauteils durch eine Mindestschubbewehrung aufgenommen werden, so genügt deshalb die Annahme einer flachen Druckstrebenneigung von $\tan \theta = 0{,}4$. Ein entsprechender Bemessungsvorschlag ist in Kapitel 5.4 enthalten.

Allgemein wird die Schubtragfähigkeit verbügelter Stäbe an einem Fachwerkmodell bestimmt, in dem die Hauptdruckspannungen σ_2 unter dem Winkel θ und die Bügel unter dem Winkel α gegen die Stabachse geneigt sind (Bild 4.22). Die erforderliche Schubbewehrung ergibt sich in Abhängigkeit des gewählten Winkel α und des Druckstrebenwinkels θ nach Gleichung 4.12. Der Abstand $s_{Bü}$ der Bügel wird dabei parallel zur Stabachse gemessen.

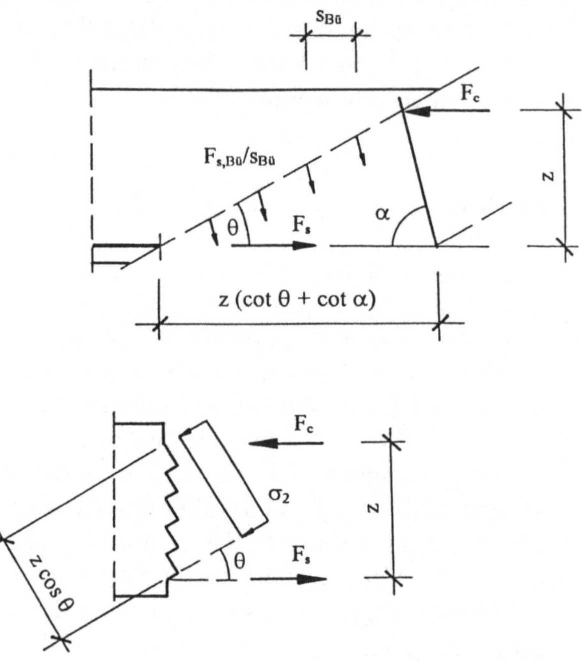

Bild 4.22:   Fachwerkmodell zur Ermittlung von Zug- und Druckkräften im Steg

$$\frac{A_{s,Bü}\,\sigma_s}{s_{Bü}\,b_w} = \frac{V}{b_w\,z\,\sin\alpha\,(\cot\alpha + \cot\theta)} \qquad (4.12\ a)$$

$$= \frac{V\tan\theta}{b_w\,z} \qquad \text{für } \alpha = 90° \qquad (4.12\ b)$$

mit: $A_{s,Bü}$ Querschnitt eines Bügels

    $s_{Bü}$ Abstand der Bügel in Richtung der Stabachse

    b_w Stegbreite

    σ_s Stahlspannung in der Schubbewehrung

Die schiefen Hauptdruckspannungen σ_2 im Steg ergeben sich nach Gleichung 4.13. Sie dürfen die Tragfähigkeit $\nu{\cdot}f_c$ der gerissenen Stege nicht überschreiten, die kleiner als die Zylinderdruckfestigkeit f_c ausfällt. Die Druckstreben sind infolge des Traganteils der Betondruckzone und wegen der Reibkräfte zwischen den Rißufern i. d. R. flacher geneigt als die Risse.

$$\sigma_2 \;=\; \frac{V}{b_w z \sin^2\theta \left(\cot\alpha + \cot\theta\right)} \;\leq\; \nu{\cdot}f_c \qquad\qquad (4.13\ a)$$

$$=\; \frac{V}{b_w z \sin\theta \cos\theta} \qquad\qquad \text{für } \alpha = 90° \qquad (4.13\ b)$$

mit: f_c Zylinderdruckfestigkeit

     $\nu{\cdot}f_c$ Druckstrebentragfähigkeit im gerissenen Steg

Die Rißverzahnung durch lokale und globale Unebenheiten spielt bei verbügelten Bauteilen mit hoher Schubbeanspruchung, die nicht Gegenstand dieser Arbeit sind, eine wichtige Rolle. Die Verzahnung der Rißflächen ist so stark, daß sie eine Drehung der Hauptdruckspannungen auch nach Fließbeginn der Bügel noch ermöglicht.

4.4 Modelle für das Biegeschubversagen

4.4.1 Fachwerk- und Bogenmodelle

Die Wirkung einer Schubbewehrung wurde von Ritter und Mörsch über die Einführung eines Ersatzfachwerkes anschaulich beschrieben. Das allgemeine Fachwerkmodell für die Bemessung der Schubbewehrung wurde bereits im vorangegangenen Abschnitt vorgestellt. Aufgabe der Modelle ist die sichere Bestimmung der Druckstrebenneigung θ für einen Bemessungsansatz. Über sie wird einer Schubbeanspruchung $V_u / b_w d$ die erforderliche Bügelzugkraft $\rho_w{\cdot}f_{yw}$ zugeordnet (siehe auch Gleichung 4.12). Für die Gegenüberstellung mit Versuchsergebnissen werden Schubbeanspruchung und Bügelzugkräfte auf die Druckstrebentragfähigkeit $\nu{\cdot}f_c$ normiert (Bild 4.23). Liegen die Ergebnisse aus Schubversuchen im Bemessungsdiagramm $\omega_w(\upsilon_u)$ unterhalb der gewählten Beziehung, so ist die vorhandene Schubbewehrung ω_w ausreichend.

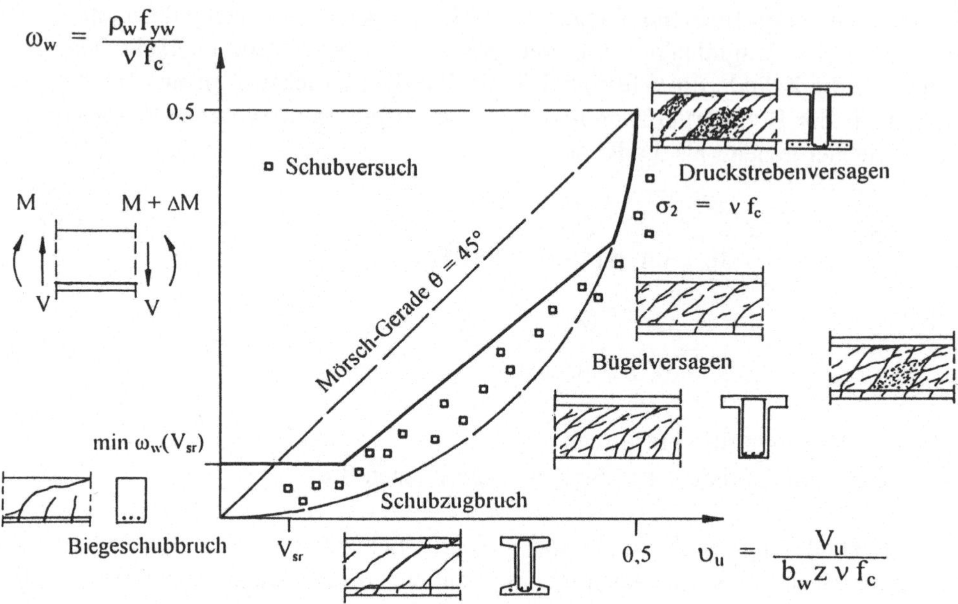

Bild 4.23:   Schubbeanspruchung υ_u und Bügelbewehrungsgrad ω_w

Da die Aktivierung der Schubbewehrung und die Ausbildung der geneigten Druck-streben mit der Schrägrißbildung im Steg erfolgt, können Fachwerkmodelle den Zustand vor der Rißbildung nur schlecht beschreiben. In weitgehend ungerissenen Querschnitten oder bei geringer Rißneigung wird die Querkraft vorwiegend über die steifen, ungerissenen Querschnittsteile sowie durch rißübergreifende Kräfte aufgenommen.

Bei Bauteilen ohne rechnerische Schubbewehrung, die hier betrachtet werden, wird das Versagen durch die instabile Rißbildung bestimmt. Für die Aufnahme der Betonzugkräfte steht keine ausreichende Schubbewehrung zur Verfügung. Den-noch wurden häufig ebenfalls Fachwerkmodelle zur Beschreibung des Versagens verwendet. Da keine Stahlzugstreben im Steg zur Verfügung stehen, wird die Anzahl der Stäbe stark begrenzt. Einfach und zutreffend gelingt dies bei kurzen Schubfeldern mit a/d < 2,5, bei denen sich eine geneigte Druckstrebe direkt zwischen Auflager und Lasteinleitung einstellen kann. Das Fachwerk wird zum Sprengwerk.

Bei mittleren Schubschlankheiten wird entsprechend den Versagensbildern meist nur ein Zugstab unmittelbar am Beginn des maßgebenden Schrägrisses gewählt. Seine Tragfähigkeit wird unmittelbar durch die Dübelwirkung der Längsbewehrung bestimmt. Diese Zugstrebe ist alleine nicht in der Lage, die in Versuchen gemessene Schubrißlast zu übertragen. Deshalb wird im Unterschied zu den parallelgurtigen Fachwerken verbügelter Bauteile häufig ein Fachwerk mit gegenüber der Stabachse und dem Zuggurt geneigtem Druckgurt gewählt. Ein Teil der Querkraft wird so der Druckzone zugewiesen.

Die dabei entstehende Bogenform des Druckgurtes führte zur Entwicklung der Bogenmodelle. Bei Balken mit großer Schubschlankheit, bei denen die Druckgurtneigung stark abfällt, werden mehrere Bögen überlagert. Nach Scholz [103] entsteht dabei wieder ein Fachwerk mit unter 30° geneigten Druckstreben. Die Zugstreben dieses Fachwerkes werden vom Beton übernommen. Eine Überlagerung der Zugstrebenkraft mit der Dübelkraft lehnt Specht ab, da beide Traganteile die Zugfestigkeit im gleichen Punkt beanspruchen [107]. Specht beschreibt mit der Überlagerung von Fachwerk- und Bogen-Zugbandmodellen auch die Wirkung der Vorspannung. Neben den Stützbogenkräften erhöht die Drucknormalkraft auch die Tragfähigkeit der Betonzugstreben (Bild 4.24).

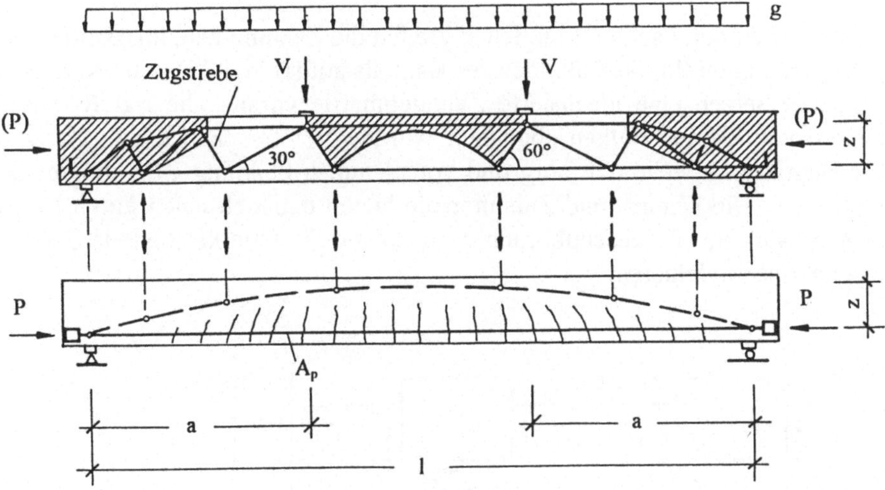

Bild 4.24: Kombiniertes Bogen-Fachwerk-Modell nach Specht [107]

Die Anwendung der Fachwerkmodelle auf schlanke Träger ohne Schubbewehrung führt durch die vereinfachende Systemwahl zu mehreren Problemen. Der Schubtraganteil der Betondruckzone kann nur schwer erfaßt werden. Die im maßgebenden Riß übertragenen Kräfte müssen empirisch gemeinsam mit der Dübelwirkung der Längsbewehrung und dem aus dem Bruchvorgang resultierenden Maßstabseffekt zur rechnerischen Tragfähigkeit einer einzigen Zugstrebe zusammengefaßt werden [103].

Eine Sonderstellung unter den Fachwerkmodellen für Balken ohne Schubbewehrung nehmen die Ansätze nach der Plastizitätstheorie ein [87], [44]. Sie versuchen nicht den letzten Zustand, der nach der Elastizitätstheorie mit Festigkeitsgrenzen noch nachgewiesen werden kann, zu beschreiben. Statt dessen wird das Gleichgewicht an einem bereits umgelagerten Sprengwerk formuliert. Die plastischen Festigkeitsgrenzen aus der mehraxialen Beanspruchung in den Schubfeldern werden mit Hilfe einer unter Zugbeanspruchung begrenzten Coulomb Hypothese abgeleitet. Bei Stahlbetonbalken gelingt i. d. R. die Umlagerung nicht. Die plastisch angesetzten Druckstreben zwischen Lasteinleitung und Auflager kreuzen die gerissene Zugzone. Trotz dem so entstehenden Widerspruch zwischen dem Modell und dem in Versuchen beobachteten Tragverhalten kann mit dem Modell die Traglast der Versuche gut beschreiben werden. Diese Übereinstimmung wird empirisch durch die Ermittlung einer wirksamen Druckstrebenfestigkeit erreicht.

4.4.2 Kamm- und Zahnmodelle

Im Gegensatz zu den Fachwerkmodellen greifen die Zahnmodelle für Bauteile ohne Bügelbewehrung direkt die Rißbilder des Bauteils auf (Bild 4.25). Alle Kamm- und Zahnmodelle setzen eine idealisierte Zahngeometrie voraus, die i. d. R. aus den Rißbildern von kleinen Balken abgeleitet wurde. In Versuchen mit mittlerer und großer Bauteilhöhe stellt sich aufgrund von Sammelrißbildung eine andere Zahngeometrie ein. Die Kamm- und Zahnmodelle bieten dennoch einen guten Einblick in die Mechanik des Biegeschubbruches, indem sie die Querkraftanteile der gerissenen Zugzone modellieren.

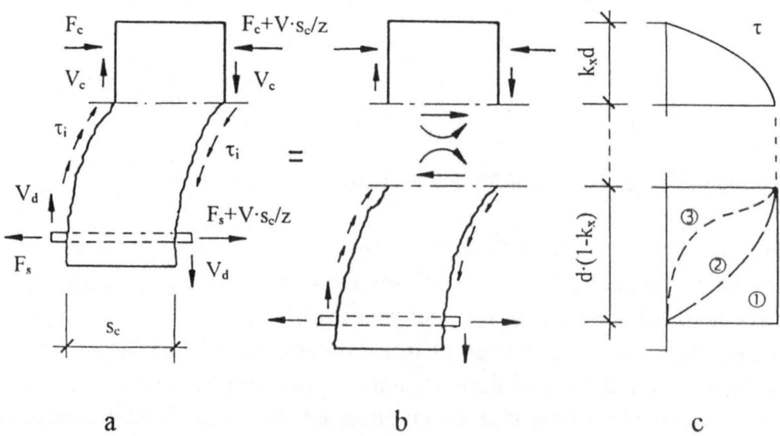

Bild 4.25: Beanspruchung eines Zahnes zwischen zwei Rissen

Kani [59] untersuchte bereits früh die Auswirkungen der Querkraftbeanspruchung in kammartig gerissenen Schubfeldern. Während die Verteilung der Schubspannungen in der Druckzone kaum von den Verhältnissen der Zugzone beeinflußt wird, entstehen bei der klassischen Herleitung der Schubspannung nach der Dübelformel im Zustand II bei unverbügelten Balken Schwierigkeiten (Bild 4.3). Die in der gerissenen Zugzone rechnerisch konstante Schubspannung $\tau = V/b_w z$ (Gleichung 4.3) kann dort ausschließlich durch die Rißreibung und die Dübelwirkung der Längsbewehrung zwischen den Zähnen transportiert werden. Unterstellt man, daß beide Wirkungen vernachlässigbar schwach sind, und daß trotzdem die Zugbandkraft proportional zum Moment ist, so wird jeder Zahn der Breite s_c (Rißabstand) mit der Verbundkraft $dF_s/dx = V{\cdot}s_c/z$ belastet.

Fenwick und Paulay [42] sowie Taylor [108] haben Schubversuche mit künstlichen, glatten Biegerissen durchgeführt, um diese Grenzbetrachtung näher zu untersuchen. Die Dübelwirkung wurde durch Umwickeln der Längsbewehrung weitgehend ausgeschaltet. Der Verbund wurde über Ankerplatten zwischen den Rissen hergestellt [42]. Die Balken versagten tatsächlich durch Ausbrechen der Zähne zwischen den künstlichen Rissen und zeigten damit ein grundsätzlich anderes Versagensbild, als es beim Biegeschubbruch festzustellen ist. Die Ergebnisse zeigten, daß die Kraftübertragung über Risse hinweg eine große Bedeutung für die Schubübertragung in der Zugzone haben kann. Die mit der Biegezugfestigkeit berechnete Tragfähigkeit der Zähne betrug nur einen Bruchteil der Kraft, die in nicht vorgeschädigten Balken in der gesamten Zugzone beim Bruch vorhanden sein mußte. Die Versuche zeigten weiter, daß eine Rißufergleitung nicht nur durch die Rißöffnung gekrümmter Risse verursacht wird. Durch die Biegeverformung der Zähne entstand auch an den senkrecht zur Balkenachse erzwungenen Rissen eine Gleitung. Bei der Beurteilung der Versuchsergebnisse ist aber auch zu beachten, daß durch künstliche glatte Risse die rißübergreifenden Kräfte ausgeschlossen werden, die sonst in der Bruchprozesszone wirken. Durch die Orientierung senkrecht zur Stabachse muß die Rißbildung wie an einem freien Querschnittsrand zunächst senkrecht zur Stabachse beginnen. Damit wird die Druckzone und der dort getragene Querkraftanteil beeinflußt. Die in der neu entstehenden Bruchprozesszone wirkenden Kräfte sind parallel zur Stabachse orientiert und können vor einer Richtungsänderung der Rißspitze keinen Beitrag zum Querkraftabtrag liefern (Bild 4.26).

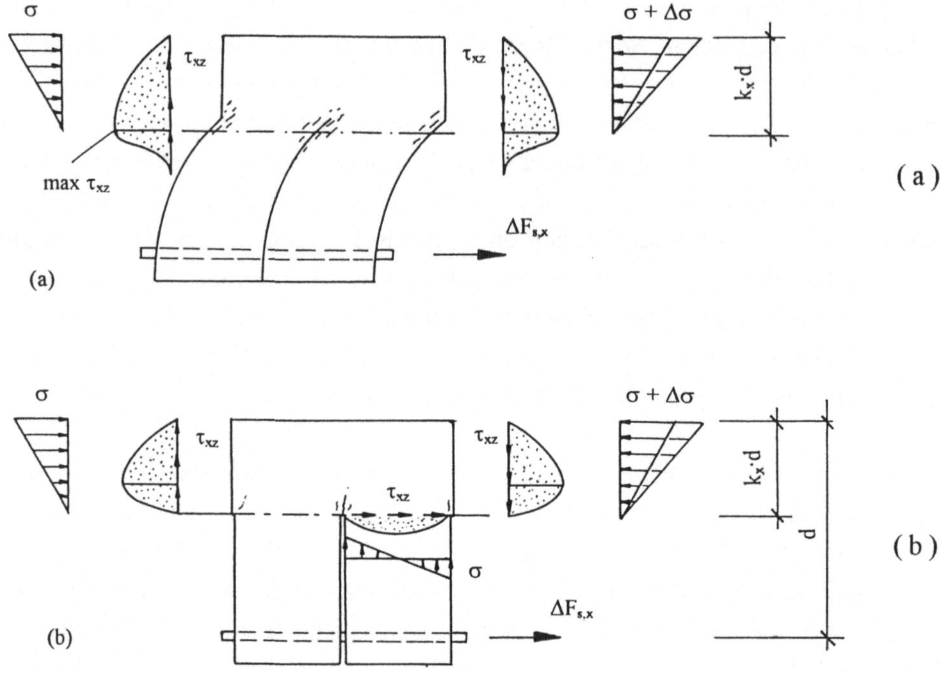

Bild 4.26: Einfluß künstlicher, glatter Biegerisse

Die meisten Modelle, welche die Schubtragfähigkeit aus dem Gleichgewicht am Zahn ermitteln, berücksichtigen neben der Dübelwirkung auch die Rißreibung (Bild 4.25). Neben den Arbeiten von Fenwick, Paulay und Taylor gehören dazu die Ansätze von Mac Gregor und Walters [78], Hamadi und Regan [49] sowie Reineck [94]. Eine Sonderstellung unter den Zahnmodellen nehmen die Modelle über den Weg der Druckkraft (Compressive Force Path) nach Kotsovos ein [71].

Die Völligkeit der rechnerischen Schubspannungsverteilung über die Höhe der Zugzone wird dabei sehr unterschiedlich angesetzt. Einfache Modelle gehen davon aus, daß die Schubspannung τ in der Zugzone weiterhin konstant bleibt (Bild 4.25 c, ①). Andere Ansätze lassen einen Abfall der Schubspannung in der Zugzone zu. Für die Ermittlung der Schubspannung im Riß in Abhängigkeit von Rißbreite und Rißgleitung wird dabei in jüngeren Arbeiten meist auf die Untersuchungen von Walraven [116] zurückgegriffen, die eigentlich für die Schubübertragung in bewehrten Rissen ausgelegt wurden. Mechanisch gesehen ist in der Rißspitze die Schubspannung in der Rißebene Null, da die Rißufer unverschieblich sind und der Riß durch Separation geöffnet wird. Erst in einiger Entfernung von der Bruchprozesszone können sich aus der Rißgleitung Verzahnungskräfte in der Rißebene bilden.

4.4.3 Bruchmechanische Modelle

Der in Versuchen beobachtete Maßstabseffekt und die Begrenzung des Versagens-
ablaufes auf nur wenige, oft sogar nur einen einzigen Riß, gab den Anstoß zur
Analyse des Biegeschubbruches mit Hilfe bruchmechanischer Verfahren. Zu diesen
Ansätzen gehören die von Bazant et al. [9], [10], [11], [12], Reinhardt [95],
Hillerborg [55] und Gustafsson [47]. Reinhardt schlägt mit den Methoden der
linearen Bruchmechanik eine Proportionalität der Schubrißlast zur Wurzel der
statischen Höhe d vor. Bazant baut sein Maßstabsgesetz auf der gleichen Grundlage auf. Er führt jedoch zusätzlich zu den Spannungen und Dehnungen im Bereich
der Rißspitze eine endliche Breite der Bruchprozesszone ein. Er definiert damit ein
„Rißband", in dem die kritische Energie für das Rißwachstum erreicht werden
muß. Bei Bauteildicken über 600 mm zeigen diese Ansätze eindeutig eine Überschätzung der Maßstabsabhängigkeit. Die auf den Arbeiten von Hillerborg auf-
bauenden Ansätze berücksichtigen dies durch einen schwächeren Exponenten für
die statische Höhe d von 1/3 [97] bzw. 1/4 [55], [47] anstelle der Wurzel. Außerdem zeigen die Untersuchungen von Hillerborg einen deutlichen Einfluß der
Völligkeit der Zugspannungs-Rißöffnungsbeziehung auf das Bruchverhalten von
Beton. Das Verhältnis von elastisch gespeicherter Energie vor dem Bruch und der
Arbeit, die zum vollständigen Öffnen eines Risses erforderlich ist, wird über die
charakteristische Länge l_{ch} in die Betrachtungen eingeführt. Hillerborg koppelt
daher die Bauteilgröße d über das Verhältnis d/l_{ch} an die Sprödigkeit des Betons.

Wie in Kapitel 3 bereits beschrieben, basieren die meisten Ansätze zur Beschreibung der Maßstabsabhängigkeit auf Ansätzen der Bruchmechanik. Die Ansätze
werden nicht rein mechanisch hergeleitet, sondern zumindest empirisch kalibriert
[9], [95]. Die Ansätze von Gustafsson [47], Hillerborg [55] und Remmel [97]
beschränken sich daher konsequent auf numerische und empirische Untersuchungen zum Einfluß bruchmechanischer Kenngrößen wie beispielsweise der
Bruchenergie G_f auf die Schubtragfähigkeit. Neben der empirischen Beschreibung
des Maßstabseffektes mit Kenngrößen der Bruchmechanik erlaubt die Kenntnis des
Bruchverhaltens unter Zug die numerische Modellierung von Versuchsträgern oder
Bauteilen.

4.4.4 Numerische Modelle

Mit der Verfügbarkeit leistungsfähiger Rechner wurde das Verhalten der Bauteile
zunehmend auch numerisch simuliert. Teure Versuche sollen auf ein Mindestmaß
beschränkt werden, das zur Kontrolle und Kalibrierung der numerischen Modelle
unverzichtbar ist. Ein grundlegendes Problem bei der Modellierung von Bauteilen

stellt die Inhomogenität des Betons dar. Der Übergang vom ungerissenen, homogenen Bauteil über durch orientierte Mikrorisse geschädigte Grenzbereiche bis hin zum Auftreten von Rissen zwischen unterschiedlich stark geschädigten Bereichen bringt zwei weitere Probleme mit sich. Die lokale Steifigkeit verändert sich sehr stark bei zunehmender Belastung. Durch die örtlich begrenzten Schadenszonen verändert sich nicht nur lokal das Materialverhalten sondern zusätzlich das Bauteil bzw. Tragwerk als Ganzes. Reibungseffekte an den Rißoberflächen sowie die Dübelwirkung und Zugkraftaufnahme der Bewehrung spielen eine Rolle.

Diese Einflüsse erfordern eine sehr hohe Auflösung bei der Modellierung, die eigentlich nur noch von komplexen Netzgenerierungsroutinen beherrscht werden kann. Wünschenswert ist außerdem die automatische Rißgenerierung und somit die ständige einwirkungsabhängige Regenerierung des Modells. Mit Ausnahme der Modellierung von unbewehrten Rissen, die ausschließlich im Modus I, also durch Separation, geöffnet werden, gibt es heute kaum allgemein einsetzbare Modelle, die mit vertretbarem Aufwand implementiert und kontrolliert werden können. Alleine die Rißreibung oder die Verbundspannungs-Schlupf-Beziehung verschiedener Bewehrungsstähle im Beton stellen für sich genommen bereits komplexe Probleme dar. Eine direkte Umsetzung in ein ebenes diskretes Modell ist kaum möglich. Zudem ist die Modellierung von schnell ablaufenden, teilweise sogar instabilen Bruchprozessen gegenüber Modellierungsfehlern und numerischen Ungenauigkeiten sehr empfindlich.

Die meisten numerischen Modelle setzen deshalb idealisierte Abbildungen ein, die sich meist auf die Abbildung der geneigten Biegerisse konzentrieren. Die Dübelwirkung der Längsbewehrung wird meist nicht erfaßt [89] oder rein als Verbundschwächung modelliert [90]. Häufig wird die Rißbildung nur über eine Abnahme der Steifigkeit in Richtung der Hauptzugspannungen abgebildet. Diese „verschmierte" Rißbildung kann weder den Einfluß der Verdübelungswirkung der Längsbewehrung noch die Rißverzahnung abbilden. Gerade diese beiden Komponenten sind jedoch von Interesse, wenn myan das Schubtragverhalten der gerissenen Zugzone näher untersuchen will.

Fischer zeigte mit seinem Programm „Cracker", daß auch Komponenten wie die Dübelrißlast, die nur einen geringen Anteil an der Traglast haben, den Versagensablauf maßgebend beeinflussen können [43]. Gerade die Abbildung des Dübelrisses ist numerisch äußerst anspruchsvoll und als ebenes Problem nur über eine mehrschichtige Modellbildung zu lösen. Schon bei eigenen numerischen Vergleichsrechnungen [125] zu den Schubversuchen von Remmel [97] an Stahlbetonbalken aus Hochleistungsbeton fiel auf, daß ohne begründete Abschätzung der Dübeltragfähigkeit und vor allem der Rißöffnung im Dübelriß die Bruchlasten stark überschätzt wurden. Remmel löste das Problem in der ebenen FE-Abbildung

ähnlich einer Trägerrostbetrachtung durch Aufspaltung in zwei unabhängige
Richtungen. Die vom Bewehrungsstab als Dübel ausgehende Schädigung wurde
zuerst in einem eigenen Modell in Querrichtung abgebildet. Die Zugspannungen im
Betonnettoquerschnitt zwischen den Stäben wurden anschließend aufintegriert. Die
so gewonnene mittlere Spannungs-Rißöffnungsbeziehung des Dübels in Querrichtung wurde in der Längsrichtung in diskreten Rißelementen erfaßt. Da der Stahl
jedoch nur am gedrückten Rißufer anliegen darf, müssen im allgemeinen Fall
beidseitig sogenannte Kontaktelemente angebracht werden, welche jeweils unter
einer definierten Zugbeanspruchung reißen.

Eine für allgemeine Einwirkungen gültige Modellierung ist heute kaum beherrsch-
bar. Die Folge ist bei den meisten Modellen eine Vielzahl von Vereinfachungen.
Jede Vereinfachung, wie die Modellierung diskreter Risse im unbelasteten Modell
oder die Einsparung von Kontakt- und Rißelementen unter Annahme der Kenntnis
des Versagensablaufs reduzieren die Aussagefähigkeit der Rechnung. Abgebildet
wird häufig das aus empirischen Betrachtungen bekannte oder unterstellte
Versagensbild. Die Unabhängigkeit der numerischen Rechnung ist damit nicht
mehr gegeben. Der Aufwand, der für die Modellierung im Detail betrieben werden
muß, erleichtert kaum den Blick für den Versagensablauf als Ganzes.

4.4.5 Empirische Ansätze

Wegen der Vielzahl der Einflußgrößen und dem unzureichenden Kenntnisstand
hinsichtlich der mechanischen Grundlagen basieren viele der bislang veröffentlichten Ansätze zum Schubtragverhalten auf empirischen Untersuchungen. Dazu
gehören die Grundlagen für fast alle in den Normen implementierten Bemessungs-
verfahren gegen Biegeschubversagen. Empirische Ansätze bergen prinzipiell die
Gefahr von zu kleinen oder unvollständigen Daten für die Versuchsauswertung.
Weiterhin wird häufig die Tragfähigkeit der untersuchten Balken gut beschrieben,
die einzelnen an der Abtragung beteiligten Mechanismen aber nicht hinreichend
genau erfaßt. Die Fehler in den einzelnen Anteilen heben sich in der Überlagerung
wieder teilweise auf. Einzelne, nicht berücksichtigte Einflüsse werden als Mittelwert einer als tragbar unterstellten Streuung nicht erkannt. Als Beispiel hierfür
kann der Einfluß der Bauteilgröße auf die Traglast und die Art des Versagens
angeführt werden, der erst Mitte der 60er Jahre offen diskutiert wurde und über 20
Jahre hinweg sehr umstritten war. Empirisch gefundene Ansätze sollten daher nicht
auf Bauteile außerhalb des untersuchten Bereiches extrapoliert werden.

Ein weiteres Problem stellen erlernte oder erwünschte Einflüsse dar, die von vorn-
herein als richtig unterstellt werden. Umgekehrt dürfen unerwünschte Einflüsse
nicht ausgeschlossen werden. Der infolge der Rißbildung offensichtliche Einfluß

der Betonzugfestigkeit f_{ct} ist ein Beispiel für einen unerwünschten Einfluß, der gerne vernachlässigt wird. Bræstrup hat in der Diskussion zu dem von Reineck entwickelten Zahnmodell [94] ausdrücklich davor gewarnt, in empirischen Analysen abgeleitete Größen wie die Zugfestigkeit f_{ct} zu verwenden, wenn eigentlich nur die Ausgangsgröße, in diesem Fall die Betondruckfestigkeit f_c verändert wurde. Man muß Bræstrup recht geben, wenn er den Einfluß von Eigenspannungen auf die Zeitabhängigkeit der Zugfestigkeit betont und deshalb die Abstützung direkt auf die Druckfestigkeit vorzieht. Dennoch sollte nicht der Wunsch, sondern vielmehr soviel mechanische Absicherung wie möglich in eine empirische Auswertung einbezogen werden, auch wenn die Ergebnisse unvorteilhaft für die Bemessung erscheinen.

Werden die wichtigsten Einflüsse in der Auswertung zutreffend berücksichtigt, so läßt sich eine sehr geringe Streuung und eine gute Korrelation erzielen. Ansätze wie die auf den Arbeiten von Regan begründete Ermittlung der Schubrißlast von nicht vorgespannten Balken und Platten im CEB-FIP Model Code 1990 [26] (Gleichung 4.14), zeigen eine verblüffend geringe Streuung von nur ca. 12 % bezogen auf den Mittelwert. Ähnlich zutreffend sind die von Kordina, Blume und Hegger [69] [70] festgestellten Zusammenhänge oder die auch für hochfesten Beton gültigen Ansätze von Remmel [97] und Grimm [46] (Gleichung 4.15). Eine systematische Abweichung des Quotienten cal V / $V_{u,exp}$ von den bekannten Einflußgrößen kann kaum noch festgestellt werden.

$$V_{sr,k} \quad = \quad 0,15 \cdot \left(\frac{3\,d}{a}\right)^{1/3} \xi \left(100\rho\, f_{ck}\right)^{1/3} b_{red}d \qquad\qquad (4.14)$$

mit: $V_{sr,k}$ charakteristische Schubrißlast und
          rechnerische Schubtragfähigkeit unverbügelter Querschnitte
    ρ = $A_{s,l}/b_w d$ Längsbewehrungsgrad
    ξ = $1 + \sqrt{200/d}$ Maßstabsbeiwert mit d in mm
    d statische Höhe
    b_{red} Stegbreite, Hüllrohre innerhalb des Steges sind abzuziehen
    a/d Schubschlankheit

Die empirischen Ansätze zeigen neben einem nur unterproportionalen Anstieg der Schubtragfähigkeit $\tau_{sr,k} = V_{sr,k}/b_{red}d$ mit steigender Zylinderdruckfestigkeit f_{ck} einen deutlichen Einfluß des Längsbewehrungsgrades ρ. Der nicht vernachlässigbare Maßstabseffekt wird im Model Code über den Faktor ξ beschrieben. Der schwache Einfluß der Schubschlankheit a/d, die in den bisherigen Versuchen wesentlich weniger breit variiert wurde als die statische Höhe d und der Längsbewehrungsgrad ρ, wird in den neueren Bemessungsansätzen vernachlässigt. Für den unterproportionalen Anstieg der Schubtragfähigkeit mit der Druckfestigkeit ist der maßgebende Einfluß der Betonzugfestigkeit f_{ct} verantwortlich. Remmel untersuchte daher den Einfluß des Zugtragverhaltens auf die Schubtragfähigkeit bei Bauteilen aus Hochleistungsbeton [97]. Er fand für den charakteristischen Wert $V_{sr,k}$ der Schubrißlast die empirische Formulierung nach Gleichung 4.15, die ähnlich zuverlässig wie Gleichung 4.15 die Schubrißlast beschreibt.

$$V_{sr,k} \quad = \quad 1,1 \cdot \left(\frac{l_{ch}\rho}{d}\right)^{1/3} f_{ct} \cdot b_w d \tag{4.15}$$

mit: $l_{ch} \; = \; \dfrac{E_c \cdot G_f}{f_{ct}^{\,2}}$ charakteristische Länge nach Hillerborg [56]

$f_{ct} \; = \; 2,12 \cdot \ln\left(1 + \dfrac{f_c}{10}\right)$ zentrische Betonzugfestigkeit [97]

E_c Elastizitätsmodul des Betons im ungerissenen Zustand
G_f Bruchenergie aus zentrischen Zugversuchen
b_w Stegbreite; wie b_{red}, jedoch ohne Aussage zu Hüllrohren

Da die Zugfestigkeit selbst einer Streuungen von mehr als 12 % unterliegt, erscheint eine genauere Modellierung auf den ersten Blick überflüssig. Es darf jedoch nicht übersehen werden, daß die Grenzen und Zufälligkeiten in der Datenbasis nicht erkannt und richtig zugeordnet werden können, solange kein klares mechanisches Modell vorliegt. Eine Extrapolation der empirisch gefundenen Ansätze auf neue Anwendungsgebiete außerhalb der vorliegenden Versuche, z. B. bei besonderen Hochleistungsbetonen, bei nichtmetallischer Biegebewehrung oder beim Einsatz von Fasern in der Betonmatrix, ist nicht möglich. Einflüsse, die in Schubversuchen bisher nicht untersucht wurden, wie z. B. Eigenspannungen und zeitabhängige Verluste der Zugfestigkeit, können nicht richtig bewertet werden. Die Streuung der empirisch gefundenen Lösungen um die in Versuchen festgestellten Schubtraglasten ist zudem so gering, daß ein einfacher Zusammenhang hinter der Vielzahl der Querkraftkomponenten und ihrer gegenseitigen Beeinflussung vermutet werden darf.

Grundlage für eine nähere Untersuchung ist die Ausweitung der Versuchsdaten um Schubversuche an vorgespannten Balken ohne Bügelbewehrung (Kapitel 5). Für die Schubbemessung von schlanken Biegeträgern und vorgespannten Platten aus Hochleistungsbeton sind neue Versuche unerläßlich, da bisher kaum Untersuchungen an Spannbetonbalken mit einer Druckfestigkeit über 65 N/mm² vorliegen. Eine reine Extrapolation der bestehenden empirischen Ansätze wäre nicht zulässig.

5 Versuche an Spannbetonbalken

5.1 Allgemeines

Im Rahmen eines durch die Bilfinger + Berger Bauaktiengesellschaft finanzierten Forschungsvorhabens wurden an der Materialforschungs- und Prüfungsanstalt Leipzig (MFPA) insgesamt 11 Versuche an Spannbetonbalken aus Hochleistungsbeton der Festigkeitsklassen B 85 bis B 115 durchgeführt (Bild 5.1) [68]. Die Versuche dienten der Absicherung der Grundlagen für die Schubbemessung von vorgespannten Bauteilen aus Hochleistungsbeton in Ergänzung zu DIN 4227-1 [07.88] und der DAfStb-Richtlinie für hochfesten Beton [31].

Die Versuche sind aufgeteilt in sechs Schubbalken ohne Bügelbewehrung (Tabelle 5.1) und fünf Biegebalken mit Schubbewehrung (Tabelle 5.2). Die zentrische Vorspannung P/A_c wurde im Vergleich zu üblichen Werten für Normalbeton im Verhältnis der Betondruckfestigkeit auf Werte zwischen 4,0 MN/m² und 12,0 MN/m² gesteigert. Damit wird der für Spannbetonbauteile aus Hochleistungsbeton sinnvolle Anwendungsbereich sicher erfaßt. Es wurden jeweils Balken mit 40 cm und 80 cm Bauteilhöhe hergestellt. In diesem Bereich klingt bei vergleichbaren Stahlbetonbalken der Maßstabseffekt deutlich ab. Die Schubschlankheit a/d der Balken wurde so gewählt, daß auch bei den stark vorgespannten Balken die Biegeschubrißbildung vor der Umlagerung in ein Sprengwerk stattfinden mußte. Alle Balken wurden als klassische Vierpunktbalken konzipiert. Damit war in Balkenmitte zwischen den Lasteinleitungen immer ein Bereich vorhanden, der das volle, ungestörte Biegemoment $a \cdot V$ aus Pressenlast und Eigengewicht der Traversen zuzüglich des Momentes aus Trägereigengewicht zu tragen hatte. Der direkte Vergleich zwischen den Beanspruchungen im Schubfeld und dem zugehörigen Fall unter reiner Biegung war somit bei allen Balken möglich.

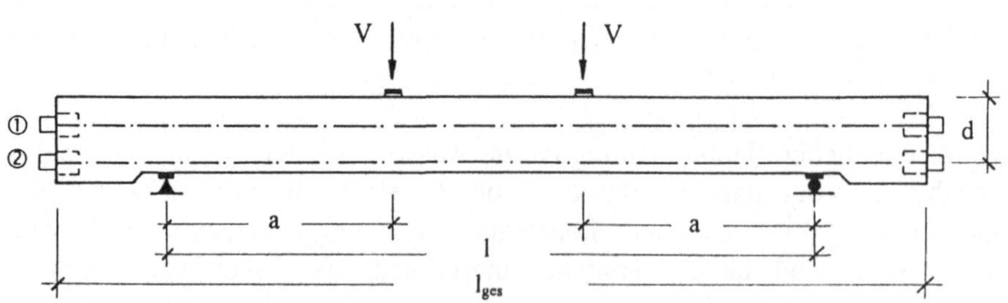

Bild 5.1: Hauptabmessungen der Versuchsbalken

Tabelle 5.1: Schubversuche an Spannbetonbalken ohne Bügelbewehrung

Balken	f_c	Beton-sorte	h	b	d_{p1}	a / d	a	l	l_{ges}	A_c
	N/mm²	-	cm	cm	cm	-	m	m	m	m²
SV-1	93,6	3	80,0	35,0	74,8	3,48	2,600	7,20	8,70	0,280
SV-2	110,9	1	40,0	17,5	35,0	3,50	1,225	3,45	4,65	0,070
SV-3	83,6	3	80,0	35,0	74,8	3,48	2,600	7,20	8,70	0,280
SV-4	98,2	2	40,0	35,0	34,5	3,55	1,225	3,45	4,65	0,140
SV-5	93,6	3	80,0	35,0	73,3	3,55	2,600	7,20	9,00	0,280
SV-6	100,0	3	40,0	23,0	34,5	3,55	1,225	3,45	4,65	0,092

Balken	Spann-verfahren	Hüll-rohr	P/A_c	A_{p1} A_{p2}	A_{p1}/bd	A_s	ρ_{s+p1}	V_{sr}	V_{u2}
	Anzahl / Typ	mm	N/mm²	cm²	%	cm²	%	kN	kN
SV-1	2 × B+B L 4	45/51	3,92	5,6	0,214	8,04	0,51	356	490
SV-2	2 × B+B L 1	21/26	3,92	1,4	0,229	12,56	2,26	137	177
SV-3	4 × B+B L 4	45/51	7,76	11,2	0,428	6,03	0,63	542	717
SV-4	2 × B+B L 4	45/51	7,76	5,6	0,464	19,63	2,06	282	506
SV-5	2 × B+B L 12	70/77	11,52	16,8	0,655	4,02	0,76	721	-
SV-6	2 × B+B L 4	45/51	11,52	5,6	0,706	6,28	1,45	246	328

Tabelle 5.2: Biegeversuche an Spannbetonbalken mit Bügelbewehrung

Balken	f_c	Beton-sorte	h	b	d	a / d	a	l	l_{ges}	A_c
	N/mm²	-	cm	cm	cm	-	m	m	m	m²
BV-1	99,1	3	80,0	35,0	74,8	5,35	4,000	10,00	11,50	0,280
BV-2	97,3	1	40,0	17,5	35,0	3,50	1,225	3,45	4,65	0,070
BV-3	85,5	3	80,0	35,0	74,8	5,35	4,000	10,00	11,50	0,280
BV-4	84,5	2	40,0	35,0	34,5	3,55	1,225	3,45	4,65	0,140
BV-5	99,1	3	80,0	35,0	73,3	5,46	4,000	10,00	11,80	0,280

Balken	Spann-verfahren	Hüll-rohr	P/A_c	$A_{p,1}$ $A_{p,2}$	A_s	ρ_{s+p1}	$A_{s,bü}$	cal M_u	$M_{u,exp}$
	Anzahl / Typ	mm	N/mm²	cm²	cm²	%	cm²/m	kNm	kNm
BV-1	2 × B+B L 4	45/51	3,92	5,6	8,04	0,51	3,53	1153	1314
BV-2	2 × B+B L 1	21/26	3,92	1,4	12,56	2,26	7,06	265	338
BV-3	4 × B+B L 4	45/51	7,76	11,2	6,03	0,63	4,71	1839	2071
BV-4	2 × B+B L 4	45/51	7,76	5,6	19,63	2,06	12,57	655	665
BV-5	2 × B+B L 12	70/77	11,52	16,8	4,02	0,76	5,91	2352	2513

Alle Balken erhielten Spannbewehrung aus St 1570/1770 mit sehr niedriger Relaxation. Die Spannglieder mit 0,6" Litzen à 140 mm² wurden in üblichen Metallhüllrohren verlegt. Die Hälfte der Spannglieder wurde am unteren Querschnittsrand angeordnet. Um Randzugspannungen in allen Bauzuständen zu vermeiden wurde die zweite Hälfte der Spannglieder an den oberen Rand des Kernquerschnittes gelegt. Dabei wurde darauf geachtet, daß die obere Spanngliedlage erst unmittelbar vor dem Biegeversagen in die gerissene Zugzone gelangt. Somit wurde ein maßgebender Einfluß der oberen Spanngliedlage auf die Rißbildung ausgeschlossen. Diese Vorgehensweise ergänzt die in der Literatur veröffentlichten Versuche an Spannbetonbalken mit Rechteckquerschnitt. Dort wurde meist lediglich eine Lage Spannbewehrung im unteren Drittelspunkt des Kernquerschnitts angeordnet, was eine unrealistisch große Betondeckung zur Folge hat. Auf eine randnahe Oberflächenbewehrung, wie sie in der Praxis heute als Mindestbewehrung üblich ist, wurde in den meisten bekannten Versuchen verzichtet.

Alle Balken erhielten in Höhe der unteren Spanngliedlage zusätzlich eine Bewehrung aus BSt 500 S, die zumindest das Rißmoment des Querschnittes aufnehmen konnte, ohne ins Fließen zu geraten. Das entspricht dem heutigen Stand der Spannbetonbemessung, bei dem eine Mindestbewehrung zur Beschränkung der Rißbreite und zur Sicherstellung der Robustheit angeordnet wird. Die Überdeckung wurde mit ca. 2,8 cm für die Längsbewehrung gerade so groß gewählt, daß die Dübelrißbildung bei den Schubversuchen zu einem gemeinsamen horizontalen Riß und nicht zum Ausbrechen der Bewehrung führen mußte. Auch Längsrisse infolge hoher Verbundkräfte konnten mit der gewählten Überdeckung vermieden werden.

Die Verankerungen der Spannglieder entsprachen der Ausführung für B 45, bei den Balken SV-3 und BV-3 wurden jedoch die Achsabstände gegenüber der Zulassung für B 45 so weit verringert, daß Zwillingsanker entstanden. Spezielle Verankerungen für Hochleistungsbeton wurden zusammen mit der Bilfinger + Berger Vorspanntechnik parallel zu den Bauteilversuchen entworfen und geprüft. Die Verankerungen in B 85 sind inzwischen durch das Deutsche Institut für Bautechnik allgemein bauaufsichtlich zugelassen [32].

Die Vorspannung wurde bei Erreichen einer Zylinderdruckfestigkeit von mindestens 65 N/mm² aufgebracht, was einer Würfeldruckfestigkeit von 72 N/mm² entspricht. Dieses Niveau wurde trotz der für B 45 dimensionierten Ankerplatten gewählt, um Erfahrungen über die zeitlichen Randbedingungen bei Verwendung von auf die Festigkeitsklasse abgestimmten Ankerplatten zu sammeln. Dort soll wie bei Normalbeton nach DIN 4227-1 [07.88] erst bei Erreichen von 80 % der nach 28 Tagen geforderten Festigkeit vorgespannt werden. Diese an bestehende Normen angelehnte Vorgehensweise wurde mit dem SVA Spannverfahren im Deutschen Institut für Bautechnik (DIBt) abgestimmt. Die geforderte Druckfestig-

keit wurde 3 bis 4 Tage nach dem Betonieren erreicht. Die verankerten Spann-
kräfte wurden je Balken mindestens bei einem Spannglied der unteren Lage mit
einer zwischen Keilträger und Ankerplatte verbleibenden Kraftmeßdose überprüft
(Bild 5.2). Die Meßwerte ergaben trotz der kurzen Spannwege für Keilschlupf und
Reibung nur Abweichungen unter 3 %.

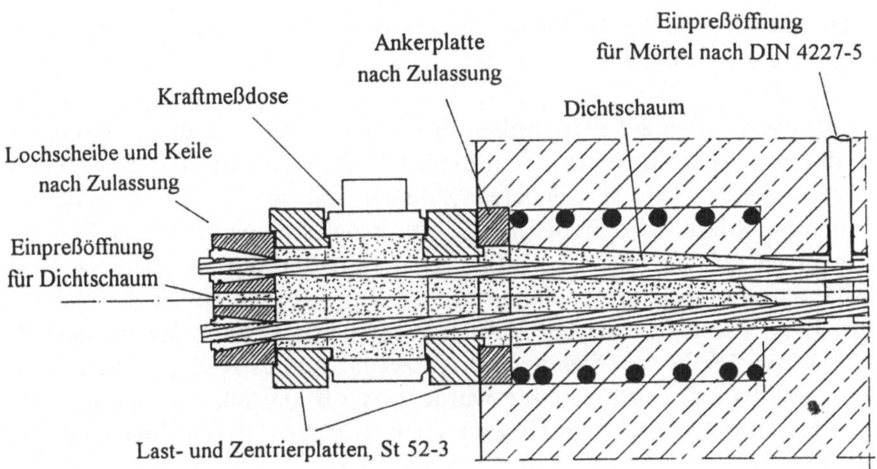

Bild 5.2: Kraftmeßdose für Spannglied B+B L 4

Alle Spannkanäle wurden nach dem Spannen mit Einpreßmörtel nach DIN 4227-5
[12.79] gefüllt. Dabei wurde die Festigkeit des Einpreßmörtels durch Verwendung
unterschiedlicher Zemente zwischen 28 N/mm² und 65 N/mm² variiert. Art und
Zusammensetzung des verwendeten Einpreßmörtels wurden ganz bewußt auf dem
heute üblichen Stand belassen. Einpreßmörtel nach DIN 4227-5 [12.79] ist abgestimmt auf die Anforderungen der gebräuchlichen Hüllrohre und Spannstähle. Die
über den Einpreßmörtel in den Spannstahl einzuleitende Kraft hängt in erster Linie
von dem verwendeten Spannstahl, nicht von dem das Hüllrohr umgebenden Beton
ab. Damit besteht bei Spannbetonbauteilen aus Hochleistungsbeton in statischer
Hinsicht keine Erfordernis für eine Anhebung von Steifigkeit und Festigkeit.
Zudem ist das gewünschte leichte Quellen bei Hochleistungsmörteln wegen der
Verwendung von Fließmitteln und Mikrofüllern nur schwer zu erreichen. Dort ist
mehr eine Schwindneigung zu beobachten. Allerdings wird der Verbund zum
Betonstahl mit steigender Betondruckfestigkeit deutlich verbessert. Bei der Rißbildung wird zunächst fast ausschließlich der Betonstahl belastet. Die Anrechenbarkeit des Spannstahls im nachträglichen Verbund auf die Mindestbewehrung wird
somit bei Hochleistungsbeton stark eingeschränkt [64] [121]. Neben den Verbund-

eigenschaften bleibt beim Einpreßmörtel das einwandfreie Füllen der Hüllrohre das wichtigste Eignungskriterium.

Auf der Grundlage der in der DAfStb-Richtlinie [31] angegebenen Werte wurde bei der Ermittlung der beim Versuch im Alter zwischen 28 und 64 Tagen noch wirksamen Vorspannung ein Schwindverlust von ca. 1 % berücksichtigt. Die rechnerischen Kriechverluste betrugen in Abhängigkeit von der gewählten Vorspannung zwischen 1 % und 3 %. Dieser Abzug ist bei den Werten in Tabelle 5.1 und 5.2 bereits berücksichtigt.

Alle Versuche wurden auf dem großen Prüfrost der MFPA Leipzig durchgeführt. Der Prüfrost besteht aus einer 2,0 m dicken Stahlbetonplatte mit darunterliegendem Pressenkeller. Die verwendeten Zylinder mit je 700 kN zulässiger Last besaßen servohydraulische Steuerung. Die Pressenlasten wurden über Zugstangen und Traversen auf den Träger aufgebracht. Die Pressenwege wurden während der Versuche an den Lastangriffspunkten gleichmäßig bis zum Bruch der Balken gesteigert. Beim Erreichen von bestimmten Pressenlasten wurde jeweils eine Pause von 10 min zur Meßwertaufnahme und Aufzeichnung des Rißbildes eingeschaltet. Der Abstand der Lastangriffspunkte wurde so groß gewählt, daß ein hinreichend großer Bereich mit konstantem Biegemoment zwischen den Störbereichen übrigblieb (Bild 5.3).

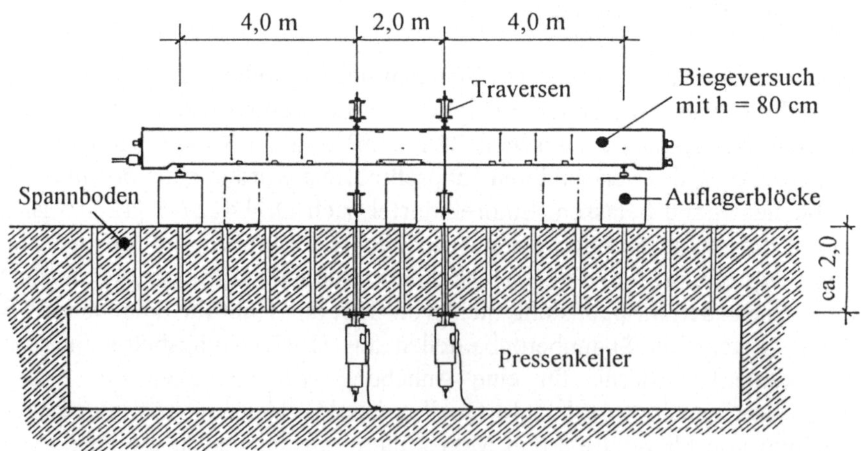

Bild 5.3: Versuchsaufbau für Balken mit h = 0,80 m

Während der Versuche wurde die Biegelinie der Träger mit induktiven Wegaufnehmern gemessen. Die mittleren Stahldehnungen von Bügeln und Längsbewehrung

wurden an beiden Seitenflächen der Träger über die Längenänderung von Potentio-
metermeßstrecken indirekt ermittelt. Die Spannstahldehnung wurde an insgesamt 9
über die Trägerlänge verteilten Meßfenstern mit Dehnmeßstreifen aufgenommen.
Am oberen Rand der Druckzone wurde die Betonstauchung ebenfalls mit Hilfe von
Dehnmeßstreifen verfolgt. Die Lage der Meßstellen ist den Anlagen 1 und 2 zu
entnehmen.

5.2   Betontechnologie

Der Beton der Versuchskörper wurde für die Festigkeitsklasse B 85 nach der
DAfStb-Richtlinie für hochfesten Beton [31] ausgelegt. Der Zementgehalt wurde
mit 450 kg/m³ an der oberen Grenze der für die Festigkeitsklasse B 85 notwen-
digen Menge gewählt. Als Zement wurde herkömmlicher Portlandzement einge-
setzt, um hinsichtlich der Wärmeentwicklung und des Fließmittelanspruchs neutrale
bis ungünstige Bedingungen zu schaffen. Der Mikrosilicagehalt wurde zu 8 %
Trockenmasse bezogen auf das Zementgewicht angesetzt. Die Sieblinie des
Zuschlags lag zwischen den Sieblinien A und B nach DIN 1045 [07.88]. Als
Zielkonsistenz wurde mit einem Ausbreitmaß von mindestens 54 cm der Bereich
KF vorgegeben. Die drei bei der Herstellung der Versuchsbalken verwendeten
Rezepturen sind in Tabelle 5.3 zusammengestellt.

Der Beton für die kleineren Balken nach den Mischungen 1 und 2 wurde in der
Mischanlage der MFPA Leipzig hergestellt. Die Mischung 3 wurde für den
Transportbeton der größeren Balken verwendet. Vom Transportbetonwerk wurde
der Frischbeton für die großen Balken mit einem Fahrmischer in ca. 30 bis 45 min
zur Versuchshalle der MFPA Leipzig transportiert. Da jeweils zwei der großen
Balken in einer Batterieschalung zusammengefaßt wurden, waren zusammen mit
einer Probelieferung insgesamt nur vier Transporte erforderlich. Für diese geringe
Anzahl wurden an der Mischanlage keinerlei Veränderungen vorgenommen. Das
Mikrosilica wurde vereinfachend per Hand beigegeben. Die im Vergleich zu
Normalbeton große Fließmittelmenge wurde durch eine niedrige Auslastung des
3 m³-Doppeltrogmischers bewältigt. Jeder Mischvorgang wurde auf 1,0 m³ Beton
ausgelegt. Dadurch erhöhte sich die Mischzeit im Vergleich zu einer Großanwendung erheblich. Dort wird die Silicasuspension automatisch dosiert und die Dosier-
einrichtung für das Fließmittel kann auf die erforderliche Kapazität ausgelegt
werden.

Tabelle 5.3: Betonsortenverzeichnis

Mischung für Festigkeitsklasse B 85		1	2	3
Einsatzstoff		[kg/dm³]	[kg/dm³]	[kg/m³]
Zement CEM I 52,5 R, Lieferwerk W	Z1	450	-	-
Zement CEM I 42,5 R, Lieferwerk S	Z2	-	450	450
Silicasuspension (Massenverhältnis 1:1)	SF	72	72	72
Zuschlag (Sieblinie ≈ A-B)		1787	1769	1760
Sand 0- 2 mm		590	559	559
Granulit Splitt 2- 8 mm		804	480	-
Granulit Splitt 8-11 mm		393	338	-
Granulit Splitt 11-16 mm		-	392	-
Kies 2- 8 mm		-	-	472
Quarzporphyr Splitt 8-16 mm		-	-	729
Wasser (reines Zugabewasser)	W	99	89	89
Fließmittel FM 26	FM	20,25	22,50	22,50
Verzögerer VZ 32	VZ	1,80	1,80	1,80
Beton		2430	2404	2395
w/z-Wert		0,30	0,28	0,28
w/b-Wert $(W+SF_{fl}+VZ_{fl}+FM_{fl}) / (Z+SF_{tm})$		0,32	0,30	0,30
Zielkonsistenz		KF	KF	KF

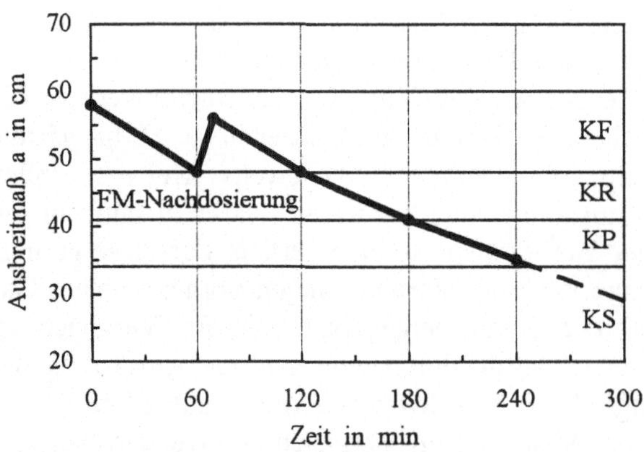

Bild 5.4: Zeitlicher Verlauf der Konsistenz
           für die Mischungen 2 und 3

Bei der Ankunft an der Versuchshalle wurde die Verarbeitbarkeit des Transportbetons nochmals überprüft und falls erforderlich Fließmittel nachdosiert. Danach
wurden nochmals ca. 3 h Verarbeitungszeit für Einbau und Oberflächenbehandlung
offengehalten. Der Einbau, die Verdichtung und die Oberflächenbehandlung wurden unter einem baustellengerechten zeitlichen Ablauf durchgeführt. Während des
Betoniervorgangs wurde der Beton für die gesonderte Herstellung der Probekörper
wie Zylinder und Würfel entnommen. Bild 5.4 zeigt den Abfall der Konsistenz
während der Verarbeitungszeit. Die in den Versuchen gewählte Verarbei-
tungsdauer stellt für Ortbeton eine Untergrenze dar. Die gewünschte Abstimmung
von Verarbeitungszeit und Verzögerungszeit (siehe Kapitel 2) wurde nicht erreicht.
Der Vergleich mit der Hydratationswärmeentwicklung (Bild 5.6) zeigt, daß
zwischen dem Ende der Verarbeitungszeit nach ca. 4 h und dem Beginn der
Hydratation nach ca. 14 h eine beachtliche Ruhezeit lag. In der Praxis ist eine
solche Ruhezeit zu vermeiden. Bild 5.5 zeigt die Konsistenz und die Hydratationswärmeentwicklung eines entsprechend abgestimmten Betons, bei dem das Ende der
Verarbeitungszeit mit dem Beginn der Hydratation zusammenfällt. Bei dem auf der
Grundlage der hier beschriebenen Versuche ausgeführten Pilotprojekt Sasbach
gelang diese Abstimmung. Günstig wirkte sich dort der Einsatz eines C_3A-Phasen
freien Zements und eines entsprechend abgestimmten Fließmittels aus [17].

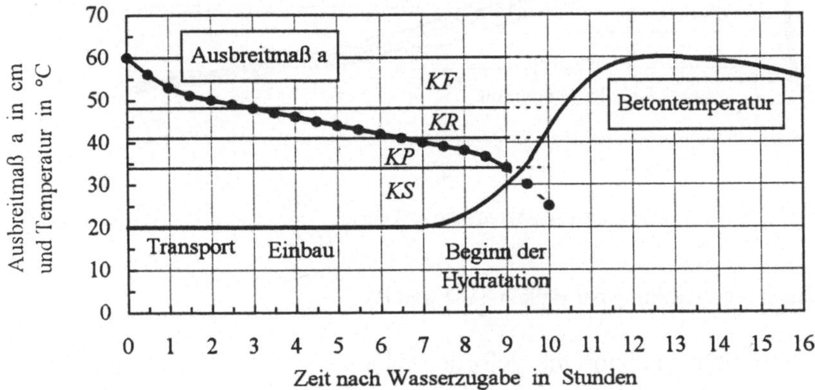

Bild 5.5: Angestrebte Abstimmung von Verarbeitungs- und Verzögerungszeit

Nach dem Abreiben bzw. Glätten wurde die Betonoberfläche mit einer Folie zum
Schutz vor Feuchtigkeitsentzug abgedeckt. Die Folie wurde anschließend mit
Wasser besprenkelt, um unter einer zweiten Abdeckplane genügend Feuchtigkeit
vorzuhalten.

Wegen des hohen Zementgehaltes muß bei Hochleistungsbeton die maximale Bau-
teiltemperatur aus Hydratationswärme berücksichtigt werden. Die großen Balken
wurden zur Simulation von Bedingungen, wie sie in Vollquerschnitten oder im

Querträgerbereich von Hohlkästen bestehen, paarweise in einer Batterieschalung hergestellt. Der Gesamtquerschnitt ergab sich dabei zu 80 cm × 70 cm. Als Schalhaut wurde eine handelsübliche, dreischichtige Holzschalhaut mit 21 mm Gesamtdicke eingesetzt, wie sie im Brückenbau häufig zur Anwendung kommt. Die Temperaturentwicklung der Balken wurde vom Betonieren über die Hydratation hinweg bis zur Abkühlung auf Raumtemperatur gemessen. Dazu wurden je Betonage 6 Thermoelemente über einen Referenzquerschnitt verteilt, eine zusätzliche Referenzmeßstelle lag außerhalb des Betons. Die maximalen Bauteiltemperaturen während der Hydratation lagen um 60 °C. Der maximale Temperaturunterschied zwischen Kern und Rand (oben) betrug ca. 12 K (Bild 5.6). Alle Balken überstanden diese Beanspruchung problemlos. Vorschädigungen infolge von Mikrorißbildung an der Oberfläche der Balken konnten nicht beobachtet werden.

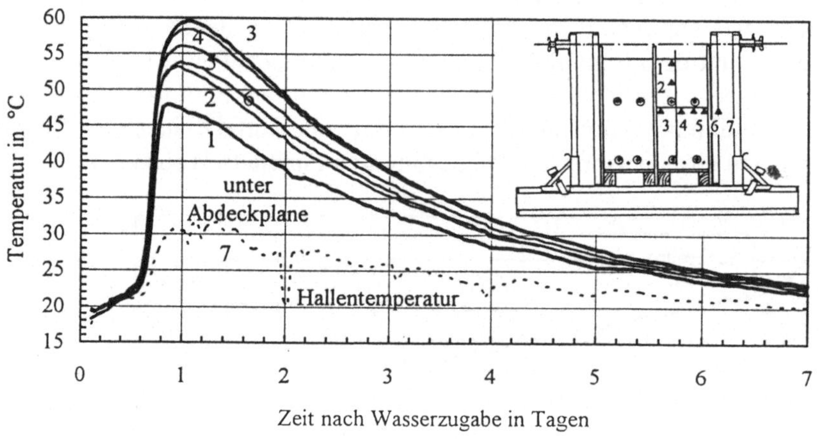

Zeit nach Wasserzugabe in Tagen

Bild 5.6: Temperaturentwicklung der Balken SV-3 und BV-3

Alle Balken erreichten mühelos die geforderte Druckfestigkeit. Die festgestellten Überfestigkeiten von bis zu 3 Festigkeitsklassen gehen leicht über das bei Hochleistungsbeton übliche Maß hinaus. Der Bereich oberhalb der untersuchten Festigkeitsklasse wurde damit in den Schubversuchen ebenfalls erfaßt. Bild 5.7 zeigt die Festigkeitsentwicklung für die Sorte 3, die für den größten Teil der Balken verwendet wurde.

Die Festbetoneigenschaften wie Zugfestigkeit und E-Modul lagen zum Versuchszeitpunkt sehr nahe an den Werten, welche durch die Gleichungen 2.3 und 2.5 vorhergesagt werden. Für die Versuchsnachrechnung wurde deshalb auf die allgemeine Ableitung von Zugfestigkeit, E-Modul und Bruchenergie aus der Druckfestigkeit zurückgegriffen.

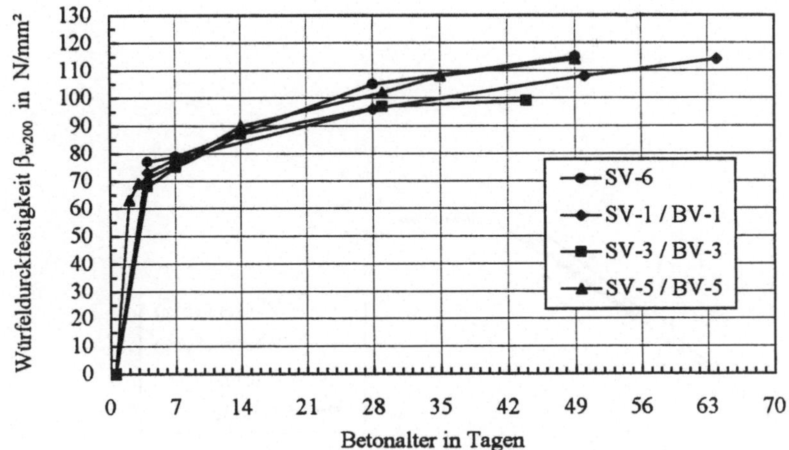

Bild 5.7:   Festigkeitsentwicklung des Transportbetons, Sorte 3

5.3 Schubversuche

Eine direkte Übertragung der an Stahlbetonbalken empirisch ermittelten Zusammenhänge auf Spannbetonbalken ist, wie in Kapitel 4 bereits gezeigt wurde, nicht möglich. Dennoch ist die Kenntnis des Versagensablaufs an Stahlbetonbalken eine notwendige Voraussetzung für den sinnvollen Entwurf von Schubversuchen an Spannbetonbalken. Für die Vorbemessung wurde daher eine umfangreiche Auswertung von Versuchen an Stahlbetonbalken verschiedener Betonfestigkeiten durchgeführt, welche vor allem auf die Arbeiten von Remmel [97] und Grimm [46] aufbaut. Um die Vergleichbarkeit mit den Versuchen an Stahlbetonbalken nicht zu gefährden, wurde für die Spannbetonversuche wie bei den Stahlbetonbalken der einfache Rechteckquerschnitt gewählt.

Die Schubversuche an Spannbetonbalken wurden so ausgelegt, daß vor Erreichen der Biegetragfähigkeit ein instabiles Schrägrißwachstum in den Schubfeldern der Vierpunktbalken zu erwarten war. Die höher vorgespannten Balken wurden bewußt so dimensioniert, daß die gerissene Zugzone die Verbindung Lasteinleitung - Auflager nicht erreicht. Bei Stahlbetonbalken mit Schubschlankheiten unter $a/d = 4$ liegt der zum Versagen führende Riß häufig genau in der so definierten Linie. Ein Umstand, der in der Literatur bereits zur Modellbildung verwendet

wurde [43]. Die Schubschlankheit a/d der vorgespannten Schubbalken lag bei ca.
3,5 (vgl. Tabelle 5.1).

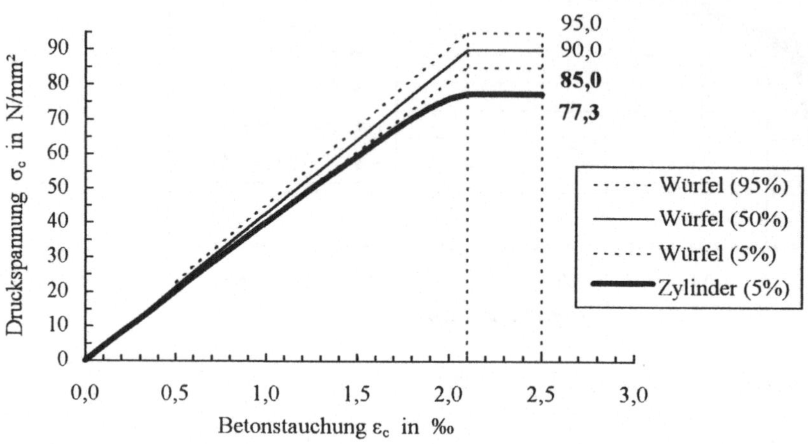

Bild 5.8: Typische Spannungsdehnungslinie eines B 85 für die Versuchsnachrechnung

Für die Bestimmung des Biegeverhaltens im mittleren Bereich der Balken, insbesondere für die Bestimmung der Druckzonenhöhe, ist die Kenntnis einer
realitätsnahen Spannungsdehnungslinie des Betons erforderlich. Wie in Kapitel 2
bereits gezeigt wurde, ist für hochfeste Betone ein annähernd lineares Verhalten bis
nahe an die Grenzstauchung zu beobachten. In der deutschen Normung [31] wird
die rechnerische Spannungsdehnungslinie gegenüber den Mittelwerten in doppelter
Hinsicht modifiziert. Die Grenzstauchungen und die Spannungen werden reduziert.
Um keine zu ungünstige Festlegung zu treffen werden in [31] zwar im oberen
Bereich sowohl Festigkeit als auch Grenzstauchung reduziert, im unteren Bereich
jedoch orientieren sich die Spannungsdehnungslinien unter Vernachlässigung einer
verzögert elastischen Verformung an den Mittelwerten des E-Moduls. In DIN
1045 sind dagegen die Spannungen über alle Dehnungen um etwa den gleichen
Beiwert reduziert. Für die Vergleichsrechnung zu den Versuchen wurden Spannungsdehnungslinien gewählt, die im unteren Bereich der Belastungsgeschwin-
digkeit entsprechend an den Mittelwert des E-Moduls der Festigkeitsklasse
angepaßt sind (Gleichung 2.5). Im oberen Bereich wird die Druckspannung durch
die Zylinderdruckfestigkeit f_c begrenzt. Die Grenzstauchungen wurden wie in der
DAfStb-Richtlinie gewählt. Die so definierte Spannungsdehnungsbeziehung ergibt
für die angestrebte Festigkeitsklasse B 85 und höher ein nahezu linear-elastisches

Verhalten, das die bis unmittelbar vor dem Biegeversagen vorherrschenden Verhältnisse sehr gut wiedergibt (Bild 5.8). Die realistische Erfassung der Spannungsdehnungslinie ist insbesondere für die Ermittlung der Rotation und damit auch der Druckzonenhöhe unter reiner Biegung erforderlich. Der Einfluß der Rotation auf den oberen Bereich der Spannungsdehnungslinie konnte vernachlässigt werden, da bei Schubrißbildung die Biegetragfähigkeit der Balken noch nicht erreicht war. Die bei Schubrißbildung vorhandenen Druckspannungen konnten noch als direkt proportional zu den Stauchungen angenommen werden.

Deutlich unterhalb der rechnerischen Biegetragfähigkeit zeigte sich bei den Balken ohne Schubbewehrung ein instabiles Wachstum der äußeren geneigten Biegeschubrisse. Wie bei Stahlbetonbalken setzte die Rißbildung dann ein, wenn die Dübelanrisse parallel zur Längsbewehrung und die Rißspitze des zugehörigen Biegeschubrisses etwa eine Neigung von 45° gegenüber der Längsbewehrung erreichten. Bei stehender bzw. leicht abfallender Last öffnete sich der maßgebende Biegeschubriß dann jeweils bis unter die Lastplatten. Im Gegensatz zu Stahlbetonbalken versagte jedoch keiner der vorgespannten Schubbalken schlagartig mit der Ausbildung des Diagonalzugrisses. Vielmehr konnte die vorgespannte Druckzone den Ausfall der Verdübelungswirkung der Längsbewehrung in ein Sprengwerk mit sehr flach geneigten Druckstreben umlagern (Bild 5.9). Die Ausbildung des Verdübelungsrisses erfolgte wesentlich langsamer als bei Stahlbetonbalken. Der Dübelriß wurde jeweils nur so weit geöffnet, wie es für das Fortschreiten des Biegeschubrisses in die Druckzone aus kinematischen Gründen erforderlich war. Das bestätigt die Untersuchungen von Remmel [97] [125], Kordina und Blume [69] und vielen anderen, die das Dübelversagen bei Stahlbetonbalken zwar als eine notwendige Voraussetzung und möglichen Auslöser für das Biegeschubversagen sehen, die Dübelrißlast als zahlenmäßig dominierenden und superponierbaren Anteil jedoch ablehnen.

Mit der instabilen Schrägrißbildung werden die Bemessungsgrundlagen für stabförmige Bauteile endgültig außer Kraft gesetzt. Die infolge Schrägrißbildung bereits beeinträchtigte Dehnungsebene wird zwischen Zug- und Druckgurt vollständig zerstört. Eine Berücksichtigung der weiteren Traglaststeigerung kann nur noch als Systemtragfähigkeit bewertet werden, nicht mehr als Querschnittstragfähigkeit (vgl. Kapitel 4.2). Die weitere Laststeigerung in den weggesteuerten Versuchen kann deshalb nicht verallgemeinert werden. Für die Einordnung der Versuchsergebnisse ist folglich die zur Diagonalrißbildung gehörige Querkraft V_{sr} in Tabelle 5.1 zu verwenden.

Bild 5.9:   Schubrißbildung bei Balken SV-3

Bild 5.10:   Versagen des Sprengwerkes bei Balken SV-3

Bei der weiteren Laststeigerung konnte das verbleibende Sprengwerk die Biegetragfähigkeit meist nicht ganz erreichen. Die Biegeschubrisse entwickelten sich weit in den Bereich des konstanten Biegemomentes hinein und führten zu einer fast vollständigen Separation von Zug- und Restdruckzone. Die isolierte Druckzone hatte dabei im Bereich der Lasteinleitungen eine geringere Höhe als die Rechnung im Zustand II ergab. Mit Ausnahme von Balken SV-5 wurden alle Schubbalken bis zum Bruch belastet. Sie versagten in der Nähe der Lasteinleitung schließlich durch einen sekundären Schubdruckbruch (Bild 5.10). Unmittelbar vor dem Versagen konnte häufig ein plötzlicher Abfall der Rotation in der Biegedruckzone beobachtet werden.

Balken SV-5 konnte aus Gründen der Pressenkapazität nur unwesentlich über die Schubrißlast hinaus belastet werden. Beim Entlasten fand die Vorspannkraft des unteren Spannglieds kein tragfähiges Auflager mehr. Durch die Verdübelungsrisse war die Überdeckung als wichtiger Teil der vorgedrückten Zugzone abgesprengt worden. Die nur geringfügig vergrößerte Ausmitte der Vorspannkraft reichte zusammen mit den flachen Biegeschubrissen zum Durchreißen der Druckzone aus.

Die Versuchsdaten und ein Teil der Meßwertaufzeichnungen zu den Schubversuchen sind in Anhang 1 beigefügt.

5.4 Biegeversuche

Querschnitt, Bewehrung und Vorspannung wurden bei den Biegeversuchen wie bei den Schubversuchen ausgelegt. Während die bügelbewehrten Balken mit der Bauhöhe h = 400 mm auch die gleiche Schubschlankheit von a/d ≈ 3,5 erhielten, wurde bei den Balken mit h = 800 mm die Schubschlankheit auf a/d ≈ 5,4 gesteigert (siehe Tabelle 5.2). Die Versuche dienten zur Untersuchung des Schubtragverhaltens bei niedrigen Schubbeanspruchungen. Darüber hinaus wurde das Versagen der Druckzone besonders bei den stark vorgespannten Balken am Gesamttragwerk überprüft. Das Tragverhalten der Biegedruckzonen mit unterschiedlicher Lastausmitte wurde parallel von Meyer experimentell untersucht [81]. Der Verlauf von Betonstahl- und Spannstahldehnung wurde auch oberhalb der heute zulässigen Grenzen verfolgt. Die Meßstellen sind in den Ausführungsplänen gekennzeichnet (siehe Anhang 2). Die Bügeldehnungen wurden aus Meßstrecken über die gesamte Zugzonenhöhe ermittelt.

Alle Träger mit Bügelbewehrung erreichten mühelos die mit den Grenzstauchungen der DAfStb-Richtlinie und der Prismenfestigkeit ermittelte rechnerische Biegebruchlast. Die Arbeitslinie für den Beton wurde dabei wie in Kapitel 5.3 beschrieben angenommen. Bei Berücksichtigung von Betonstahldehnungen über 5 ‰ erreichten die Balken ebenfalls die rechnerische Traglast. Die im Bauteil tatsächlich erreichte Festigkeit wurde an Bohrkernen mit 100 mm Durchmesser untersucht, die unmittelbar nach dem Versuch entnommen und geprüft wurden. Trotz der baustellennahen Fertigungsbedingungen lagen die dort ermittelten Werte nur um ca. 5 % unter den Ergebnissen bei den gesondert hergestellten Würfeln und Zylindern. Die festgestellte Traglastüberschreitung zwischen 2 % und 14 % wird einerseits durch die in [31] sicher abgeschätzte Grenzstauchung ε_{cu} ermöglicht. In den Versuchen lagen die Stauchungen vor dem Versagen der Druckzone immer über 3 ‰. Darüber hinaus sind Überfestigkeiten bei den Stählen zu beobachten, welche die Streckgrenze in der genannten Größenordnung bis 14 % überschreiten.

Die Bügel wurden für die rechnerische Biegebruchlast so bemessen, daß sie unter Annahme einer Druckstrebenneigung $\tan\theta = 0{,}4$ gerade die Fließgrenze erreichten. Trotz der geringen Schubdeckung wurde die Fließgrenze in der Schubbewehrung tatsächlich erst beim Lastniveau der Biegetragfähigkeit erreicht.

Wie bei den unverbügelten Balken stellten sich die Risse zunächst mit leichter Neigung ein. Selbst dort, wo die Risse von Bügeln gekreuzt wurden, konnten über die Bauteilhöhe gemittelt keine nennenswerten Stahlspannungen gemessen werden. Die Bügel wurden erst auf dem Niveau der Schubrißlast V_{sr} des unverbügelten Querschnittes aktiviert. Dabei wurde die kritische Rißneigung zunächst bei 45° gehalten. Die Bügel verhinderten damit das instabile Abdrehen der Biegeschubrisse auf flachere Neigungen. Für die Balken mit unterschiedlichen Schubschlankheiten bei Biege- und Schubversuch wurde der Vergleich der Schubrißlasten später über den in Kapitel 7 beschriebenen Ansatz überprüft und bestätigt.

Nach Überschreiten der Schubrißlast stieg die Bügelkraft annähernd parallel zur Mörsch-Geraden an. Bild 5.11 zeigt die Bügelkräfte in Abhängigkeit von der Pressenlast V_1 bei Balken BV-4. Die Lage der Meßstellen ist im Anhang 2 angegeben.

Die von Normalbeton bekannte flache Neigung der Druckstreben konnte auch bei den durchgeführten Versuchen an Hochleistungsbeton beobachtet werden. Trotz der durchtrennten Zuschläge ist die Rauhigkeit der Rißoberflächen in der Lage, eine Rotation der Hauptdruckspannungen auf flache Winkel bis hinab zu ca. 22° zu gewährleisten (Bild 5.12). Mit dem Fließbeginn in der Bügelbewehrung entstehen neue Risse mit flacherer Neigung, die teilweise die bestehenden Risse kreuzen. Die bestehenden Biegeschubrisse drehen an ihrer Spitze ebenfalls ab. Gegen die

Berücksichtigung flacher Druckstrebenneigung auch bei hohen Schubspannungen wie im EC 2-1 oder im CEB-FIP Model Code [26] bestehen daher auch bei Hochleistungsbeton keine Bedenken.

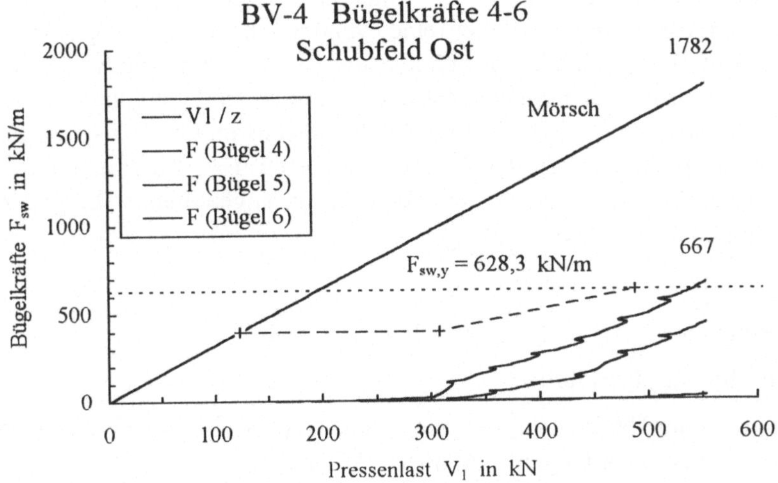

Bild 5.11: Querkraft und Bügelkraft bei Balken BV-4

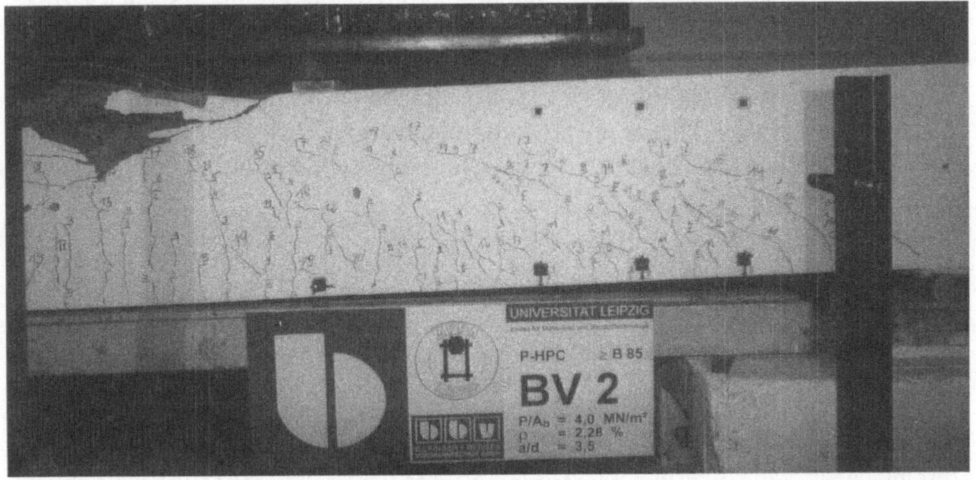

Bild 5.12: Rotation der Druckstreben bei Balken BV-2

Die Berechnung mit Druckstrebenneigungen nach DIN 4227-1 [07.88] liegt auf der sicheren Seite, da dort das Fließen der Bügel und das damit verbundene Zurückdrehen der Druckstreben auf flachere Neigungen ausgeschlossen wird. Da in der vorliegenden Arbeit vor allem die Bemessungsgrenze V_{sr} untersucht wird, soll an dieser Stelle ein für den Bereich hoher Schubspannungen konservativer Ansatz genügen. Wie in DIN 4227-1 wird die Schubrißlast V_{sr} in Übereinstimmung mit den Versuchen als Beginn der Bügelbeanspruchung angesetzt. Die Bestimmung von V_{sr} wird in den Kapiteln 6 und 7 noch näher untersucht. In Balken ist bei niedrigeren Schubbeanspruchungen immer eine Mindestschubbewehrung vorzusehen. Zwischen dem Bereich niedriger Schubbeanspruchung mit Mindestschubbewehrung und dem Bereich der Regelbemessung wird noch ein Übergangsbereich eingeführt. Die Schubspannung $\tau = V / b_w z$ wird dabei jeweils im Grenzzustand der Tragfähigkeit bzw. im rechnerischen Bruchzustand ermittelt. Es wird eine mit $\alpha = 90°$ lotrecht zur Stabachse angeordnete Schubbewehrung angenommen. Folgende drei Bereiche werden unterschieden:

- Mindestbewehrung mit $\rho_w = \min \rho_w$

- Übergangsbereich mit $\tan \theta = \min \tan \theta = 0{,}4$

- Regelbereich / Standardverfahren

Die Bestimmung der Tragfähigkeit $v \cdot f_c$ der geneigten Druckstreben als Obergrenze der Schubtragfähigkeit ist nicht Gegenstand dieser Arbeit.

In Balken ist für $V < V_{sr}$ immer eine Mindestschubbewehrung $\min \rho_w$ vorzusehen. Sie nimmt die Schubtragfähigkeit V_{sr} des unverbügelten Querschnitts auf. Entgegen DIN 4227-1/A1 sollte die Mindestschubbewehrung dabei mit der gleichen Druckstrebenneigung berechnet werden, wie im Übergangsbereich (Gleichung 5.1), wodurch ein kontinuierlicher Übergang ermöglicht wird. Damit die Bügel beim Überschreiten der Schubrißlast V_{sr} sicher aktiviert werden können, sollte der Abstand $s_{Bü}$ der Bügel kleiner als etwa d/3 bleiben und höchstens 20 cm betragen. In Platten darf auf die Mindestschubbewehrung für Querkräfte $V < V_{sr} / \gamma$ verzichtet werden.

$$\frac{\min A_{s,Bü}}{s_{Bü}} = \frac{0{,}4 \cdot V_{sr}}{z \cdot f_{sy}} \qquad \text{für: } V < V_{sr} \qquad\qquad (5.1)$$

mit: $\min A_{s,Bü}$ Mindestquerschnitt eines Bügels
     $s_{Bü}$ Abstand der Bügel

Vereinfachend kann wie in DIN 4227-1/A1 [38] oder der DAfStb-Richtlinie für hochfesten Beton [31] eine Abschätzung für V_{sr} oberhalb des Mittelwertes aus Versuchen getroffen werden, die nur noch von der Betonzugfestigkeit f_{ct} abhängt. Mit $z \approx 0{,}9 \cdot d$ und $V_{sr} / b_w d \approx 0{,}48 \cdot f_{ct}$ ergibt sich eine nur von der Festigkeitsklasse des Betons abhängige Mindestschubbewehrung $\min \rho_w$ nach Gleichung 5.2.

$$\min \rho_w \;=\; \frac{\min A_{s,B\ddot{u}}}{s_{B\ddot{u}} b_w} \;=\; \frac{0,4 \cdot 0,48 \cdot f_{ct}}{0,9 \cdot f_{sy}} \;=\; 0,213 \cdot \frac{f_{ct}}{f_{sy}} \qquad\qquad (5.2)$$

mit: $\min A_{s,B\ddot{u}}$ Mindestquerschnitt eines Bügels

$\quad\; s_{B\ddot{u}}$ Abstand der Bügel

$\quad\; b_w$ Stegbreite

$\quad\; f_{ct} \;=\; 2,12 \ln\!\left(1 + \dfrac{f_c}{10}\right)$ zentrische Zugfestigkeit nach Remmel [97]

$\quad\; f_{sy}$ Fließgrenze der Bügelbewehrung

Bevor die Stahlzugkraft auf der parallel zur Mörsch-Geraden verlaufenden Linie durch $V_{sr}/b_w z$ auf der τ-Achse bestimmt wird, entsteht ein Übergangsbereich, in dem die Schubbewehrung über die fiktive Druckstrebenneigung $\tan\theta = 0,4$ ermittelt wird (Gleichung 5.3). Diese Mindestneigung der Druckstreben ist keine physikalische Rißneigung. Sie berücksichtigt in einem klassischen Fachwerkmodell vielmehr die Mitwirkung des Betons, insbesondere der Betondruckzone. Bei Ausfall des kompletten Betontraganteils besteht jedoch aufgrund der rißübergreifenden Kräfte die Möglichkeit der Umlagerung in ein Fachwerk mit entsprechend kleiner Druckstrebenneigung.

$$\frac{\mathrm{erf}\, A_{s,B\ddot{u}}}{s_{B\ddot{u}} b_w} \;=\; \frac{0,4 \cdot V}{b_w z \cdot f_{sy}} \qquad \text{für:}\quad V_{sr} < V < 5/3\, V_{sr} \qquad (5.3)$$

aus: $\tan\theta \;=\; \min \tan\theta \;=\; 0,4$

Überschreitet die Querkraft V den Wert $5/3\, V_{sr}$, so wird die Bügelkraft mit einer Druckstrebenneigung von 45° bestimmt. Zusätzlich wird die Schubtragfähigkeit des unverbügelten Querschnitts V_{sr} als Betontraganteil berücksichtigt. Dies kann entweder durch die Reduzierung der Querkraft V um V_{sr} geschehen (siehe Gleichung 5.4 a), oder wie in DIN 4227-1 über eine rechnerisch veränderliche Druckstrebenneigung $\tan\theta$ (Gleichung 5.4 b) im Fachwerkmodell nach Bild 4.22.

$$\frac{\mathrm{erf}\, A_{s,B\ddot{u}}}{s_{B\ddot{u}} b_w} \;=\; \frac{V - V_{sr}}{b_w z \cdot f_{sy}} \qquad \text{für:}\quad 5/3\, V_{sr} < V < \frac{F_{sy,B\ddot{u}} \cdot z}{s_{B\ddot{u}}} + V_{sr} \qquad (5.4\ \text{a})$$

$$\frac{\mathrm{erf}\, A_{s,B\ddot{u}}}{s_{B\ddot{u}} b_w} \;=\; \frac{V \cdot \tan\theta}{b_w z \cdot f_{sy}} \qquad\qquad (5.4\ \text{b})$$

mit: $\tan\theta \;=\; 1 - V_{sr}/V$

Die maßgebenden Bügelzugkräfte in den genannten Bereichen sind in Bild 5.13 zusammengefaßt. Dabei wird das in Kapitel 4.3.6 erläuterte allgemeine Fachwerkmodell zugrundegelegt.

Die in den Versuchen gemessenen Bügeldehnungen lagen immer unterhalb der beschriebenen Kurve. Die rechnerischen Bügelzugkräfte nach den Gleichungen 5.2 bis 5.4 sind in Anhang 2 als gestrichelte Linie den gemessenen Bügelzugkräften gegenübergestellt.

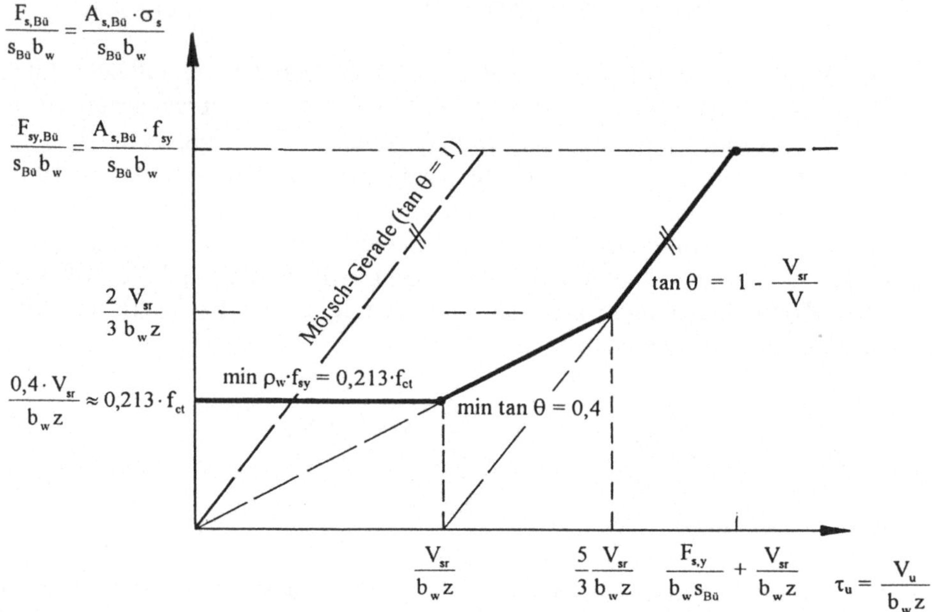

Bild 5.13:   Bügelzugkräfte entsprechend den Gleichungen 5.2 bis 5.4

Untersucht wurde neben den Bügeldehnungen auch die Dehnung von Betonstahl und Spannstahl. Die im Vergleich zum Beton geringe Festigkeit des Einpreßmörtels von mindestens 30 N/mm² und der niedrige E-Modul des Mörtels ist angesichts des räumlichen Spannungszustandes im Hüllrohr gut in der Lage, die Verbundkräfte zwischen Spannstahl und umgebendem Beton zu transportieren. Die genannten Eigenschaften garantieren beim Fließbeginn in der Bewehrung eine sehr gleichmäßige Dehnungsverteilung zwischen Betonstahl und Spannstahl. Die unterschiedlichen Festigkeiten von Einpreßmörtel und Bauwerksbeton müssen jedoch beim Nachweis der schiefen Hauptdruckspannungen berücksichtigt werden. Die Querschnittsschwächung der Druckstreben durch leere und vergepreßte Hüllrohre ist zu beachten. Weiterhin übernimmt bei Beginn der Rißbildung der Betonstahl wegen seines besseren Verbundes zum Beton einen größeren Anteil der Rißlast als der Spannstahl [121]. Bei der Ermittlung der Mindestbewehrung von vorgespannten Bauteilen aus Hochleistungsbeton sollte daher der Spannstahlquerschnitt nur zu einem geringen Anteil von ca. 20 % angesetzt werden.

Bei den durchgeführten Versuchen wurde eine monoton steigende Belastung (Anhang 1 und 2) vorgegeben. Untersucht wurde dabei vor allem der Bruchzustand. Über die Verbundeigenschaften des Spannstahls unter schwellender Beanspruchung im Gebrauchszustand können aus den vorliegenden Versuchen keine neuen Erkenntnisse gewonnen werden. Hier besteht besonders hinsichtlich der Anrechenbarkeit des Spannstahls bei der Mindestbewehrung noch Forschungsbedarf. Aufgrund des außerordentlich guten Verbundes von Bewehrung in Hochleistungsbeton [73] [121] muß jedoch angenommen werden, daß die Wirksamkeit des Spannstahls im nachträglichen Verbund mit zunehmender Betondruckfestigkeit deutlich abnimmt. Bei Spannbetonbauwerken mit Spanngliedern im nachträglichen Verbund ist jedoch meist der Zustand unmittelbar vor dem Aufbringen der Vorspannung maßgebend für die Ermittlung der Mindestbewehrung. Zu diesem Zeitpunkt besteht wegen der noch fehlenden Vorspannung und der Beanspruchung durch Eigenspanungen immer die Gefahr der Rißbildung. Vereinfachend kann daher auch allgemein auf die Anrechnung des Spannstahls im nachträglichen Verbund verzichtet werden.

Die Versuchsdaten, Rißbilder und ein Teil der Meßwertaufzeichnungen zu den Biegeversuchen sind in Anhang 2 beigefügt.

6 Schubtragfähigkeit von Stahlbetonbalken ohne Schubbewehrung

6.1 Grundlagen

In Kapitel 4 wurden die bekannten Einflüsse auf das Schubtragverhalten von Bauteilen ohne Bügelbewehrung vorgestellt. Trotz umfangreicher Forschungsarbeiten basieren auch die neueren Bemessungsansätze noch immer rein auf empirisch ermittelten Zusammenhängen, die jedoch eine erstaunlich gute Beschreibung der Schubrißlast V_{sr} unverbügelter Bauteile erreichen (z. B. Gleichung 4.14).

Die empirischen Ansätze zeigen neben einem nur unterproportionalen Anstieg der Schubtragfähigkeit mit steigender Zylinderdruckfestigkeit f_{ck} einen deutlichen Einfluß des Längsbewehrungsgrades ρ und einen nicht vernachlässigbaren Maßstabseffekt. Ein schwacher Einfluß der Schubschlankheit a/d wurde ebenfalls festgestellt [26] [76]. Für den mit steigender Druckfestigkeit nur unterproportionalen Anstieg der Schubtragfähigkeit machen Remmel [14] und Grimm [46] den maßgebenen Einfluß des Zugtragverhaltens verantwortlich (Gleichung 4.15).

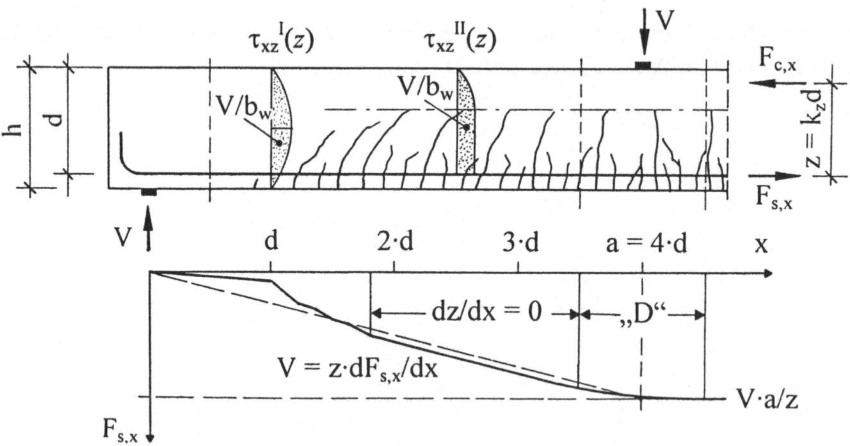

Bild 6.1: Schubfeld mit idealisierter Verbundwirkung. Balkenbreite b_w

In den Ansätzen, die mechanische Komponenten beinhalten [93], wird die Querkrafttragfähigkeit unverbügelter Querschnitte im Zustand II vor allem über die Rißreibung und die Dübelwirkung der Längsbewehrung beschrieben. Dabei wird i. d. R. von einer idealisierten Verbundwirkung ausgegangen. Der Hebelarm der inneren Kräfte z wird konstant angenommen. Die Schubspannung τ_{xz}^{II} ergibt sich aus dem Kräftegleichgewicht (Bild 6.1) am jeweils senkrecht zur Trägerachse begrenzten Bauteilabschnitt.

Für die Abtragung der Querkraft stehen bei Balken ohne Schubbewehrung und ausschließlich horizontal liegender Längsbewehrung nur drei Komponenten zur Verfügung, die sich gegenseitig beeinflussen:

- In der Druckzone getragener Anteil V_c der Querkraft

- Rißübergreifende Kräfte V_i und V_{BPZ} aus Rißreibung bzw. Rißverzahnung

- Dübelkraft V_d der Längsbewehrung

Alle anderen, empirisch festgestellten Parameter, wie Längsbewehrungsgrad ρ und Schubschlankheit a/d, sind selbst Einflußgrößen für einen oder mehrere der genannten Anteile.

In den Versuchen kann festgestellt werden, daß die Querkrafttragfähigkeit erreicht ist, wenn die Risse in die Biegedruckzone hinein fortschreiten. Der nach Bild 6.1 (Gleichug 4.4) rechnerisch ermittelte Maximalwert der Schubspannung τ_{xz}^{II} = V / b_wz liegt mit dem charakteristischen Wert aber bei nur 25 % der zentrischen Zugfestigkeit f_{ct} (Anhang 3). Die Versuchsauswertung zeigt weiterhin die deutlichen Einflüsse von Längsbewehrungsgrad ρ und Bauteilhöhe d auf die Schubtraglast. Die in Bild 6.1 gezeigte Schubspannungsverteilung für τ_{xz}^{II}(z) ist daher offensichtlich weder qualitativ noch der Größe nach in der Lage, die Schubrißlast unverbügelter Querschnitte zu beschreiben (Bild 6.2).

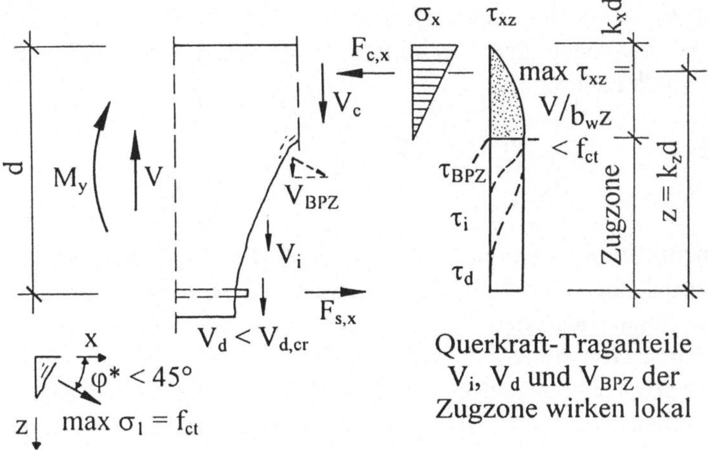

Bild 6.2:   Querkraftanteile im Zustand II und rechnerische Verteilung nach der Dübelformel

Die Schubtraganteile der Zugzone, die Rißverzahnungskraft V_i, die Dübelkraft V_d und die in der Bruchprozesszone (BPZ) getragenen vertikalen Anteile V_{BPZ} unterliegen einer starken Maßstabsabhängigkeit. Sie sind deshalb ohne Einbezug der Bruchmechanik nur schwer zu quantifizieren. Betrachtet man die Schubsteifigkeit innerhalb des kritischen Bereiches, so dominiert dort zweifellos die Druckzone. Eine Schlüsselrolle der Betondruckzone beim Biegeschubversagen ist deshalb zu erwarten. Im Unterschied zu den meisten vorliegenden Untersuchungen wird deshalb ein neuer Weg zur Formulierung der Schubtragfähigkeit über den Anteil der ungeschädigten Betondruckzone beschritten. Der Einfluß von Traganteilen der gerissenen Zugzone wird anschließend in Abschnitt 6.3 beurteilt.

6.2   Neuer Weg zur Beschreibung der Biegeschubrißlast

6.2.1 Schubtraganteil der Biegedruckzone

Die in Bild 6.1 gezeigte Schubspannungsverteilung nach der Dübelformel baut auf einer mit der Beanspruchung zunehmenden Verbundspannung und gleichmäßig wirkenden Kräften aus Rißverzahnung und Dübelwirkung auf. Die zugrundeliegende Annahme eines konstanten inneren Hebelarmes z ist jedoch nicht zwingend in jedem einzelnen Schnitt gültig. Aus Gleichgewichtsgründen ist die Querkraft V gleich der Änderung des Biegemomentes dM/dx. Das Biegemoment M wird auch bei leicht geneigten Rissen wesentlich durch die Normalspannungen in Stahl und Beton bestimmt. Es läßt sich damit allgemein durch das Produkt aus Stahlzugkraft $F_{s,x} \cdot z$ ausdrücken, das nach der Produktregel differenziert werden kann (Gleichung 6.1, siehe auch Kapitel 4).

$$V \;=\; \frac{dM}{dx} \;=\; \frac{d(F_{s,x} \cdot z)}{dx} \;=\; \frac{dF_{s,x}}{dx} \cdot z(x) + F_{s,x}(x) \cdot \frac{dz}{dx} \tag{6.1}$$

Fällt lokal in einem Riß die Verbundkraft $dF_{s,x}/dx$ ab (Bild 6.3), so kann der betroffene Querkraftanteil über eine Neigung der Zug- und Druckkraft gegeneinander, also durch eine lokal begrenzte Veränderung des inneren Hebelarmes dz/dx aufgefangen werden. Bei hohen Balken kann z. B. häufig die Vereinigung von Rissen zu Sammelrissen beobachtet werden. In solchen Bereichen ist neben der Verbundkraft offensichtlich auch eine Dübelwirkung der Längsbewehrung ausgeschlossen. Die Stahlzugkraft F_s ist damit lokal konstant und wirkt ausschließlich parallel zur Stabachse. Ein Querkraftabtrag im Bereich des betroffenen Risses ist dann nur über die Neigung dz/dx der Druckgurtkraft möglich (Bild 6.4). Das

bedeutet, daß lokal die gesamte Querkraft V von der Druckzone übernommen
werden muß.

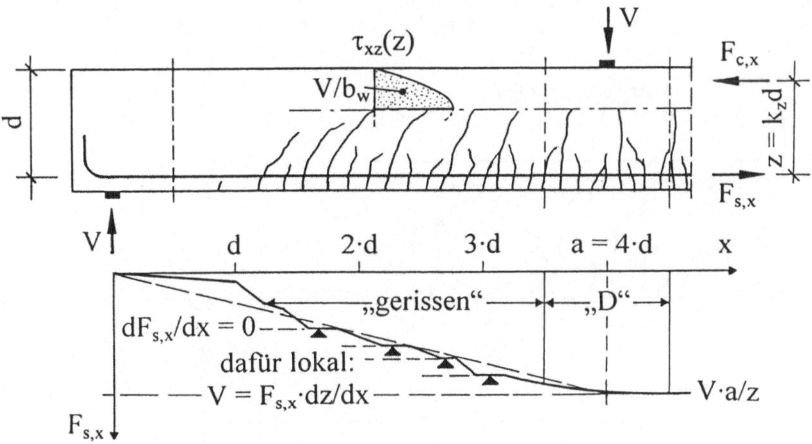

Bild 6.3:   Schubfeld mit lokal geschwächter Verbundwirkung

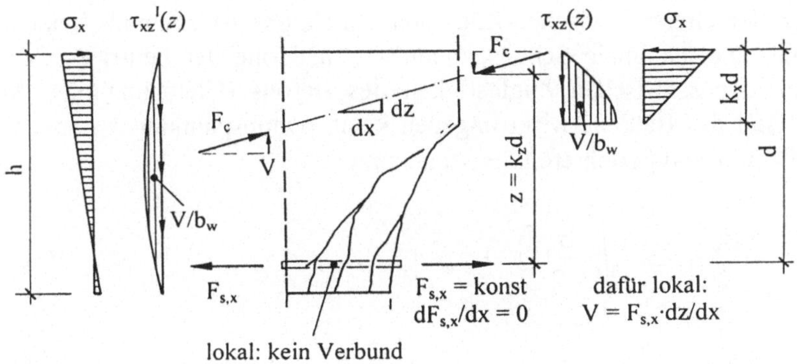

Bild 6.4:   Querkraftabtrag bei ausgefallener Verbundwirkung

Zur Bestimmung der Schubspannungsverteilung in der Druckzone wird auf die
Auswertung der Versuche zurückgegriffen. Die kritischen Risse sind kurz vor dem
instabilen Rißwachstum bereits bis an den unteren Rand der Biegedruckzone
vorgedrungen. Die Höhe der ungerissenen Biegedruckzone kann folglich wie in
Bereichen ohne Querkraft berechnet werden (siehe Abschnitt 6.2.2). Die Richtung
der Risse hat sich im kritischen Querschnitt auf ca. 45° geändert (Bild 6.5).

Rißbild Stahlbeton f_c = 91,3 N/mm²   d   = 750 mm
Grimm S 3.1 ρ = 0,42 %   a/d = 3,51
                                  τ_u = 0,61 N/mm²   b   = 300 mm

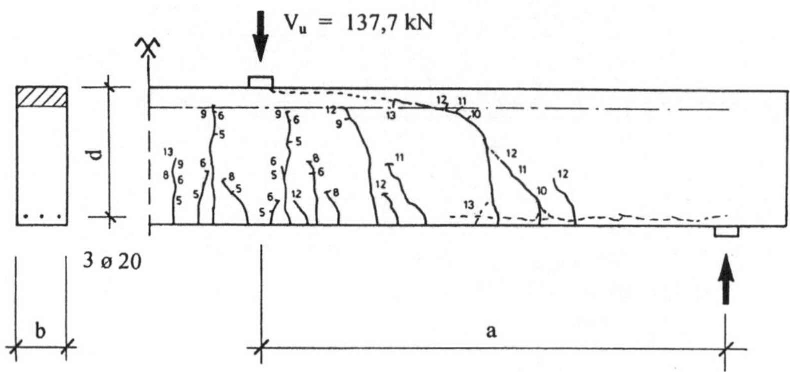

Bild 6.5:   Typisches Rißbild vor (———) und nach (- - - -) dem Biegeschubbruch

Folglich beträgt die schiefe Hauptzugspannung in der Rißwurzel $\sigma_1 = f_{ct}$. Sie ist ebenfalls um 45° gegen die Stabachse geneigt (Bild 6.6). Die zugehörige Längsspannung σ_x an der Grenze zwischen Zug- und Druckzone ist ebenfalls bekannt. Sie beträgt Null. Die maximale Schubspannung τ_{xz} in Höhe der neutralen Faser entspricht somit der zentrischen Zugfestigkeit des Betons (Gleichung 6.2). Am oberen freien Rand des Balkens wirkt dagegen keine Schubspannung τ_{xz} sondern nur die parallel zum Rand gerichtete Längsspannung σ_x.

$$\sigma_{1,2} \;=\; \frac{\sigma_x}{2} \;\pm\; \sqrt{\left(\frac{\sigma_x}{2}\right)^2 + \tau_{xz}^2} \tag{6.2 a}$$

$$\sigma_1 \;=\; \tau_{xz} \;=\; f_{ct} \tag{6.2 b}$$

mit: σ_1 = f_{ct} notwendige Spannung an der Rißspitze
     σ_x = 0   in Höhe der neutralen Faser

Die Schubspannungen verlaufen innerhalb der Biegedruckzone parabelförmig mit der Völligkeit 2/3 entsprechend der Dübelformel, da sie von der Differenz der annähernd linear verteilten Normalspannungen abhängen. Eine Abminderung der Zugfestigkeit durch den zweiachsialen Spannungszustand im Bereich der Rißspitze wird nicht angesetzt. Druckspannungen parallel zum Riß können während des Rißfortschritts lokal in die Umgebung außerhalb der Bruchprozesszone umgelagert werden. Außerdem ist wegen der vorhandenen Krümmung ein Dehnungsgradient vorhanden, der diese Umlagerung noch unterstützt.

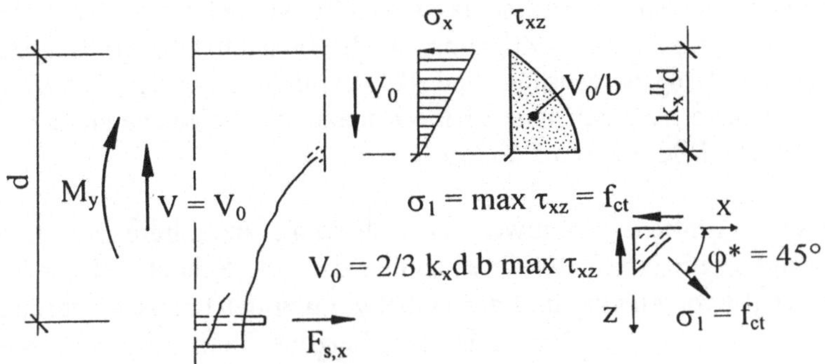

Bild 6.6:   Schubspannungsverteilung in der Druckzone

Integriert man die Schubspannungen über die Druckzone, so ergibt sich der Grundwert der Schubtragfähigkeit von Balken ohne Schubbewehrung im gerissenen Zustand. Er wird im folgenden mit V_0 bezeichnet (Gleichung 6.3 a). Bezieht man die Querkraft V wie z. B. im Model Code [26] auf die Stegfläche $b_w d$, so erhält man die nominelle Schubspannung $\tau = V/b_w d$, in diesem Fall $\tau_0 = V_0/b_w d$ (Gleichung 6.3 b).

$$V_0 \quad = \quad \int\limits_0^{k_x d} \int\limits_0^{b_w} \tau_{xz}(z)\ dy\ dz \quad = \quad \frac{2}{3}\ b_w \cdot k_x d \cdot f_{ct} \qquad (6.3\ a)$$

$$\tau_0 \quad = \quad \frac{V_0}{b_w d} \quad = \quad \frac{2}{3} \cdot k_x \cdot f_{ct} \qquad (6.3\ b)$$

mit: k_x auf die statische Höhe bezogene Druckzonenhöhe
       siehe auch Gleichung 6.6 oder vereinfachend Gleichung 6.7

$$f_{ct} \quad = \quad 2,12 \cdot \ln\left(1 + \frac{f_c}{10}\right) \quad \text{zentrische Betonzugfestigkeit [97]}$$

Im Unterschied zu den Zahnmodellen, die kurz vor der instabilen Schubrißbildung die Querkraftanteile der Zugzone beschreiben, erfaßt der Ansatz nach Gleichung 6.3 das Gleichgewicht im maßgebenden Riß für den kritischen Zustand

(Bilder 6.4 und 6.6), in dem die Schubtraganteile der Zugzone wie Rißverzahnung und Dübelwirkung infolge der Verbundstörung ausgefallen sind. Da das Erreichen des Grenzzustandes der Tragfähigkeit durch das Fortpflanzen des kritischen Risses in die Druckzone gekennzeichnet wird, ist das gewählte Modell realistischer. In den übrigen Bereichen mit gerissener Zugzone, in denen noch Querkraftanteile über Dübelwirkung der Längsbewehrung und Rißverzahnung in der Zugzone getragen werden können, ergibt sich eine kleinere maximale Schubspannung τ_{xz} zwischen den Grenzen aus Bild 6.2 und Bild 6.6.

Der nach Gleichung 6.3 ermittelte Grundwert V_0 stellt somit eine untere Schranke für die Schubtragfähigkeit unverbügelter Querschnitte dar. Die Schubbruchlast $V_u = V_{sr}$ kann infolge der Rißverzahnung und der Dübelwirkung der Längsbewehrung höher liegen. Die Mitwirkung des Betons in der Zugzone kann zusätzlich die Biegedruckzone vergrößern und damit zur Erhöhung der Schubtragkraft beitragen. Diese Effekte, die sich zweifelsfrei auch untereinander beeinflussen, werden in Kapitel 6.3 näher beleuchtet. Aufbauend auf Gleichung 6.3 kann dann in Kapitel 6.4 eine realistische Abschätzung der Schubtragfähigkeit vorgenommen werden, die alle wesentlichen Einflüsse genügend berücksichtigt.

6.2.2 Ermittlung der Druckzonenhöhe

Während bei der Biegebemessung der innere Hebelarm k_z auch in der Praxis meist genau ermittelt wird, obwohl er nur sehr wenig um seinen Mittelwert $7/8$ schwankt, unterbleibt selbst bei der Nachrechnung von Schubversuchen die genaue Bestimmung der Lage der Nullinie. Die Druckzonenhöhe $k_x d$ ist jedoch gegenüber einer Veränderung der Nullinie im linear-elastischen Bereich wesentlich empfindlicher als der innere Hebelarm. Da ihr Mittelwert mit etwa $0{,}4 \cdot d$ auch absolut klein gegenüber dem inneren Hebelarm $k_z d$ ist, wirkt sich die Änderung der Druckzonenhöhe $k_x d$ noch gravierender aus (Bild 6.7). Eine genaue Bestimmung der Druckzonenhöhe ist daher erforderlich.

Die Auswertung von Rißbildern aus Versuchen ergibt, daß die Druckzonenhöhe durch Biegeschubrisse und damit auch durch Schubverzerrung in der Zugzone kaum beeinflußt wird (Bild 6.5). Das Gleichgewicht von Zug- und Druckkräften im jeweiligen Querschnitt bestimmt die Lage der Nullinie (Bild 6.8). Im nackten Zustand II wird die Druckzonenhöhe $k_x d$ nur von der relativen Steifigkeit der Bewehrung ρn im Vergleich zum Beton beeinflußt (Gleichungen 6.4 bis 6.6). Dabei bezeichnet ρ das Flächenverhältnis $A_s/b_w d$ und n das Verhältnis der E-Moduln E_s/E_c. Bei Stahlbetonbauteilen liegt der zum Versagen führende Riß meist in der Mitte des Schubfeldes. Bei Beginn des Schubversagens ist die Biegetragfähigkeit der Querschnitte unter der Lasteinleitung noch nicht voll ausgenutzt. Für die maßgebenden Schnitte, die noch nicht einmal die Hälfte ihrer Biegetragfähigkeit erreicht haben, ist die Annahme einer linearen Arbeitslinie für den Beton damit eine gute Näherung. Das Steifigkeitsverhältnis ρn und damit die Druckzonenhöhe $k_x d$ ist dann lastunabhängig.

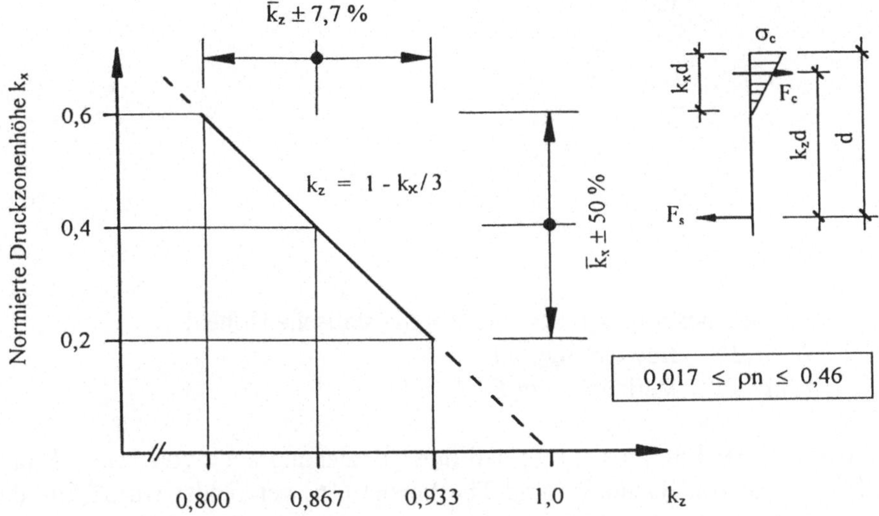

Bild 6.7: Hebelarm $k_z d$ und Höhe $k_x d$ bei elastischer Druckzone

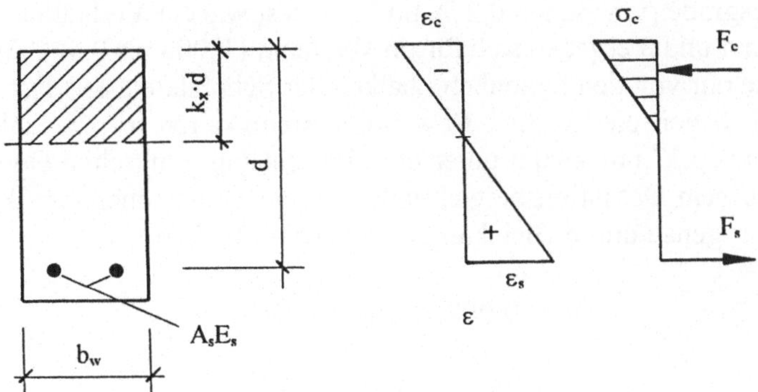

Bild 6.8: Ermittlung der Druckzonenhöhe im Zustand II aus dem Gleichgewicht

Vergleichsrechnungen und die Rißbilder von hochbeanspruchten Biegeträgern zeigen, daß selbst bei steigender Ausnutzung der Druckzone bis nahe an das Versagen der gedrückten Randfaser die Druckzonenhöhe nahezu unverändert bleibt. Die Nichtlinearität der Arbeitslinie hat dort primär Einfluß auf die Völligkeit des Druckspannungsblocks in der Druckzone, weniger auf die Höhe der Betondruckzone.

$$F_c \quad = \quad - F_s \tag{6.4}$$

$$k_x \quad = \quad \frac{-\varepsilon_c}{\varepsilon_s - \varepsilon_c} \tag{6.5}$$

$$k_x \quad = \quad \frac{2}{1 + \sqrt{1 + \dfrac{2}{\rho n}}} \quad = \quad \sqrt{\rho^2 n^2 + 2\rho n} - \rho n \tag{6.6}$$

mit: k_x Druckzonenhöhe $k_x d$ bezogen auf die statische Höhe d
    $\rho \; = \; A_s / b_w d$ Bewehrunggrad
    $n \; = \; E_s / E_c$ Verhältnis der E-Moduln

Die Auswertung der Literatur ergab, daß diese Beziehung auch von Fenwick und Paulay [42] sowie von Bachmann und Thürlimann [16] verwendet wurde, um die Druckzonenhöhe in der Schubbemessung mechanisch zu erfassen. Ziel war dort jedoch die Bestimmung der aufnehmbaren Druckkraft.

In Versuchen wie in der Baupraxis ist nur ein begrenzter Definitionsbereich für ρn von Bedeutung, so daß Gleichung 6.6 unnötig kompliziert formuliert ist. Für Längsbewehrungsgrade ρ zwischen 0,2 % und 5,0 % sowie ein Verhältnis n der E-Moduln zwischen 4 und 8 ergeben sich für ρn Werte von 0,008 bis 0,400. Während die untere Grenze nur von den Spannbetonbalken der Schubdatenbasis fast erreicht wird (Anhang 4), liegen die größten Bewehrungssteifigkeiten in der Stahlbetondatenbasis mit $\rho n = 0,37$ nur knapp unter der überschlägig ermittelten Obergrenze (Anhang 3). In diesem Definitionsbereich läßt sich die Druckzonenhöhe $k_x d$ nach Gleichung 6.6 sehr genau durch Gleichung 6.7 annähern (Bild 6.9).

$$k_x \approx 0,78 \cdot \sqrt[3]{\rho n} \qquad \text{für:} \quad 0,008 \leq \rho n \leq 0,40 \tag{6.7}$$

In Gleichung 6.7 ist der Faktor $\rho^{1/3}$ enthalten, der bereits aus den empirischen Gleichungen 4.15 und 4.16 bekannt ist. In vielen vorangegangenen Untersuchungen wurde der Einfluß $F(\rho)$ des geometrischen Längsbewehrungsgrades ρ auf die Schubtragfähigkeit nach Gleichung 6.8 empirisch nachgewiesen ([46], [53],

[76], [97] et al.). Er wurde im Model Code 1990 [26] sowie in jüngeren internationalen Normen berücksichtigt. Hegger und Kordina unterstrichen bereits die Bedeutung des Längsbewehrungsgrades für die Druckzonentragfähigkeit [70]. In den nationalen Normen wurde der Einfluß erstmals 1995 mit der Einführung der DAfStb-Richtlinie für hochfesten Beton [31] berücksichtigt, obwohl er bereits Mitte der 70er Jahre bekannt war [76].

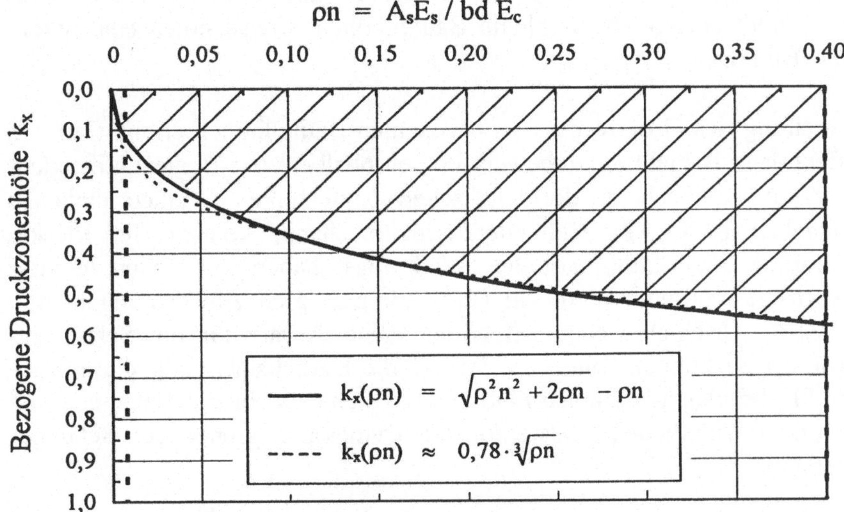

Bild 6.9:   Bezogene Druckzonenhöhe $k_x(\rho n)$ im linear-elastischen Bereich

$$F(\rho) = \sqrt[3]{\rho} \tag{6.8}$$

Die lineare Abhängigkeit der Querkrafttragfähigkeit von der Höhe des ungerissenen Anteils des Querschnitts erscheint trivial. Da k_x jedoch eine abgeleitete Größe ist, wurde sie in empirischen Untersuchungen meist nicht beachtet. Die Definition der Schubspannung in den Normen bezieht die Querkraft auf den statischen Querschnitt oder nach der Dübelformel auf den Querschnitt eines gedachten Fachwerks mit innerem Hebelarm $k_z d$. Diese Definition erschwert wie oben bereits gezeigt die Beurteilung des Schubtragverhaltens von Bauteilen ohne Schubbewehrung im Zustand II, da mit zunehmendem Hebelarm $k_z d$ eine Abnahme der Druckzonenhöhe $k_x d$ und damit auch der Schubtragfähigkeit verbunden ist. Der Vergleich einer auf den inneren Hebelarm bezogenen Schubspannung $\tau = V/b_w z$ mit einem Fraktilwert der Betonzugfestigkeit läßt bei kleineren Druckzonenhöhen eine größere Schubtragfähigkeit erwarten (z. B. DIN 1045 [07.88]). Der aus den Versuchen ermittelte Zusammenhang zwischen Längsbewehrungsgrad ρ und Schubtragfähigkeit wird somit durch den Ansatz nach Gleichung 6.3 bestätigt.

6.3 Untergeordnete Tragwirkungen und Einflüsse

Vergleicht man die in Versuchen beobachteten Schubrißlasten $V_{sr,exp}$ mit dem in Abschnitt 6.2 mechanisch ermittelten Grundwert V_0, so ergibt sich für große Bauteilhöhen eine sehr gute Übereinstimmung (Bild 6.10). Für kleine Bauteilhöhen ergeben sich teilweise deutlich höhere Schubrißlasten im Versuch, für eine statische Höhe $d = 200\,\text{mm}$ im Mittel etwa das 1,6-fache des Grundwertes V_0. Der Grundwert V_0 stellt aber auch für kleine Bauteilhöhen offensichtlich eine untere Schranke dar (Bild 6.10).

Die Überschreitung des Grundwertes V_0 bei kleinen Bauteilhöhen erinnert an den Maßstabseffekt beim Biegebruch unbewehrter Betonbalken. Die Biegezugfestigkeit $f_{ct,fl}$ zeigt dort im Vergleich mit der zentrischen Zugfestigkeit f_{ct} einen ähnlichen Verlauf (Bild 3.2) [97]. Mit Hilfe der Bruchmechanik können die Effekte untersucht werden, die Einfluß auf die Schubrißlast haben. Sie sollen in ihrer Größe abgeschätzt werden, um die in Bild 6.10 gezeigten Abweichungen vom Grundwert V_0 in Abschnitt 6.4 zutreffend in einem Ansatz für die Schubtragfähigkeit erfassen zu können. Ein Verzicht auf die Berücksichtigung dieser Einflüsse würde für die üblichen dünnen Platten des Hochbaus einen ungünstigen und damit auch unwirtschaftlichen Ansatz für die Bemessungsgrenze der Schubbewehrung bedeuten.

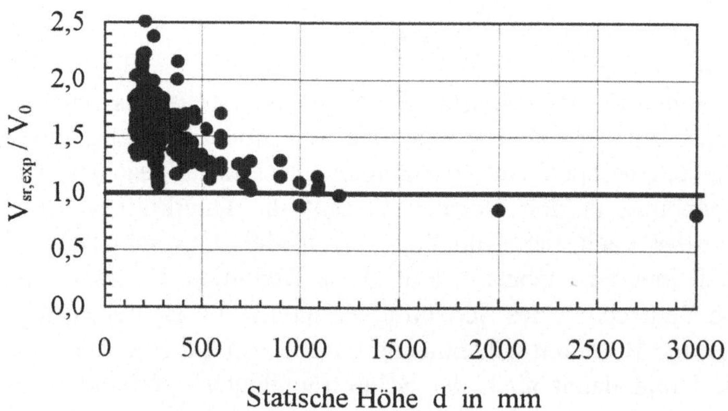

Bild 6.10:   Vergleich von Grundwert V_0 und Versuch für
unterschiedlich hohe Balken aus Anhang 3

6.3.1 Mitwirkung des Betons in der Zugzone

Aus den Untersuchungen zur Bestimmung der Rißbreiten in bewehrten Bauteilen ist seit langem bekannt, daß die Stahldehnungen im Mittel kleiner sind, als die Annahme des nackten Zustandes II es erwarten läßt (Bild 6.11). Ursache hierfür ist die Mitwirkung des Betons zwischen den Rissen. Dieses Phänomen wird als Tension Stiffening bezeichnet. Dadurch ergibt sich eine größere Dehnsteifigkeit der Zugzone.

Beim Prozess der Rißbildung kann der die Bewehrung umgebende Beton auf einer Höhe etwa des 2,5-fachen Randabstandes h-d auf Zug aktiviert werden [14]. Gegenüber dem nackten Stahl mit der Steifigkeit $E_s A_s$ ergibt sich unter Berücksichtigung der Mitwirkung des Betons zwischen den Rissen eine erhöhte Steifigkeit $E_{s,mod} A_s$. Die untere Schranke für die Erhöhung der Steifigkeit kann beim abgeschlossenen Rißbild nach Gleichung 6.9 abgeschätzt werden [65]. In Beispiel 6.1 ergibt sich für den in Bild 6.12 gezeigten Querschnitt mit $f_c = 60$ N/mm² eine Abnahme der Zugbandsteifigkeit um 31,3 %, wenn die reine Stahldehnung ε_{s2} von 0,4 ‰ nach der Rißbildung auf 1,6 ‰ vor dem Schubbruch ansteigt.

$$\frac{E_{s,mod}}{E_s} = \frac{1}{1 - 0,4 \cdot \dfrac{A_{c.eff} \cdot f_{ctm}}{A_s \cdot E_s \cdot \varepsilon_{s2}}} \leq 2,5 \tag{6.9}$$

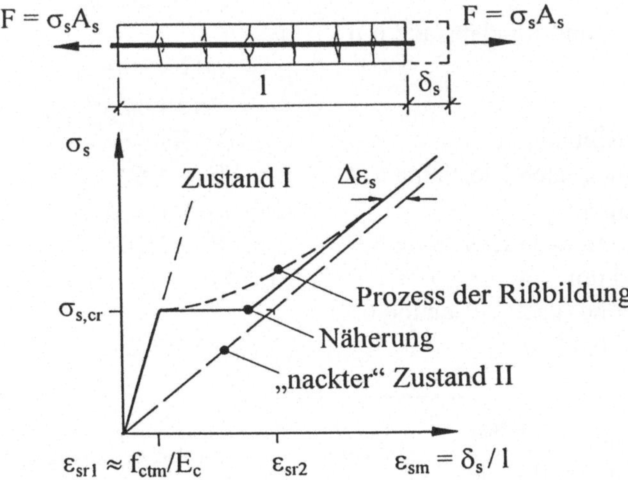

Bild 6.11: Zugbandsteifigkeit mit Tension Stiffening

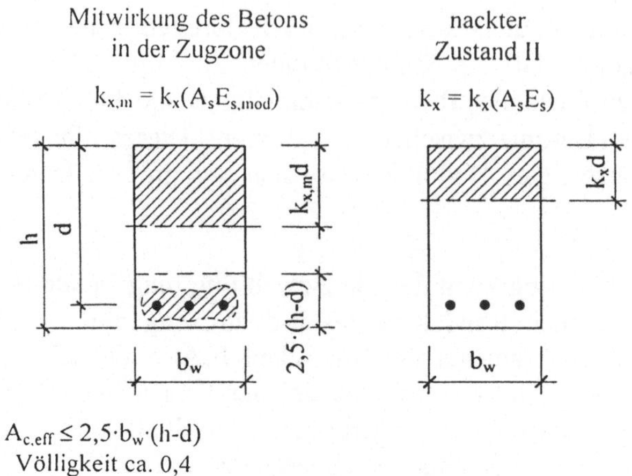

Bild 6.12:   Beispiel für erhöhte Zugbandsteifigkeit infolge Tension Stiffening

Beispiel 6.1:   Einfluß der erhöhten Zugbandsteifigkeit auf die Druckzonenhöhe

Effektive, auf Zug aktivierte Betonfläche:	$A_{c.eff} = 2,5 \cdot b_w \cdot (h-d)$
Zugehörige Völligkeit für Kurzzeitbelastung ca.	$0,4$
Bewehrungsgrad (obere Grenze)	$A_s / A_{c.eff} = 5,24\,\%$
aus Stabachsabstand $s = 3 \cdot \varnothing_s$ und Randabstand $h-d = 2 \cdot \varnothing_s$	
Zylinderdruckfestigkeit	$f_c = 60\ \text{N/mm}^2$
Zentrische Zugfestigkeit	$f_{ct} \approx 4,12\ \text{N/mm}^2$
Stahldehnung kurz nach der Rißbildung:	$\varepsilon_{s2} = 0,4\,\%$
zugehörige Steifigkeitserhöhung nach Gleichung 6.9	$E_{s,mod}/E_s = 1,60 < 2,5$
Stahldehnung bei Schubversagen:	$\varepsilon_{s2} = 1,6\,\% \approx 2/3 \cdot \varepsilon_{sy}$
zugehörige Steifigkeitserhöhung nach Gleichung 6.9	$E_{s,mod}/E_s = 1,10 < 2,5$
Steifigkeitsabbau im Zugband um $1 - 1,1/1,6 =$	$31,3\,\%$
Einfluß auf die Druckzonenhöhe (nach Gleichung 6.7)	
$k_x(\varepsilon_{s2} = 1,6\,\%) \,/\, k_x(\varepsilon_{s2} = 0,4\,\%) \quad =$	$(1,1/1,6)^{1/3} = 0,88$

$$\frac{V_0(\varepsilon_s = 1,6\,\%)}{V_0(\varepsilon_s = 0,4\,\%)} = \frac{k_x(\varepsilon_s = 1,6\,\%)}{k_x(\varepsilon_s = 0,4\,\%)} = 0,88 \qquad \text{nach Gleichung 6.3}$$

Die Mitwirkung des Betons in der Zugzone wird mit wachsender Stahlzugkraft abgebaut. Es ergibt sich ein kontinuierlicher Übergang hin zum Zustand II. Wie weit sich die Stahlzugkraft nach der Rißbildung ihrem Maximalwert nach Zustand II nähert, hängt vor allem von der Schubschlankheit a/d der Balken ab. Mit zunehmendem Abstand vom Auflager wachsen das Moment und mit ihm bei konstantem Hebelarm z auch die Stahlzugkraft $F_{s,x} = M/z$ an. Eine dominierende Rolle des Tension Stiffening ist deshalb nur bei kleinen Schubschlankheiten unterhalb von a/d ≈ 4 möglich. Dort entwickelt sich der Biegeschubriß meist aus dem äußersten voll ausgebildeten Biegeriß. Entsprechend groß ist die Streuung der Schubrißlasten $V_{sr,exp}$ bei Schubschlankheiten zwischen a/d = 3 und a/d = 4. Bei Schubschlankheiten über a/d = 4 ist dagegen kein maßgebender Einfluß des Tension Stiffening zu erwarten, da die Rißbildung im maßgebenden Bereich des Schubfeldes weitgehend abgeschlossen ist.

Die Auswertung der Rißbilder u. a. von Leonhardt und Walther [75] zeigt bei einer Verdoppelung der Schubfeldlänge von 3,5 d auf 7 d einen Abfall der Druckzonenhöhe um ca. 15 %. Gerade weil die beiden in Bild 6.13 dargestellten Balken auf Biegung versagten, blieb das Rißbild kurz vor Erreichen der Schubrißlast V_{sr} erhalten. Bei den Balken mit Schubversagen hat dagegen die Rißbildung während des Versagens die Spuren verwischt.

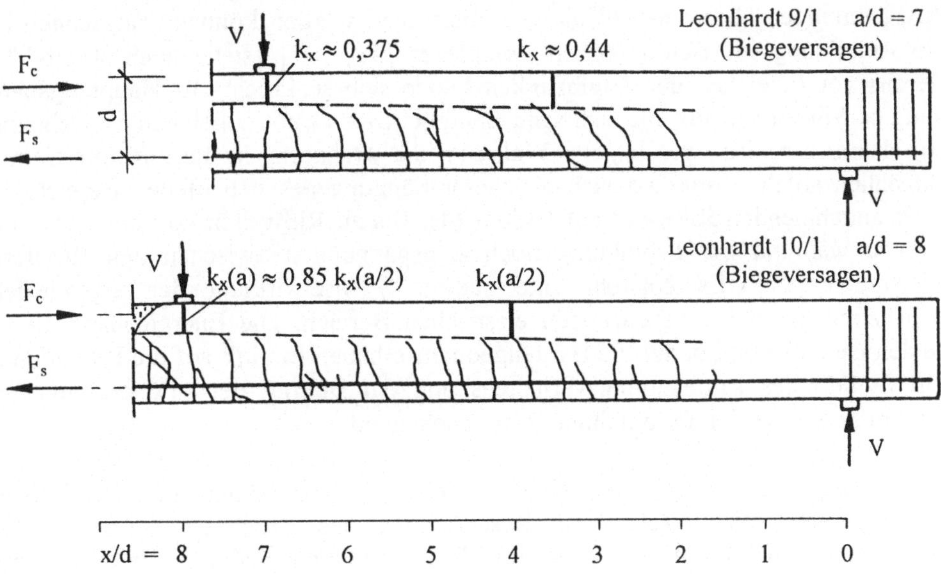

Bild 6.13:   Durch Tension Stiffening verursachte Abhängigkeit der Druckzonenhöhe von der Schubschlankheit a/d

Die gezeigte Abnahme der Druckzonenhöhe für große Schlankheiten a/d stimmt mit der Abnahme der Schubrißlast überein, die in der Literatur [75], der eigenen Versuchsauswertung und im Beispiel 6.1 gefunden wurde. Die in Bild 6.13 dargestellten Versuche [75] zeigen auch im gesamten Schubfeld die Richtungsänderung der Biegerisse gegen 45°. An vielen Rissen hat die in Abschnitt 6.2 beschriebene lokale Umlagerung der Querkraft in die Druckzone begonnen.

Bei sehr hohen Balken wächst die Betonüberdeckung nicht maßstäblich mit. Auch die Stabdurchmesser $\varnothing_s$ können nicht beliebig mit der statischen Höhe d vergrößert werden. Damit nimmt die effektive Fläche $A_{c,eff}$ bei hohen Balken nur unterproportional zu. Die in Bild 6.10 gezeigte versteifende Wirkung des Betons in der Zugzone und ihr günstiger Einfluß auf die Schubtragfähigkeit geht damit bei großen Balken zurück.

6.3.2 Einfluß bruchmechanischer Vorgänge

Bereits in Abschnitt 6.2 wurde die wesentliche Bedeutung der Zugfestigkeit und der Rißbildung auf das Biegeschubversagen gezeigt. Dort wurde zunächst bei Erreichen der Zugfestigkeit f_{ct} ein ideal sprödes Verhalten angesetzt, bei dem keine Zugspannungen über den Riß hinweg übertragen werden können. Tatsächlich ist die Rißbildung im Beton jedoch komplexer [56] [97] (siehe auch Kapitel 3). Bereits vor Erreichen der Zugfestigkeit bilden sich senkrecht zur Hauptzugspannung σ_1 Mikrorisse aus, die sich schließlich bei $\sigma_1 = f_{ct}$ mit zunehmender Dehnung zu einem Einzelriß vereinigen. Während die Dehnung in den Rißufern nun allmählich abfällt, summiert sich die Gesamtlängung des betroffenen Bereichs in einer zunehmenden Rißweite auf (Bild 6.14). Bis zu Rißweiten von etwa 150 μm werden während der Rißbildung noch Zugspannungen zwischen den Rißufern übertragen [97]. Es entsteht eine starke Wechselwirkung der eigentlichen Bruchzone mit dem angrenzenden elastischen Bereich. Die Energiebilanz dieser beiden Bereiche und damit die Bauteilgeometrie haben Einfluß auf die Rißbildung. Ein Einfluß des Entfestigungsverhaltens und ein Beitrag der rißübergreifenden Zugkräfte auf die Schubtragfähigkeit ist naheliegend.

Hillerborg [56] gelang mit der Abbildung der Bruchprozesszone auf einen fiktiven Einzelriß eine sehr anschauliche Beschreibung des Bruchverhaltens und der Sprödigkeit von Beton. Als Maß für die Sprödigkeit definiert Hillerborg die charakteristische Länge l_{ch} (Gleichung 3.7). Nach Hillerborg besteht ein Zusammenhang zwischen physikalischen Längen wie Rißabstand oder Länge der Bruchprozesszone und der charakteristischen Länge l_{ch}. Die Länge der Bruchprozesszone liegt nach Hillerborg meist zwischen $0{,}3 \cdot l_{ch}$ und $0{,}5 \cdot l_{ch}$.

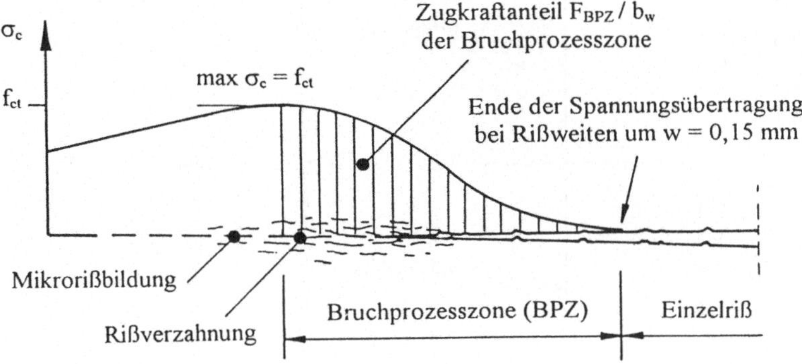

Bild 6.14:   Bruchprozesszone nach Hillerborg

Eine nach Hillerborg näherungsweise von der Bauteilgröße unabhängige Länge der Bruchprozesszone hat einen deutlichen Maßstabseffekt bei den Rißlasten unterschiedlich großer Bauteile zur Folge. Die in der Bruchprozesszone getragene Zugkraft bleibt ebenfalls konstant. Sie kann abgeschätzt werden, indem innerhalb der Bruchprozesszone ein kontinuierlicher Übergang hin zum Einzelriß angenommen wird. Da keine Knicke in den Rißufern zulässig sind, kann ein parabelförmiger Verlauf der Rißbreite angenommen werden (Bild 6.15). Ordnet man den so abgeschätzten Rißbreiten eine Spannung entsprechend der einaxialen Zugspannungs-Rißöffnungs-Beziehung nach Bild 3.7 zu, so hat der entstehende Zugspannungs-block die Völligkeit 0,4 (Bild 6.16).

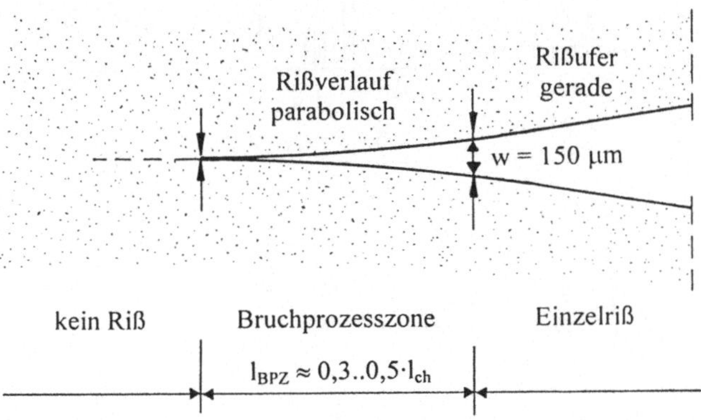

Bild 6.15:   Idealisierter Rißverlauf in der Bruchprozesszone

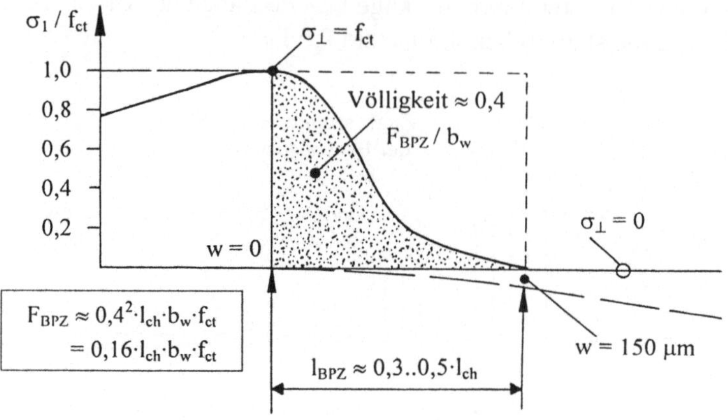

Bild 6.16: Abschätzung der in der Bruchprozesszone getragenen Kraft

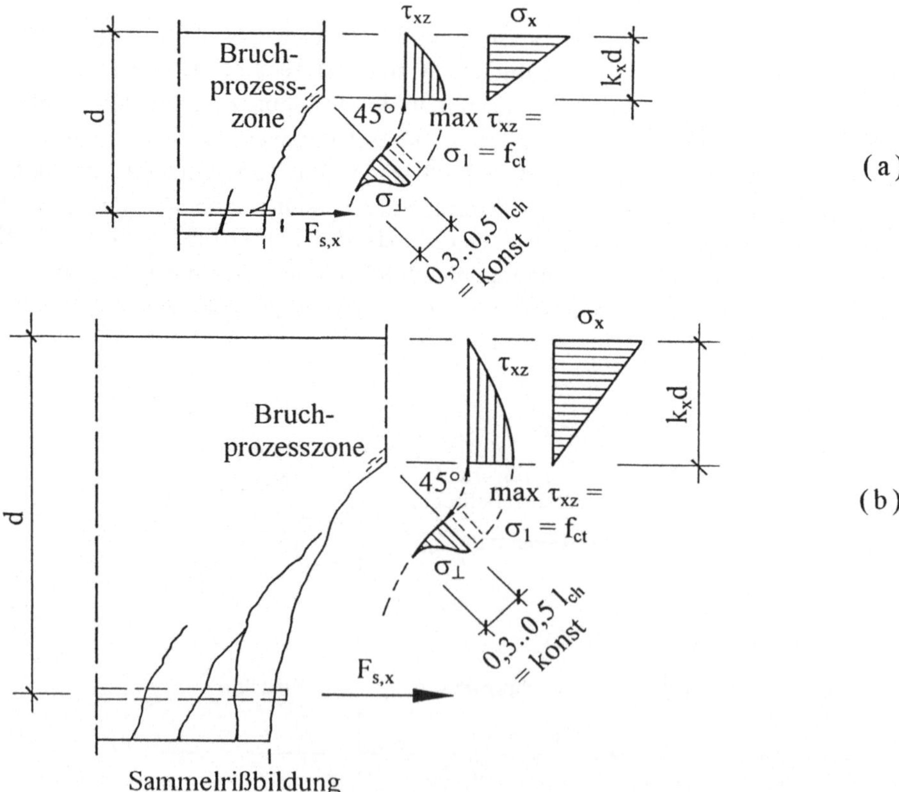

Bild 6.17: Einfluß der Größe der Bruchprozesszone bei kleinen (a) und großen Balken (b)

Während bei kleinen Bauteilen die im abfallenden Ast der Zugspannungs-Rißöffnungsbeziehung übertragenen Spannungen einen wesentlichen Anteil an der gesamten Bruchlast haben, ist die Erhöhung der Bruchlast bei großen Balken vernachlässigbar klein. Dies gilt nicht nur für den reinen Biegezugbruch sondern auch für den Biegeschubbruch mit seinen geneigten Rissen (Bild 6.17).

Weiterhin wird die Kraft in der Bruchprozesszone bei großen Balken zusätzlich durch die Bildung von Sammelrissen geschwächt. Beispiel 6.2 zeigt eine Abschätzung der Traglasterhöhung gegenüber dem Druckzonenanteil V_0 nach Gleichung 6.3 für einen Balken mit einer statischen Höhe von 200 mm.

Beispiel 6.2: Querkraftanteil der in der Bruchprozesszone getragenen Zugkraft

statische Höhe: $d = 200$ mm
Balken- / Stegbreite: b_w
Längsbewehrungsgrad: $\rho = 0,02$
Zylinderdruckfestigkeit: $f_c = 20$ N/mm²
E-Modul Beton: $E_c \approx 9500\ f_c^{1/3}$ in N/mm²
charakteristische Länge: $l_{ch} = 340$ mm   Verhältnis $l_{ch}/d = 1,70$
E-Modul Stahl: $E_s = 210000$ N/mm²
Druckzonenhöhe im Zustand II nach Gleichung 6.6: $k_x^{II}(\rho n) = 0,431$
Länge der Bruchprozesszone $\approx 0,4{\cdot}l_{ch} = 136$ mm
Völligkeit des Zugspannungsblocks in der Bruchprozesszone ca. 0,40
      (vgl. Bild 6.16)
Vertikalkomponente der Zugkraft in der Bruchprozesszone
      ungefähr proportional zu $\cos 45° = 1/\sqrt{2}$

$$V_0 = \frac{2}{3}{\cdot}b_w\,k_x\,d\,f_{ct} = 0,287 \cdot f_{ct} \cdot b_w{\cdot}d$$

$$V_{BPZ} = \frac{b_w \cdot 0,4 \cdot l_{ch}}{\sqrt{2}} \cdot 0,40 \cdot f_{ct} = 0,113 \cdot \frac{l_{ch}}{d} \cdot f_{ct} \cdot b_w{\cdot}d = 0,192{\cdot}f_{ct} \cdot b_w{\cdot}d$$

$$\boxed{\ \frac{V_0 + V_{BPZ}}{V_0} = 1,67\ }\qquad \text{für: } d = 200 \text{ mm}, \rho = 0,02 \text{ und } f_c = 20 \text{ N/mm}^2$$

In Tabelle 6.1 sind die Ergebnisse für Bewehrungsgrade ρ von 0,01 bis 0,03 mit Zylinderdruckfestigkeiten von 20, 60 und 100 N/mm² gegenübergestellt. Die in Beispiel 6.2 gezeigten Werte sind hervorgehoben. Die größere Sprödigkeit bei hohen Betonfestigkeiten wird bei dem so abgeschätzten Maßstabseffekt durch die geringere Druckzonenhöhe $k_x d$ infolge des höheren E-Moduls des Betons ausgeglichen. Es ergibt sich nur eine geringe Abhängigkeit des Maßstabseffekts infolge Zugtragverhalten von der Druckfestigkeit des Betons.

Tabelle 6.1: Maßstabseffekt nach Beispiel 6.2 für verschiedene Druckfestigkeiten

Beton		C 20	C 60	C 100
Zylinderdruckfestigkeit f_c in N/mm²		20	60	100
l_{ch} nach Hillerborg in mm		340	277	244
$\rho = 0{,}01$	$k_x^{II}(\rho n)$	0,330	0,284	0,265
	$k(l_{ch}/d) = (V_0 + V_{BPZ}) / V_0$	1,87	1,83	1,78
$\rho = 0{,}02$	$k_x^{II}(\rho n)$	0,431	0,376	0,351
	$k(l_{ch}/d) = (V_0 + V_{BPZ}) / V_0$	1,67	1,63	1,59
$\rho = 0{,}03$	$k_x^{II}(\rho n)$	0,496	0,437	0,410
	$k(l_{ch}/d) = (V_0 + V_{BPZ}) / V_0$	1,58	1,54	1,50

Der Beitrag der in der Bruchprozesszone getragenen Vertikalkraft V_{BPZ} ist von beachtlicher Größe. Je kleiner die Druckzonenhöhe $k_x d$ gegenüber der Länge der Bruchprozesszone mit etwa $0{,}4 \cdot l_{ch}$ wird, umso stärker ist der Einfluß von V_{BPZ}. Der Maßstabseffekt insgesamt soll jedoch erst nach Beurteilung der übrigen Querkrafttragwirkungen der Zugzone bestimmt werden.

6.3.3 Dübeltragwirkung der Längsbewehrung

Zu den viel diskutierten Querkraftanteilen der gerissenen Betonzugzone gehört die Dübelwirkung der Längsbewehrung (Bild 4.14). Während insbesondere die Zahnmodelle die Dübeltragwirkung berücksichtigen [42] [93], schreiben andere Untersuchungen ihr einen vernachlässigbar kleinen Einfluß zu [69] [97]. Wie ein einzelner Betonbügel kann die Dübelwirkung an einem geneigten Riß einen Teil der Querkraft aufnehmen. Sowohl die Versuche als auch numerische Modelle zeigen, daß der Dübel während des Biegeschubversagens ausfällt. Ob und wie die Dübelrißlast $V_{d,cr}$ eine traglaststeigernde Wirkung gegenüber der Tragfähigkeit V_0 der Druckzone nach Gleichung 6.3 haben kann, hängt dabei vor allem davon ab, zu welchem Zeitpunkt während des Versagens der Dübel ausgelöst wird.

Die Dübelrißlast $V_{d,cr}$ kann für die Nachrechnung von Versuchen mit einlagigem Zugband mit dem in Kapitel 4 erläuterten Ansatz von Baumann und Rüsch abgeschätzt werden (Gleichung 4.7) [7]. Der Einfluß der Würfeldruckfestigkeit in Gleichung 4.7 läßt sich numerisch gleichwertig über die in Kapitel 3 definierte charakteristische Länge l_{ch} erfassen, die mit zunehmender Druckfestigkeit abnimmt. Sie ist ein Maß für die Sprödigkeit und damit für das Lastumlagerungsvermögen während der Rißbildung. Paßt man die von Baumann und Rüsch empirisch ermittelte Konstante durch Einführung einer Bezugslänge von 172 mm an die heute gebräuchlichen Einheiten an, so ergibt sich die Beziehung nach Gleichung 6.10.

$$V_{d,cr} = f_{ct} \cdot b_n \cdot \varnothing_s \cdot \frac{l_{ch}}{172 \text{ mm}} \tag{6.10 a}$$

$$\tau_{d,cr} = \frac{V_{d,cr}}{b_w d} = \frac{b_n}{b_w} \cdot \frac{\varnothing_s}{172 \text{ mm}} \cdot \frac{l_{ch}}{d} \cdot f_{ct} \tag{6.10 b}$$

mit: f_{ct} Betonzugfestigkeit nach Remmel (Gleichung 2.3)

     l_{ch} charakteristische Länge nach Hillerborg (Gleichung 3.7)

     b_n Nettobreite $b - \Sigma\,\varnothing_s$ zwischen den Bewehrungsstäben

     $\varnothing_s$ Stabdurchmesser der einlagigen Längsbewehrung

Die von Baumann und Rüsch gefundenen Zusammenhänge wurden durch Reineck (1990) und Vintzileou (1986) bestätigt [29]. Während Reineck den Einfluß der Druckfestigkeit unverändert beibehält, entspricht der auf der Zugfestigkeit basierende Ansatz von Vintzileou der Gleichung 6.10 mit konstantem Faktor $l_{ch}/172$ mm $= 2,0$. Für die meisten untersuchten Betone mit Festigkeiten zwischen 25 und 40 N/mm² ist dieses Verhältnis eine gute Näherung. Auch der durch Reineck [93] von der Zugfestigkeit isolierte Einfluß der Druckfestigkeit zeigt einen ähnlichen Verlauf wie die charakteristische Länge nach Hillerborg.

Ein Vergleich zwischen dem eigenen Ansatz (Gleichung 6.10) und dem nach Baumann und Rüsch (Gleichung 4.7) zeigt, daß für Normalbeton kaum Unterschiede bestehen (Bild 6.18). Die geringen Abweichungen werden durch die bei $f_c = 50$ N/mm² nach deutscher Norm unstetige Umrechnung von Würfel- in Zylinderdruckfestigkeit verursacht (Gleichung 2.1 und Gleichung 2.2). Oberhalb von $f_c = 80$ N/mm² ergibt sich keine weitere Zunahme der Dübeltragfähigkeit $V_{d,cr}$, wenn die Bruchenergie nach Grimm [46] auf $G_f = 143$ N/m begrenzt wird (siehe Gleichung 2.6). Ohne diese Begrenzung führen beide Gleichungen auch oberhalb von $f_c = 80$ N/mm² zu übereinstimmenden Ergebnissen.

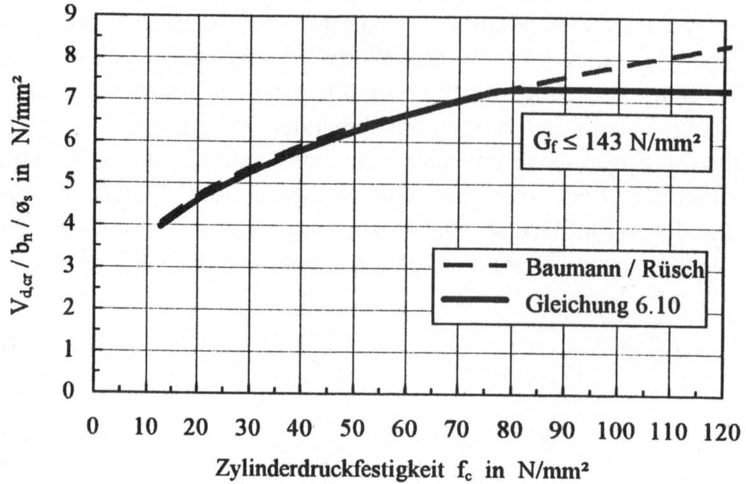

Bild 6.18:　Abhängigkeit der Dübeltragfähigkeit von der Druckfestigkeit

Der starke Einfluß der charakteristischen Länge ist mechanisch plausibel, da die unter Zug aktivierbare Fläche unmittelbar von der Größe der Bruchprozesszone an der Rißfront abhängt, die nach Hillerborg [56] proportional zu l_{ch} angenommen werden kann (vgl. Abschnitt 6.3.2).

Zum Auslösen des Dübels ist ein Anriß von ca. 0,1 mm erforderlich [7]. Solange die Schubtragfähigkeit der Druckzone noch nicht ausgeschöpft ist, liegt die Breite des zugehörigen Biegerisses bei ca. 0,25 mm. Bei intakter Druckzone kann jedoch am Biegebalken im Unterschied zu den üblichen Dübelversuchen [7] ein lokaler Anriß des Dübels leicht verkraftet werden.

Bild 6.19 zeigt die Auswertung der Maßstabsabhängigkeit der nach Gleichung 6.10 berechneten Dübeltragfähigkeit an den 105 von Fischer [43] ausgewählten Schub-balken. Dabei ist zwar der erwartete starke Maßstabseffekt für die Dübelrißlast $V_{d,cr}$ bezogen auf den statischen Querschnit $b_w d$ zu beobachten. Das Verhältnis $V_{d,cr}/V_{sr}$ zwischen Dübelrißlast und Schubrißlast bleibt jedoch nahezu unverändert. Ein bestimmender Einfluß der Dübeltragwirkung der Längsbewehrung auf das Biegeschubversagen wird damit widerlegt.

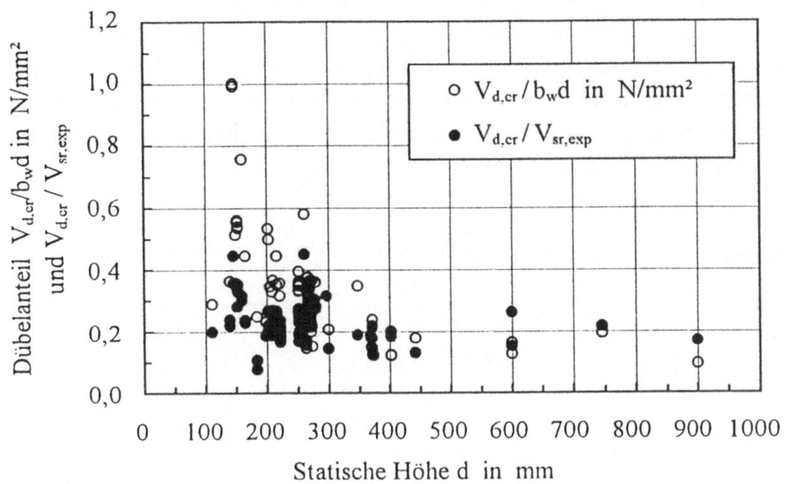

Bild 6.19: Maßstabsabhängigkeit des Dübelschubes $V_{d,cr}/bd$

Wird der Dübel mit dem flachen Einschneiden des maßgebenden Schrägrisses in die Druckzone ausgelöst, dann wirkt er wie ein einzelner Bügel. Die auf den Dübel abgesetzte Querkraft V_d resultiert aus einer Druckstrebe, die sich vor dem zugehörigen Biegeschubriß auf das Zugband stützt. Verbunden mit diesem Abstützen ist ein weiteres Vordringen der schiefen Biegerisse in die Druckzone, ähnlich wie es beim Aktivieren einer Schubbewehrung zu beobachten ist. Die für den Schubabtrag zur Verfügung stehende Druckzonenhöhe wird daher mit der Belastung des Dübels vermindert. Mit der Aktivierung der Dübeltraglast $V_{d,cr}$ im entscheidenden Zustand geht deshalb ein Teil der in der Druckzone getragenen Querkraft V_0 verloren. Eine Addition beider Anteile ist daher nicht möglich. Auch eine ggf. vorhandene Mitwirkung des Betons zwischen den Rissen (Abschnitt 6.3.1) wird durch die Aktivierung des Dübels und den damit verbundenen Rißfortschritt zunichte gemacht.

Die Auswertung von Rißbildern zeigt, daß nach der Richtungsänderung der Biegerisse auf Winkel unterhalb 45° bei niedrigen Balken noch eine Laststeigerung von ca. 10 % möglich ist. Bei den in Bild 6.20 und Bild 6.21 dargestellten Versuchen von Grimm [46] ist die Laststeigerung nach dem Abdrehen der Rißspitze noch geringer. Deutlich ist das mit der Belastung des Dübels verbundene Eindringen der Risse in die Biegedruckzone zu erkennen (Bild 6.20). Ein besonders geringer Einfluß der Dübeltragwirkung ist zu erwarten, wenn bei großen Balken die Bildung von Sammelrissen im kritischen Zustand kinematisch das Vordringen der unter 45° geneigten Risse in die Druckzone erlaubt (Bild 6.22 a). Bei großen Schubschlankheiten a/d sind von der Richtungsänderung der Rißspitzen viele Risse betroffen, so daß die Dübeltraglast über viele Rißufer indirekt bis zum letzten Biegeriß vor dem Auflager zurückgehängt werden muß (Bild 6.22 b). Bei Balken mit Längsdruckkraft ist bei der Rißbildung eine höhere Querkraft vorhanden als beim gleichen Balken ohne Längsdruckkraft bzw. Vorspannung. Die Biegerisse im Schubfeld sind deshalb stärker geneigt (siehe Kapitel 7). Auch hier ist ein schwacher Einfluß der Dübelwirkung zu erwarten (Bild 6.22 c).

Rißbild Stahlbeton f_c = 111 N/mm² d = 152 mm
Grimm S 4.2 ρ = 2,21 % a/d = 3,75
                      τ_u = 1,98 N/mm² b = 300 mm

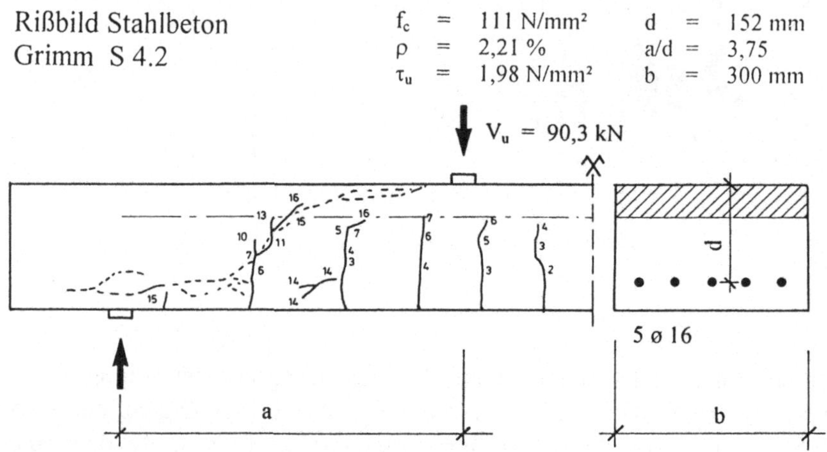

Bild 6.20:   Rißbild bei Balken S 4.2 von Grimm [46]

Rißbild Stahlbeton f_c = 111 N/mm² d = 146 mm
Grimm S 4.3 ρ = 4,22 % a/d = 3,90
                      τ_u = 2,79 N/mm² b = 300 mm

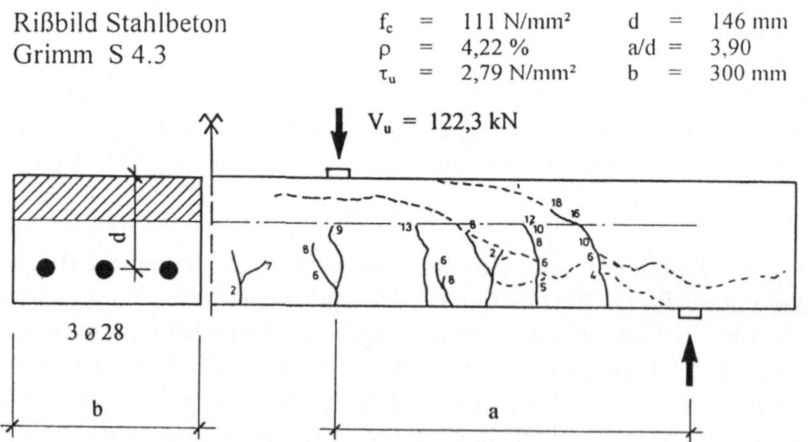

Bild 6.21:   Rißbild bei Balken S 4.3 von Grimm [46]

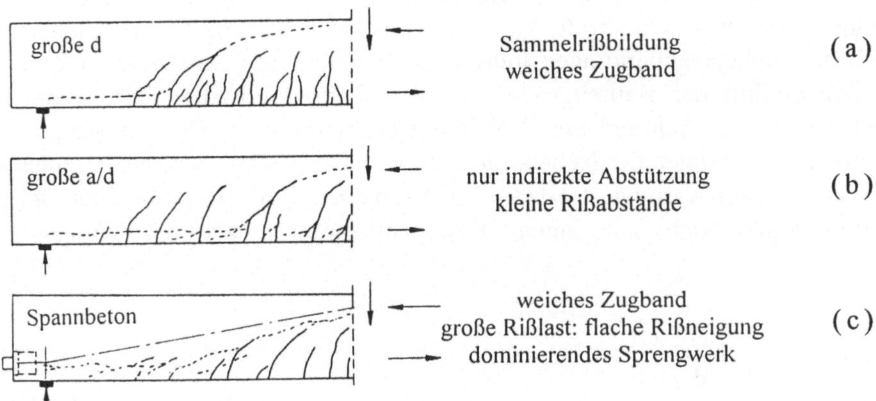

Bild 6.22: Schwacher Anteil der Dübeltragwirkung an der Traglast

Die Schubtragfähigkeit der Biegedruckzone steuert folglich die Belastung des Dübels. Nur ein Bruchteil der Dübeltraglast $V_{d,cr}$ nach Gleichung 6.10 kann die Schubrißlast V_{sr} des Balkens erhöhen, da ein Teil der Tragfähigkeit der Druckzone mit der Aktivierung des Dübels verloren geht. Der schwache Einfluß des Dübels kann also hinreichend genau gemeinsam mit dem Einfluß aus dem Bruchprozess in der Biegerißspitze erfaßt werden. Gleichung 6.10 b zeigt deutlich die Abhängigkeit von der Sprödigkeit, die sich im maßstabsabhängigen Term l_{ch}/d widerspiegelt.

6.3.4 Anmerkung zum Einfluß von Eigenspannungen

Für die Versuchsauswertung wird mit dem Mittelwert der zentrischen Zugfestigkeit f_{ct} gerechnet. Die Zugfestigkeit f_{ct} kann dabei direkt im zentrischen Zugversuch bestimmt werden oder näherungsweise aus der Zylinderdruckfestigkeit berechnet werden [97]. Bei sehr hohen Balken kann die in Höhe der Nullinie wirksame Zugfestigkeit niedriger liegen als der Mittelwert f_{ctm}. Ursache können Eigenspannungen in Querrichtung des Balkens oder Streuungen der Zugfestigkeit im Bauteil sein. Als untere Schranke für die Schubrißlast ergibt sich daher bei sehr großen Balken ein Wert von ca. $0{,}8 \cdot V_0$. In Bild 6.10 sind für Balken mit d zwischen 1,0 m und 3,0 m solche Unterschreitungen zu beobachten. Für übliche Abmessungen ist jedoch kein maßgebender Einfluß zu erwarten.

6.4 Auswertung der Schubtragfähigkeit

Die Untersuchung des Biegeschubbruchs zeigt die maßgebende Rolle der in der Druckzone getragenen Querkraft V_0 nach Abschnitt 6.2. Die in Abschnitt 6.3 beschriebenen Nebentragwirkungen führen zu zwei weiteren Einflüssen. Wesentlich ist der Einfluß der Bauteilgröße, der vor allem durch das Entfestigungsverhalten des Betons während der Rißbildung bestimmt wird. Da eine steigende Sprödigkeit das Abklingen der Nebentragwirkungen begünstigt, wird als Parameter bei der Versuchsauswertung sinnvoll das Verhältnis l_{ch}/d gewählt. Eine gute Korrelation ergibt sich mit einem Exponentialansatz nach Gleichung 6.11 (Bild 6.23).

$$k(l_{ch}/d) = \left(\frac{5 \cdot l_{ch}}{d} \right)^{0,25} \tag{6.11}$$

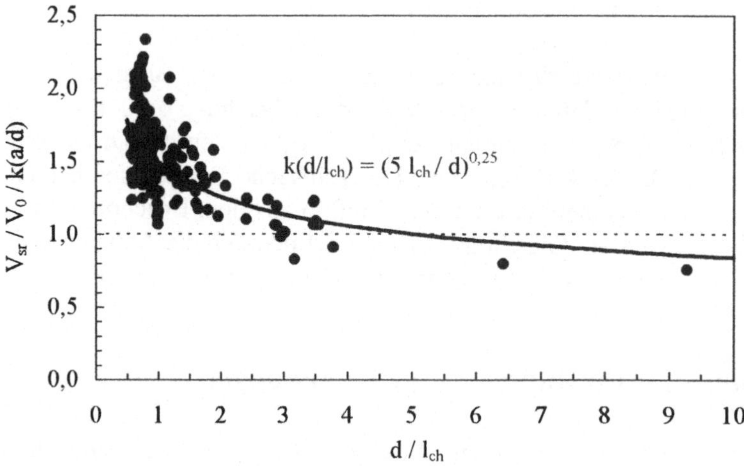

Bild 6.23: Maßstabseinfluß $k(l_{ch}/d)$

Die Regressionsrechnung bestätigt den von Leonhardt bereits zuvor gefundenen Zusammenhang zwischen Schubtragfähigkeit und Bauteilhöhe [76] [77]. Auch Iguro und Shioya wählten einen Exponentialansatz mit dem Exponenten 1/4 für die statische Höhe d [57] [104]. Gustafsson und Hillerborg wählten mit dem Bezug auf das Verhältnis l_{ch}/d erstmals die Abstützung des Maßstabsgliedes auf eine bruchmechanische Kenngröße [47] [55].

Für Druckfestigkeiten zwischen 20 und 50 N/mm² wird der Maßstabsfaktor $k(l_{ch}/d)$ bei einer statischen Höhe von ca. 1,5 m zu 1,0. Bei d = 200 mm ergibt sich gegenüber dem Grundwert V_0 eine Steigerung um den Faktor $k(l_{ch}/d) \approx 1{,}6$. Diese Größenordnung des Maßstabseffektes wurde u. a. von Hedmann und Losberg [52] beschrieben und stimmt für mittlere Bewehrungsgrade gut mit den Ergebnissen von Beispiel 2 überein. Versuche mit $d < l_{ch}/2$ oder $d < 150$ mm wurden nicht gewertet.

Infolge Tension Stiffening ist zusätzlich ein leichter Einfluß der Schubschlankheit a/d auf die Schubtragfähigkeit festzustellen. Der Einfluß wird wie in der Literatur [75] [26] über einen Faktor $k(a/d)$ beschrieben (siehe auch Gleichung 4.14). Da bei etwa $a/d = 4{,}0$ von einer abgeschlossenen Rißbildung ausgegangen werden kann, wird der Faktor $k(a/d)$ so normiert, daß er bei $a/d = 4$ den Wert $1{,}0$ hat. Der schwache Exponent, der die gleichmäßige Änderung im Bereich zwischen $a/d = 3$ und $a/d = 6$ beschreibt, wird aus der Regressionsanalyse zu $1/4$ ermittelt. Gleichung 6.12 ergibt damit beim Anstieg von $a/d = 3$ auf 6 einen fast linearen Rückgang der Schubtragfähigkeit um $16\,\%$ (Bild 6.24). Der Rückgang fällt erwartungsgemäß etwas stärker aus, als in Beispiel 6.1 abgeschätzt, da dort vereinfachend ein sofortiger Übergang zum abgeschlossenen Rißbild angenommen wurde.

$$k(a/d) \;=\; \left(\frac{4 \cdot d}{a} \right)^{0{,}25} \tag{6.12}$$

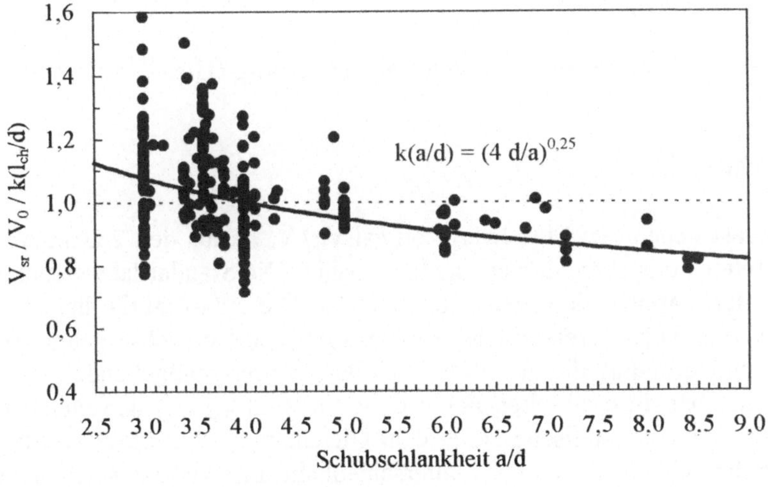

Bild 6.24: Einfluß $k(a/d)$ der Schubschlankheit a/d

Bei der Auswahl von Versuchen an Stahlbetonbalken für die Vergleichsrechnung wurden alle Versuche über $a/d = 3{,}0$ zugelassen, die Biegeschubversagen zeigten. Eine allgemeine Beschränkung auf $a/d \leq 6$ für Schubversuche unter Einzellast ohne

Berücksichtigung der im Versuch maßgebenden Versagensform wäre dagegen willkürlich. Der Bewehrungsgrad, die Fließgrenze des Stahls und der Maßstabseffekt beeinflussen die Grenze zwischen Biegeschubversagen und Biegebruch.

Aufbauend auf dem bestimmenden, in der Druckzone getragenen Querkraftanteil V_0 wird der Einfluß der Nebentragwirkungen durch die Faktoren $k(a/d)$ und $k(l_{ch}/d)$ erfaßt. Zusammen ergibt sich die zum Versagen führende Schubrißlast V_{sr} nach Gleichung 6.13 a, die auf den statischen Querschnitt $b_w d$ normiert werden kann (Gleichung 6.13 b).

$$V_{sr} \quad = \quad V_0 \cdot k(a/d) \cdot k(l_{ch}/d) \tag{6.13 a}$$

$$= \quad \frac{2}{3} b_w \, k_x d \, f_{ct} \cdot \left(\frac{4 \cdot d}{a}\right)^{1/4} \cdot \left(\frac{5 \cdot l_{ch}}{d}\right)^{1/4}$$

$$\tau_{sr} \quad = \quad \frac{V_{sr}}{b_w d} \quad = \quad \frac{2}{3} k_x \, f_{ct} \cdot \left(\frac{4 \cdot d}{a}\right)^{1/4} \cdot \left(\frac{5 \cdot l_{ch}}{d}\right)^{1/4} \tag{6.13 b}$$

mit: k_x Druckzonenhöhe im Zustand II nach Gleichung 6.6 oder Gleichung 6.7

f_{ct} $2,12 \cdot \ln\left(1 + \dfrac{f_c}{10}\right)$ zentrische Betonzugfestigkeit [97]

$l_{ch} = \dfrac{E_c \cdot G_f}{f_{ct}^{\,2}}$ charakteristische Länge nach Hillerborg (Gleichung 3.7 b)

b_w Stegbreite

d statische Höhe

Der Ansatz trifft fast genau den Mittelwert von $cal\, V_{sr} / V_{u.exp}$ aus den 233 in Anhang 3 ausgewerteten Versuchen, der sich zu 0,99 ergibt. Die Standardabweichung liegt bei 12,4 %, der Variationskoeffizient bei 12,5 %. Die 5 %-Fraktile liegt bei 84 % des Mittelwertes. Die Korrelation des Ansatzes mit den Versuchsergebnissen liegt bei 93,3 % und bestätigt die zutreffende Erfassung der maßgebenden Einflüsse. Da beide unabhängig ermittelten Faktoren $k(a/d)$ und $k(l_{ch}/d)$ den gleichen Exponenten haben, kann die statische Höhe d in Gleichung 6.13 gekürzt werden (Bild 6.25). Die Schubfeldlänge a kann für unterschiedliche a/d-Werte zusätzlich zu dem über d erfassbaren Maßstabseffekt auch die Wirkung des Tension Stiffening beschreiben. Vernachlässigt man dagegen den Einfluß von a/d indem $k(a/d) = 1,0$ gesetzt wird, so entspricht dies der Annahme des Mittelwertes aus Versuchen von $a/d \approx 4,0$.

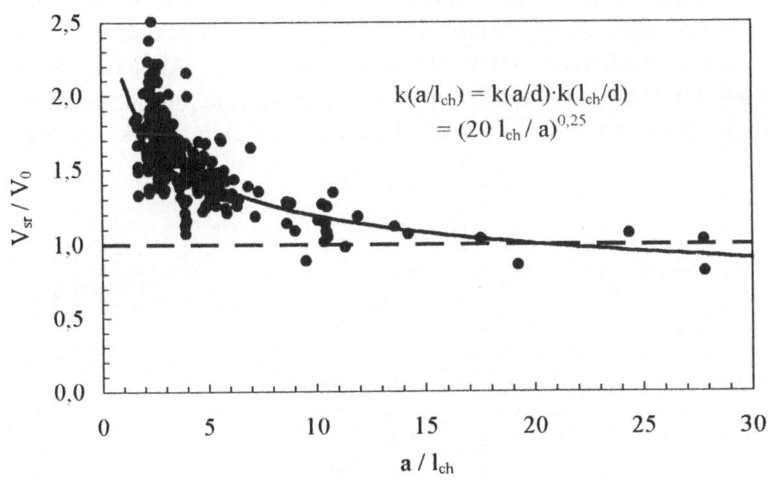

Bild 6.25: Kombination beider Einflußfaktoren zu $k(a/l_{ch}) = k(a/d){\cdot}k(l_{ch}/d)$

Soll für einen Bemessungsansatz der Einfluß der Schubschlankheit a/d vernachlässigt werden, so ergibt sich die Schubtragfähigkeit für unverbügelte Querschnitte nach Gleichung 14. Statistisch gesehen ist die Aussagefähigkeit auch für Einzellasten nur unwesentlich schlechter als bei Gleichung 6.13 (Tabelle 6.2).

$$V_{sr} = \frac{2}{3} b\, k_x d\, f_{ct} \cdot \left(\frac{5 \cdot l_{ch}}{d}\right)^{1/4} \tag{6.14 a}$$

$$\tau_{sr} = \frac{V_{sr}}{b_w\, d} = \frac{2}{3} k_x\, f_{ct} \cdot \left(\frac{5 \cdot l_{ch}}{d}\right)^{1/4} = k_x\, f_{ct} \cdot \left(\frac{l_{ch}}{d}\right)^{1/4} \tag{6.14 b}$$

Tabelle 6.2: Statistische Daten

Schubtragfähigkeit	Gleichung 6.13	Gleichung 6.14
Einfluß der Schubschlankheit berücksichtigt	ja	nein
Mittelwert 50 % $V_{sr,cal} \leq V_{sr,exp}$	0,990	0,983
Charakeristischer Wert 95 % $V_{sr,cal} \leq V_{sr,exp}$	1,193	1,202
Variationskoeffizient	0,125	0,135
Korrelationskoeffizient	0,933	0,920
$V_{sr,k} / V_{sr,cal}$	0,838	0,832

Vergleicht man die rechnerischen Schubtraglasten nach Gleichung 6.14 mit den in den Versuchen nach Anhang 3 festgestellten Lasten, so ergibt sich Bild 6.13. Die wichtigsten statistischen Größen sind ebenfalls zusammengestellt. Als Maß für die Streuung dient dabei der Variationskoeffizient. Er behält auch beim Vergleich mit Bemessungsansätzen, die nicht am Mittelwert kalibriert wurden, seine Aussagefähigkeit.

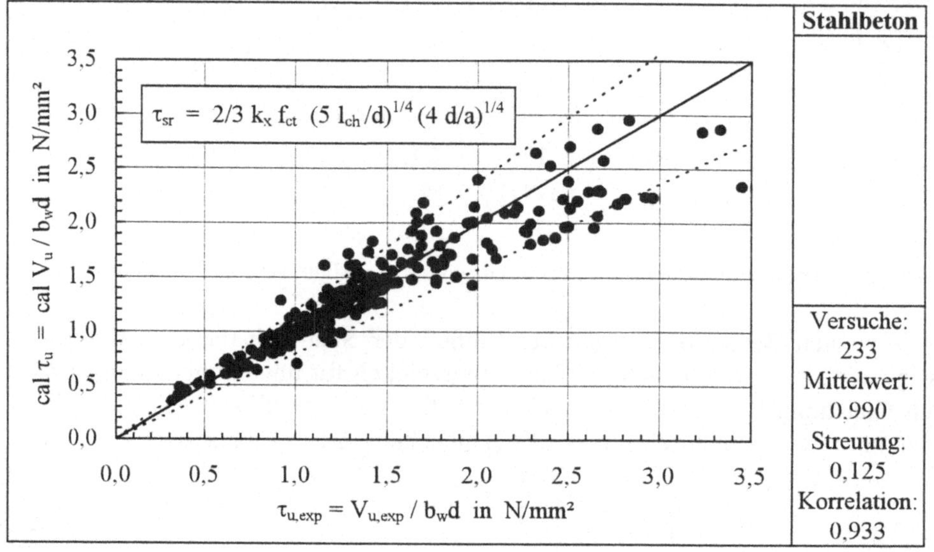

Bild 6.26: Vergleich der Ergebnisse nach Gleichung 6.13 b mit Versuchen

Die wichtigsten veränderlichen Parameter in der Datenbasis für die rechnerische Tragfähigkeit nach Gleichung 6.13 sind die Betondruckfestigkeit f_c, die statische Höhe d, die Schubschlankheit a/d, der Längsbewehrungsgrad ρ sowie die daraus abgeleitete Druckzonenhöhe k_x. Die Grenzen der Parameter sind in Anhang 3 angegeben. In den Abbildungen 6.27 bis 6.31 wird die zutreffende Erfassung der einzelnen Parameter durch das Verhältnis cal V_u / $V_{u,exp}$ über dem Definitionsbereich der Parameter kontrolliert. In der Versuchsauswertung können keine Trends festgestellt werden, die nicht berücksichtigt wurden.

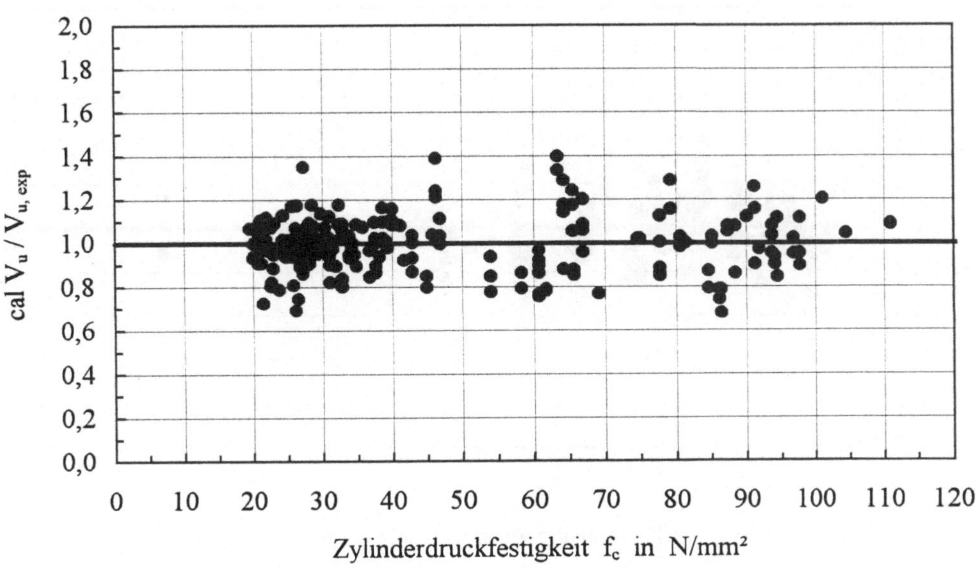

Bild 6.27: Zuverlässigkeit von Gleichung 6.13 für verschiedene Druckfestigkeiten f_c

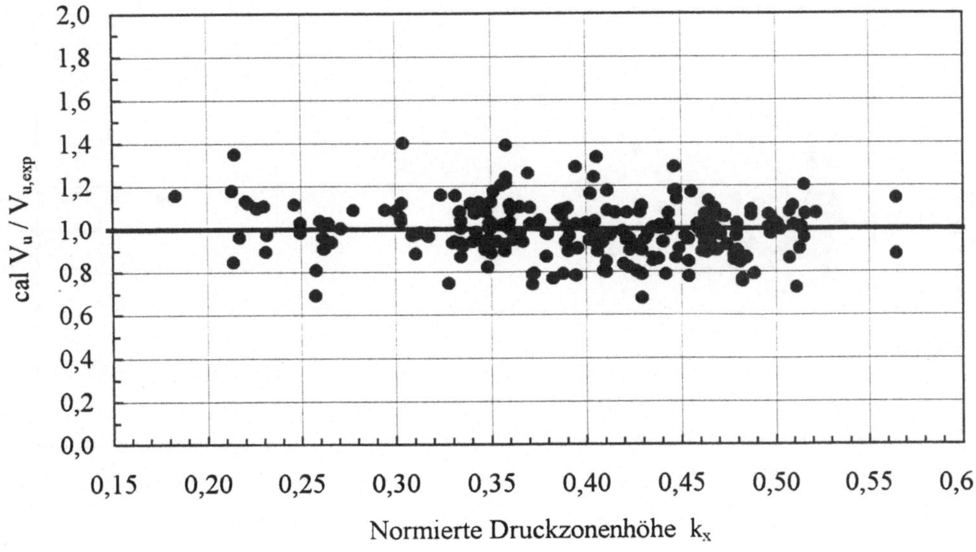

Bild 6.28: Zuverlässigkeit von Gleichung 6.13 für verschiedene Druckzonenhöhen k_x

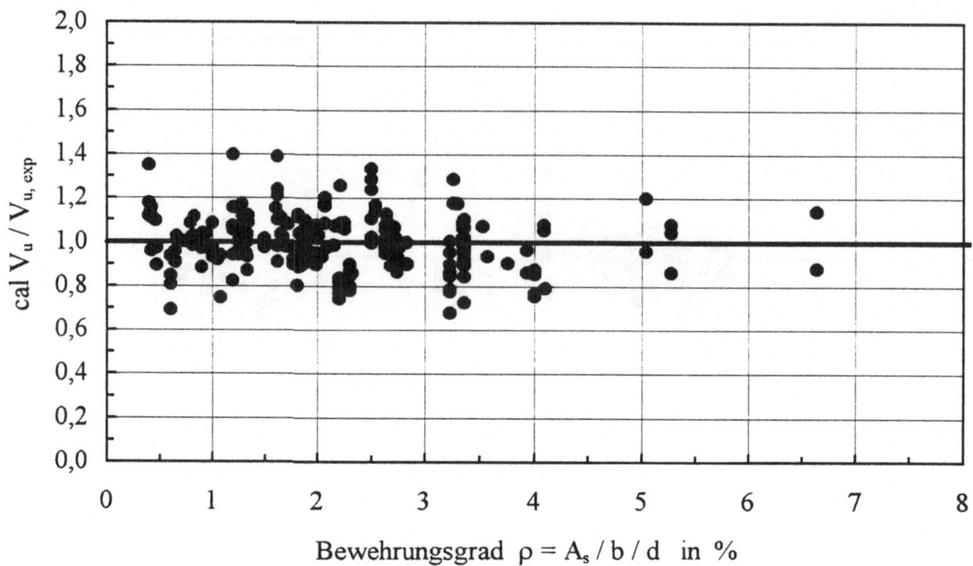

Bild 6.29: Zuverlässigkeit von Gleichung 6.13 für verschiedene Bewehrungsgrade ρ

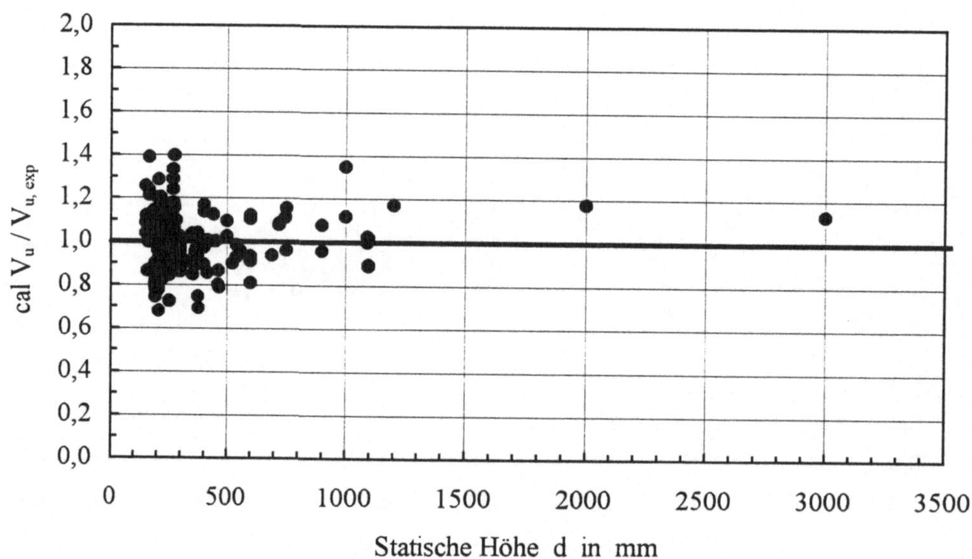

Bild 6.30: Zuverlässigkeit von Gleichung 6.13 für verschiedene statische Höhen d

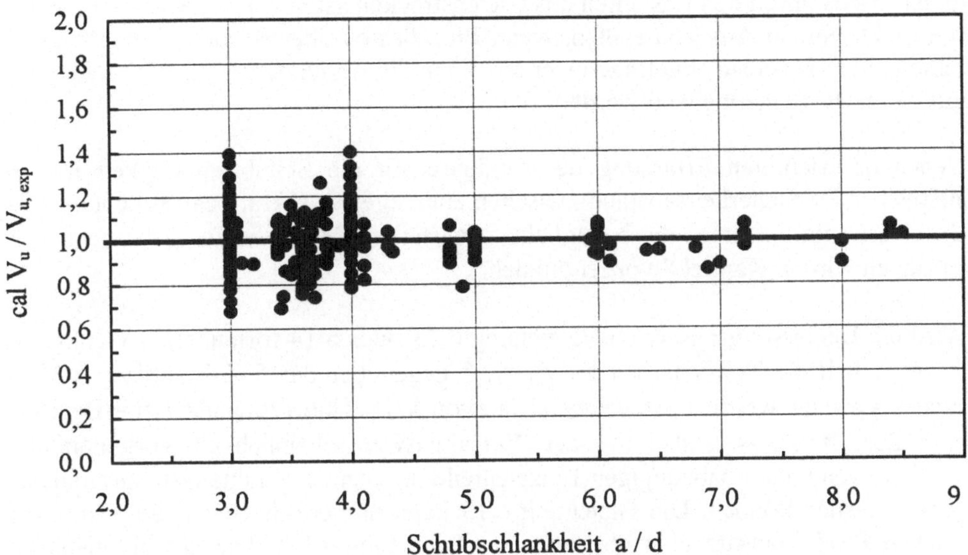

Bild 6.31: Zuverlässigkeit von Gleichung 6.13 für verschiedene Schubschlankheiten a/d

6.5 Auswirkungen auf die Bemessung

Der Ansatz nach Gleichung 6.13 bestätigt die rein empirisch ermittelten Formeln nach Model Code [26] oder nach der DAfStb-Richtlinie [31], in denen die Druck-zonenhöhe indirekt über den Einfluß des Längsbewehrungsgrades erfaßt wird. Der Einfluß von Betonzugfestigkeit f_{ct}, E-Modul und Sprödigkeit des Betons wird dort gut im Ausdruck $f_c^{1/3}$ zusammengefaßt (z. B. Gleichung 4.14). Die Höhe der Biegedruckzone wird zutreffend über den Ausdruck $\sqrt[3]{\rho}$ erfaßt. Eine gesonderte Berechnung von k_x im rechnerischen Bruchzustand ist daher nicht erforderlich. Die Berechnung mit den für die Biegebemessung formulierten nichtlinearen Spannungs-dehnungslinien wäre sogar falsch. Die auf Bemessungswertniveau herabgesetzte Festigkeit bedingt eine zu gering eingeschätzte Steifigkeit und damit eine zu große Druckzonenhöhe. Das anders formulierte Maßstabsglied ξ (Gleichung 4.14) ergibt beim Anstieg der statischen Höhe d von 200 mm auf ca. 1500 mm einen ähnlichen Abfall der Tragfähigkeit um 30 bis 40 % wie $k(l_{ch}/d)$ aus Gleichung 6.13.

Der schwache Einfluß der Schubschlankheit a/d, der vor allem durch die Mit-wirkung des Betons in der Zugzone begründet ist, wird in Bemessungsansätzen allgemein vernachlässigt. Die Überlagerung großer Momente und Querkräfte wird in der Praxis durch den Lastanteil aus Gleichstreckenlasten wie Eigengewicht abgeschwächt. Nur in Ausnahmefällen, wenn Einzellasten über schlanke, unverbügelte Schubfelder einachsig abgetragen werden, kann die Abminderung der Tragfähigkeit um 15 bis 20 % maßgebend werden.

Neben der richtigen Erfassung der Einflüsse auf die Schubtragfähigkeit ist ein ausreichender Sicherheitsabstand zwischen zulässiger Querkraftbeanspruchung und Bruchlast nötig. Eine diesbezügliche Beurteilung von heute gebräuchlichen Ansätzen wird in Kapitel 8 vorgenommen.

Wird ein Bemessungsansatz aus Gleichung 6.13 oder 6.14 formuliert, so kann wie bisher üblich die Teilsicherheit zu $\gamma_M = 1{,}5$ gegenüber der 5 %-Fraktile aus Versuchen gewählt werden. Abweichend hiervon kann eine probabilistische Beurteilung der Zuverlässigkeit bzw. der Versagenswahrscheinlichkeit vorgenommen werden, wenn alle unabhängigen Einzelanteile in einem Produktansatz zusammengefaßt werden können. Die Gleichung 6.13 kann numerisch gleichwertig in einen solchen Produktansatz überführt werden (Gleichung 6.15). Die charakteristische Länge muß als abgeleitete Größe dabei wieder in ihre drei Bestandteile Zugfestigkeit, Bruchenergie und E-Modul aufgelöst werden. Die mechanisch nachvollziehbare Gleichung 6.13 läßt sich somit gleichwertig in 7 Einzelfaktoren F und einen Vorfaktor C zerlegen (Gleichung 6.15).

$$\frac{V_{sr}}{b_w d} = C \cdot \underbrace{F(f_{ct}) \cdot F(E_c) \cdot F(G_f)}_{\text{Beton}} \cdot \underbrace{F(E_s) \cdot F(\rho)}_{\text{Bewehrung}} \cdot \underbrace{F(d) \cdot F(a)}_{\text{Geometrie}} \qquad (6.15)$$

Nur eine solche, auf einem mechanisch nachvollziehbaren Ansatz basierende Wertung kann Ausgangspunkt für eine statistische Sicherheitsbetrachtung sein, in der die Streuung der Schubrißlast aus der Streuung der Einflußgrößen ermittelt wird. Dabei ist die Streuung der Materialeigenschaften des Betons direkt zu verfolgen, keinesfalls jedoch die Streuung der Druckfestigkeit f_c in den Ableitungsgleichungen für f_{ct}, E_c und G_f. Die Gleichungen 6.16 bis 6.18 zeigen die Anteile der Materialeigenschaften des Betons im Ansatz nach den Gleichungen 6.13 bis 6.15.

$$F(f_{ct}) = f_{ct} \cdot \left(\frac{1}{f_{ct}^2}\right)^{1/4} = \sqrt{f_{ct}} \qquad (6.16)$$

$$F(E_c) = \sqrt[3]{\frac{1}{E_c}} \cdot E_c^{1/4} = E_c^{1/12} \qquad (6.17)$$

$$F(G_f) \quad = \quad G_f^{1/4} \tag{6.18}$$

Abgesehen vom Verhältnis der E-Moduln, das bei der Ermittlung der Druckzonenhöhe $k_x d$ eingeht, haben die Materialeigenschaften des Betons die gleichen Anteile wie im Ansatz von Hillerborg [55] und Gustafsson [47].

Wichtig für die Beurteilung der Sicherheit gegen Schubversagen bei unverbügelten Bauteilen ist allgemein auch, daß der bisher empirisch ausgewertete Biegeschubbruch untrennbar mit dem gerissenen Zustand verbunden ist.

In ungerissenen Bereichen nahe an frei verdrehbar gelagerten Trägerenden, in Momentennullpunkten oder bei Biegeträgern mit drückender Normalkraft ist die Schubtragfähigkeit ungleich höher. Anstelle der Druckzonenhöhe $k_x d$ und der Faktoren $k(a/d)$ sowie $k(l_{ch}/d)$ steht dort die gesamte Querschnittshöhe h für den Schubabtrag zur Verfügung. Der Schubzugbruch tritt ein, wenn die größte schiefe Hauptzugspannung σ_1 im Steg nach der Dübelformel die Betonzugfestigkeit f_{ct} erreicht. Für Rechteckquerschnitte der Höhe h ergibt sich die charakteristische Schubtragfähigkeit im ungerissenen Zustand dann nach Gleichung 6.19 (siehe auch Bild 6.1, $\tau_{xz}^{I}(z)$).

$$V_{sr,k}^{I} \quad = \quad \frac{2}{3} \cdot b_w \, h \cdot f_{ctk,min} \tag{6.19}$$

$$\text{mit: } f_{ctk,min} \quad = \quad \frac{2}{3} \cdot f_{ctm} \quad = \quad 1{,}41 \cdot \ln\left(1 + \frac{f_c}{10} \right)$$

$\quad V_{sr,k}^{I}$ char. Wert der Schubtragfähigkeit in ungerissenen Bereichen

$\quad h$ Steghöhe

$\quad b_w$ Stegbreite

Da im Stahlbetonbau die Zugspannungen aus Zwang infolge Schwinden, Temperatur etc. in Tragrichtung leicht die Betonzugfestigkeit erreichen können, ist die Schubtragfähigkeit zwanggefährdeter Bauteile mit unverbügelten Querschnitten mit ausreichender Vorsicht abzuschätzen.

7 Schubtragfähigkeit von Spannbetonbalken ohne Schubbewehrung

7.1 Allgemeines

In Abschnitt 6 wurden die Grundlagen für das Biegeschubversagen schlanker Bauteile ohne Normalkraft erläutert. Bei vorgespannten Balken gelten die gleichen mechanischen Grundprinzipien wie bei Stahlbetonbalken. Vorraussetzung für das hier untersuchte Biegeschubversagen ist, wie im vorangegangenen Abschnitt gezeigt, das Erreichen des gerissenen Zustandes. Dabei fallen einige wesentliche Veränderungen der bereits bekannten Parameter sofort auf.

Durch die Druckkraft infolge Vorspannung ist zum Erreichen des gerissenen Zustandes bereits ein beachtliches Moment notwendig. Je nach Vorspanngrad wird dabei in der Praxis maximal das um den Sicherheitsabstand reduzierte Biege-bruchmoment überdrückt. Die bei der Rißbildung vorhandene Querkraft ist damit nicht nur deutlich größer, als dies bei Stahlbetonbauteilen der Fall ist, sie liegt i. d. R. auch näher am Biegeversagen. In jedem Fall liegt die Biegeschubrißlast über der bereits beachtlichen Biegerißlast. Die Biegerisse in den Schubfeldern sind infolge der bei Rißbildung vorhandenen Querkraft deutlich stärker geneigt als bei Stahlbetonbauteilen.

Bereits in Abschnitt 4.2.1 wurde erläutert, daß bei Spannbetonbalken nach der instabilen Rißbildung häufig die Systemumlagerung in ein Sprengwerk mit komplett isoliertem Zuggurt gelingt. Für die Schubbemessung und für die Dimensionierung der Mindestschubbewehrung ist jedoch die Last V_{sr} bei instabiler Rißbildung von Bedeutung, die gleichbedeutend mit der Versagenslast V_u im Sinne der Stabstatik ist. Die Versagenslast V_{u2} des umgelagerten Systems ist eine reine Systemtragfähigkeit und wird deshalb hier nicht weiter verfolgt.

7.2 Haupttragwirkungen

7.2.1 Sprengwerkwirkung der Vorspannkraft

Die auf den Betonquerschnitt drückende Vorspannkraft P wird mit dem veränderlichen Biegemoment entlang des Schubfeldes gemeinsam mit der Resultierenden des Druckspannungsblocks um eine Strecke Δz_P in lokaler z-Richtung verschoben. Dabei stellt sich für die verankerte Vorspannkraft P eine Änderung dz_P/dx des inneren Hebelarmes ein. Die Hebelarmänderung ermöglicht der Vorspannkraft P in den Schubfeldern einen Anteil λ = dz_P/dx der äußeren Lasten durch ein inneres Sprengwerk im Gleichgewicht zu halten (Gleichung 7.1). Da nur die verankerte Vorspannkraft P mit dem Druckspannungsblock verschoben wird, müssen dazu keine Verbundkräfte zwischen Zug- und Druckgurt übertragen werden. Am unteren Rand der Druckzone resultieren deshalb auch keine Schubspannungen aus der Sprengwerkwirkung. Die Sprengwerkwirkung ist auch im Model Code 90 [26] beschrieben. Wird der Anteil V_λ = $\lambda\cdot P$ bei der Ermittlung der Schubtragfähigkeit nicht von den äußeren Lasten abgezogen, so kann er nach Gleichung 7.1 a als Schubtraganteil $V_\lambda(P)$ geschrieben werden.

$$V_\lambda(P) \;=\; P\cdot\frac{dz_P}{dx} \;=\; P\cdot\lambda \qquad\qquad (7.1\ a)$$

$$\tau_\lambda(P) \;=\; \frac{P\cdot\lambda}{b_w d} \;=\; \frac{V_\lambda}{b_w d} \qquad\qquad (7.1\ b)$$

mit: λ $\quad=\quad$ dz_P/dx Neigung des Sprengwerks im Schubfeld

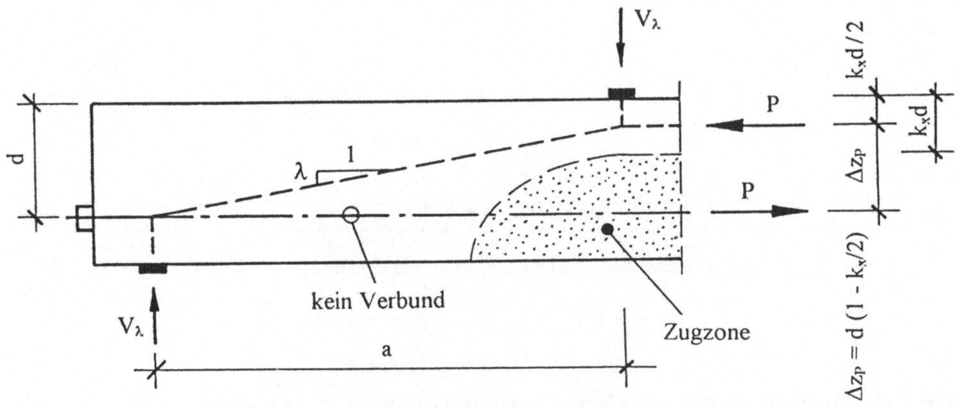

Bild 7.1: Sprengwerkwirkung der verankerten Vorspannkraft P

Bei Balken unter Einzellasten ist die Sprengwerkneigung λ = dz_P/dx abschnittsweise konstant (Bild 7.1). Für einlagige Bewehrung ergibt sich λ zu $\Delta z_P/a$ nach Gleichung 7.2. Für mehrlagige Bewehrung ist anstelle von d die Lage der Resultierenden aller Vorspannkräfte im Momentennullpunkt am Auflager zu setzen. Die Druckzonenhöhe k_x wird im Schnitt mit dem maximalen Moment ermittelt. Wie in Bereichen konstanter Biegung wird sie außer vom Biegemoment von der

Vordehnung ε_{p0} im Spannstahl und der Zugbandsteifigkeit ρn beeinflußt (siehe unten). Für die Nachrechnung von Schubversuchen wird k_x unter dem bekannten Schubrißmoment $V_{sr}{\cdot}a$ ermittelt.

$$\lambda \quad = \quad \frac{dz_P}{dx} \quad = \quad \frac{\Delta z_P}{a} \quad = \quad \frac{d}{a} \cdot \left(1 - \frac{k_x}{2}\right) \tag{7.2}$$

mit: $k_x \quad = \quad k_x(P, \text{max } M, \rho n)$
Normierte Druckzonenhöhe <u>mit</u> Einfluß der Normalkraft
$\Delta z_P \qquad$ nach Model Code 1990 [26] (siehe auch Abschnitt 4)
in gerissenen Bereichen wird die Lage der Vorspannkraft mittig
in der Druckzone der Höhe $k_x d$ angenommen

Bild 7.2 zeigt das Sprengwerk infolge Auslenkung der verankerten Vorspannkraft am Beispiel von Balken SV-1 (Anhang 1). Die Druckspannungsverteilung ist dabei in den maßgebenden Querschnitten angedeutet. Die Auswertung der Rißbilder der eigenen Spannbetonversuche ergibt, daß die so entstehende Sprengwerkwirkung kaum durch Biegeschubrisse beeinträchtigt wird (siehe auch Anhang 1, Seiten 10 und 11). Obwohl der zentrische Anteil der Vorspannung $\sigma_{cp} = P/A_c$ zwischen 4 N/mm² und 12 N/mm² variiert wurde, sind die Rißbilder sehr ähnlich. Das Sprengwerk bestimmt daher die Rißbildung.

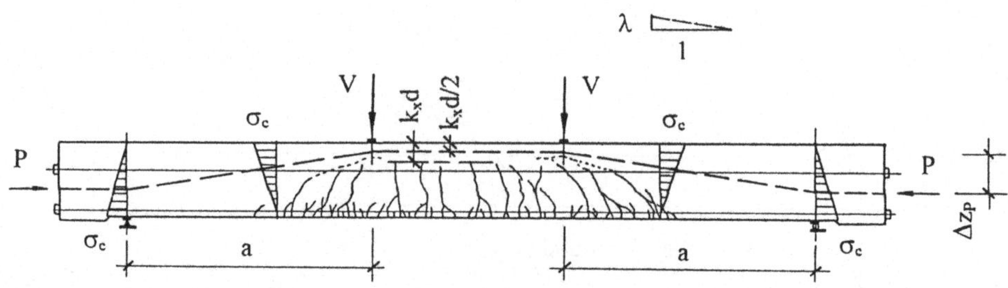

Bild 7.2: Sprengwerkwirkung aus Vorspannung am Beispiel von Balken SV-1

In Gleichung 7.2 wurde die verankerte Vorspannkraft in Übereinstimmung mit dem Model Code [26] genau mittig in der Druckzone des Querschnitts mit dem größten Biegemoment angesetzt. Die Auswertung von 64 in Anhang 4 beschriebenen Versuchen ergibt dafür eine wesentlich bessere Korrelation als der Ansatz als Teil der Gesamtresultierenden der Betondruckspannungen im Drittelspunkt der Druck-zone. Dies kann anschaulich durch die Aufteilung der Betondruckkraft in den elastischen, von den Schnittgrößen abhängigen Anteil $F_{c,el}$ und den Anteil der

Vorspannkraft P erklärt werden. Die Vorspannkraft vergrößert die Druckzonen-höhe $k_{x,0}d$ des nicht vorgespannten Querschnitts. Zur Erzeugung des elastischen Anteils $F_{c,el}$ der Druckgurtkraft sind Verbundkräfte zwischen Zug- und Druckgurt erforderlich, die schiefe Hauptzugspannungen in Höhe der Nullinie erzeugen. Die Resultierende P des zusätzlichen Druckspannungsblocks infolge Vorspannung liegt sehr nahe an der Mitte der Betondruckzone (Bild 7.3).

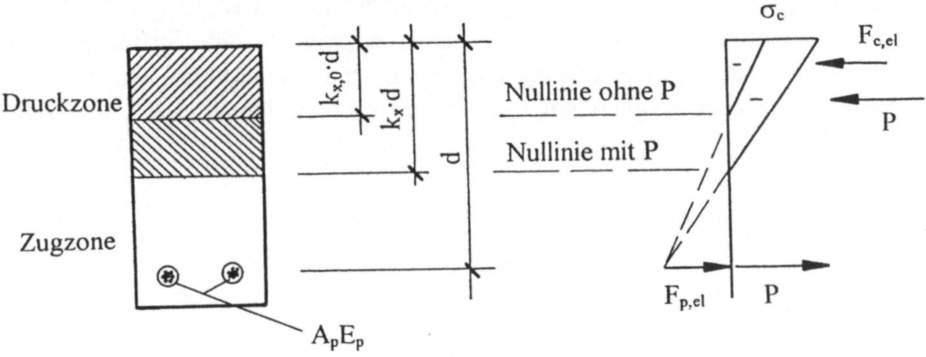

Bild 7.3: Lage der Vorspannkraft in der Druckzone

7.2.2 Schubtraganteil der Biegedruckzone

Die Schubtragfähigkeit der Betondruckzone übernimmt den maßgebenden Teil der Schubtragfähigkeit unverbügelter Stahlbetonbauteile. Bei Spannbetonbalken darf zunächst der gleiche Versagensmechanismus unterstellt werden wie bei Stahlbeton-bauteilen. Die Vorspannkraft P vergrößert dabei die Druckzonenhöhe k_x gegenüber dem nicht vorgespannten Querschnitt mit gleicher Zugbandsteifigkeit ρn. Die Vorspannkraft P bleibt im Unterschied zum elastischen Anteil der Stahlzugkraft konstant, der infolge des Verbundes mit wachsendem Moment steigt. Die Druckzonenhöhe k_x ist deshalb bei Bauteilen mit Längskraft immer abhängig von der Höhe der Biegebeanspruchung, auch wenn linear elastisches Verhalten des Betons unterstellt wird. Erst wenn das Biegemoment deutlich über das Dekom-pressionsmoment $M_{0,p}$ wächst, nähert sie sich der Druckzonenhöhe $k_{x,0}$ des nicht vorgespannten Bauteils an (Bild 7.5), was bei Schubversuchen immer auf den Bereich in der Nähe der Lasteinleitung beschränkt ist. Infolge Vorspannung fallen die Schwerlinie und die Nullinie in den gerissenen Bereichen bei Annahme des Zustandes II nicht zusammen. Die Schwerachse des Querschnitts liegt nun immer innerhalb der Druckzone.

Die Wirkung der Vorspannung bei Verbund mit dem Betonquerschnitt wird am besten über das Dekompressionsmoment M_{0p} berücksichtigt. M_{0p} bezeichnet dabei das Moment, bei dem die Nullinie im Zustand II genau die Bewehrungslage erreicht (Bild 7.4 und Bild 7.5 ②). P_0 ist die zugehörige Kraft im Spannstahl, die genau der Spannbettkraft eines mit sofortigem Verbund vorgespannten Trägers entspricht. Bei einlagiger Spannbewehrung läßt sich das Moment M_{0p} nach Gleichung 7.3 bestimmen. Die Betondruckkraft hat bei einlagiger Spannbewehrung und linear-elastischen Arbeitslinien genau den Hebelarm 2/3 d zur gleich großen Stahlkraft P_0. Abgesehen vom geringen Spannungszuwachs im Spannstahl aus Reduzierung der Betondruckspannung $\sigma_{c,p}$ im Zustand I bewirkt die Querkraft in ungerissenen Bereichen folglich nur eine Änderung des Hebelarmes z der Vorspannkraft P.

$$M_{0p} \quad = \quad \frac{2}{3} \cdot P_0 \cdot d \qquad\qquad (7.3)$$

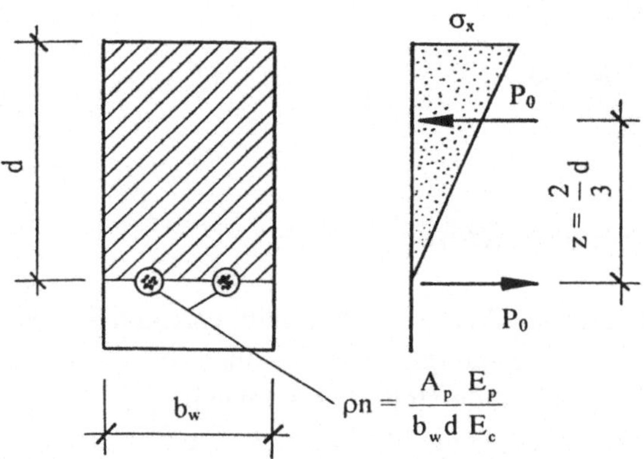

Bild 7.4: Dekompressionsmoment M_{0p}

Drückt man die Belastung durch Reduktion des Biegemomentes M auf das Dekompressionsmoment M_{0p} aus, so kann die Druckzonenhöhe aus dem Gleichgewicht der inneren Kräfte bestimmt werden. Jeder Belastung M/M_0 kann für einen Bewehrungsgrad ρn genau eine Druckzonenhöhe k_x zugeordnet werden. Nimmt man linear-elastisches Verhalten an, so ergeben sich Kurven nach Bild 7.5. Dabei geht jede voll im Verbund liegende Bewehrung mit ihrer Dehnsteifigkeit ρn ein, unabhängig von der Größe ihrer Vordehnung gegenüber der benachbarten Betonfaser. In den empirisch ermittelten Bestimmungsgleichungen für V_{Rd1} im Model-Code 1990, im EC 2 und in DIN 1045-1 kann daher die voll im Verbund liegende Spannbewehrung A_p jeweils mit dem Anteil E_p/E_s in den ideellen Bewehrungsgrad

ρ_i eingehen. Wegen des empirisch und mechanisch abgesicherten Exponenten 1/3 führen in der Praxis relevante Verhältnisse der E-Moduln E_p/E_s dort jedoch nur zu unwesentlichen Veränderungen im Ergebnis.

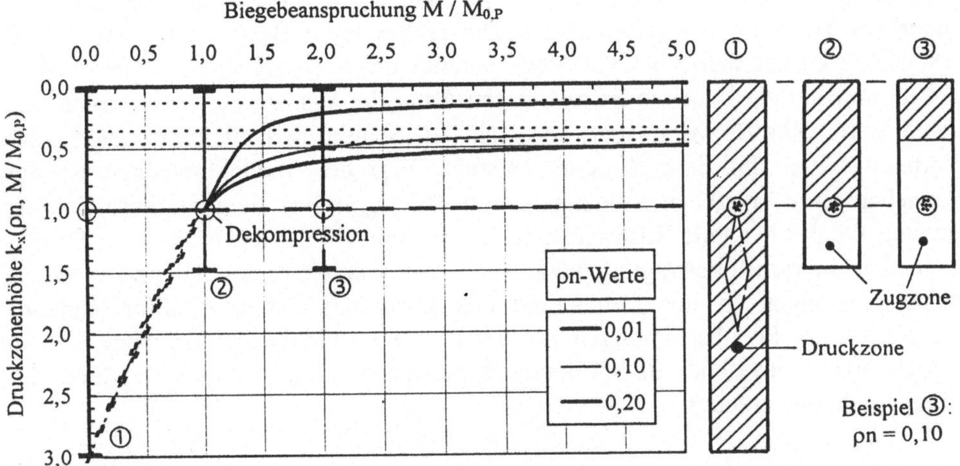

Bild 7.5: Druckzonenhöhe vorgespannter Bauteile im Zustand II

Neben dem unabhängig vom Bewehrungsgrad ρ stetigen Übergang zwischen Zustand I und Zustand II fällt der rechnerische Punkt für $M = 0$ auf, der für alle Bewehrungssteifigkeiten ρn bei $k_x = 3$ liegt. Dieser Punkt gibt mathematisch korrekt den trivialen Fall eines am oberen Rand seines Kernquerschnitts gedrückten Balkens der Höhe 3 d mit einer Betonüberdeckung von 2 d wieder (Bild 7.5 ①).

Im allgemeinen Fall läßt sich die Druckzonenhöhe leicht iterativ oder mit Hilfe numerischer Verfahren ermitteln. Dabei sind realitätsnahe Spannungsdehnungslinien zu verwenden. Auf eine Bemessungsfestigkeit oder einen charakteristischen Wert abgeminderte Beziehungen führen zu einer Unterschätzung der Druckzonensteifigkeit und damit zu einer auf der unsicheren Seite liegenden Überschätzung der Druckzonenhöhe. Wegen der höheren Normalkraftbeanspruchung der Druckzone gerät der Beton in der gedrückten Randfaser schneller in den Bereich der Druckfestigkeit. Zudem liegt der Beginn des instabilen Rißwachstums bei Spannbetonbalken immer in der Nähe des maximalen Momentes. Bei der Ermittlung der Druckzonenhöhe vorgespannter Bauteile aus Beton mit $f_c < 70$ N/mm² sollte daher statt der einfachen linearen Beziehung eine nichtlineare Spannungsdehnungslinie angesetzt werden. Da mit wirklichkeitsnahen Werten gerechnet werden muß, sind die Abweichungen von der mit E_c ermittelten Steifigkeit gering.

Die Sprengwerkwirkung bestimmt bei den vorgespannten Versuchsbalken die Rißbildung. Zusammen mit der gezeigten Abhängigkeit der Druckzonenhöhe vom Biegemoment ergibt sich deshalb im Unterschied zu Stahlbetonbalken eine veränderliche Höhe der Biegedruckzone. Die rechnerische Bestimmung der Druckzonenhöhe an der maßgebenden Stelle bereitet daher erhebliche Schwierigkeiten. Weiterhin trägt die Druckzone sowohl den Anteil V_λ aus Sprengwerkwirkung, der keine Verbundkräfte verursacht, als auch den Schubtraganteil, der zunächst aus Verbundkräften mit dem Zuggurt entsteht. Wie bei Stahlbetonbalken ist das Erreichen einer kritischen Rißneigung von 45° gegenüber dem Zuggurt Voraussetzung für das instabile Rißwachstum. Im kritischen Zustand, in dem die Druckzone die Querkraftübertragung lokal alleine übernimmt, erzeugen beide Anteile Schubspannungen in der Druckzone des kritischen Schnittes. Eine einfache Integration der Schubspannungen wie bei Stahlbetonbauteilen (Gleichung 6.3) ist jedoch nicht zutreffend, da V_λ keine Schubspannungen am unteren Rand der Biegedruckzone erzeugt.

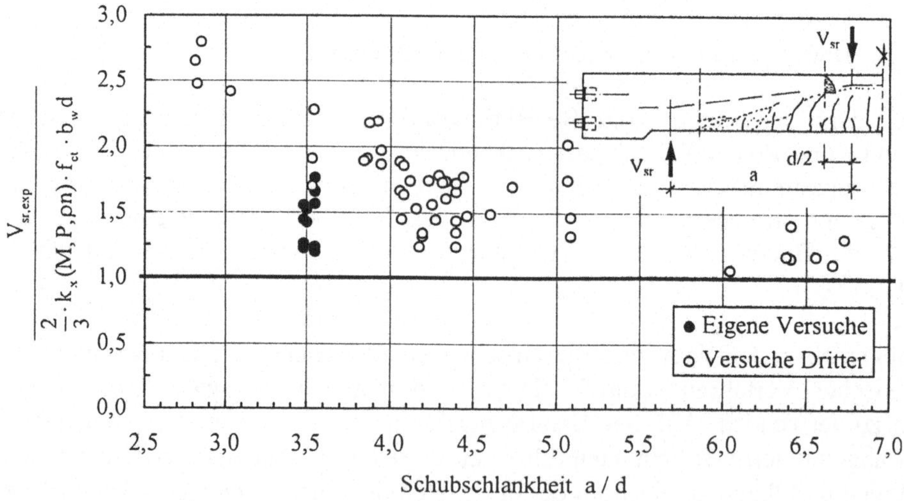

Bild 7.6: Abschätzung der Schubrißlast V_{sr} über die reine Druckzonentragfähigkeit mit voller Druckzonenhöhe $k_x(M, P, \rho n)$ aber ohne Sprengwerkanteil V_λ

Die oben bereits eingeführte Trennung von Vorspannanteil V_λ und Anteil an der geneigten Druckzonenkraft führt bei der Auswertung von Versuchen dagegen zu sehr guten Ergebnissen, wenn die traglaststeigernde Wirkung der Vorspannung nur einmal, nämlich beim Sprengwerkanteil berücksichtigt wird (Gleichung 7.4). Der Versuch, die gesamte Druckzonentragfähigkeit einschließlich der Sprengwerkwirkung über die Druckzonenhöhe im Querschnitt mit dem maximalen Moment zu ermitteln, liefert ebenfalls gute Übereinstimmung mit Versuchen. Allerdings läßt sich die Zuverlässigkeit des Superpositionsansatzes ebenso wenig erreichen, wie mit der Druckzonentragfähigkeit im Schnitt am Rande des durch die Einzellast verursachten St. Venant'schen Störbereichs (Bild 7.6). Ursache ist die unterschätzte Sprengwerkwirkung, die bei kleinen Schubschlankheiten deutlich größere Schubrißlasten ermöglicht. Die Trennung von Sprengwerkwirkung V_λ und Resttraganteil führt zu deutlich besseren Ergebnissen. Zusätzlich zur Komponente $V_\lambda = \lambda \cdot P$ wird dabei wie bei Stahlbetonbalken als Grundwert τ_0 der Schubtragfähigkeit die Druckzonentragfähigkeit des nicht vorgespannten Querschnitts angesetzt. Neben der Zugfestigkeit f_{ct} des Betons bestimmt die Druckzonenhöhe $k_{x,0}$ des nicht vorgespannten Querschnitts diesen Grundwert. Abgesehen von der nun nicht mehr am Bauteil ablesbaren, fiktiven Druckzonenhöhe $k_{x,0}$ und dem Sprengwerkanteil V_λ entspricht Gleichung 7.4 dem Grundwert V_0 der Schubtragfähigkeit bei Stahlbetonbalken (Gleichung 6.3 b).

$$V \quad = \quad V_0 + V_\lambda \quad = \quad \frac{2}{3} \cdot k_{x,0} \cdot f_{ct} \cdot b_{red} d \; + \; \lambda \cdot P \qquad\qquad (7.4\ a)$$

$$\tau \quad = \quad \frac{V}{b_{red} d} \quad = \quad \tau_0 + \tau_\lambda \quad = \quad \frac{2}{3} \cdot k_{x,0} \cdot f_{ct} \; + \; \frac{\lambda \cdot P}{b_{red} d} \qquad\qquad (7.4\ b)$$

mit: $k_{x,0}$ Druckzonenhöhe des nicht vorgespannten Querschnitts
　　　　　　　für einlagige Bewehrung nach Gleichung 6.6 oder 6.7

　　　f_{ct} $=$ $2{,}12 \ln(1 + f_c/10)$ nach Remmel (vgl. Gleichung 2.3)

　　　b_{red} Stegbreite

　　　d Statische Höhe

Nur bei Vernachlässigung des Sprengwerkanteils V_λ nach Gleichung 7.2 kann als Untergrenze für die Biegeschubrißlast anstelle von $k_{x0} \cdot d$ die volle Druckzonenhöhe $k_x(P, M_y, \rho n) \cdot d$ in Gleichung 7.4 eingesetzt werden (Bild 7.6). Dies ist im allgemeinen Fall einer reinen Querschnittsbemessung möglich (Bild 7.7). Dort spielt die Sprengwerkwirkung oft eine wesentlich geringere Rolle als bei typischen Versuchsbalken (Bild 7.8), weil die Lage der Spannglieder dem Momentenverlauf in den meist schlanken Trägern angepaßt wird.

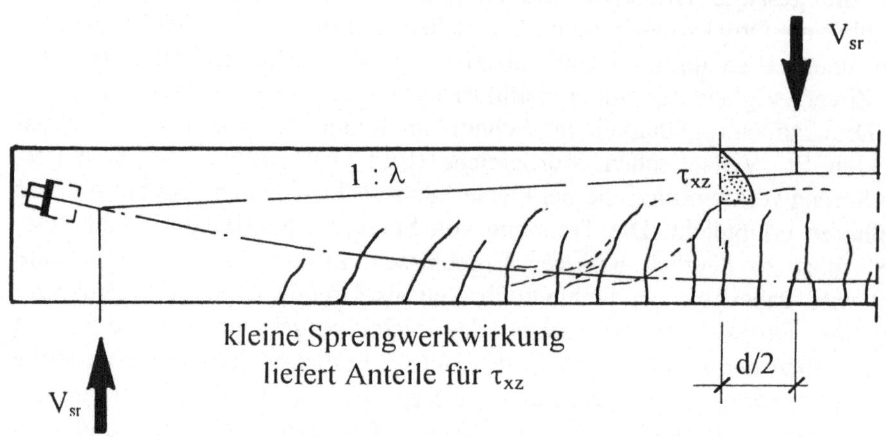

Bild 7.7:   Geringe Sprengwerkwirkung im allgemeinen Bemessungsfall

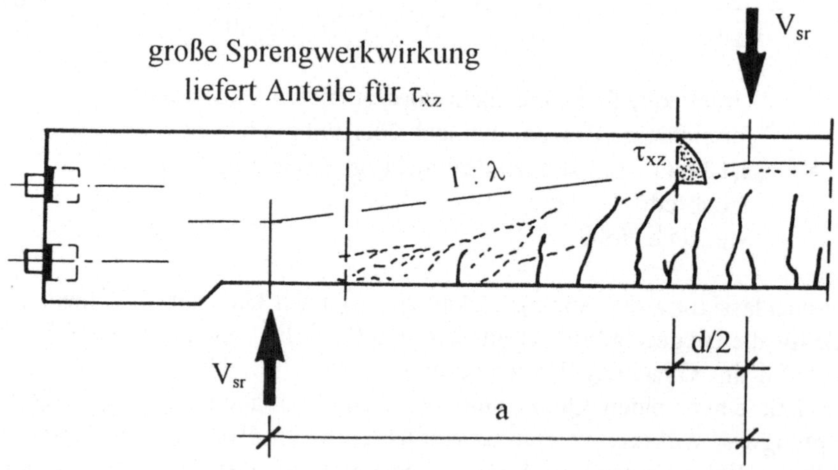

Bild 7.8:   Starke Sprengwerkwirkung bei typischen Versuchsbalken

7.3 Untergeordnete Tragwirkungen und Einflüsse

7.3.1 Maßstabseffekt

Der Maßstabseffekt bei Stahlbetonbalken wird vor allem durch die in der Bruchprozesszone getragenen Zugkräfte verursacht. Zusätzlich spielt das Tension Stiffening sowie nicht maßstäblich veränderliche Größen wie Dübeltragfähigkeit und Rißabstand eine geringe Rolle.

Bei den Spannbetonversuchen unterliegt die dominierende Sprengwerkwirkung keinem Maßstabseffekt. Die Biegeschubrisse sind bereits zu Beginn ihres Wachstums sehr flach geneigt. Bei kleinen Spannbetonbalken ist jedoch ein ähnlicher Beitrag der Zugkräfte in der Bruchprozesszone zu erwarten, wie er von Stahlbetonbalken bekannt ist. Die im Vergleich mit dem Betonstahl schlechteren Verbundeigenschaften der Spannbewehrung mit dem Beton führen zu einem Rückgang der Mitwirkung des Betons der Zugzone bei Spannbeton. Besonders Spannglieder im nachträglichen Verbund können nur begrenzt zur Aktivierung von Längszugspannungen im Bauwerksbeton beitragen. Ein maßgebender Einfluß aus Tension Stiffening ist daher nicht zu erwarten.

Wie in Abschnitt 6 bereits angesprochen, sind in Spannbetonbauteilen die Voraussetzungen für eine Beteiligung der Dübeltragwirkung der Längsbewehrung an der Schubtragfähigkeit wesentlich schlechter als in Stahlbetonbalken. Infolge der Vorspannung erreichen die Schubspannungen bei Rißbildung bereits ein sehr hohes Niveau. Die Neigung der Hauptdruckspannungstrajektorien ist infolge der zusätzlichen Normalspannung deutlich kleiner als bei Stahlbetonbauteilen. Dadurch entstehen während des allmählichen Übergangs in den Zustand II bereits erhebliche Rißverformungen normal zur Bewehrung. Bevor die Schubtragfähigkeit der Betondruckzone erschöpft ist, verbinden sich auch bei niedrigen Balken die äußersten Biegerisse, so daß kinematisch die Voraussetzungen für das Vordringen der Biegeschubrisse in die Druckzone geschaffen werden.

Auch die rechnerisch mögliche Dübeltraglast wird bei Spannbetonträgern eingeschränkt. Die Spannbewehrung hat einen deutlich kleineren Querschnitt und ist wesentlich weicher als eine Betonstahlbewehrung von vergleichbarer Zugtragfähigkeit. Während der Bewehrungsquerschnitt im Vergleich zum Betonstahl bei gleicher Biegetragfähigkeit im Verhältnis $f_{sy}/f_{py} \approx 1/3$ abfällt, verschwindet die Biegesteifigkeit praktisch ganz. Litzen oder Drähte können mit durchschnittlich 5 mm Einzeldrahtdurchmesser kaum Querkräfte übertragen. Die Betonstahlbewehrung beschränkt sich in der Praxis auf die erforderliche Mindestbewehrung mit entsprechend kleinen Stabdurchmessern. Bei Vorspannung mit nachträglichem

Verbund ist die Nettobreite b_n zwischen den Bewehrungsstäben zusätzlich durch vergleichsweise große Hüllrohre geschwächt. Die ohnehin schon weichen Litzen oder Drähte finden im weichen Einpreßmörtel kein ausreichend tragfähiges und steifes Auflager, um sich wirkungsvoll gegen eine Scherverformung abzustützen. Bei Spannbetonbauteilen kann die Dübelkraft der Längsbewehrung folglich keinen maßgebenden Beitrag zur Schubtragfähigkeit liefern.

Durch die geringere Bedeutung von Tension Stiffening und Dübeltragfähigkeit ist der gesamte Maßstabseffekt etwas schwächer ausgeprägt. Bei den untersuchten Spannbetonbalken mit Rechteckquerschnitt ist ein Maßstabseffekt vor allem bei den kleinen Bauteilhöhen der Versuche von Kar [63] und Sozen [106] zu beobachten. Die Balken mit $d \approx 0{,}20$ m zeigten im Mittel eine Steigerung des Grundwertes V_0 aus Gleichung 7.4 um den Faktor 1,4. Bei den eigenen Versuchen an Balken mit $h = 0{,}40$ m und $h = 0{,}80$ m Höhe konnte dagegen kein deutlicher Maßstabseffekt mehr festgestellt werden.

7.3.2 Einfluß der Schubschlankheit

Die Sprengwerkwirkung infolge Vorspannung ist etwa umgekehrt proportional zur Schubschlankheit a/d (Gleichung 7.2). Je länger das Schubfeld wird, um so geringer wird die Neigung λ der Sprengwerkstrebe. Lediglich das größere Moment unter der Last vergrößert durch die Reduzierung der Druckzonenhöhe den Versatz Δz_p der Vorspannkraft (Bild 7.1). Da die Sprengwerkwirkung die Schubrißbildung bei Spannbetonbalken insgesamt beeinflußt und im gerissenen Bereich die Druckzonenhöhe mit wachsendem Moment stark abfällt, ergibt sich für vorgespannte Balken ein deutlich größerer Einfluß der Schubschlankheit a/d als bei Stahlbetonbalken. Auch Elzanaty, Nilson und Slate stellten in ihren Versuchen den starken Einfluß der Schubschlankheit fest [40]. Für die Nachrechnung der Schubversuche, bei denen die Sprengwerkwirkung eine maßgebende Rolle hat, wird der Einfluß von a/d im folgenden Abschnitt empirisch ausgewertet.

7.4 Auswertung der Schubtragfähigkeit

Die Auswertung der 64 in Anhang 4 verzeichneten Versuche bestätigt den erwarteten schwächeren Maßstabseinfluß auf den Betontraganteil τ_0 aus Gleichung 7.4 b. Gleichung 7.5 ergibt bereits bei einer statischen Höhe von ca. 0,60 m einen neutralen Wert von 1,0, der die Untergrenze für den Maßstabsfaktor darstellt.

$$k(d/l_{ch}) \quad = \quad \left(\frac{2 \cdot l_{ch}}{d} \right)^{0,25} \quad \geq \quad 1,0 \qquad\qquad (7.5)$$

mit: $d/l_{ch} \quad \geq \quad 0,4$

Die Zuverlässigkeit des Ansatzes für den Einfluß der Bauteilgröße nach Gleichung 7.5 wurde an 65 Versuchsergebnissen von Spannbetonbalken mit Rechteckquerschnitt überprüft (Bild 7.9).

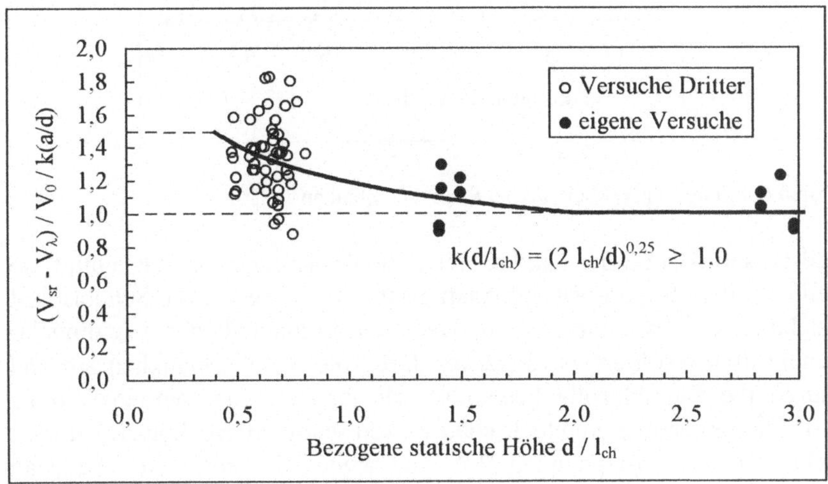

Bild 7.9: Einfluß der Bauteilgröße nach Gleichung 7.5

Die Regressionsanalyse bestätigt den aus Rißbildern von Versuchen (Bild 7.2) mechanisch leicht nachvollziehbaren, direkt proportionalen Einfluß des Kehrwerts der Schubschlankheit a/d auch auf den Betontraganteil nach Abzug der Sprengwerkwirkung. Wie bei Stahlbetonbalken liegt die neutrale Schubschlankheit, bei der die Druckzonentragfähigkeit nicht beeinflußt wird, bei etwa a/d = 4,0 (Gleichung 7.6).

$$k(a/d) = \quad \frac{4 \cdot d}{a} \qquad\qquad (7.6)$$

Die Zuverlässigkeit des Ansatzes für den Einfluß der Schubschlankheit a/d nach Gleichung 7.6 wurde bei 64 Versuchen an Spannbetonbalken mit Rechteckquerschnitt überprüft (Bild 7.10).

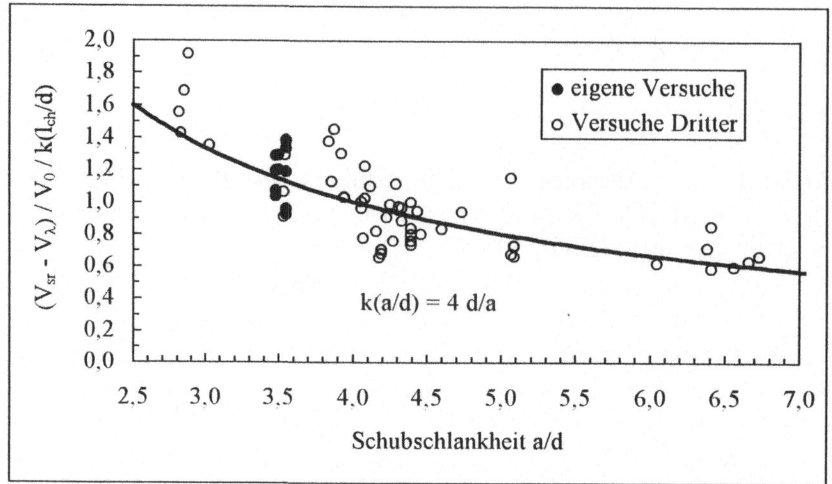

Bild 7.10: Einfluß der Schubschlankheit a/d bei Spannbetonbalken

Wird der Maßstabseffekt und der Einfluß der Schubschlankheit berücksichtigt, so kann aufbauend auf dem Superpositionsansatz nach Gleichung 7.4 die Schubrißlast V_{sr} nach Gleichung 7.7 bestimmt werden. Der Betontraganteil, der aus umgelagerten Verbundkräften resultiert, wird stärker durch die Schubschlankheit a/d und schwächer durch die Bauteilgröße beeinflußt, als dies bei Stahlbetonbalken zu beobachten ist. Die gegenüber Stahlbetonbauwerken veränderten Beiwerte treffen bereits bei sehr niedriger Vorspannung P/A_c zu. Wegen der geringen Anzahl an Versuchen mit teilweiser Vorspannung kann ein Wert von $P/A_c = 1,0$ N/mm² als untere Grenze für die Gültigkeit des Spannbetonansatzes herangezogen werden. Dazwischen darf linear zwischen den Gleichungen 6.13 und 7.7 interpoliert werden, sofern nicht vereinfachend der Grundwert $\min \tau_{sr} = 2/3 \cdot k_x \cdot f_{ct}$ als untere Abschätzung der Schubtragfähigkeit gewählt wird (siehe auch Gleichung 7.8).

$$V_{sr} \quad = \quad 1,0 \cdot V_0 \cdot k\left(\frac{a}{d}\right) \cdot k\left(\frac{l_{ch}}{d}\right) \quad + \quad V_\lambda \tag{7.7 a}$$

$$= \quad 1,0 \cdot \frac{2}{3} \cdot k_{x,0} \, f_{ct} \cdot \frac{4 \cdot d}{a} \cdot k\left(\frac{l_{ch}}{d}\right) \cdot b_{red} d \quad + \quad \lambda \cdot P$$

$$\tau_{sr} \quad = \quad \frac{V_{sr}}{b_{red} d} \quad = \tag{7.7 b}$$

$$\tau_{sr} \quad = \quad 1{,}0 \cdot \frac{2}{3} \cdot k_{x,0} \; f_{ct} \cdot \frac{4 \cdot d}{a} \cdot k\!\left(\frac{l_{ch}}{d}\right) \quad + \quad \frac{\lambda \cdot P}{b_{red}\, d} \qquad\qquad (7.7\,b)$$

für: $P/A_c \quad \geq \quad 1{,}0 \; \text{MN/m}^2$

mit:
1,0 Konstante für rechnerische Schubrißlast
1,01 Konstante für 50 %-Fraktilwert der Schubversuche in Anhang 4
0,89 Konstante für 5 %-Fraktilwert der Schubversuche in Anhang 4
$k_{x,0}$ normierte Druckzonenhöhe des nicht vorgespannten Querschnitts
$k(l_{ch}/d) = (2 \cdot l_{ch}/d)^{0,25} \geq 1{,}0$ nach Gleichung 7.5
P verankerte Vorspannkraft, einschl. Kriech- und Schwindverlust
b_{red} Stegbreite, unverpreßte Hüllrohre innerhalb des Steges sind abzuziehen
A_c Betonquerschnittsfläche

Der Ansatz trifft fast genau den Mittelwert von cal $V_{sr}/V_{u,exp}$ aus den 64 in Anhang 4 verzeichneten Versuchen, der sich zu 0,992 ergibt. Die statistische Aussagefähigkeit ist mit einem Variationskoeffizienten von nur 8,1 % und einem Korrelationskoeffizienten von 98,2 % sehr gut. Vor allem der dominierende Einfluß der Sprengwerkwirkung der Vorspannkraft ist für die im Vergleich zu Stahlbeton deutlich bessere Übereinstimmung verantwortlich. Bei der Nachrechnung der eigenen Schubversuche (Anhang 1) wurde die volle Stegbreite b angesetzt, da die Rißspitze bei Beginn der instabilen Rißbildung noch unterhalb der oberen Hüllrohrlage zu finden war.

Vergleicht man die rechnerischen Schubtraglasten nach Gleichung 7.7 mit den in den Versuchen nach Anhang 4 festgestellten Schubrißlasten, so ergibt sich nach Bild 7.11 eine gute Übereinstimmung. Die wichtigsten statistischen Größen sind ebenfalls zusammengestellt. Als Maß für die Streuung dient wieder der Variationskoeffizient. Er behält auch beim Vergleich mit Bemessungsansätzen, die nicht am Mittelwert kalibriert wurden, seine Aussagefähigkeit.

Die wichtigsten veränderlichen Parameter der Schubversuche (Anhang 4) sind nach Gleichung 7.7:

- die Betondruckfestigkeit f_c
- die Vorspannkraft P
- der Längsbewehrungsgrad ρn sowie die daraus abgeleitete Druckzonenhöhe k_x.
- die Schubschlankheit a/d
- die statische Höhe d

Die Grenzen der Parameter bei den betrachteten Versuchen sind in Anhang 4 näher beschrieben. In den Abbildungen 7.12 bis 7.17 wird die zutreffende Erfassung der einzelnen Parameter durch das Verhältnis $\mathrm{cal}\,V_{sr}\,/\,V_{sr,exp}$ über dem Definitionsbereich der Parameter kontrolliert. Bei keinem der untersuchten Parameter kann ein maßgebender, nicht berücksichtigter Trend festgestellt werden.

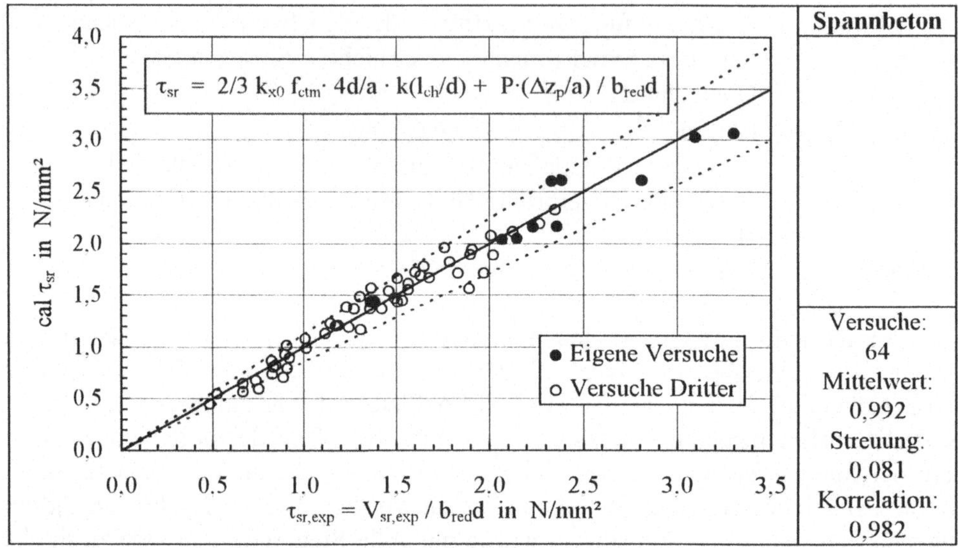

Bild 7.11: Vergleich der Ergebnisse nach Gleichung 7.7 mit Versuchen

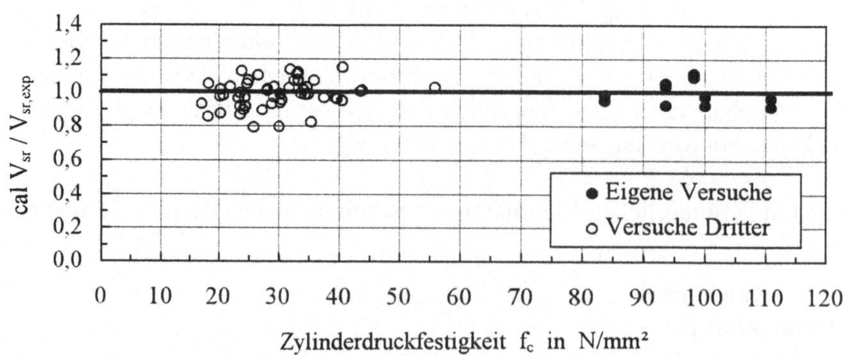

Bild 7.12: Zuverlässigkeit von Gleichung 7.7 für verschiedene Druckfestigkeiten f_c

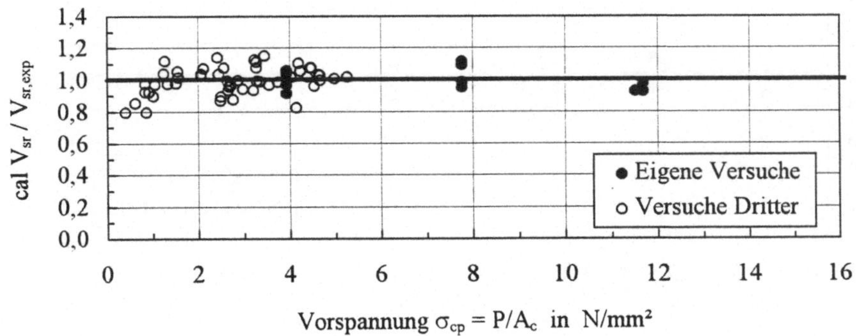

Bild 7.13: Zuverlässigkeit von Gleichung 7.7 für unterschiedliche Vorspannung P/A_c

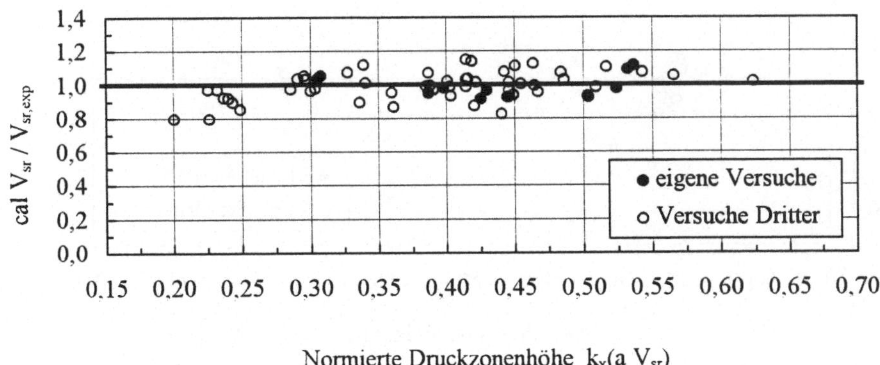

Bild 7.14: Zuverlässigkeit von Gleichung 7.7 für verschiedene Druckzonenhöhen $k_x(M = a \cdot V_{sr})$

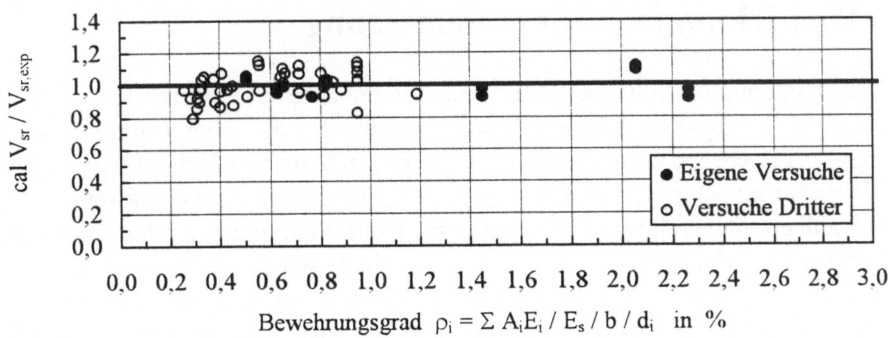

Bild 7.15: Zuverlässigkeit von Gleichung 7.7 für verschiedene Bewehrungsgrade ρ

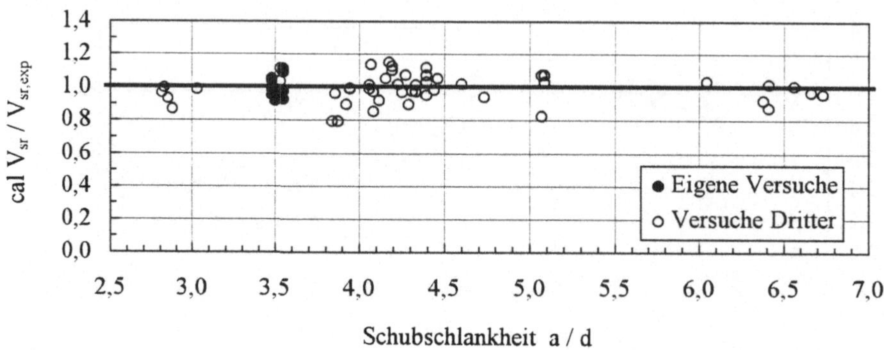

Bild 7.16: Zuverlässigkeit von Gleichung 7.7 für verschiedene Schubschlankheiten a/d

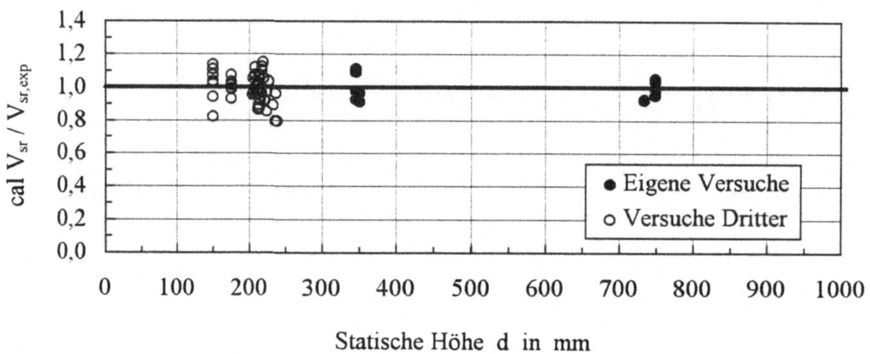

Bild 7.17: Zuverlässigkeit von Gleichung 7.7 für verschiedene statische Höhen d

7.5   Auswirkungen auf die Bemessung

Die Schubtragfähigkeit unverbügelter Spannbetonbauteile wird in den neueren Normen in der Regel über additive Ansätze bestimmt, wie sie in Abschnitt 4.3.5 (Gleichung 4.11) vorgestellt wurden. Dabei wird als Grundanteil die Tragfähigkeit des nicht vorgespannten Querschnitts gewählt. Der stärkere Maßstabseffekt bei kleinen Stahlbetonquerschnitten führt zu einer Überschätzung des Maßstabseffektes bei Spannbetonbalken von ca. 15 % bei einer statischen Höhe d von ca. 200 mm. Der Einfluß der Vorspannung wird nicht aus der tatsächlichen Veränderung des Hebelarms dz_p/dx bestimmt, sondern mit einem Anteil der zentrischen Vorspannung $\sigma_{cp} = P/A_c$ abgeschätzt. Der starke Einfluß der Schubschlankheit a/d wird dabei nicht erfaßt. Insbesondere bei sehr schlanken Trägern mit geringer Sprengwerkwirkung (siehe Bild 7.7) kann deshalb die Schubtragfähigkeit leicht überschätzt werden. Ein Sicherheitsdefizit entsteht oft jedoch nur rechnerisch, weil die Voraussetzung für den Biegeschubbruch, nämlich der vollzogene Übergang in den gerissenen Zustand, nicht überprüft wird. Gerade an Stellen mit hoher Schubbeanspruchung liegen oft ungerissene Querschnitte vor, die eine höhere Schubtragfähigkeit besitzen.

In Abschnitt 8.2 wird eine Auswahl gebräuchlicher Ansätze zu Bestimmung der Schubtragfähigkeit vorgespannter Bauteile ohne Schubbewehrung beurteilt. Zur Überprüfung der Schubtragfähigkeit gerissener Querschnitte kann als untere Abschätzung der Schubtragfähigkeit unter Vernachlässigung der Sprengwerkwirkung der Mindestwert nach Gleichung 7.8 bestimmt werden. Der durch die Zugkräfte in der Bruchprozesszone verursachte Maßstabseffekt wird dabei erfaßt. In diesem Fall darf der Einfluß der Vorspannkraft auf die Druckzonenhöhe berücksichtigt werden, da er nicht gleichzeitig für die Sprengwerkwirkung benötigt wird. Für kleine Schubschlankheiten mit entsprechend großer Sprengwerkwirkung wird die vorhandene Schubtragfähigkeit durch die Vernachlässigung unterschätzt (siehe Bild 7.18).

$$V_{sr} \quad = \quad \frac{2}{3} \cdot k_x(P, M, \rho n) \cdot f_{ct} \cdot k\!\left(\frac{l_{ch}}{d}\right) \cdot b_{red} d \qquad\qquad (7.8\,a)$$

$$\tau_{sr} \quad = \quad \frac{V_{sr}}{b_{red}\, d} \quad = \quad \frac{2}{3} \cdot k_x(P, M, \rho n) \cdot f_{ct} \cdot k\!\left(\frac{l_{ch}}{d}\right) \qquad\qquad (7.8\,b)$$

für: $P/A_c \quad \geq \quad 1{,}0 \ \text{MN/m}^2$

mit: $k_x(P, M, \rho n)$ normierte Druckzonenhöhe des vorgespannten Querschnitts:
der günstige Einfluß der Vorspannkraft P darf nur bei Vernachlässigung der Sprengwerkwirkung angesetzt werden

P verankerte Vorspannkraft, einschl. Kriech- und Schwindverlust

$$k(l_{ch}/d) \quad = \quad \left(\frac{2 \cdot l_{ch}}{d}\right)^{0,25} \geq 1{,}0 \quad \text{nach Gleichung 7.5}$$

b_{red} Stegbreite, unverpreßte Hüllrohre innerhalb des Steges sind abzuziehen

Die Gleichung 7.8 entspricht dem vereinfachten Ansatz für Stahlbetonbauteile nach Gleichung 6.14, bei dem der Einfluß der Schubschlankheit ebenfalls vernachlässigt wird. Der geringere Maßstabseinfluß sollte ab einer zentrischen Vorspannung von $P/A_c \geq 1,0$ N/mm² berücksichtigt werden.

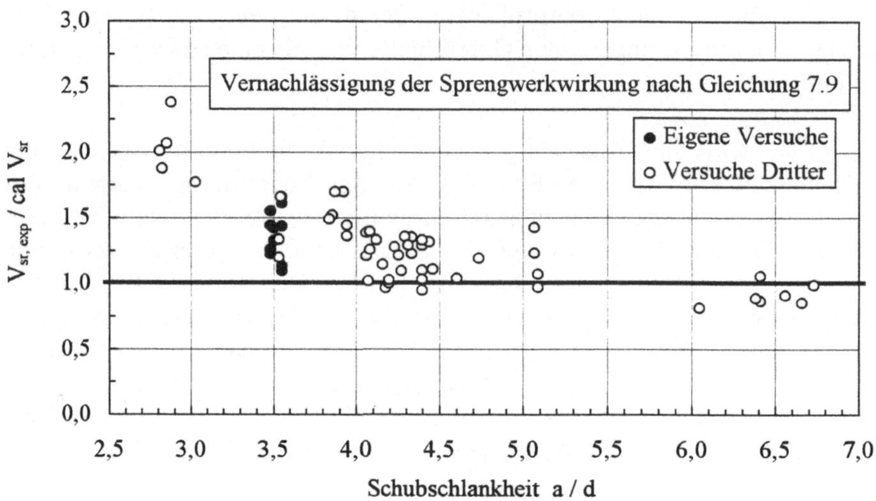

Bild 7.18:   Vergleich der Ergebnisse nach Gleichung 7.8 mit Versuchen
unterschiedlicher Schubschlankheit

Wird ein Bemessungsansatz aus Gleichung 7.7 oder 7.8 formuliert, so kann die Teilsicherheit zu $\gamma_M = 1,5$ gegenüber der 5 %-Fraktile aus Versuchen gewählt werden. Die Teilsicherheit bezieht sich dabei in Gleichung 7.7 nur auf den ersten Anteil V_0, für die Sprengwerkwirkung muß lediglich eine untere Schranke für P gefunden werden.

Abweichend hiervon kann eine probabilistische Beurteilung der Zuverlässigkeit bzw. der Versagenswahrscheinlichkeit für den Anteil V_0 vorgenommen werden, da alle unabhängigen Einzelanteile in einem Produktansatz zusammengefaßt werden können. Für die Materialeigenschaften des Betons ergibt sich dabei die gleiche Wichtung wie bei den Stahlbetonbalken (Gleichung 6.16-6.18). Ihr Einfluß bezieht sich bei den Spannbetonbalken jedoch nur auf den Anteil V_0 der Schubrißlast, der nicht vom Sprengwerk, sondern von umgelagerten Verbundkräften aufgenommen wird.

8 Vergleich mit anderen Ansätzen

8.1 Stahlbeton

8.1.1 CEB-FIP Model Code 1990

In den vergangenen 10 Jahren sind einige Bemessungsvorschläge entstanden, die wesentliche Einflußgrößen, wie die Steifigkeit der Zugbewehrung und die Abnahme der Schubtragfähigkeit mit zunehmender Bauteilhöhe berücksichtigen. Basis für die Ansätze in den jüngeren nationalen Normen sind die Ansätze im CEB-FIP Model Code 1990 [26] (siehe auch Gleichung 4.14). Sie bauen auf den Ergebnissen der Arbeitsgruppe 1 innerhalb der CEB-FIP Comission IV auf [24], [25]. Wesentlichen Anteil an den Ansätzen zur Bestimmung der Tragfähigkeit von Querschnitten ohne Schubbewehrung hatte P. E. Regan [91]. Der Einfluß der oben bereits beschriebenen Parameter wurde empirisch ermittelt.

Gleichung 8.1 gibt den charakteristischen Wert für die Schubrißbildung an, der zur Ermittlung einer Mindestbewehrung herangezogen werden soll, wenn Schubrißgefahr besteht [26].

$$V_{sr,k} \quad = \quad 0{,}15 \cdot \left(\frac{3\,d}{a} \right)^{1/3} \xi \left(100\,\rho\,f_{ck} \right)^{1/3} \cdot b_{red} d \tag{8.1}$$

mit:

0,150	Konstante für $\tau_{sr,k}$ nach Model Code 90 [26]
0,146	Konstante für 5 %-Fraktilwert der Schubversuche aus Anhang 3
0,183	Konstante für 50 %-Fraktilwert der Schubversuche aus Anhang 3
$\xi \quad =$	$1 + \sqrt{200/d}$ mit d in mm
$b_{red} \quad =$	Reduzierte Stegbreite, Hüllrohre innerhalb des Steges sind abzuziehen
$\tau_{sr,k} \quad =$	$V_{sr,k} / b_{red} d$

Für die Ermittlung des Betontraganteils gibt der Model Code als Bemessungswert V_{Rd1} den in Gleichung 8.2 beschriebenen Bemessungswert an. Beim Vergleich mit Versuchsergebnissen wird hier auf eine Unterscheidung zwischen f_c und f_{ck} verzichtet. Der Einfluß der Schubschlankheit wird bei der Ermittlung des Bemessungswertes vernachlässigt. Das in Gleichung 8.1 dafür enthaltene Glied wird für den Mittelwert der Schubdatenbasis bei $a/d = 4$ angesetzt. Der Teilsicherheitsbeiwert $\gamma_M = 1{,}5$ für die Materialseite wird direkt auf die empirisch berücksichtigte Druckfestigkeit f_c bezogen. Wegen der geringen Anzahl der Versuche mit hohen Festigkeiten wird die Beschränkung von f_c auf 50 N/mm² empfohlen. In der Versuchsauswertung wird diese Beschränkung nicht berücksichtigt. Die Besonderheiten bei der Berücksichtigung hoher Druckfestigkeiten werden später entsprechend CEB-Bulletin 228 [28] noch eigens untersucht.

$$V_{Rd1} = 0,12 \cdot \xi \left(100 \, \rho \, f_{ck}\right)^{1/3} \cdot b_{red} d \qquad (8.2)$$

mit: 0,120   Konstante nach Model Code 90 [26]

0,136   Konstante für 5 %-Fraktilwert der Schubversuche aus Anhang 3

0,168   Konstante für 50 %-Fraktilwert der Schubversuche aus Anhang 3

        $\approx \; 0,150 \cdot (3/4)^{1/3} \cdot (1/1,5)^{1/3}$ aus Gleichung 8.1

$\xi \;\;\; = \;\;\; 1 + \sqrt{200/d} \qquad$ mit d in mm

$\tau_{Rd1} \;\; = \;\; V_{Rd1} / b_{red} d$

Die Vorgehensweise bei der Ermittlung von V_{Rd1} ist in zwei Punkten anfechtbar. Die Druckfestigkeit geht nur mit dem Exponenten 1/3 in die Schubtragfähigkeit ein. Unterstellt man, daß die Zugfestigkeit, das Schubversagen unmittelbar beeinflußt, dann wird der Sicherheitsbeiwert γ_M durch die Kopplung an die Druckfestigkeit auf 1,14 reduziert [51]. Kordina berichtet, daß ursprünglich der Vorfaktor 0,12 von Regan durchaus mit einer Teilsicherheit von 1,5 auf den Gesamtwert von V_u ermittelt wurde. Allerdings wurde von Regan als Bezugsgröße nicht die 5 % Fraktile sondern der Mittelwert seiner Datenbasis gewählt. Beide Betrachtungen führen zu einem Sicherheitsabstand γ_M von ca. 1,14 gegenüber der 5 % Fraktile der Versuche aus Anhang 3. Der vernachlässigte Einfluß der Schubschlankheit entspricht der Annahme des Mittelwertes von a/d = 4 aus den Versuchen. Würde das a/d-Glied aus Gleichung 8.1 an der oberen Grenze des für das Biegeschubversagen maßgebenden Bereiches gewählt, so erhält man für a/d = 6 rechnerisch nur einen Teilsicherheitsbeiwert $\gamma_M = 1,0$.

Die Gleichungen 8.1 und 8.2 zeigen eine gute Korrelation mit Versuchsergebnissen aus der 233 Versuche umfassenden Datenbasis nach Anhang 3. Der Maßstabsbeiwert ξ wurde offensichtlich vorwiegend an Balken unter 1000 mm Bauteildicke kalibriert. Er unterschätzt den Maßstabseffekt für größere Balken deutlich, im Extremfall um ca. 30 %. Für die Baupraxis entsteht daraus jedoch kein wesentliches Defizit, da Balken über 1000 mm Bauteilhöhe in jedem Fall eine Mindestbewehrung erhalten sollten, schon zur Sicherung gegen Risse infolge abfließender Hydratationswärme.

Die Schubtragfähigkeit von Balken aus Hochleistungsbeton wird leicht überschätzt, wenn die empfohlene Beschränkung auf $f_c = 50$ N/mm² nicht beachtet wird. Dies liegt vor allem an der bei Hochleistungsbeton deutlich unterproportional ansteigenden Zugtragfähigkeit. Die kleinere charakteristische Länge sorgt für eine schwächere Mitwirkung des Betons in der Zugzone. Die CEB-FIP Arbeitsgruppe für Hochleistungsbeton hat im CEB Bulletin d'Information 228 [28] Vorschläge für die Ergänzung der Gleichungen 8.1 und 8.2 um einen Beiwert γ_{HSC} für Hochleistungsbeton vorgelegt, der diese Effekte abdecken kann.

$$V_{sr} = 0{,}15 \cdot \left(\frac{3\,d}{a}\right)^{1/3} \xi \, \gamma_{HSC} \left(100\,\rho\,f_{ck}\right)^{1/3} \cdot b_{red} d \qquad (8.3)$$

mit: 0,150   Konstante nach Model Code
und für 5 %-Fraktilwert der Schubversuche aus Anhang 3

     0,187   Konstante für 50 %-Fraktilwert der Schubversuche aus Anhang 3

$\xi \quad = \quad 1 + \sqrt{200/d} \quad$ mit d in mm

$\gamma_{HSC} \quad = \quad (1{,}1 - f_{ck}/500) \quad$ für $f_{ck} > 50$ N/mm²

$\tau_{sr} \quad = \quad V_{sr} / b_{red} d$

Der Bemessungswert V_{Rd1} nach Gleichung 8.2 wird ebenfalls durch γ_{HSC} korrigiert.

$$V_{Rd1} = 0{,}12 \cdot \xi \, \gamma_{HSC} \left(100\,\rho\,f_{ck}\right)^{1/3} \cdot b_{red} d \qquad (8.4)$$

mit: $k_d \quad = \quad$ 0,120   Konstante nach Model Code mit $\gamma_M \approx 1{,}5^{1/3}$ und
für 5 %-Fraktilwert der o. g. Versuche mit $\gamma_M \approx 1{,}5^{1/3}$

     0,150   für 50 %-Fraktilwert der o. g. Versuche mit $\gamma_M \approx 1{,}5^{1/3}$

$\xi \quad = \quad 1 + \sqrt{200/d} \quad$ mit d in mm

$\gamma_{HSC} \quad = \quad (1{,}1 - f_{ck}/500) \quad$ für $f_{ck} > 50$ N/mm²

$\tau_{Rd1} \quad = \quad V_{Rd1} / b_{red} d$

Die Gleichungen 8.3 und 8.4 ergeben ebenfalls eine sehr gute Korrelation mit den vorliegenden Versuchsergebnissen bei einer akzeptablen Streuung. Die leichte Überschätzung bei Balken aus Hochleistungsbeton wurde durch den Beiwert γ_{HSC} angemessen erfaßt.

Bild 8.1 zeigt den Vergleich der nach Gleichung 8.3 rechnerisch ermittelten Schubrißlast mit den Ergebnissen der in Anhang 3 dokumentierten Schubversuche. Bild 8.2 zeigt die entsprechende Auswertung für den Bemessungswert V_{Rd1} nach Gleichung 8.4. Die statistische Auswertung wird unter Annahme einer Normalverteilung nach Gauß durchgeführt. Als einheitliches Maß für die Streuung von Ansätzen mit unterschiedlichen Mittelwerten von cal $V_{sr} / V_{sr.exp}$ wird dabei der Variationskoeffizient angegeben. Die wichtigsten statistischen Daten der untersuchten Ansätze sind in Tabelle 8.1 gegenübergestellt.

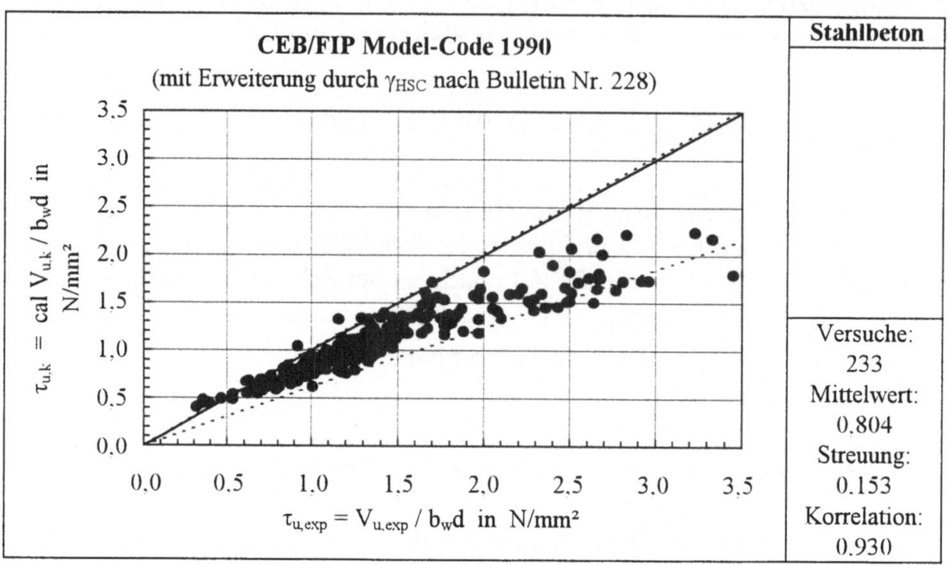

Bild 8.1:   Vergleich der Ergebnisse nach Gleichung 8.3 mit Versuchen

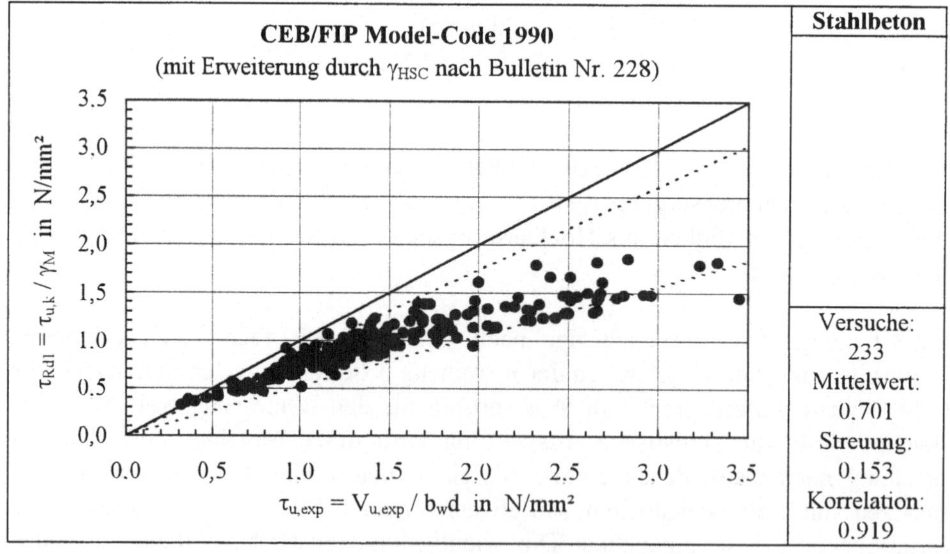

Bild 8.2:   Vergleich der Ergebnisse nach Gleichung 8.4 mit Versuchen

8.1.2 DAfStb-Richtlinie für hochfesten Beton

Die DAfStb-Richtlinie [31] bezieht sich auf den nicht korrigierten Ansatz des Model Codes [26] nach Gleichung 8.2. Der korrigierte Ansatz nach Gleichung 8.4 stand während der Beratung der Richtlinie noch nicht zur Verfügung. Entsprechend dem Nachweisformat der DIN 1045 [07.88] wird der Einfluß der Betonfestigkeit über zulässige Schubspannungen ausgedrückt. Die Zylinderdruckfestigkeit f_{ck} wird dabei wegen der unterschiedlichen Lagerungsbedingungen von DIN und Model Code auf $f_{ck,MC}/f_{ck,DIN} = 95\,\%$ reduziert. Da die Gleichung 8.2 einen sicheren Bauteilwiderstand unter Lasten im Grenzzustand der Tragfähigkeit beschreibt, die DAfStb-Richtlinie jedoch zulässige Werte für den Gebrauchszustand angibt, wird für die Lastseite der Teilsicherheitsbeiwert $\gamma = 1,4$ berücksichtigt [67]. Zusammen ergibt sich rechnerisch ein globaler Sicherheitsbeiwert von 1,6. Dieser Sicherheitsabstand erscheint, wie bereits bei Gleichung 8.2 angemerkt, wegen der Abhängigkeit von der Zugfestigkeit sehr gering. Der Model Code fordert allgemein einen Abstand von $\gamma_M = 1,5$ bezogen auf den charakteristischen Wert der maßgebenden Materialeigenschaft f_{ck} bzw. $f_{ctk,min}$ des Betons. Damit wäre ein globaler Sicherheitsabstand von $\gamma \approx 2,1$ auch denkbar. Bei Berücksichtigung der Sprödigkeit wird der Einfluß der Zugfestigkeit jedoch schwächer (Gleichung 6.15), so daß ein Sicherheitsbeiwert von $\gamma \approx 1,75$ genügt. Die Bemessungsgleichung R8 aus [31] wurde in Gleichung 8.5 mit dem Beiwert k_z erweitert, damit ein direkter Vergleich mit den Ansätzen des Model Codes trotz der unterschiedlichen Definition der Schubspannung möglich wird. Setzt man für den normierten Hebelarm k_z seinen Mittelwert 0,875 an, so bleibt ein globaler Sicherheitsbeiwert $\gamma = 1,71$ gegenüber der $5\,\%$ Fraktile aus den Versuchen in Anhang 3. Dabei wurde die Begrenzung der Druckfestigkeit auf die Festigkeitsklasse B 85 [31] berücksichtigt.

$$\tau_{sr,k} \quad = \quad \gamma \cdot k_z \cdot \tau_{Q,B} \quad = \quad 1,0 \cdot \gamma \, k_z \, \tau_{Q,N} \, \xi \left(100\,\rho\right)^{1/3} \tag{8.5}$$

mit:	1,0	Konstante nach Richtlinie [31] mit $\gamma = 1,75$
	0,98	Konstante für $5\,\%$ Fraktilwert der Schubversuche aus Anhang 3
	1,24	Konstante für $50\,\%$-Fraktilwert der Schubversuche aus Anhang 3
	k_z	normierter Hebelarm der inneren Kräfte

$$\xi \quad = \quad 1 + \sqrt{200/d} \qquad \text{mit d in mm}$$

$$\tau_{sr,k} \quad = \quad V_{sr,k}/b_w d \qquad \text{(nach Model Code [26] zum Vergleich)}$$

$$\tau_{Q,B} \quad = \quad V_{sr,k}/b_w k_z d/\gamma \qquad \text{(beachte Unterschied zum Model Code!)}$$

$$\tau_{Q,N} \quad = \quad 0,12 \cdot 0,754 \cdot f_c^{1/3} \qquad \text{mit:} \quad f_c \leq 0,95 \cdot 85/1,1 = 73,4 \ \text{MN/m}^2$$
$$0,754 \quad = \quad 1,5^{1/3}/k_z/\gamma$$

Die Werte der DAfStb-Richtlinie [31] unterschreiten nur knapp die 5 % Fraktile der in Versuchen ermittelten Schubtragfähigkeit, wenn als globaler Sicherheitsbeiwert allgemein $\gamma = 1{,}75$ gefordert wird. Bild 8.3 zeigt den Vergleich der nach Gleichung 8.5 rechnerisch ermittelten Schubrißlast $\mathrm{cal}\,V_{sr.k}$ mit den Ergebnissen $V_{sr,exp}$ der in Anhang 3 dokumentierten Schubversuche. Für die Streuung steht wieder der Variationskoeffizient (siehe auch Tabelle 8.1).

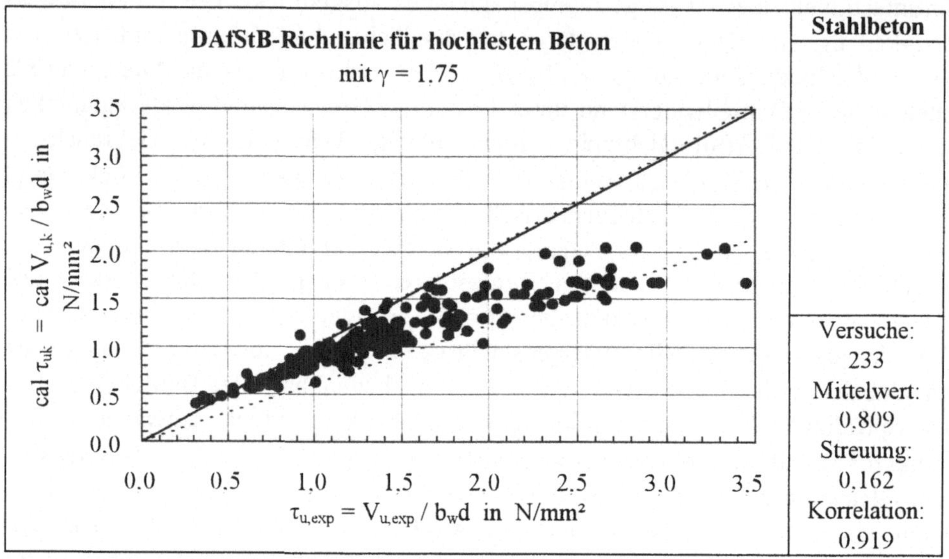

Bild 8.3:   Vergleich der Ergebnisse nach Gleichung 8.5 mit Versuchen

8.1.3 Ansatz nach Remmel

Remmel fand bei der Auswertung von ersten Schubversuchen aus Hochleistungsbeton die in Gleichung 8.6 beschriebene Abhängigkeit [97]. Grimm bestätigte diese Beziehung später mit weiteren Schubversuchen an Balken aus hochfestem Beton [46] (siehe auch Gleichung 4.15).

$$\tau_{sr} \quad = \quad 1{,}40 \cdot \left(\frac{l_{ch}\rho}{d}\right)^{1/3} f_{ct} \qquad\qquad (8.6)$$

mit: 1,40   Konstante nach Remmel für den 50 %-Fraktilwert
      1,17   Konstante für 5 %-Fraktilwert der Schubversuche aus Anhang 3
      1,34   Konstante für 50 %-Fraktilwert der Schubversuche aus Anhang 3
      τ_{sr} = $V_{sr}\,/\,b_{red}d$ (vgl. Model Code [26])

Bei der Auswertung der Schubdaten wurden von Remmel und Grimm die Versuche mit hohen Zylinderdruckfestigkeiten besonders gewichtet, um den hohen Anteil an Versuchen mit niedrigen Druckfestigkeiten in der Datenbasis auszugleichen. Ein eigener Korrekturbeiwert für hochfeste Betone wie in den Gleichungen 8.3 und 8.4 ist daher nicht erforderlich. Auch der Maßstabseffekt wird mit Gleichung 8.6 besser beschrieben als mit den Gleichungen 8.1 bis 8.5. Eine wesentliche Verbesserung stellt die mechanisch begründete Abstützung auf die Betonzugfestigkeit dar. Der geringe Einfluß der Schubschlankheit a/d wurde wegen fehlender eigener Versuche ebenso vernachlässigt, wie in den Bemessungsgleichungen des Model Codes.

Bild 8.4 zeigt den Vergleich der nach Gleichung 8.6 rechnerisch ermittelten Schubrißlast mit den Ergebnissen der in Anhang 3 dokumentierten Schubversuche.

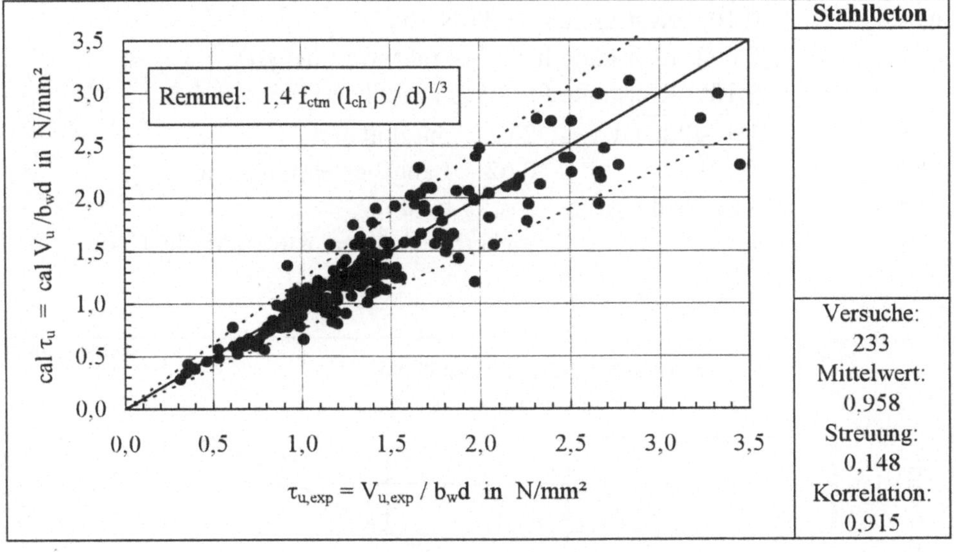

Bild 8.4: Vergleich der Ergebnisse nach Gleichung 8.6 mit Versuchen

8.1.4 Entwurf für DIN 1045-1

Der Entwurf für DIN 1045-1 [34] sieht einen stark an den Model Code 1990 [26] angelehnten Ansatz vor. Er enthält wieder die dort wegen der empirischen Herleitung des Ansatzes gewählte Abstützung auf die Betondruckfestigkeit. Der Maßstabsfaktor ξ aus dem Model Code wird auf einen Maximalwert von 2,0 begrenzt und in κ umbenannt. Damit wird bei statischen Höhen unter 200 mm kein weiterer Tragfähigkeitsanstieg berücksichtigt. Auch für den Längsbewehrungsgrad ρ_l wird eine Begrenzung vorgesehen. Bei der Ermittlung der Schubrißlasten darf der Längsbewehrungsgrad mit maximal 2,0 % in Rechnung gestellt werden. Gegenüber dem Model Code, bei dem der Teilsicherheitsbeiwert unter die dritte Wurzel gezogen wurde, wird mit 0,10 ein um 17 % reduzierter Vorfaktor k_d gewählt. Eine Sicherheit von $\gamma_M = 1{,}5$ wird damit trotz der eingeführten Begrenzungen beim Maßstabsglied und dem Einfluß der Längsbewehrung knapp verfehlt.

Das Glied zur Berücksichtigung der Längskraft [34] wird in Gleichung 8.7 noch nicht angegeben. Der Ansatz für Bauteile mit Längskraft wird unten noch gesondert untersucht.

$$V_{Rd,ct} \;=\; 0{,}10 \cdot \kappa \left(100\, \rho_l\, f_{ck}\right)^{1/3} \cdot b_w d \tag{8.7}$$

$$
\begin{aligned}
\text{mit: } k_d \;&=\; 0{,}10 \quad \text{Konstante nach DIN 1045-1}\\
&\; 0{,}092 \quad \text{Konstante für 5 \%-Fraktilwert bei } \gamma_M = 1{,}5\\
&\; 0{,}120 \quad \text{Konstante für 50 \%-Fraktilwert bei } \gamma_M = 1{,}5\\
\kappa \;&=\; 1 + \sqrt{200/d} \;\;\leq\; 2 \qquad \text{mit d in mm}\\
\rho_l \;&=\; A_{sl}/b_w/d \;\;\leq\; 0{,}02 \quad \text{Längsbewehrungsgrad}\\
\tau_{Rd,ct} \;&=\; V_{sr,k}/b_w d/\gamma_M \;=\; V_{Rd,ct}/b_{red}d\\
\gamma_M \;&=\; 1{,}5 \qquad \text{Teilsicherheitsbeiwert wie im Model Code}
\end{aligned}
$$

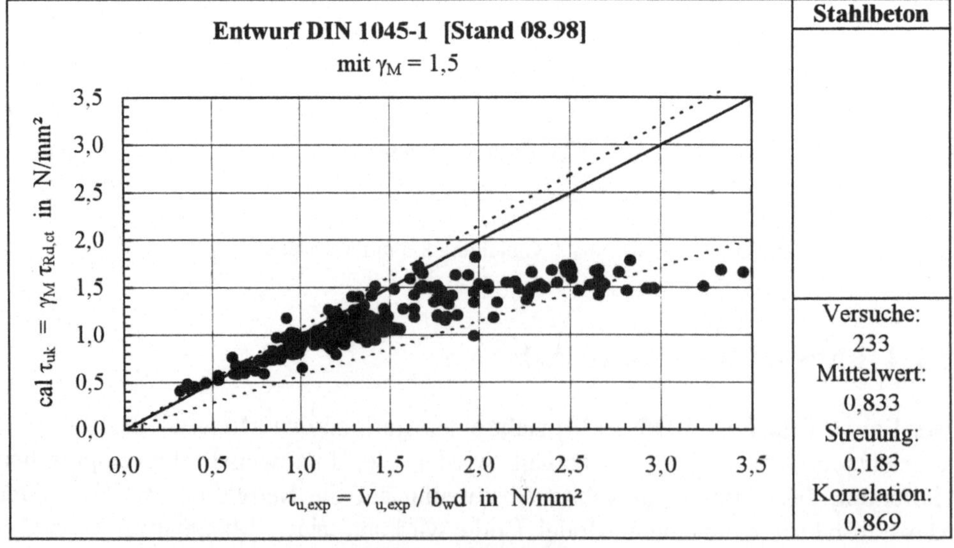

Bild 8.5:   Vergleich der Ergebnisse nach Gleichung 8.7 mit Versuchen

Bild 8.5 zeigt den Vergleich der nach Gleichung 8.7 mit $k_d = 0,10$ und einem Teilsicherheitsbeiwert $\gamma_M = 1,5$ rechnerisch ermittelten Schubrißlast $V_{sr,k}$ mit den Ergebnissen der in Anhang 3 dokumentierten Schubversuche.

8.1.5 Statistik

Das Verhältnis zwischen rechnerischer und im Versuch ermittelter Schubrißlast bzw. Schubbruchlast zeigt die Zuverlässigkeit eines Berechnungsansatzes. Bei der Beurteilung muß weiterhin berücksichtigt werden, ob ein Ansatz den Mittelwert, den charakteristischen Wert oder bereits einen mit Sicherheitsbeiwerten behafteten Bemessungswert beschreibt. In Tabelle 8.1 sind die wichtigsten Daten zu den untersuchten Ansätzen zusammengestellt. Zum leichteren Vergleich wurden die Ansätze nach der DAfStb-Richtlinie und dem Entwurf für die DIN 1045-1 bereits durch Erweiterung um die jeweils angestrebten Sicherheitsbeiwerte auf das Niveau charakteristischer Werte angehoben. Wegen der geringen vorhandenen Teilsicherheit beim Ansatz für V_{Rd1} im Model Code unterbleibt dort diese Angleichung.

Tabelle 8.1:   Vergleich der Ansätze

Ansatz	Zink	Remmel	CEB-FIP. MC 90 mit γ_{HSC}[1])		DAfStb-Richtlinie	Entwurf DIN 1045
Gleichung	6.13	8.6	8.3	8.4	$8.5 \cdot \gamma$	$8.7 \cdot \gamma$
angegebener Wert	τ_{sr}	τ_{sr}	$\tau_{sr,k}$	τ_{Rd1}	$\gamma \cdot$ zul τ_{sr}	$\gamma \cdot \tau_{Rd,ct}$
Faktor γ für Vergleich	-	-	-	-	1,75	1,50
95 % cal $\tau \leq \tau_{exp}$	1,193	1,191	1,006 [2])	0.877	1,024 [2])	1,083 [2])
Mittelwert	0,990 [2])	0,958 [2])	0,804	0.701	0,809	0,833
Variationskoeffizient	0,125	0,148	0,153	0.153	0,161	0,183
Korrelation	0,933	0,915	0,930	0,919	0,918	0,870
k_d (95 % cal $\tau \leq \tau_{exp}$)	0,839	0,840	0,994	1.140 [3])	0,977	0,923

[1])   mit Erweiterung durch γ_{HSC} nach Bulletin Nr. 228 [28]
[2])   Zielwert, Sollwert = 1,0
[3])   entspricht vorh γ_M

Alle in Tabelle 8.1 erfaßten Ansätze berücksichtigen die wichtigen Einflüsse auf die Schubtragfähigkeit. Die Ansätze nach den Gleichungen 6.13 und 8.6 treffen dabei den angezielten Mittelwert der Versuche. Gleichung 8.3 beschreibt ebenfalls zutreffend den charakteristischen Wert der Schubtragfähigkeit $V_u = V_{sr}$. Unter den

Bemessungsansätzen zeigt die DAfStb-Richtlinie die beste Übereinstimmung mit dem angestrebten Sicherheitskonzept. Der Entwurf für DIN 1045-1 verfehlt die angestrebte Teilsicherheit um ca. 8 %. Weit entfernt von der angestrebten Sicherheit ist der Ansatz für V_{Rd1} nach Gleichung 8.4. Der tatsächliche Sicherheitsabstand zur 5 % Fraktile aus den Versuchen in Anhang 3 beträgt nur $\gamma_M = 1,14$. Der zugehörige Vorfaktor von 0,12 in Gleichung 8.4 müßte auf 76 % reduziert werden, um eine Teilsicherheit von $\gamma_M = 1,5$ zu erzielen.

8.2 Spannbeton

8.2.1 CEB-FIP Model Code 1990

Die Wirkung der Vorspannung darf im Model Code zusätzlich zu den Gleichungen 8.1-8.4 berücksichtigt werden. Während im Model Code bei der Bestimmung von V_{Rd1} der voll im Verbund liegende Spannstahlquerschnitt in den Bewehrungsgrad ρ einfließt ([26], Gleichung 6.4-8), wurde in dieser Arbeit nur ein im Verhältnis der E-Moduln E_p/E_s abgeminderter Anteil berücksichtigt. Dieser Ansatz wurde gewählt, da im Model Code nicht explizit auf die volle Überlagerbarkeit hingewiesen wird. Die Zugbandsteifigkeit wird somit als mechanisch begründete Bezugsgröße verwendet. Die Berücksichtigung des Verhältniswertes E_p/E_s ergibt bei den in Anhang 4 dokumentierten Versuchen eine Reduzierung der rechnerischen Tragfähigkeit von 2,5 % bis 4 %.

Sofern die Wirkungslinie der Normalkraft und die Stabschwerachse im Zustand II nicht zusammenfallen, darf im Model Code in Abhängigkeit von Belastung und Lagerung eine Sprengwerkwirkung berücksichtigt werden. Deren Traganteil V_λ wurde bereits in Kapitel 4 beschrieben und im eigenen Ansatz in Kapitel 7 bestätigt.

Die Auswertung der in Anhang 4 zusammengestellten Versuche ergibt eine hervorragende Übereinstimmung der vom Model Code prognostizierten rechnerischen Schubrißlasten mit den im Versuch festgestellten Werten. Bild 8.6 zeigt die ausgezeichnete Korrelation der rechnerischen Werte $\gamma_{HSC}\, \tau_{sr,k} + \tau_\lambda$ mit den experimentell ermittelten. Der zusätzliche Faktor γ_{HSC} für Betone mit Zylinderdruckfestigkeiten über 50 N/mm² wurde dabei gemäß CEB-Bulletin 228 [28] berücksichtigt (siehe auch Gleichung 8.3 und 8.4). Die gegenüber Stahlbetonbauteilen unveränderte Behandlung des Betontraganteils τ_{sr} führt allerdings trotz der guten Korrelation zu einer Überschätzung der Schubtragfähigkeit. Der als charakteristisch angegebene Wert stellt sich bei der Versuchsauswertung als

Mittelwert heraus. Die Auswertung zeigt, daß der Maßstabsbeiwert ξ nach Model Code besonders für kleine Bauteilhöhen zu günstige Werte ergibt. Verantwortlich dafür ist die von Beginn der Rißbildung an flache Neigung der Risse, die früh zu Sammelrissen führt. Auch der Einfluß der Schubschlankheit wird in Gleichung 8.3 für Spannbetonbalken unterschätzt.

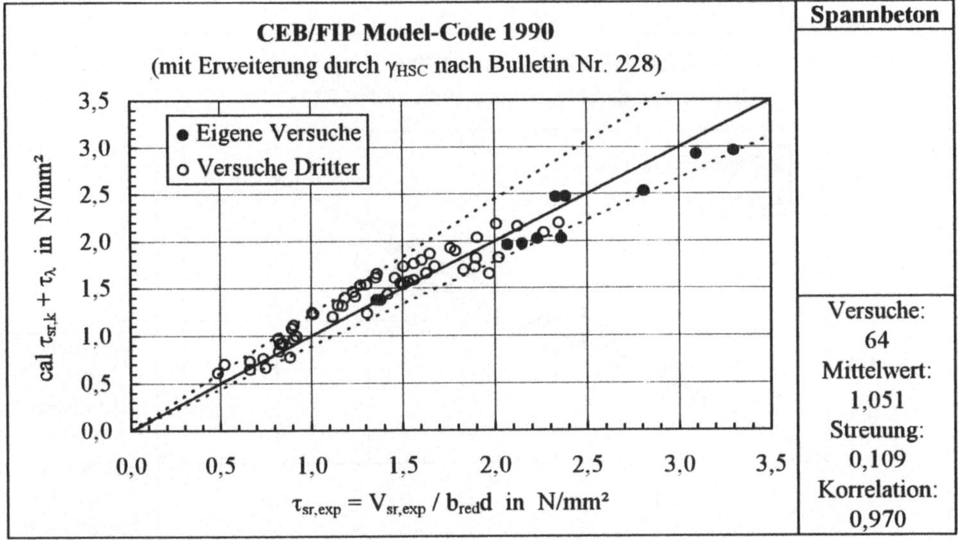

Bild 8.6:   Vergleich der Schubrißlast nach Model Code mit Versuchen

Bild 8.7 zeigt die Auswertung der in Anhang 4 zusammengestellten Versuche für den Bemessungswert $\gamma_{HSC}\,\tau_{Rd1} + \tau_\lambda$ mit den experimentell ermittelten Tragfähigkeiten. Der Stahlbetonanteil τ_{Rd1} nach Gleichung 8.4 wurde nicht verändert. Durch den somit stark unterschätzten Einfluß der Schubschlankheit liegt der Mittelwert aus Gleichung 8.4 zuzüglich des Sprengwerkanteils deutlich zu hoch. Ein Teilsicherheitsbeiwert für den Betontraganteil kann nicht mehr festgestellt werden. Die Überlagerung von Gleichung 8.4 mit dem Sprengwerkanteil liegt bereits sehr nahe am Mittelwert der in Versuchen festgestellten Schubrißlast.

Bei der Beurteilung der Ergebnisse zeigt sich eine weitere Besonderheit bei Spannbetonbauteilen. Der Model Code sieht vor, daß der Sprengwerkanteil V_λ aus Vorspannung auf der Lastseite im Grenzzustand der Tragfähigkeit abgezogen werden darf. In Versuchen wie in der sonst üblichen Bemessung wird dagegen die Schubrißlast als Bauteilwiderstand gegen eine Summe aus äußeren Einwirkungen bestimmt. Dabei wird die Wirkung der Vorspannung auf der Seite der Widerstände berücksichtigt. Während der zweite Weg infolge der starken mechanischen Aussagefähigkeit des Sprengwerks eine sehr gute Korrelation zwischen Versuch und

Rechnung ergibt, führt der erste Weg zu größeren Abweichungen als bei Stahlbetonbauteilen. Um die Vergleichbarkeit der verschiedenen Ansätze zu wahren,
wird im folgenden einheitlich die Wirkung der Vorspannung auf der Widerstands-
seite berücksichtigt. Damit wird der Unterschied zu einer äußeren Normalkraft
betont, die im Grenzzustand der Tragfähigkeit mit Teilsicherheitsbeiwerten versehen werden muß.

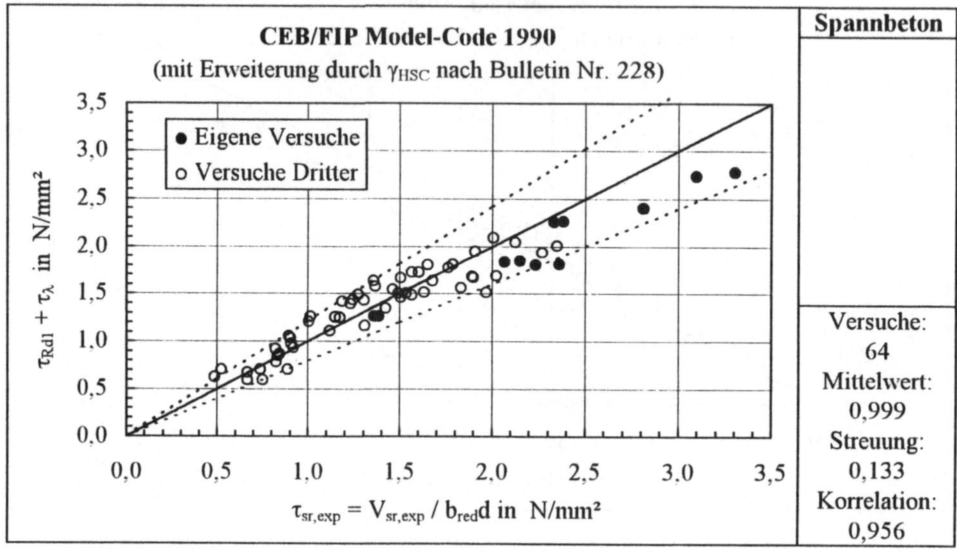

Bild 8.7:   Vergleich der Bemessungsspannung nach Model Code mit Versuchen

8.2.2 DAfStb-Richtlinie für hochfesten Beton

Die DAfStb-Richtlinie [31] berücksichtigt die zentrische Vorspannung über ein
additives Glied. Im Unterschied zum Model Code geht die Vorspannkraft nicht
direkt ein, sondern wird über die aus ihr resultierende Druckspannung σ_{bN} im
Zustand I in Höhe der Schwerachse berücksichtigt. Für Rechteckquerschnitte ohne
große Unterschiede zwischen der Querschnittshöhe h und der statischen Höhe d
kann der Anteil als Sprengwerkneigung 1:10 eines Gleichgewichtssystemes nach
Bild 4.21 bzw. Bild 7.1 interpretiert werden. Die so ermittelte Schubspannung
$\tau_{Q,B}(P)$ (Gleichung 8.8) wird zu der Tragfähigkeit des nicht vorgespannten Querschnitts nach Gleichung 8.5 addiert. Für die Auswertung der in Anhang 4
zusammengestellten Versuche wurde dabei wie beim Model Code der ideelle
Bewehrungsgrad ρ_i eingesetzt, d. h. die Querschnitte der Spannbewehrung wurden
im Verhältnis E_p/E_s reduziert.

$$\tau_{Q,B}(P) \ = \ 0{,}10\cdot\sigma_{bN} \ = \ 0{,}10\cdot\frac{P}{A_c} \tag{8.8}$$

mit: P Vorspannkraft in der Schwerlinie des ungerissenen Querschnittes
    A_c ungerissener Betonquerschnitt, für Rechtecke $b \times h$
    $\tau_{Q,B}$ $= V/b_w z$ siehe Gleichung 8.5

Der starke Einfluß von a/d auf die Schubtragfähigkeit vorgespannter Balken, der linear sowohl beim Sprengwerkanteil als auch beim Traganteil des ungerissenen Querschnittes nachgewiesen wurde, wird im Ansatz der DAfStb-Richtlinie weder beim Betontraganteil nach Gleichung 8.5 noch beim Anteil aus Vorspannung berücksichtigt. Wie im Model Code wird der Maßstabseinfluß auch hier überschätzt. Durch den sehr vorsichtigen Ansatz des Anteils aus Vorspannung, der unterhalb des Minimums für $\tau_\lambda\cdot h/d$ bei den Versuchen nach Anhang 4 liegt, ergibt sich trotz des überschätzten Betonanteils insgesamt noch ein befriedigendes Ergebnis. Wird der auf Gebrauchslastniveau formulierte Ansatz auf den rechnerischen Bruchzustand umgerechnet, so darf der Anteil $\tau_{Q,B}(P)$ nicht um den Sicherheitsabstand γ erweitert werden.

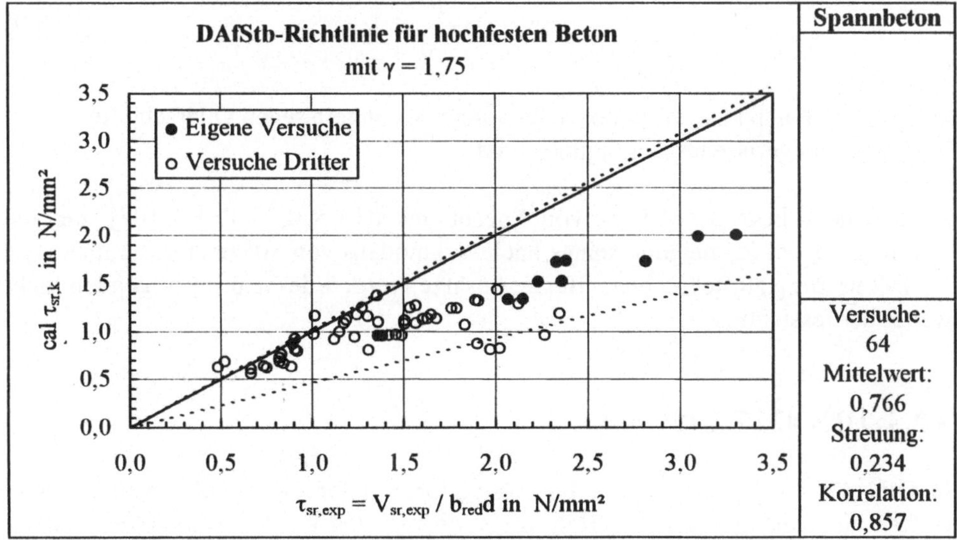

Bild 8.8:   Ansatz der DAfStb-Richtlinie mit $\gamma = 1{.}75$ auf Anteil aus Gleichung 8.5

Im EC 2 Teil 1 wird mit Gleichung 4.18 ähnlich wie in der DAfStb-Richtlinie eine konstante Sprengwerkneigung angegeben. Sie wird dort allerdings mit 1,5:10 =

0,15 höher gewählt. Trotz des unterschiedlichen Nachweisniveaus können die Ansätze durchaus direkt verglichen werden. Zwischen dem Gebrauchslastniveau nach deutscher Norm und dem Traglastniveau nach Model Code oder EC 2 ergibt sich keine wesentliche Änderung der Spannkraft und damit auch kein wesentlicher Einfluß auf die zentrische Vorspannung σ_{bN}. Auch im EC 2 ist damit der Sprengwerkanteil ohne Kopplung an die Schubschlankheit noch immer vorsichtig gewählt. Zusammen mit dem gegenüber Stahlbetonbauteilen unverändert übernommenen Betonanteil ergibt sich in Summe jedoch eine Überschätzung der Schubrißlast.

Der Ansatz von Grimm [46] versucht aus der unteren Grenze für den Einfluß aus Vorspannung mit $0,10\,\sigma_{bN}$ durch Umrechnung mit den Sicherheitsbeiwerten $1,5 \times 1,4$ für Material- und Lastseite die in Versuchen wirksame 5 % Fraktile zu ermitteln. Diese Steigerung ist nicht zulässig, da die Vorspannkraft zwischen Gebrauchs- und Bruchlastniveau kaum ansteigt. Dennoch liegt die 50 % Fraktile bei den Versuchen nach Anhang 4 nur knapp über dem Mittelwert von $\tau_\lambda \cdot h/d$. Die so ermittelte Schubspannung $\tau(P)$ erhöht wieder additiv die Tragfähigkeit des nicht vorgespannten Querschnitts nach Gleichung 8.6. Wie oben beschrieben ist damit eine Überschätzung des Betontraganteils verbunden. Zusammen ergibt sich eine mittlere Überschätzung der Schubrißlasten von 28,3 %.

$$\tau(P) \quad = \quad 0,27 \cdot \frac{P}{A_c} \quad + \quad \sin(\alpha_p) \cdot \frac{P}{b\,d} \tag{8.9}$$

mit: P Vorspannkraft in der Schwerlinie des ungerissenen Querschnittes
     A_c ungerissener Betonquerschnitt

Ähnlich hoch liegt der Ansatz von Specht mit $\tau(P) = 0,25\ P/A_c$ [107], der die Wirkung aus der Rißneigung seines Fachwerkmodells von 30° über das zugehörige Verhältnis τ/σ_{cp} zurückrechnet. Beide Ansätze werden deshalb im folgenden nicht weiter berücksichtigt.

8.2.3 DIN 4227-1 [07.88]

In DIN 4227-1 [07.88] ist die Bemessungsgrenze für die Schubbewehrung von Balken nur abhängig von der Betonzugfestigkeit. Ob ein Querschnitt als Balken oder als Platte einzustufen ist, wird nicht gesondert erläutert, da Balken mit Rechteckquerschnitt mechanisch das gleiche Tragverhalten wie breite Balken oder einachsig beanspruchte Platten zeigen.

Die Werte der Zeile 50 in Tabelle 9 geben für Balken eine maximale rechnerische Schubspannung ohne Nachweis der Schubbewehrung nach Gleichung 8.10 an. Dabei wird eine Schubspannung von 70 % der charakteristischen Betonzugfestigkeit zugelassen. Bei Querschnitten in gerissenen Bereichen (Zone b nach DIN 4227-1) wird die nach der Dübelformel ermittelte Schubspannung $\tau = V/k_z bd$ mit dem Bemessungswert verglichen. Im Mittel hat die so unterstellte Schubspannungsverteilung eine Völligkeit $k_z = 0,86$. Bei ungerissenen Querschnitten (Zone a nach DIN 4227-1) ergibt sich dagegen nur eine Völligkeit von 2/3, da dort eine parabelförmige Schubspannungsverteilung angesetzt werden muß. Ungerissenen Querschnitten wird damit in DIN 4227-1 eine um ca. 20 % geringere Schubrißlast unterstellt als einem bereits gerissenen Bauteil, sofern die Querschnittshöhe h nicht deutlich über der statischen Höhe d liegt. Bei allen Schubversuchen aus Anhang 4 stellte sich Biegeschubversagen ein. Sie werden damit als Querschnitte in Zone b nach DIN 4227-1 behandelt. Die rechnerischen Randzugspannungen im Zustand I unter Maximallast überschritten ebenfalls die Grenzen für die Einordnung in die Zone b.

DIN 4227-1 stellt der rechnerischen Schubspannung τ_R einen Fraktilwert der Zugfestigkeit gegenüber. Im Mittel ergibt sich für die Bemessungsgrenze nach Zeile 50 der Tabelle 9 der Wert $0,7 \cdot 0,8 \cdot f_{ctm}$. Dabei wurde der Mittelwert der zentrischen Zugfestigkeit f_{ct} nach Remmel (Gleichung 2.3) angesetzt [97]. Der in DIN 4227-1 ursprünglich verwendete exponentielle Ansatz kann nicht für den Vergleich mit Balken aus hochfestem Beton herangezogen werden, da er die Zugfestigkeit für $f_c \geq 60$ N/mm² deutlich überschätzt.

$$\tau_R \quad = \quad \frac{V_u}{k_z b_{red} d} \quad = \quad 0,7 \cdot 0,8 \cdot f_{ct} \qquad (8.10\,a)$$

mit: τ_R Rechenwert der Schubspannung im Bruchzustand
     k_z normierter innerer Hebelarm
     $f_{ct} = 2,12 \cdot \ln(1 + f_c/10)$

Zum Vergleich mit der Definition der Schubspannung im Model Code muß die Gleichung 8.10 wie folgt geschrieben werden:

$$\tau_{sr} \quad = \quad \frac{V_u}{b_{red} d} \quad = \quad k_z \cdot 0,7 \cdot 0,8 \cdot f_{ct} \qquad (8.10\,b)$$

Die Kopplung an den Hebelarm k_z der inneren Kräfte hat nur wenig mit dem Tragverhalten von Balken ohne Schubbewehrung zu tun. Bei der Auswertung der Versuche nach Anhang 4 ergibt sich daher nur ein Korrelationskoeffizient von 0,4 für cal V_u und $V_{u,exp}$ (Bild 8.9). Der Variationskoeffizient von cal $V_{sr}/V_{sr,exp}$ mit ca. 40 % und der zugehörige Mittelwert von 1,13 liegen für einen Bemessungsansatz unter Bruchlasten deutlich zu hoch. Eine ausreichende Sicherheit wird nur durch die generelle Forderung nach einer Mindestschubbewehrung für Balken sowohl in DIN 4227-1 [07.88] als auch in DIN 4227-1/A1 erreicht [126].

Für die Bemessung von Platten, bei denen auf die Anordnung von Mindestschubbewehrung verzichtet werden darf, sind die zulässigen Werte aus Gleichung 8.10 in Zeile 51 der Tabelle 9 [37] auf 60 % reduziert (Gleichung 8.11). Zusätzlich wird für dicke Platten ein Maßstabsglied k_1 bzw. k_2 nach DIN 1045 [07.88] gefordert.

$$\tau_{R,k} \;=\; \frac{V_u}{k_z b_{red} d} \;=\; k_1 \cdot 0{,}44 \cdot 0{,}8 \cdot f_{ctm} \tag{8.11 a}$$

mit: τ_R Rechenwert der Schubspannung im Bruchzustand
      k_z normierter innerer Hebelarm
      k_1 Maßstabsbeiwert gemäß DIN 1045 [33], 17.5.5.2, Gleichung 14,
           für Bereiche in denen die Höchstwerte von Biegemoment
           und Querkraft zusammenfallen:

$$k_1 = 0{,}20\ m / d + 0{,}33 \qquad \min k_1 = 0{,}5 \ \text{für}\ d \geq 1{,}20\ m$$
$$\max k_1 = 1{,}0 \ \text{für}\ d \leq 0{,}30\ m$$

In Bereichen, in denen die Höchstwerte von Biegemoment und Querkraft nicht zusammentreffen, darf gemäß DIN 1045 [33], 17.5.5.2, Gleichung 15, anstelle von k_1 der Beiwert k_2 gesetzt werden:

$$k_2 = 0{,}12\ m / d + 0{,}60; \qquad \min k_2 = 0{,}7 \ \text{für}\ d \geq 1{,}20\ m$$
$$\max k_2 = 1{,}0 \ \text{für}\ d \leq 0{,}30\ m$$

Zum Vergleich mit der Definition der Schubspannung im Model Code muß die Gleichung 8.11a wieder mit dem inneren Hebelarm erweitert werden. Die Balken mit Rechteckquerschnitt nach Anhang 4 verhalten sich unter einachsiger Biegung wie dicke Platten. Bei punktbelasteten Schubversuchen an Balken oder Platten fallen an den Lasteinleitungsstellen die Höchstwerte von Biegemoment und Querkraft zusammen. Als Maßstabsglied ist daher k_1 zu berücksichtigen.

$$\tau_{sr,k} \;=\; \frac{V_u}{b_{red} d} \;=\; k_z \cdot k_1 \cdot 0{,}44 \cdot 0{,}8 \cdot f_{ctm} \tag{8.11 b}$$

Bild 8.10 zeigt den Vergleich zwischen der nach Gleichung 8.11 ermittelten Tragfähigkeit und den Versuchsergebnissen aus Anhang 4.

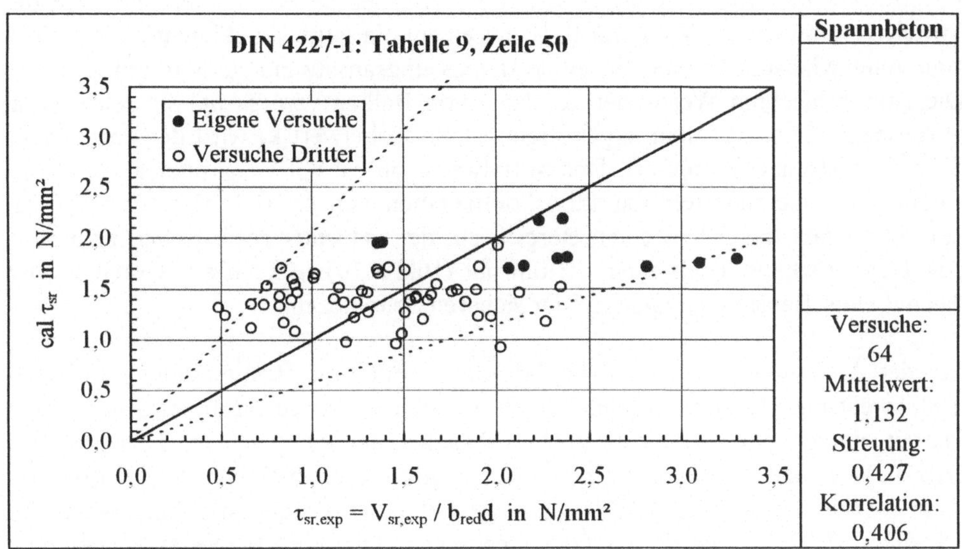

Bild 8.9: Vergleich der Werte der DIN 4227-1. Tabelle 9. Zeile 50 mit Versuchen

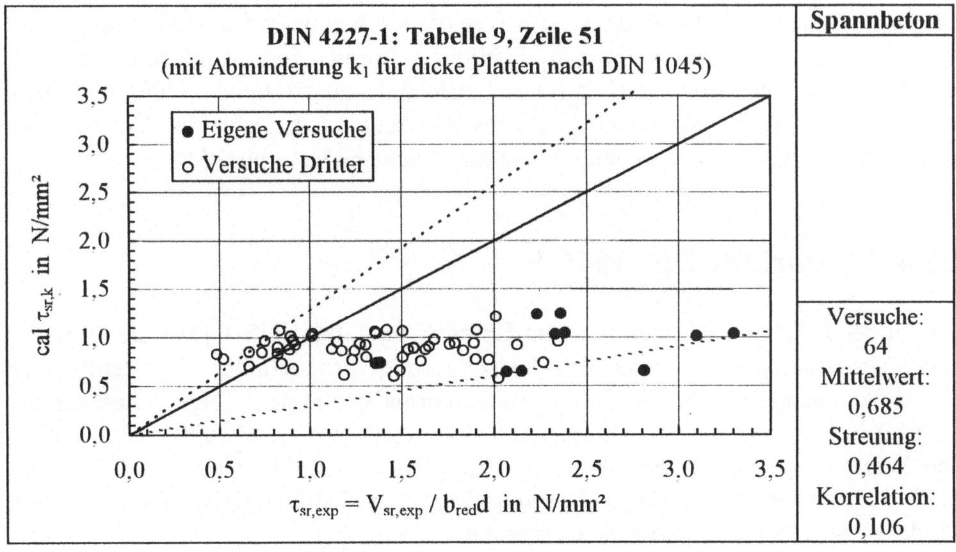

Bild 8.10: Vergleich der Werte der DIN 4227-1. Tabelle 9, Zeile 51 mit Versuchen
(mit Abminderung k_1 für dicke Platte nach DIN 1045 [07.88])

Die Schubrißlasten nach Gleichung 8.11 korrelieren ohne Maßstabsglied wegen der Proportionalität genauso schlecht wie die Werte der Zeile 50. Allerdings liegt der Mittelwert von $\mathrm{cal}\,V_u / V_{u,exp}$ mit 0,71 bei einem Variationskoeffizienten von 40 % auch ohne Maßstabsbeiwert für einen Bemessungsansatz nur geringfügig zu hoch. Die ganz schlechten Werte werden dabei von Balken verursacht, die sehr gering vorgespannt sind. Mit dem zugehörigen Maßstabsbeiwert k_1 wird der vorhandene Sicherheitsabstand verbessert. Der Mittelwert von $\mathrm{cal}\,V_u / V_{u,exp}$ sinkt auf 0,69 bei einem fast unveränderten Variationskoeffizienten von ca. 0,4. Der Korrelationskoeffizient fällt mit 0,1 in einen Bereich ab, der mit einer realistischen Erfassung des Tragverhaltens nichts mehr zu tun hat (Bild 8.10). Bei vielen Bauteilen wird das mit einer Beurteilung weit auf der sicheren Seite bezahlt.

Mit der Änderung A1 zu DIN 4227-1 [38] wurden die Bestimmungen zur Mindestbewehrung geändert. Neben Balken erhalten nun auch die freien Ränder von Platten immer eine Mindestschubbewehrung. Der Hinweis in Tabelle 4 der DIN 4227-1, daß die Mindestschubbewehrung bei breiten Balken und Platten nur dann erforderlich ist, wenn die Hauptzugspannung σ_1 größer ist als die Werte der Tabelle 9, Zeile 51, wurde ersatzlos gestrichen. Hinsichtlich breiter Balken und Platten ergibt sich dadurch keine weitere Änderung, weil die Zeile 3b der neuen Tabelle 4 in [38] sich nur noch auf die freien Ränder von Platten bezieht. Überschreiten die Schub- bzw. schiefen Hauptzugspannungen die Werte der Tabelle 9, Zeile 51, so wird ein Nachweis der Schubbewehrung erforderlich. Die rechnerische Druckstrebenneigung steigt dabei von $\theta = 0°$ auf knapp 45° an. Allerdings wird beim Übergang zu Bauteilen mit Schubbewehrung eine Mindestneigung der Druckstreben von $\tan\theta = 0{,}4$ gefordert, um eine ausreichende Sicherheit beim Aktivieren der Bügel zu erzielen. Dieses Konzept wird durch die Versuche an verbügelten Trägern nach Anhang 2 bestätigt (siehe auch Kapitel 5).

8.2.4 Entwurf für DIN 1045-1

Wie in der DAfStb-Richtlinie wird im Entwurf für DIN 1045-1 [34] die Wirkung der Vorspannung über eine Traglaststeigerung proportional zur zentrischen Normalspannung σ_{cp} berücksichtigt. Eine Normalspannung infolge Vorspannung ergibt dabei ein negatives Vorzeichen. Der Faktor für σ_{cp} wurde mit 0,12 zwischen den Werten der DAfStb-Richtlinie und dem EC 2 gewählt. Der Anteil kann für Rechteckquerschnitte wieder als Neigung $\Delta z_p/a = 0{,}12 \cdot d/h$ eines Sprengwerks nach Model Code 1990 [26] interpretiert werden.

Der Stahlbetonansatz nach Gleichung 8.7 wird nach Gleichung 8.12 um den Anteil aus Längskraft ergänzt [34]. Dabei wird beim Stahlbetonanteil $\tau_{Rd,ct}(P=0)$ unverändert ein Teilsicherheitsbeiwert von $\gamma_M = 1{,}5$ gefordert. Im Entwurf zu DIN

1045-1 ist der Längsbewehrungsgrad ausdrücklich aus der Summe der Querschnitte von Betonstahl und Spannstahl zu bilden. Die o. g. Abminderung des Spannstahlquerschnitts im Verhältnis der E-Moduln wird deshalb hier nicht vorgenommen.

$$\frac{V_{Rd,ct}(P)}{b_w d} \;=\; \tau_{Rd,ct}(P) \;=\; \tau_{Rd,ct}(P=0) - 0,12\,\sigma_{cp} \qquad (8.12)$$

mit: $\sigma_{cp} \;=\; -P/A_c$

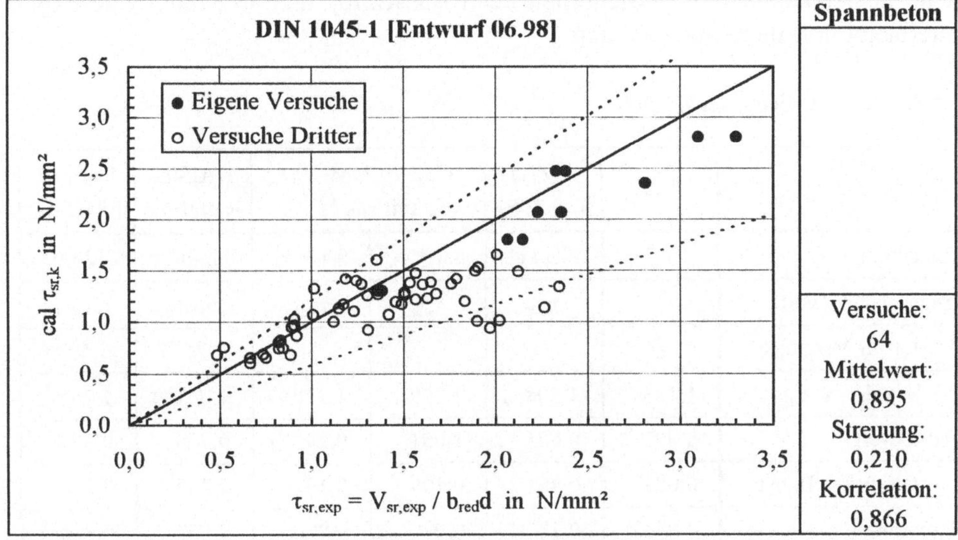

Bild 8.11: Vergleich der Werte gemäß Entwurf DIN 1045-1 (Stand Juni 98)

Bild 8.11 zeigt den Vergleich der nach Gleichung 8.12 rechnerisch ermittelten Schubrißlast τ_{sr} mit den Ergebnissen der in Anhang 4 dokumentierten Schubversuche. Der Teilsicherheitsbeiwert $\gamma_M = 1,5$ wird dabei nur dem Betontraganteil zugeschlagen (vgl. Tabelle 8.2).

Wie beim Ansatz der DAfStb-Richtlinie bereits beschrieben, wird der starke Einfluß der Schubschlankheit durch die annähernd unveränderliche Sprengwerkneigung vernachlässigt. Der Maßstabseinfluß wird wieder überschätzt. Vor allem für kleine Bauteile wird die Tragfähigkeit deshalb zu hoch berechnet. Der Mittelwert von cal $V_{sr}/V_{sr,exp}$ liegt mit 0,895 bei einem Variationskoeffizienten von 21 % zu hoch, um eine Abgrenzung gegenüber der 5 % Fraktile sicherzustellen (Bild 8.11).

8.2.5 Statistik

Das Verhältnis zwischen rechnerischer und im Versuch ermittelter Schubrißlast zeigt die Zuverlässigkeit eines Berechnungsansatzes. Bei der Beurteilung muß weiterhin berücksichtigt werden, ob der Mittelwert, der charakteristische Wert oder bereits ein mit Sicherheitsbeiwerten behafteter Bemessungswert beschrieben wird. In Tabelle 8.2 sind die wichtigsten Daten zu den untersuchten Ansätzen zusammengestellt. Zum leichteren Vergleich wurden dabei die Bemessungsansätze nach der DAfStb-Richtlinie und dem Entwurf für die DIN 1045-1 beim Stahlbetontraganteil um den zugehörigen Sicherheitsbeiwert erweitert. Wegen der tatsächlich nicht mehr erkennbaren Teilsicherheit beim Ansatz für τ_{Rdl} im Model Code 1990 unterbleibt dort diese Angleichung.

Tabelle 8.2:   Vergleich der Ansätze

Ansatz	Zink	4227-1 T. 9 Z. 51	CEB-FIP, MC 90 mit γ_{HSC}[1])		DAfStb-Richtlinie	Entwurf 1045-1
Gleichung	7.7	8.11 b	$8.3 + \tau_\lambda$	$8.4 + \tau_\lambda$	8.8 mit γ	8.12 mit γ
angegebener Wert	τ_{sr}	$\tau_{sr,k}$	$\tau_{sr,k}$	τ_{Rdl}	zul τ_{sr}	$\tau_{Rd,ct}$
Faktor für Vergleich[2])	-	-	-	-	1,75 [2])	1,50 [2])
95 % cal $\tau \leq \tau_{sr,exp}$	1,123	1,208 [3])	1,239 [3])	1,218	1,061 [3])	1,205 [3])
Mittelwert	0,992 [3])	0,685	1,051	0,999 [4])	0,766	0,895
Variationskoeffizient	0,081	0,464	0,109	0,133	0,234	0,210
Korrelation	0,982	0,106	0,970	0,956	0,857	0,868

[1])   mit Erweiterung durch γ_{HSC} nach Bulletin Nr. 228 [28]
[2]) γ_M nur auf Anteil des nicht vorgespannten Querschnitts
[3])   Zielwert, Sollwert beträgt 1,0
[4])   entspricht vorh $\gamma_M = 1,0$ gegenüber dem Mittelwert!

Außer dem Ansatz nach DIN 4227-1 berücksichtigen alle in Tabelle 8.2 enthaltenen Ansätze die wichtigen Einflüsse auf die Schubtragfähigkeit des nicht vorgespannten Querschnitts. Der dominierende Sprengwerkeinfluß infolge Vorspannung wird nur in den Ansätzen nach Model Code und in Gleichung 7.7 erfaßt. Der um V_λ erweiterte Ansatz nach Gleichung 8.3 überschätzt den angezielten Mittelwert der Schubtragfähigkeit bereits um ca. 5 %. Wegen des zu hoch eingeschätzten Maßstabseffektes trifft der auf Gleichung 8.4 aufbauende Bemessungsansatz bei voller Anrechnung der Sprengwerkwirkung den Mittelwert der Schubversuche, und nicht wie angestrebt den um $\gamma_M = 1,5$ reduzierten charakteristischen Wert. Für Bauteile bei denen die Schubrißbildung nicht durch eine angemessene Mindestschubbewehrung abgefangen wird, müßte der Bemessungswert auf ca. 55 % reduziert werden. Unter den Bemessungsansätzen zeigt wieder die DAfStb-Richtlinie die beste Übereinstimmung mit dem angestrebten Sicherheitskonzept. Der Entwurf für DIN 1045-1 verfehlt die angestrebte Teilsicherheit um ca. 20 %. Bei voller Überlagerung mit dem Ansatz für Stahlbeton (Gleichung 8.7) müßte die traglaststeigernde Wirkung der Vorspannung zurückgenommen werden. Der Ansatz nach DIN 4227-1 zeigt eine ähnliche Überschätzung von niedrigen Schub-tragfähigkeiten. Wegen der schlechten Korrelation liegt der Ansatz dort jedoch für mittlere und hohe Schubtraglasten auf der sicheren Seite.

Allgemein ist bei Spannbetonbauteilen der geringere Maßstabseffekt zu beachten, der durch das bereits für Stahlbetonbauteile hoch angesetzte Maßstabsglied $\xi = 1 + \sqrt{200/d}$ im Model Code überschätzt wird. Bei der rein empirischen Auswertung der Spannbetonversuche ist weiterhin zu berücksichtigen, daß die Sprengwerkwirkung wegen der kurzen Schubfelder dort sehr hoch liegt. Wird die traglaststeigernde Wirkung der Vorspannkraft P im Bemessungsansatz von der Sprengwerkwirkung gelöst und nur auf die zentrische Vorspannung P/A_c bezogen, so führt dies für schlanke Schubfelder mit geringer Sprengwerkwirkung zu Problemen, weil implizit eine starke Sprengwerkwirkung unterstellt wird. Der Ansatz nach Gleichung 7.8 bietet hier eine einfache Möglichkeit zur Abschätzung der ohne Sprengwerkeinfluß in gerissenen Bereichen vorhandenen Schubtragfähigkeit. Dabei kann der charakteristische Wert zu ca. 80 % des in Gleichung 7.8 beschriebenen Mittelwertes angesetzt werden.

Zusammenfassung und Ausblick

Der maßgebende Einfluß der Druckzonenhöhe auf die Querkrafttragfähigkeit gerissener Bauteile ohne Schubbewehrung bestätigt die modernen Bemessungsansätze und erklärt den dort festgestellten starken Einfluß des Längsbewehrungsgrades. Der Maßstabseffekt der Schubtragfähigkeit, der vor allem durch die in der Bruchprozesszone getragenen Zugkräfte verursacht wird, hat mit der Druckzonentragfähigkeit eine mechanisch begründete untere Schranke erhalten. Die Ansätze für Stahl- und Spannbetonbauteile greifen nun auf die gleiche, mechanisch anschauliche Basis zurück. Die Ursachen für die dennoch vorhandenen Unterschiede sind ebenfalls belegbar. Die flachere Rißneigung und die dominierende Sprengwerkwirkung bei vorgespannten Balken führen gegenüber den Stahlbetonbalken zu einem abnehmenden Einfluß der untergeordneten Tragwirkungen. Die Auswertung der Versuche bestätigt das vorgeschlagene Modell. Der Einfluß neuartiger Bewehrungen mit Änderungen in E-Modul und Verbundeigenschaften auf die Schubtragfähigkeit kann mit dem Modell beschrieben werden. Auch bei Anwendung von Beton mit besonderen Eigenschaften wie z. B. Leicht- oder Faserbeton kann die veränderte Schubtragfähigkeit nachvollziehbar bestimmt werden. Die Kenntnis des wesentlichen Versagensmechanismus bildet eine gute Grundlage für die sinnvolle Konzeption künftiger Versuche. Sie ermöglicht auch eine mechanisch abgesicherte Wahl der Mindestschubbewehrung.

Anhang

1 Schubversuche an Spannbetonbalken aus Hochleistungsbeton

Inhalt

Die Ausführungszeichnungen sind verkleinert (ohne Maßstab) beigefügt. Abzüge in Originalgröße können über das Institut für Massivbau und Baustofftechnologie der Universität Leipzig bezogen werden.

Datenübersicht

Versuch	SV-1	SV-2	SV-3	SV-4	SV-5	SV-6	Einheit
Datum	04.02.97	17.06.96	04.03.97	26.11.96	07.04.97	13.01.97	
Beton							
Festigkeitsklasse	B 95	B 115	B 85	B 105	B 95	B 105	N/mm²
$f_{c,cube200}$ [1])	108	127	97	113	108	115	N/mm²
f_{ck}	93,6	110,9	83,6	98,2	93,6	100,0	N/mm²
$f_{ct,sp}$	4,6	7,2	4,5	5,1	5,1	5,0	N/mm²
E_c	42800	42600	43700	37500	42000	44600	N/mm²
cal f_{ct}	4,96	5,28	4,74	5,05	4,96	5,08	N/mm²
cal E_c	43139	45644	41545	43826	43139	44095	N/mm²
cal G_f	143	143	143	143	143	143	Nm/m²
cal l_{ch}	0,251	0,234	0,264	0,246	0,251	0,244	m
Geometrie:							
ρ_{s+pl}	0,51	2,26	0,63	2,06	0,76	1,45	%
h	0,800	0,400	0,800	0,400	0,800	0,400	m
b	0,350	0,175	0,350	0,350	0,350	0,230	m
b - $\Sigma\varnothing_s$	0,235	0,109	0,200	0,199	0,241	0,139	m
a	2,600	1,225	2,600	1,225	2,600	1,225	m
a/d	3,48	3,50	3,48	3,55	3,55	3,55	-
l	7,20	3,45	7,20	3,45	7,20	3,45	m
l - 2 a	2,00	1,00	2,00	1,00	2,00	1,00	m
l_{ges}	8,70	4,65	8,70	4,65	9,00	4,65	m
Volumen	2,45	0,33	2,45	0,66	2,53	0,44	m³
Gewicht	6125	825	6125	1650	6325	1100	kg
Spannstahl St 1570/1770 sn: 7 drähtige Litzen ø 15,3 mm à 140 mm²							
E_p	195000						N/mm²
P / A_c	3,92	3,92	7,76	7,76	11.52	11,52	N/mm²
Typ: B+B L	2 x L 4	2 x L 1	4 x L 4	2 x L 4	2 x L 12	2 x L 4	-
P	1097,6	274,4	2172,8	1086,4	3225,6	1075,2	kN
A_{p1} = A_{p2}	5,6	1,4	11,2	5,6	16,8	5,6	cm²
d_{p1}	0,748	0,350	0,748	0,345	0,733	0,345	m
$\varepsilon_{p1,0}$	5,175	5,143	5,280	5,202	5,334	5,265	‰
d_{p2}	0,300	0,150	0,300	0,150	0,300	0,150	m
$\varepsilon_{p2,0}$	5,080	5,078	5,085	5,079	5,082	5,080	‰
Hüllrohr $\varnothing_i/\varnothing_a$	45 / 51	21 / 26	45 / 51	45 / 51	70 / 77	45 / 51	mm
f_{gr} [2])	31	31	50	57	40	65	N/mm²

[1]) Lagerung 7 Tage im Wasserbad, dann feucht bis zur Prüfung nach DIN 1048-5 [06.91]

[2]) Festigkeit des Einpreßmörtels (grout) nach DIN 4227-5 [12/79]

(Fortsetzung der Datenübersicht)

Versuch	SV-1	SV-2	SV-3	SV-4	SV-5	SV-6	
Betonstahl BSt 500/550							
E_s			210000				N/mm²
A_s	8,04	12,56	6,03	19,63	4,02	6,28	cm²
$\varnothing_s$	16	20	16	25	16	20	mm
Anzahl n_s	4	2 x 2	3	4	2	2	-
d_s	0,765	0,350	0,765	0,357	0,763	0,360	m
a_{sw}	-	-	-	-	-	-	cm²/m
$a_{sw}(V{=}0)$	-	-	-	-	-	-	%
Querschnittswerte:							
A_i	0,2871	0,0754	0,2907	0,1513	0,2934	0,0982	m²
$z_{s,o}^{I}(\rho_t n)$	0,406	0,210	0,407	0,209	0,407	0,206	m
$z_{s,u}^{I}(\rho_t n)$	0,394	0,190	0,393	0,191	0,393	0,194	m
I_c^{I}	0,014933	0,000933	0,014933	0,001867	0,014933	0,001227	m⁴
$I_i^{I}(\rho_t n)$	0,015597	0,001040	0,015789	0,002083	0,015840	0,001329	m⁴
$W_{ui}(\rho n)$	0,039552	0,005460	0,040134	0,010905	0,040267	0,006840	m³
Biegetragfähigkeit:							
cal M_0	289	32	589	128	864	129	kNm
$f_{ctm} \times W_{u,i}$	196	29	190	55	200	35	kNm
cal M_{cr}	485	61	779	183	1063	164	kNm
cal $M_{u,RiLi}$ [1])	1035	266	1539	562	1985	349	kNm
cal $M_{u,fl}$	1153	310	1839	655	2352	419	kNm
exp M_{sr}	926	168	1408	345	1874	301	kNm
exp M_u [3])	*1274*	*217*	*1864*	*620*	-	*402*	kNm
cal M_0 / cal $M_{u,RiLi}$	0,28	0,12	0,38	0,23	0,44	0,37	-
Schubtragfähigkeit:							
cal V_0	111	26	226	104	332	105	kN
cal V_{cr}	187	50	300	149	409	134	kN
cal V_{sr} [2])	356	132	514	314	648	240	kN
exp V_{u2} [3])	*490*	*177*	*717*	*506*	-	*328*	kN
exp V_{sr}	356	137	542	282	721	246	kN
Wirkungsgrad η für Schubrißlast							
exp V_{sr} / cal V_{sr}	1,00	1,03	1,05	0,90	1,11	1,02	-
Wirkungsgrad η für Biegung							
exp M_{sr} / cal M_u	0,80	0,54	0,77	0,53	0,80	0,72	-
exp M_u / cal M_u	1,10	0,70	1,01	0,95	-	0,96	-
exp M_u / cal $M_{u,RiLi}$ [1])	1,23	0,82	1,21	1,10	-	1,15	-

[1]) Begrenzungen: Stahldehnung $\leq$ 5 ‰, Stahlspannung $\leq f_{sy}$. Spannstahlspannung $\leq f_{p0,1}$
[2]) Schubrißlast gemäß Kapitel 7
[3]) Systemtragfähigkeit des Sprengwerks nach instabiler Schubrißbildung

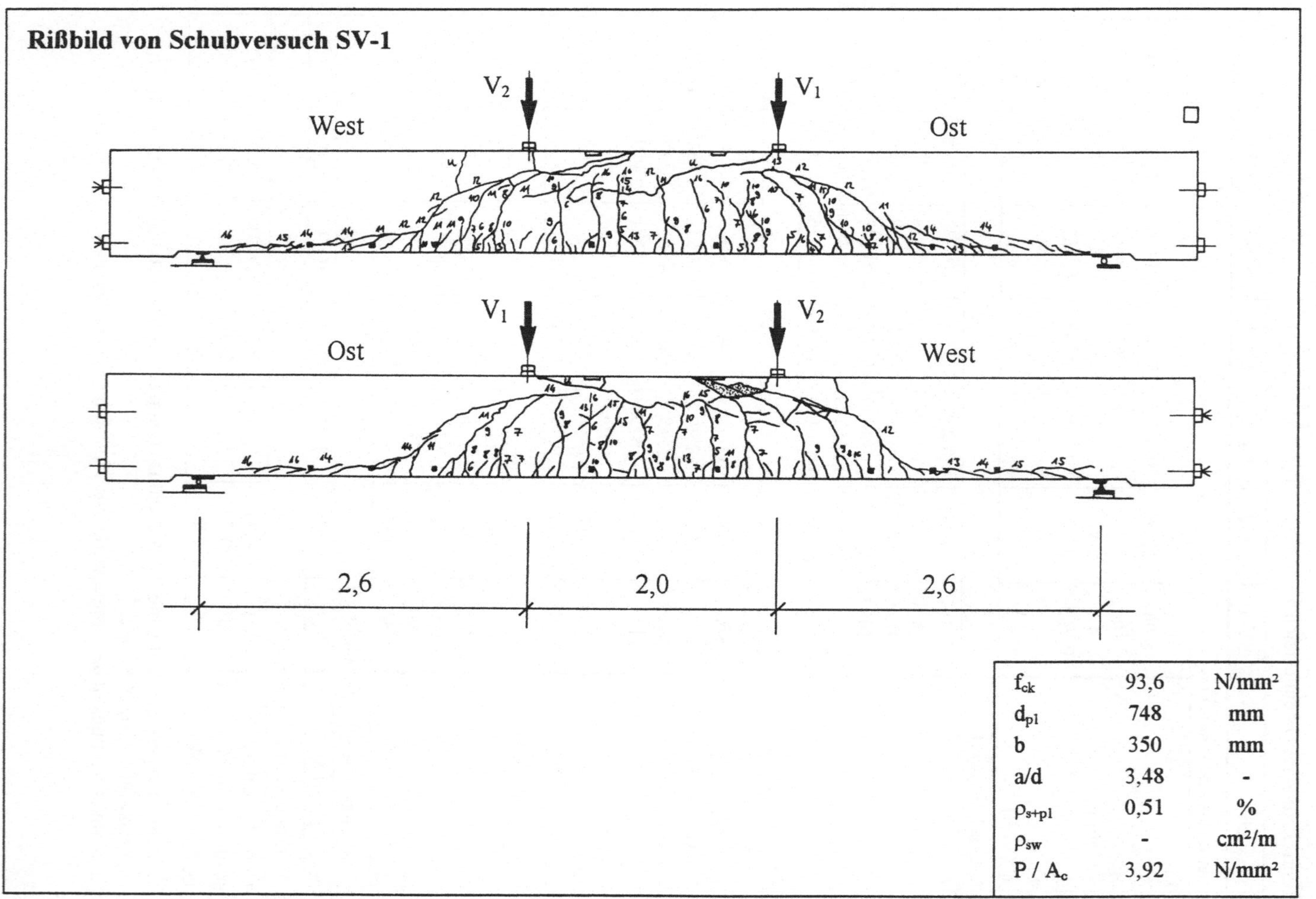

f_{ck}	93,6	N/mm²
d_{pl}	748	mm
b	350	mm
a/d	3,48	-
ρ_{s+pl}	0,51	%
ρ_{sw}	-	cm²/m
P / A_c	3,92	N/mm²

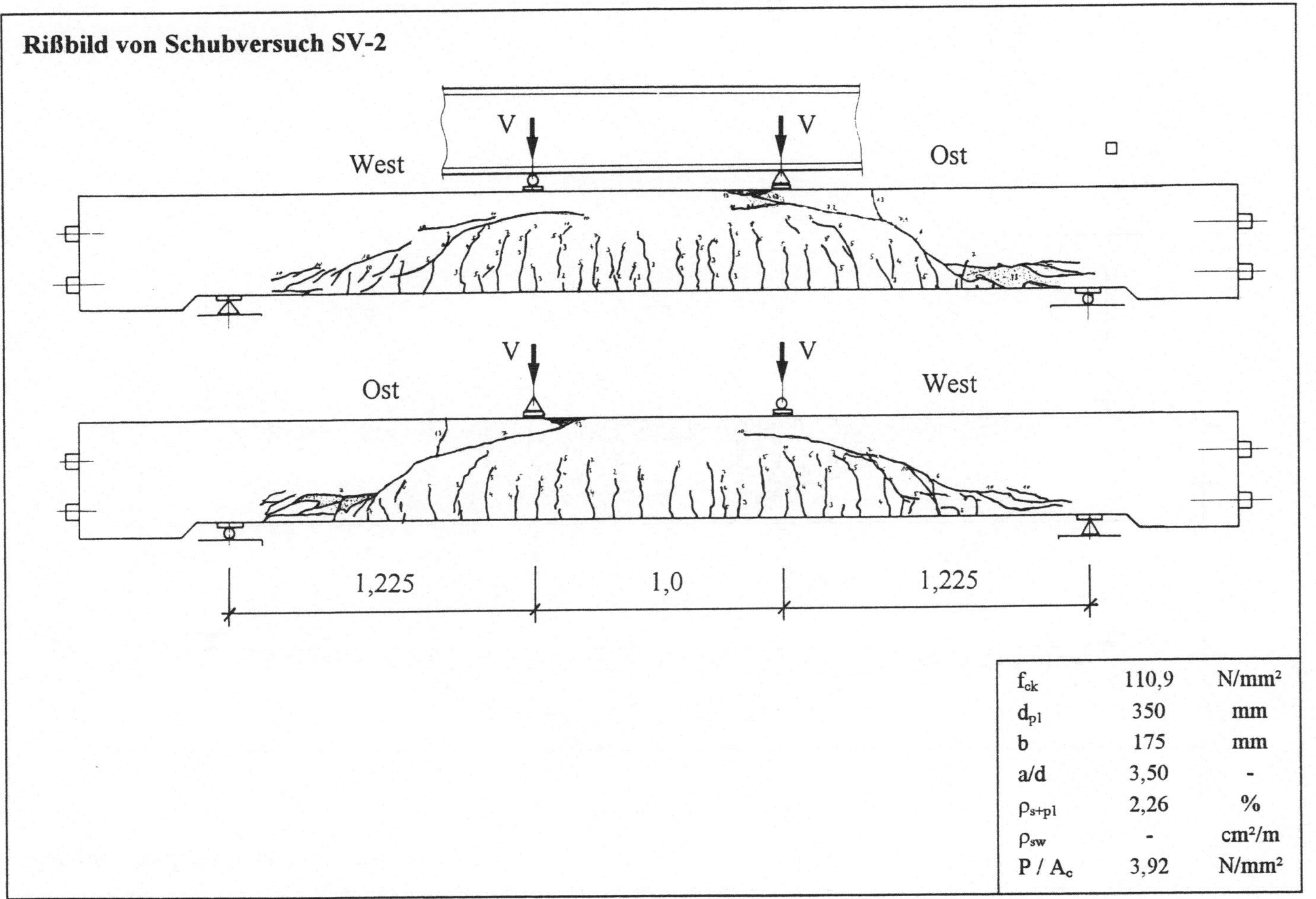

f_{ck}	110,9	N/mm²
d_{pl}	350	mm
b	175	mm
a/d	3,50	-
ρ_{s+pl}	2,26	%
ρ_{sw}	-	cm²/m
P / A_c	3,92	N/mm²

Rißbild von Schubversuch SV-3

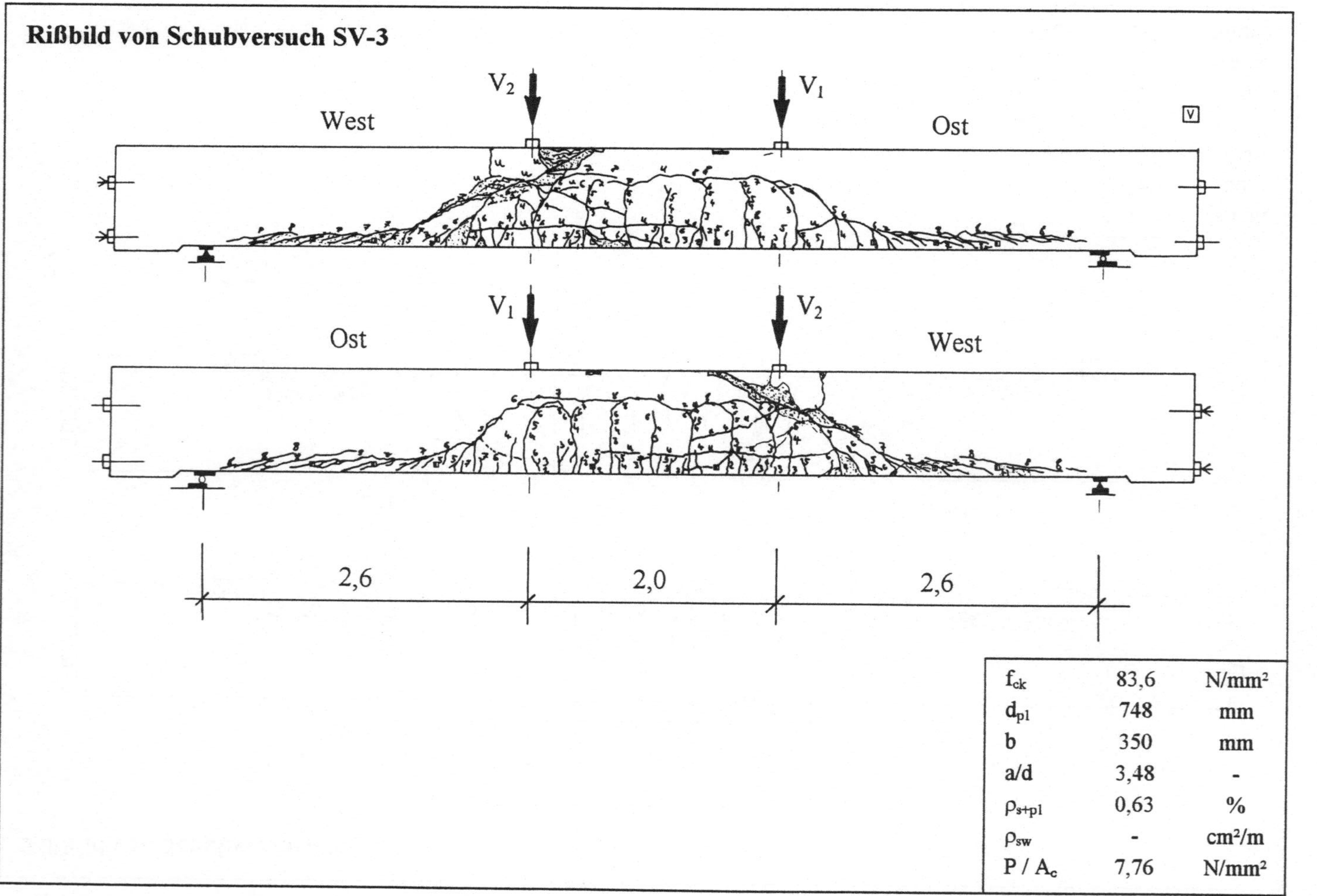

f_{ck}	83,6	N/mm²
d_{pl}	748	mm
b	350	mm
a/d	3,48	-
ρ_{s+pl}	0,63	%
ρ_{sw}	-	cm²/m
P / A_c	7,76	N/mm²

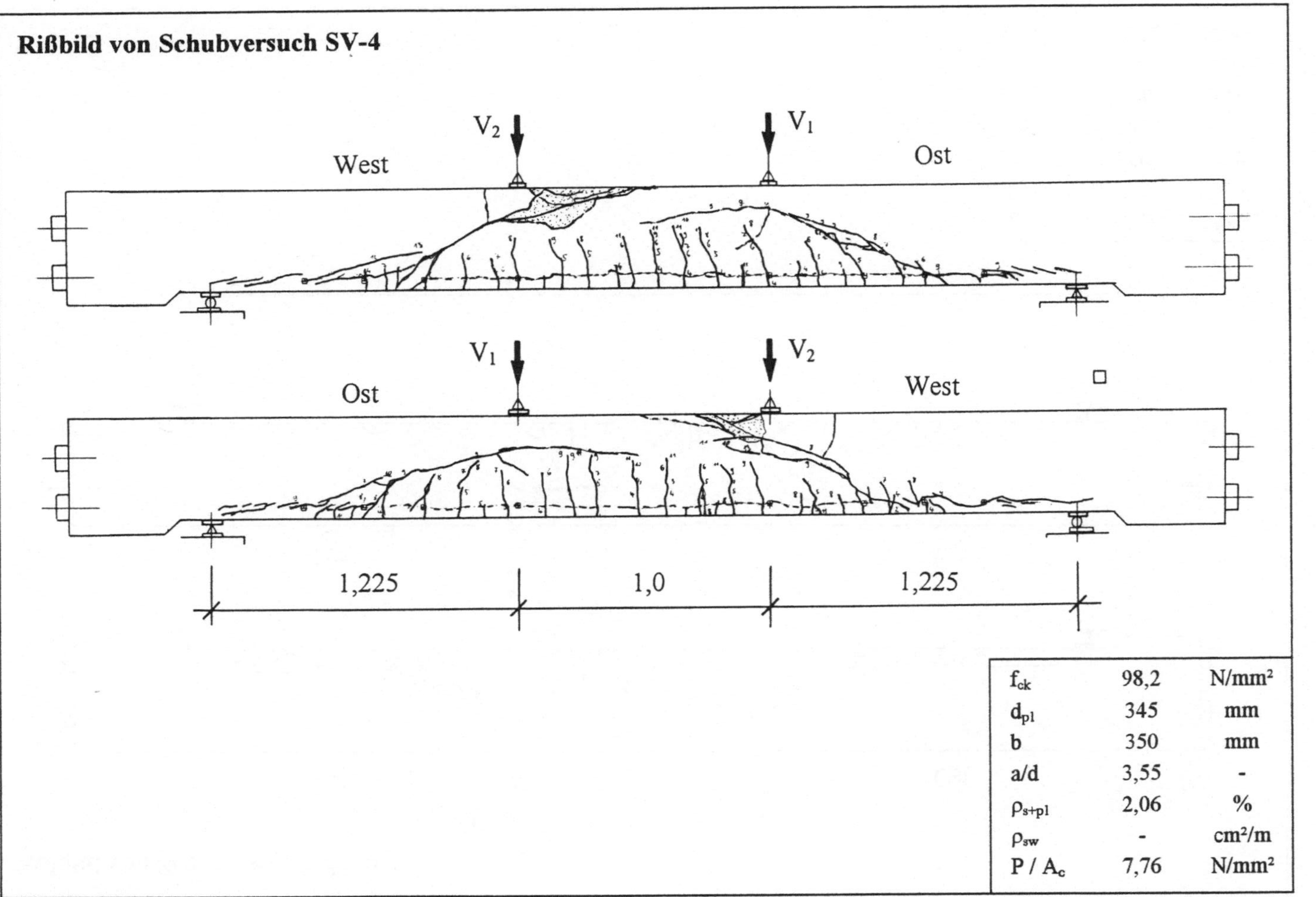

Rißbild von Schubversuch SV-4
V₂
V₁
West
Ost
V₁
V₂
Ost
West
1,225
1,0
1,225
f_ck   98,2   N/mm²
d_p1   345   mm
b   350   mm
a/d   3,55   -
ρ_s+p1   2,06   %
ρ_sw   -   cm²/m
P / A_c   7,76   N/mm²

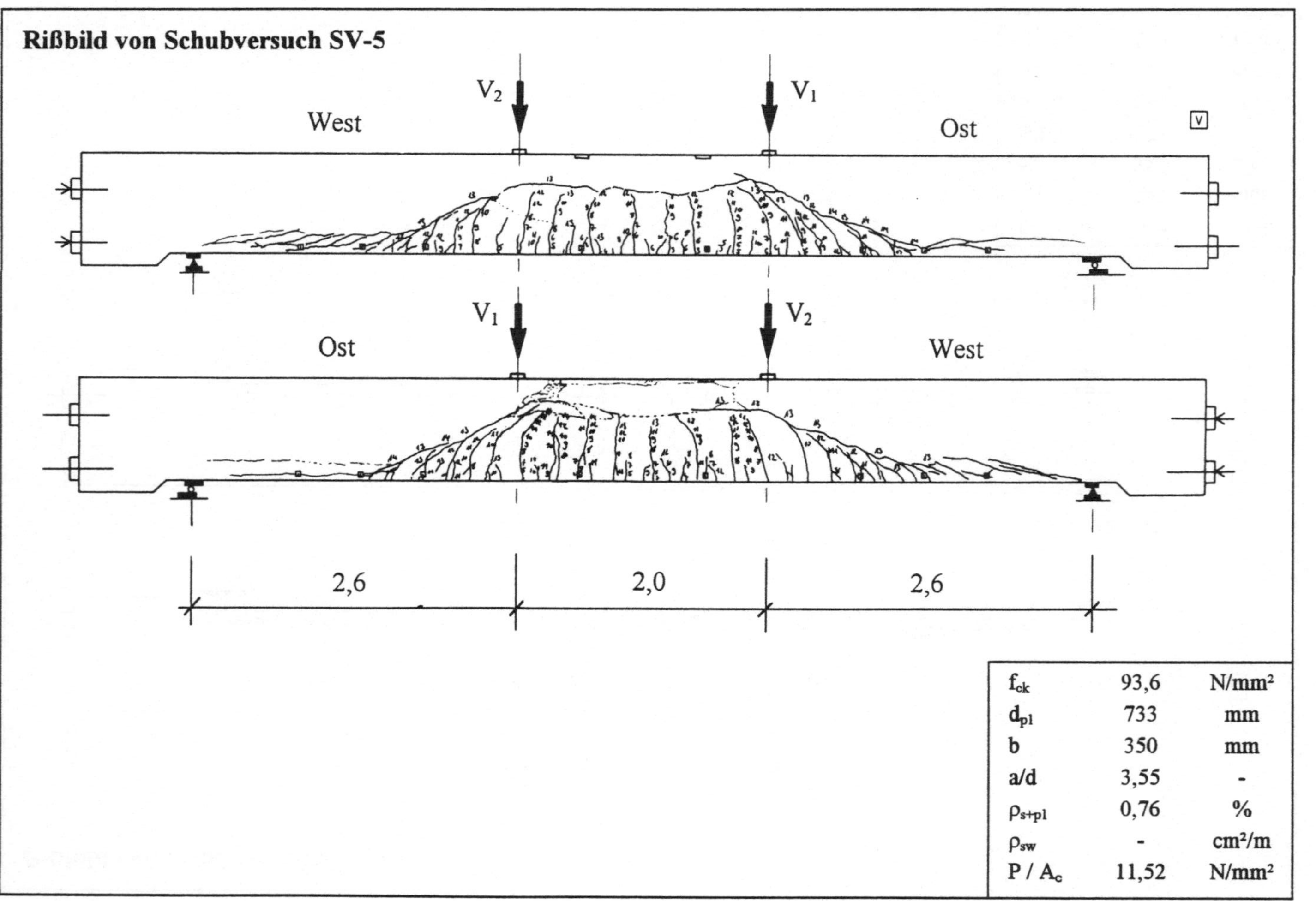

f_{ck}	93,6	N/mm²
d_{pl}	733	mm
b	350	mm
a/d	3,55	-
ρ_{s+pl}	0,76	%
ρ_{sw}	-	cm²/m
P / A_c	11,52	N/mm²

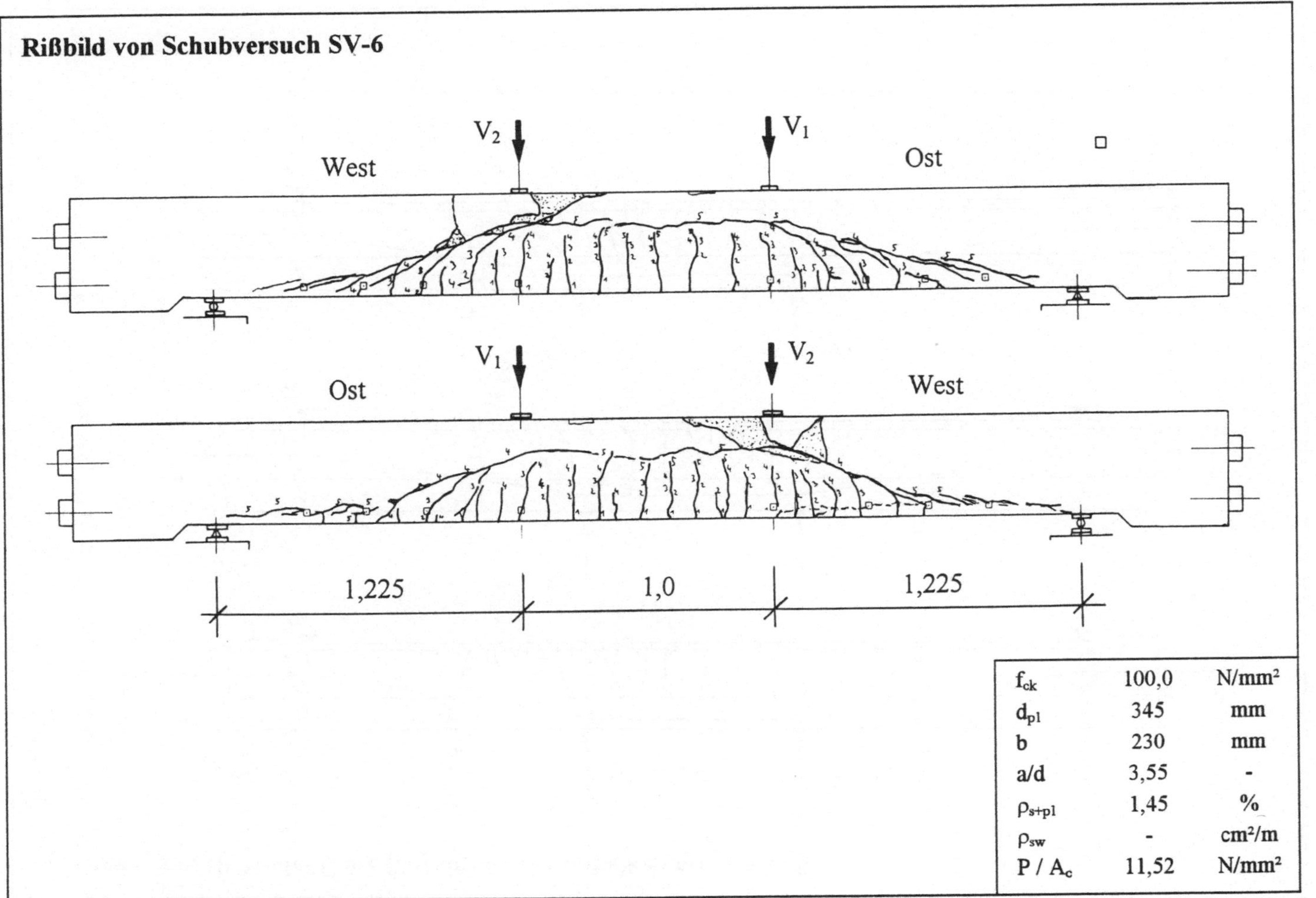

Rißbild von Schubversuch SV-6
V_2 V_1
West   Ost
V_1 V_2
Ost   West
1,225   1,0   1,225
f_{ck} 100,0   N/mm²
d_{pl} 345   mm
b 230   mm
a/d 3,55   -
ρ_{s+pl} 1,45   %
ρ_{sw} -   cm²/m
P / A_c 11,52   N/mm²

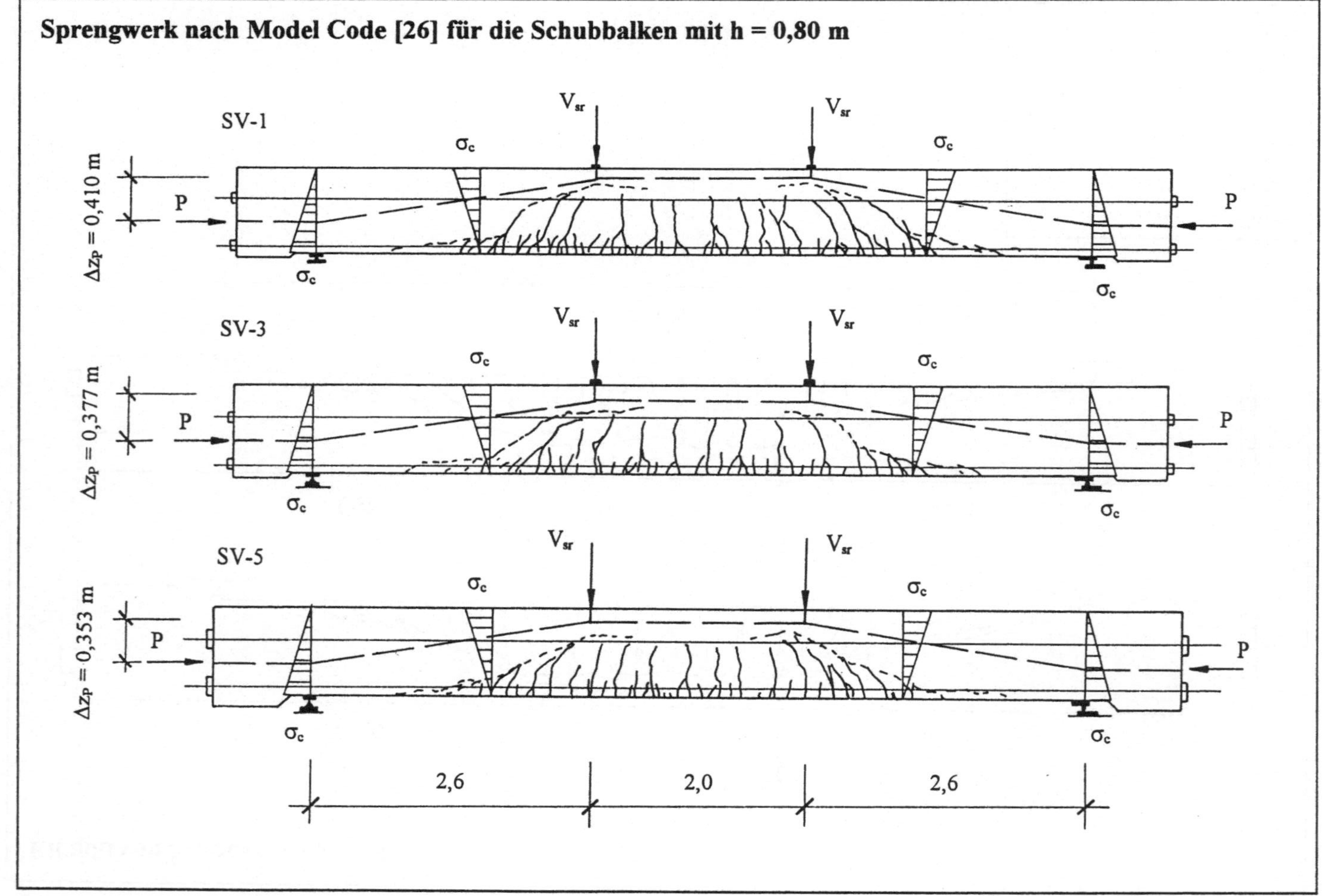

Sprengwerk nach Model Code [26] für die Schubbalken mit h = 0,80 m
SV-1
SV-3
SV-5
$\Delta z_P = 0,410$ m
$\Delta z_P = 0,377$ m
$\Delta z_P = 0,353$ m
V_{sr}
σ_c
P
2,6
2,0
2,6

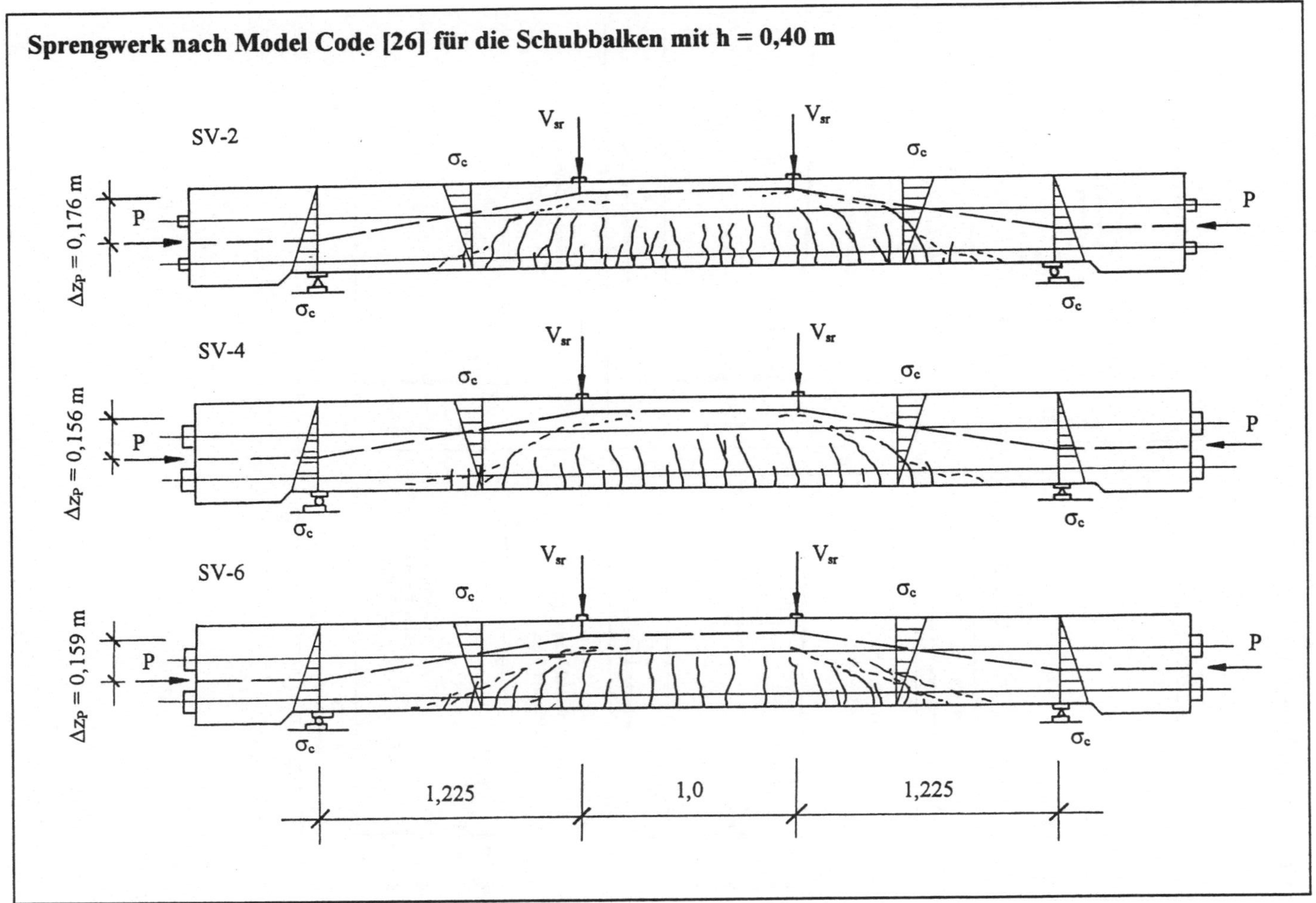

Sprengwerk nach Model Code [26] für die Schubbalken mit h = 0,40 m
SV-2
V_{sr}
V_{sr}
σ_c
σ_c
$\Delta z_p = 0,176$ m
P
P
σ_c
SV-4
V_{sr}
V_{sr}
σ_c
σ_c
$\Delta z_p = 0,156$ m
P
P
σ_c
SV-6
V_{sr}
V_{sr}
σ_c
σ_c
$\Delta z_p = 0,159$ m
P
P
σ_c
σ_c
1,225
1,0
1,225

Meßwerte zu Versuch SV-1

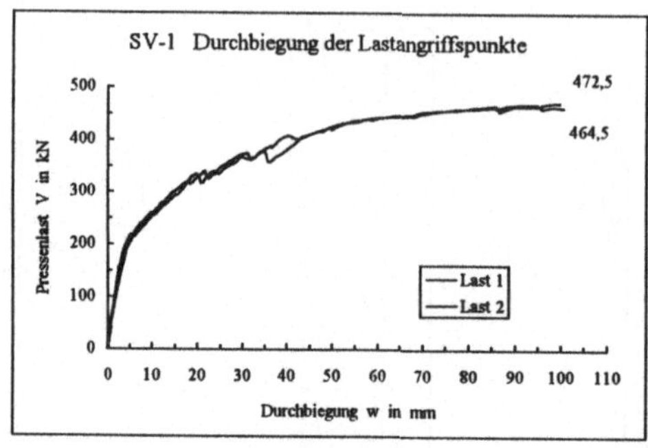

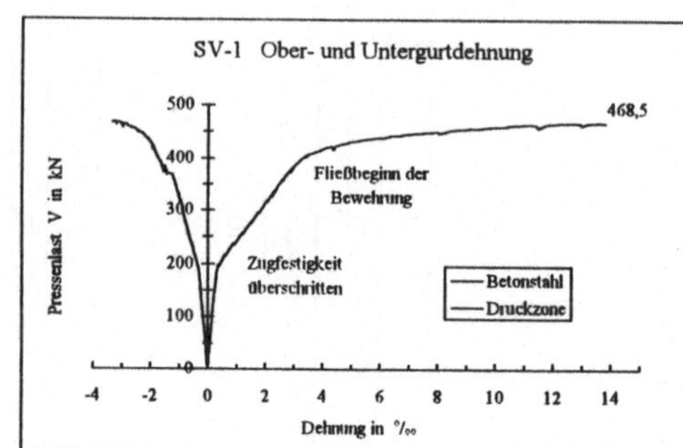

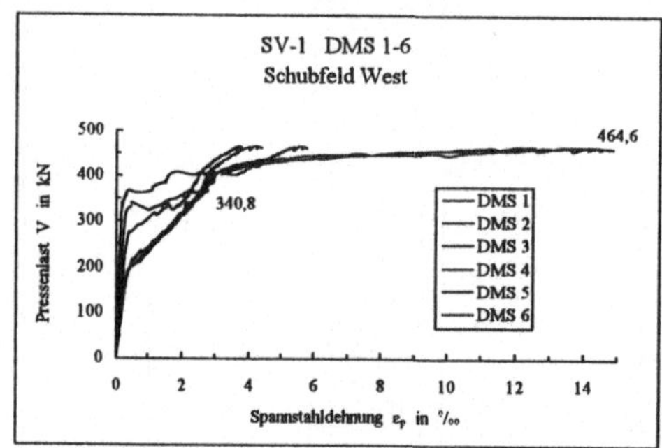

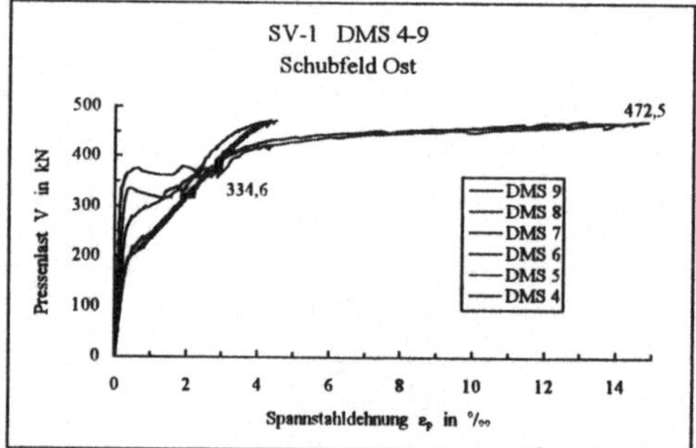

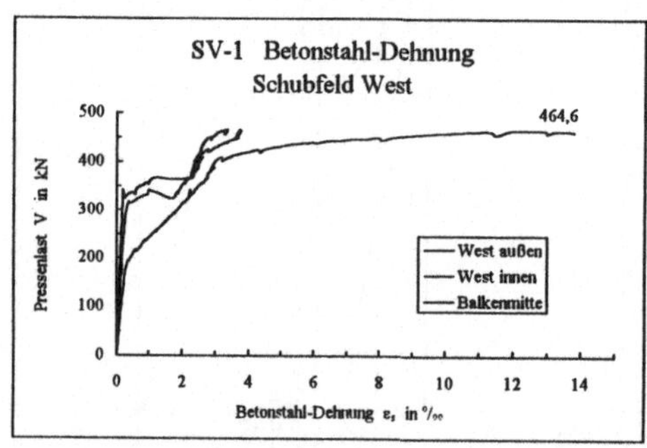

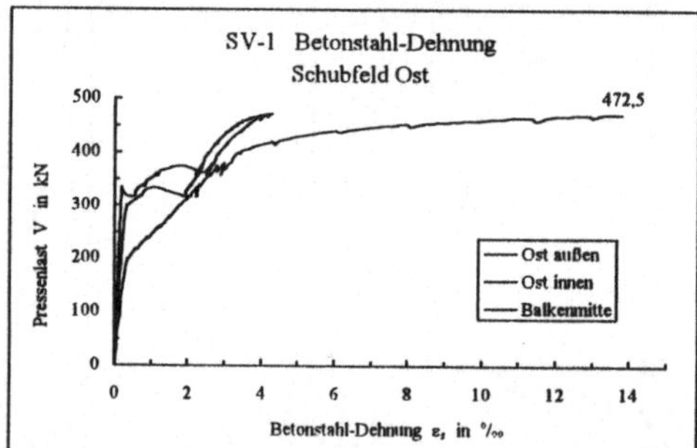

Meßwerte zu Versuch SV-2

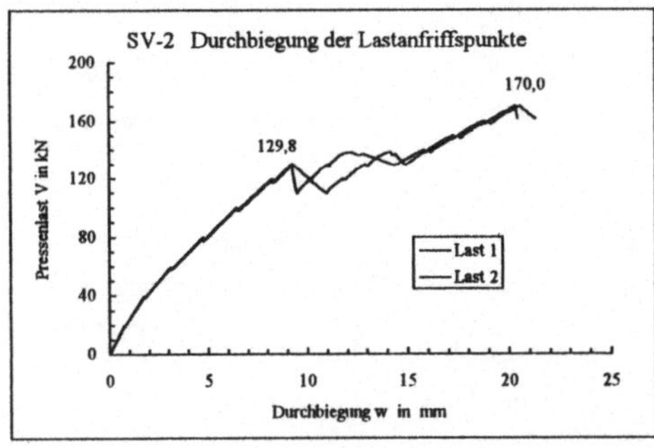

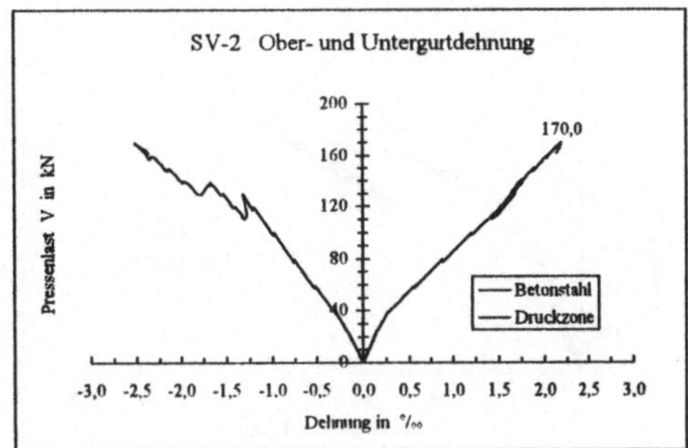

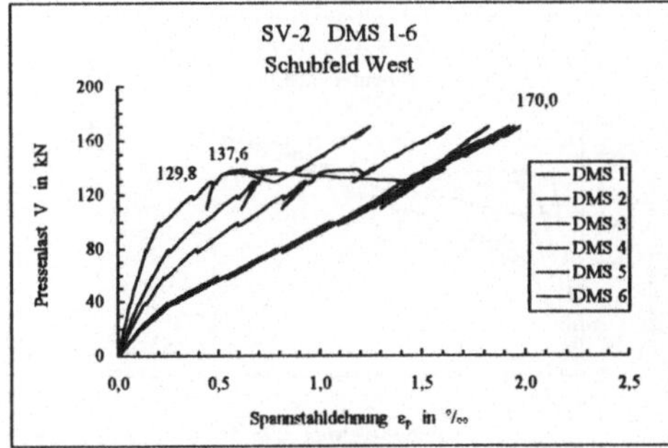

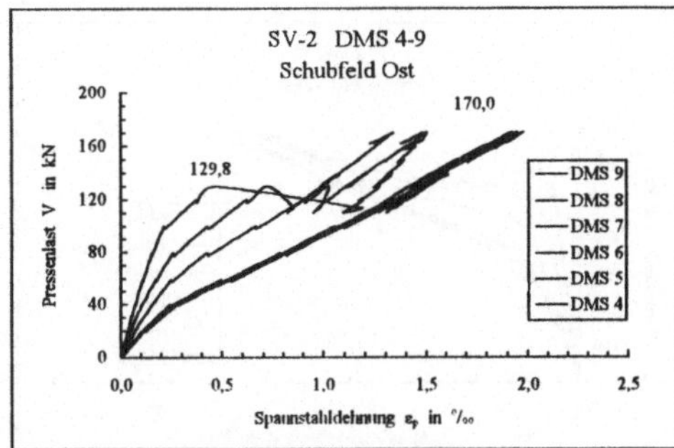

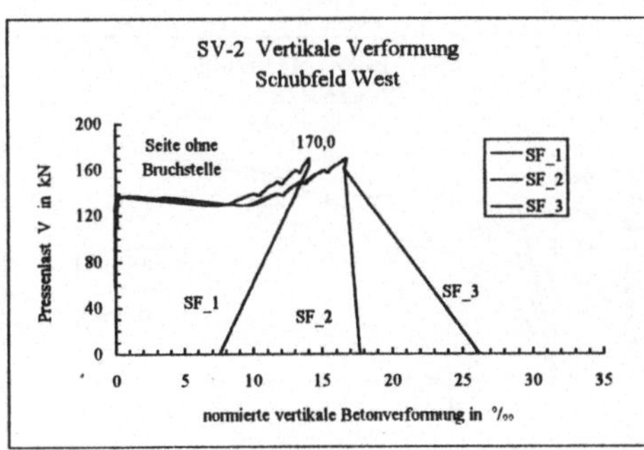

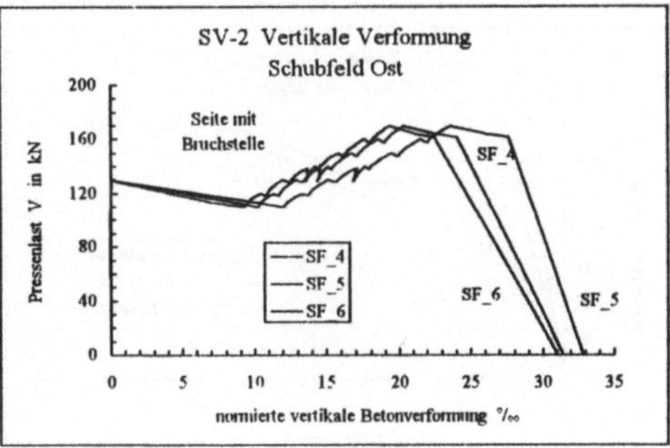

Meßwerte zu Versuch SV-3

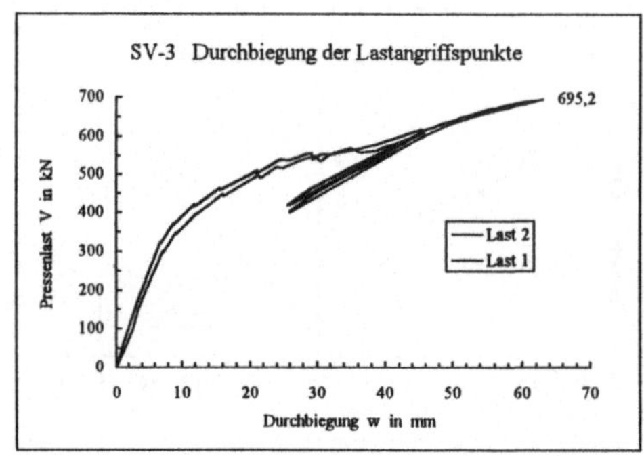

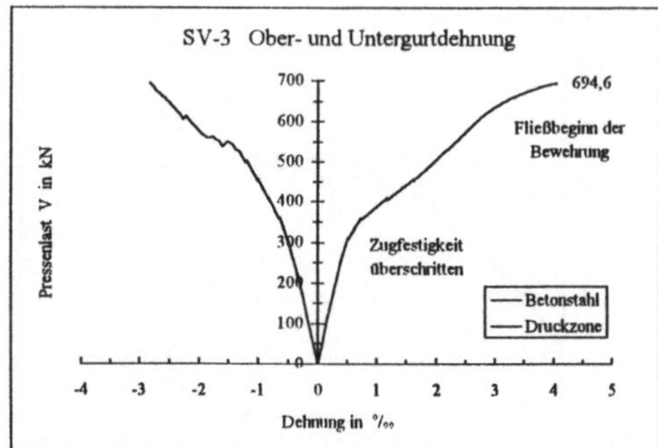

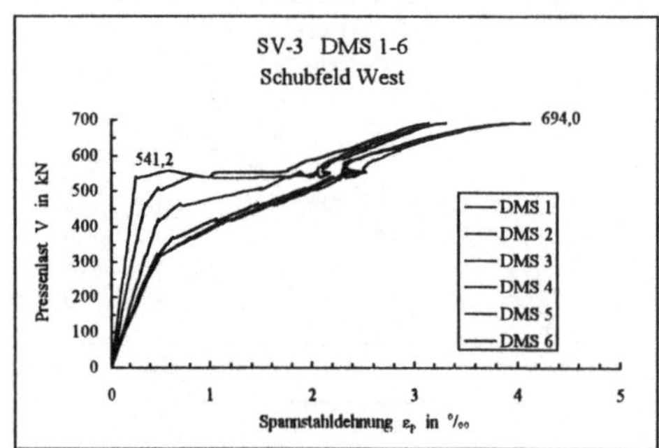

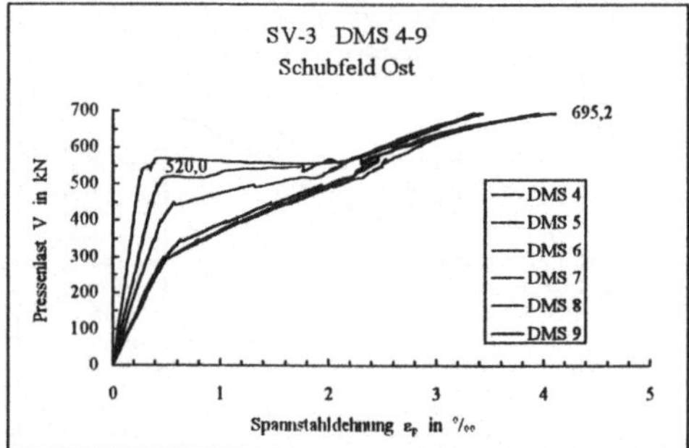

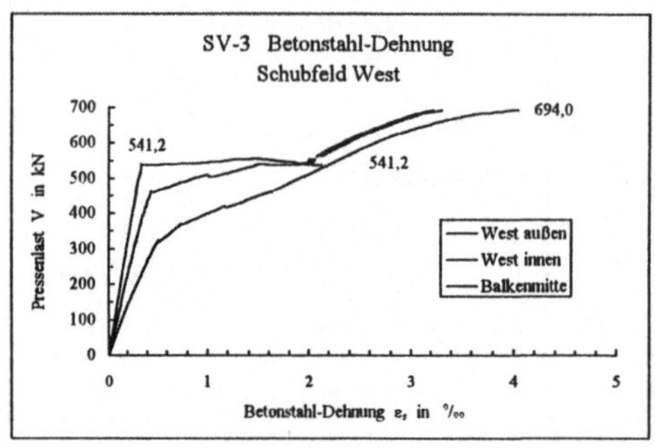

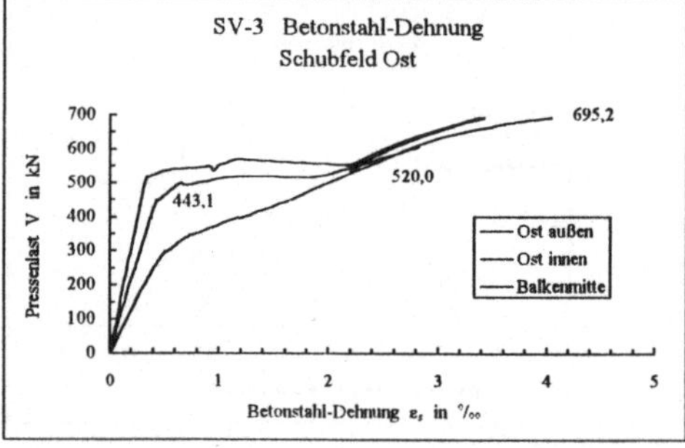

Meßwerte zu Versuch SV-4

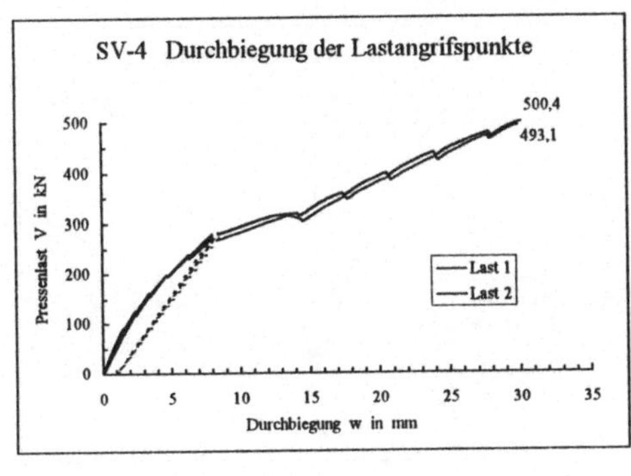

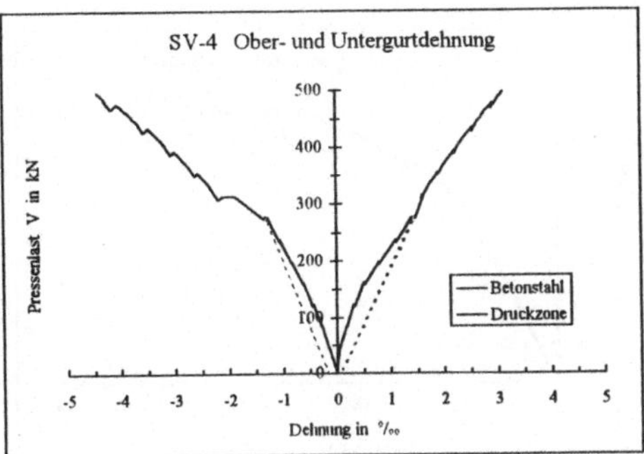

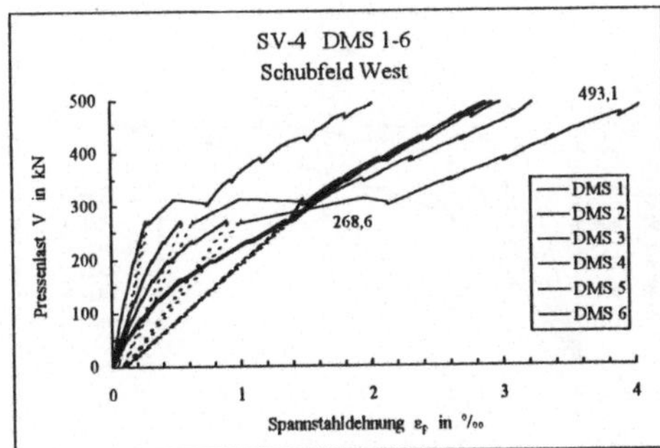

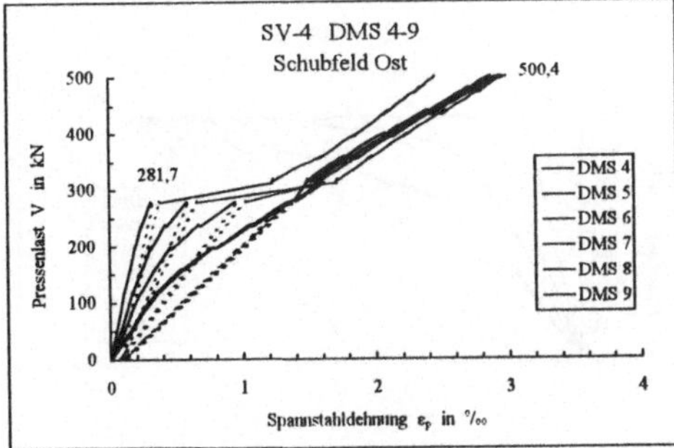

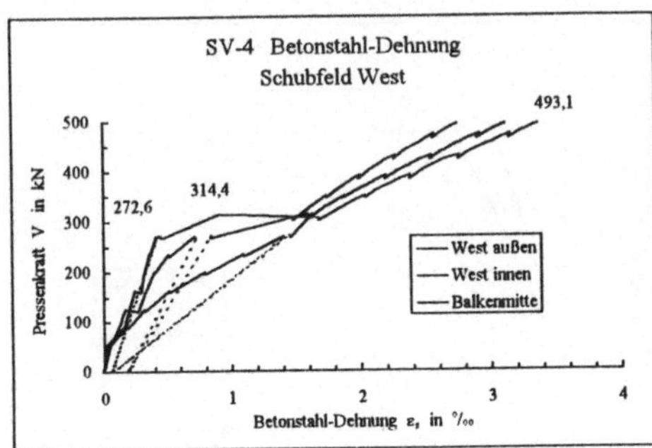

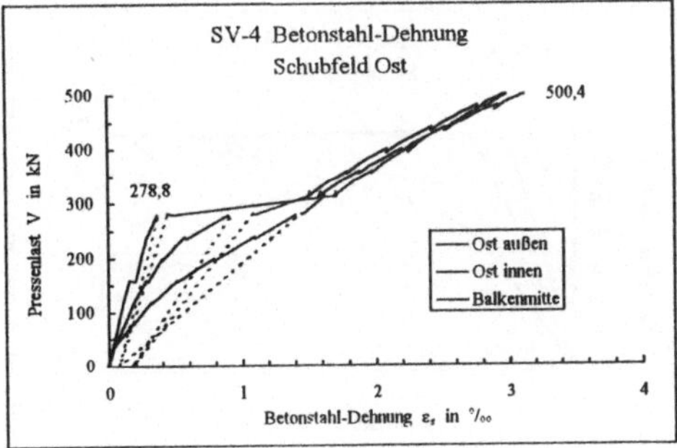

Meßwerte zu Versuch SV-5

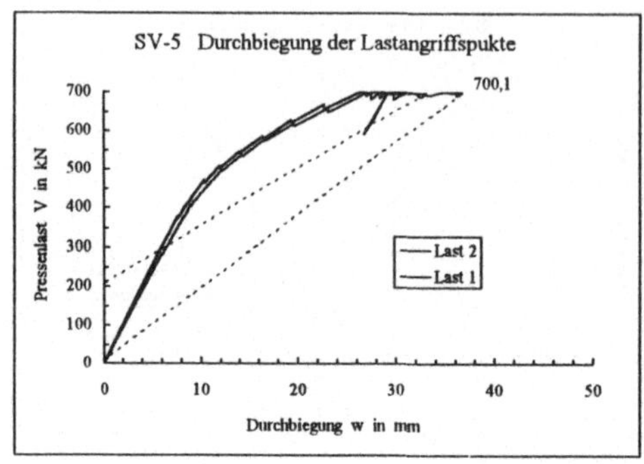

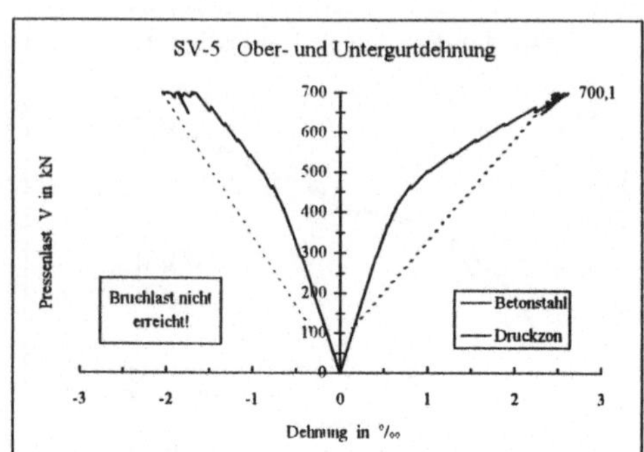

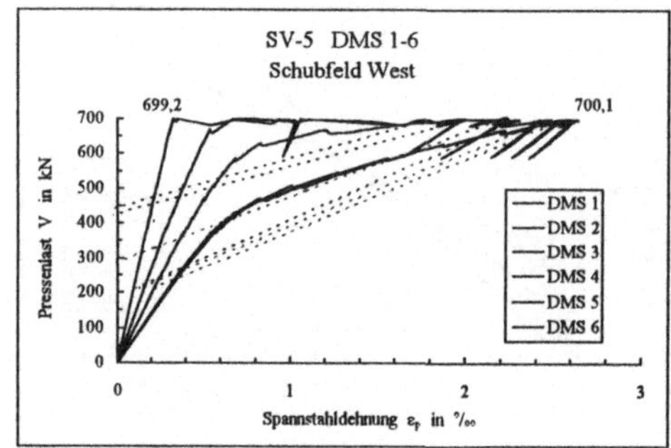

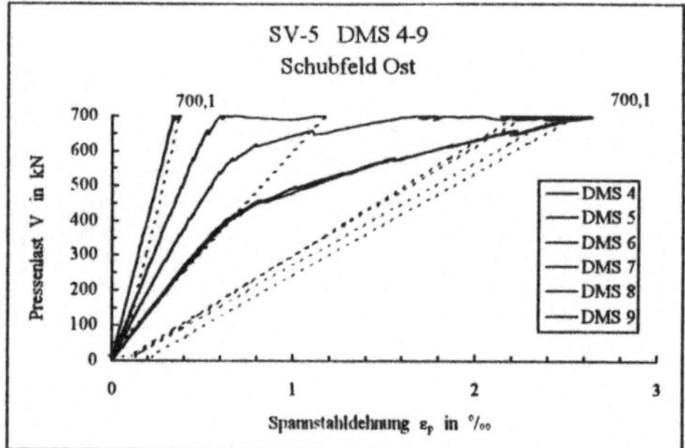

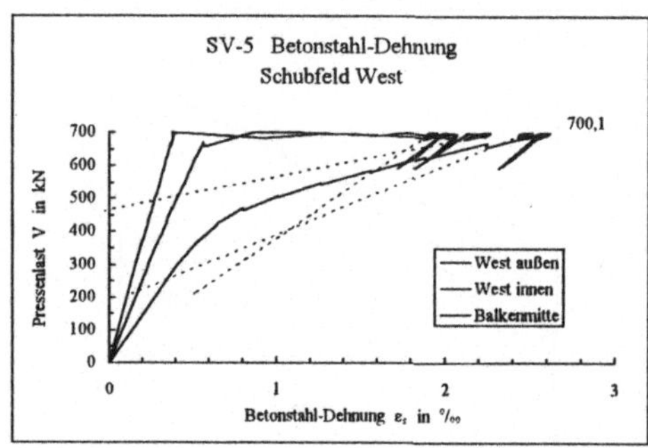

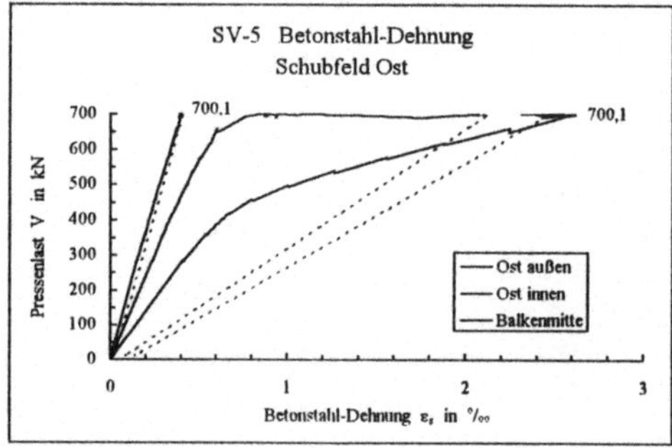

Meßwerte zu Versuch SV-6

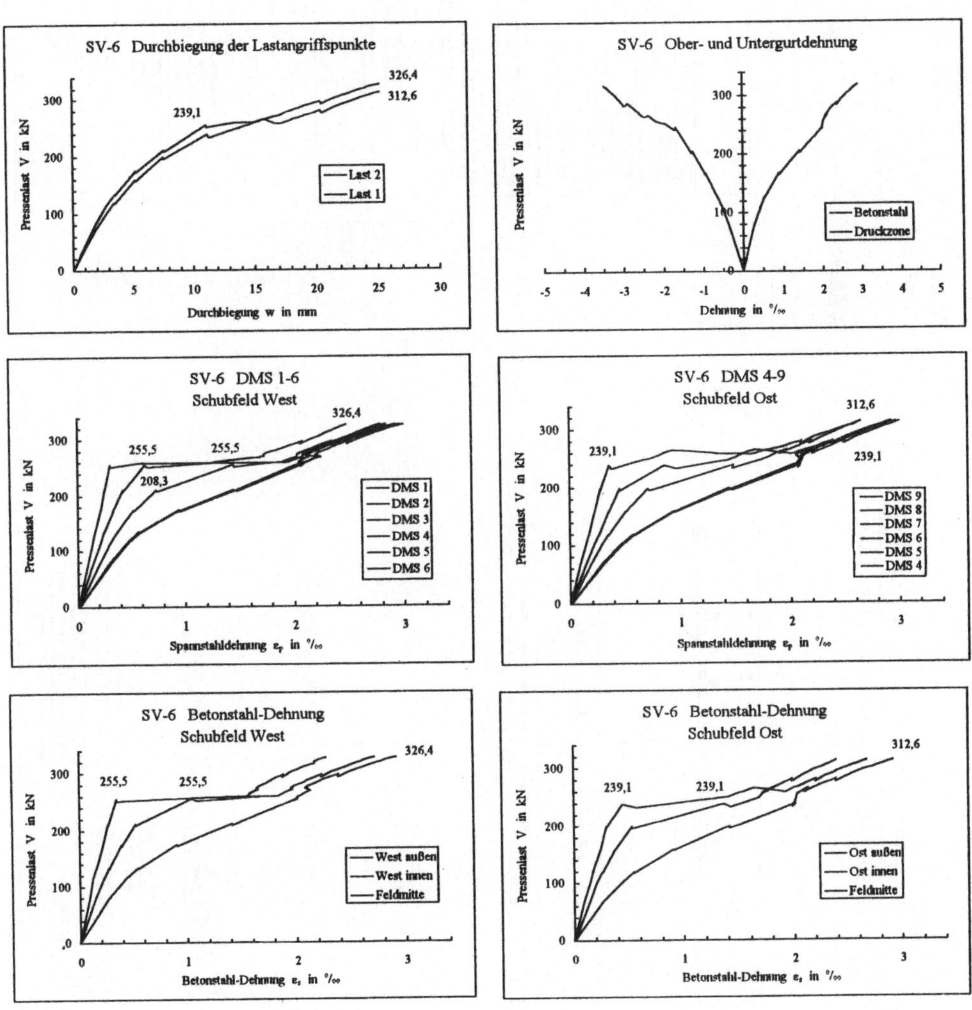

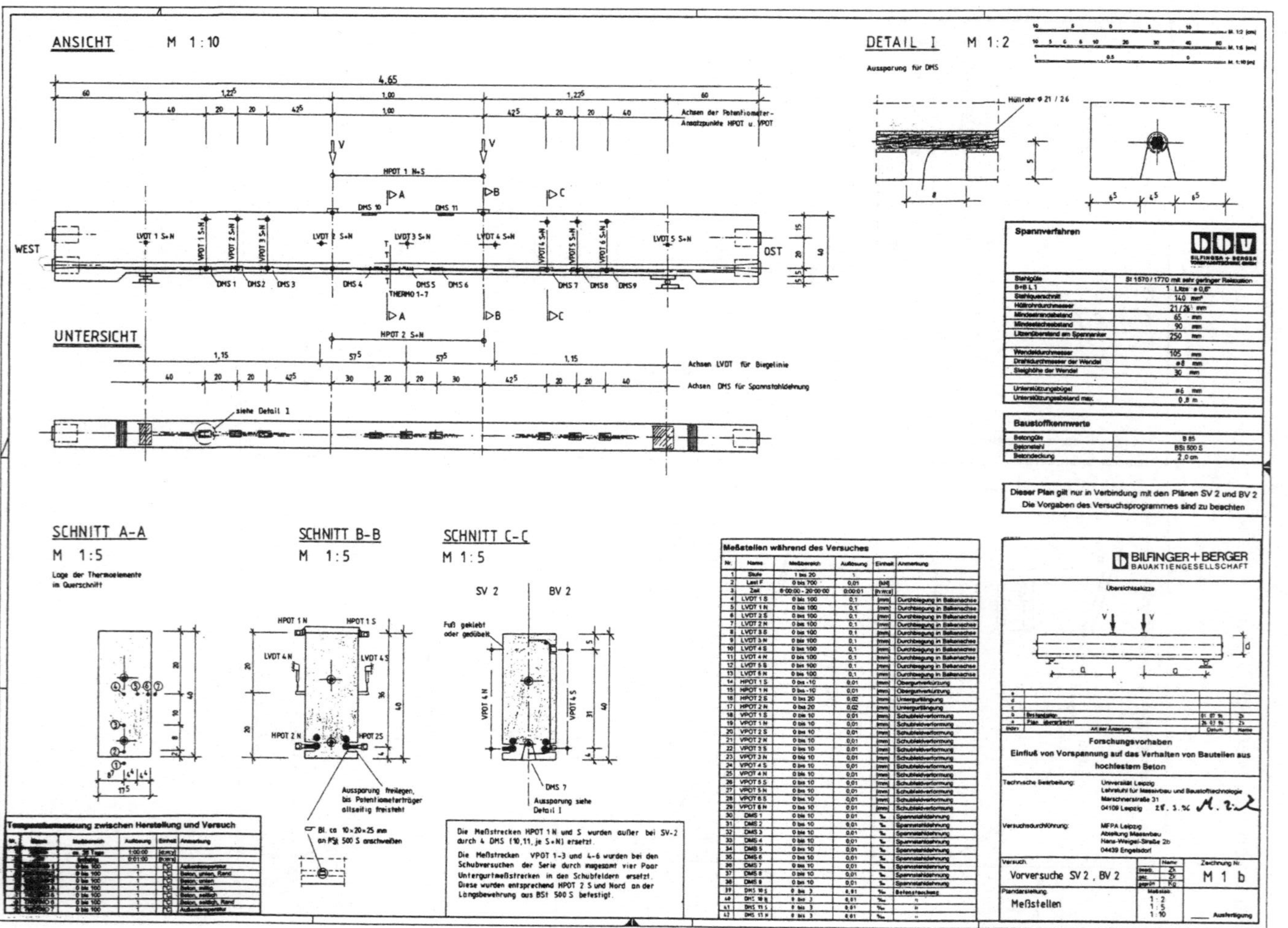

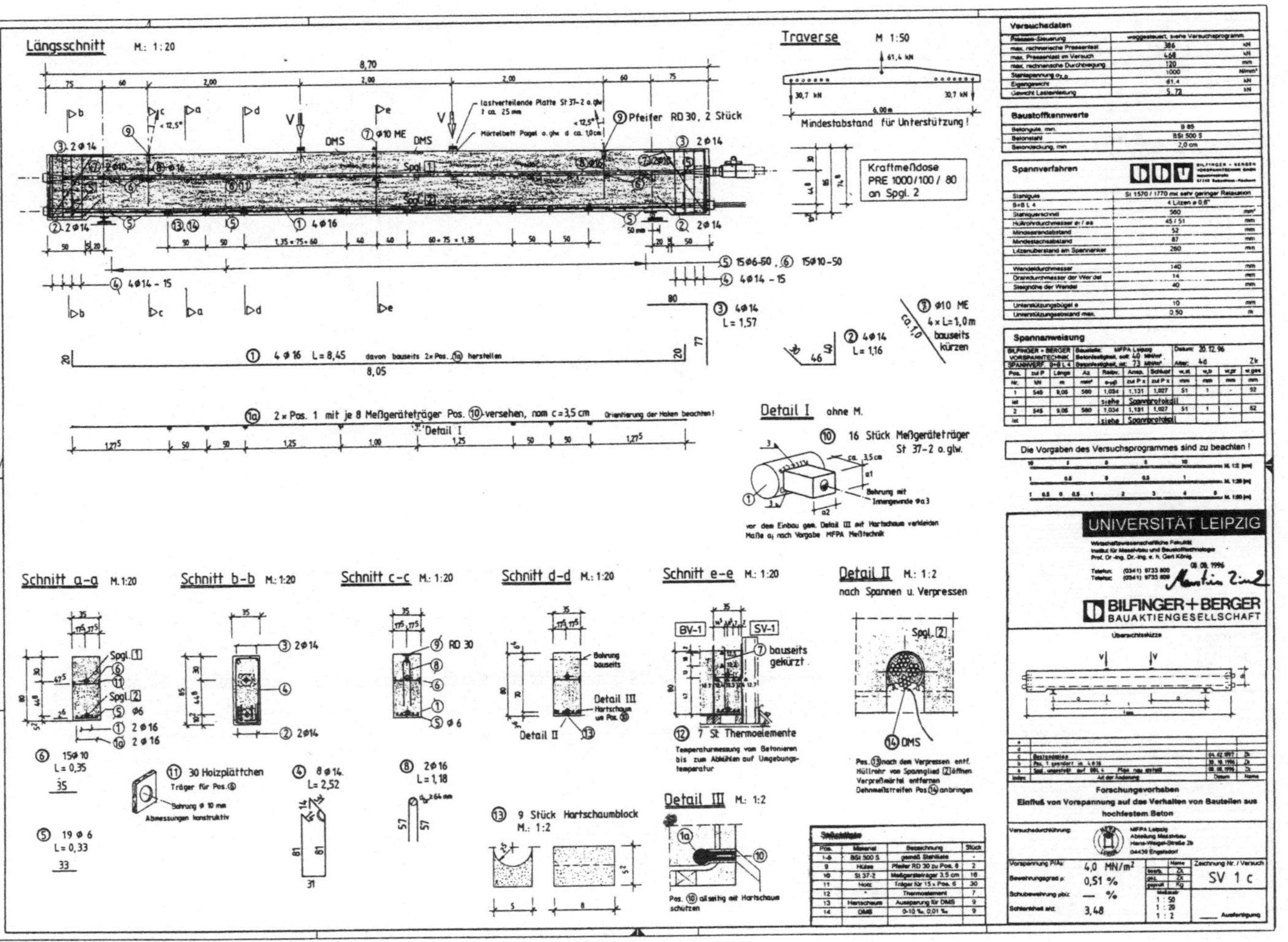

Längsschnitt   M.: 1:20
Traverse   M 1:50
61,4 kN
30,7 kN   30,7 kN
6,00 m
Mindestabstand für Unterstützung!
Kraftmeßdose PRE 1000/100/80 an Spgl. 2
8,70
75   60   2,00   2,00   2,00   60   75
lastverteilende Platte St 37-2 o.glw. t ca. 25 mm
Mörtelbett Pagel o.glw. d ca. 1,0 cm
9 Pfeiler RD 30, 2 Stück
2 Ø 14
7 Ø 10 ME   DMS   DMS
2 Ø 10   4 Ø 16   2 Ø 14
Spgl. 1
6   6
2 Ø 14   5   13, 14   5   1 4 Ø 16   5   50 mm   2 Ø 14
50   50   50   1,35 + 75 + 60   40   40   60 + 75 + 1,35   50   50   20
4 Ø 14 - 15
5 15 Ø 6-50   6 15 Ø 10-50
4 Ø 14 - 15
3 4 Ø 14   L= 1,57
1 4 Ø 16   L= 8,45   davon bauseits 2× Pos. 1a herstellen
8,05
Ø 10 ME   4 × L = 1,0 m   bauseits kürzen
2 4 Ø 14   L= 1,16
1a   2× Pos. 1 mit je 8 Meßgeräteträger Pos. 10 versehen, nom c = 3,5 cm   Orientierung der Haken beachten!
Detail I
1,27   50   50   1,25   1,00   1,25   50   50   1,27
Detail I   ohne M.
10   16 Stück Meßgeräteträger St 37-2 o.glw.
ca. 3,5 cm
Bohrung mit Innengewinde Ø a3
vor dem Einbau gem. Detail III mit Hartschaum verkleiden
Maße aj nach Vorgabe MFPA Meßtechnik
Schnitt a-a   M.1:20
Spgl. 1
Spgl. 2
6   Ø 6
1   2 Ø 16
10   2 Ø 16
6   15 Ø 10   L= 0,35
5   19 Ø 6   L= 0,33
Schnitt b-b   M.1:20
3 Ø 14
4
2 Ø 14
11   30 Holzplättchen   Träger für Pos. 6
Bohrung Ø 10 mm   Abmessungen konstruktiv
4   8 Ø 14   L= 2,52
Schnitt c-c   M.1:20
9 RD 30
8
6
Ø 6
8   2 Ø 16   L= 1,18
Schnitt d-d   M.1:20
Bohrung bauseits
Detail III   Hartschaum mit Pos. 10
Detail II   13
9 Stück Hartschaumblock   M.: 1:2
Schnitt e-e   M.: 1:20
BV-1   SV-1
7   bauseits gekürzt
12   7 St. Thermoelemente
Temperaturmessung von Betonieren bis zum Abkühlen auf Umgebungstemperatur
Detail II   M.: 1:2   nach Spannen u. Verpressen
Spgl. 2
14   DMS
Pos. 13 nach dem Verpressen entf.
Hüllrohr von Spannglied 7 öffnen
Verpreßmörtel entfernen
Dehnmeßstreifen Pos. 14 anbringen
Detail III   M.: 1:2
Pos. 10 allseitig mit Hartschaum schützen
Versuchsdaten
max. rechnerische Pressenkraft   386   kN
max. Pressenkraft im Versuch   444   kN
max. rechnerische Durchbiegung   120   mm
Steifigkeit c_u,e   1000   N/mm²
Eigengewicht   61,4   kN
Gewicht Lasteinleitung   5,72
Baustoffkennwerte
Betongüte, nom   B 85
Betonstahl   BSt 500 S
Betondeckung, nom   2,0 cm
Spannverfahren
St 1570/1770 mit sehr geringer Relaxation
B+B L 4   4 Litzen a 0,6"
Stahlquerschnitt   560   mm²
Hüllrohrdurchmesser di / da   45 / 51   mm
Mindestradius   52   mm
Litzenüberstand am Spannanker   260   mm
Wendeldurchmesser   140   mm
Steighöhe der Wendel   40   mm
Unterstützungsbügel e   10   mm
Unterstützungsabstand max.   0,50   m
Spannanweisung
MFPA Leipzig   Datum 20.12.96
Forschungsvorhaben
Einfluß von Vorspannung auf das Verhalten von Bauteilen aus hochfestem Beton
UNIVERSITÄT LEIPZIG
BILFINGER + BERGER   BAUAKTIENGESELLSCHAFT
Vorspannung P(A)   4,0 MN/m²
Bewehrungsgrad ρ   0,51 %
Schubbewehrung ρbü   — %
Schlankheit etc.   3,48
Zeichnung Nr. / Versuch   SV 1 c
M.: 1:50   1:20   1:2

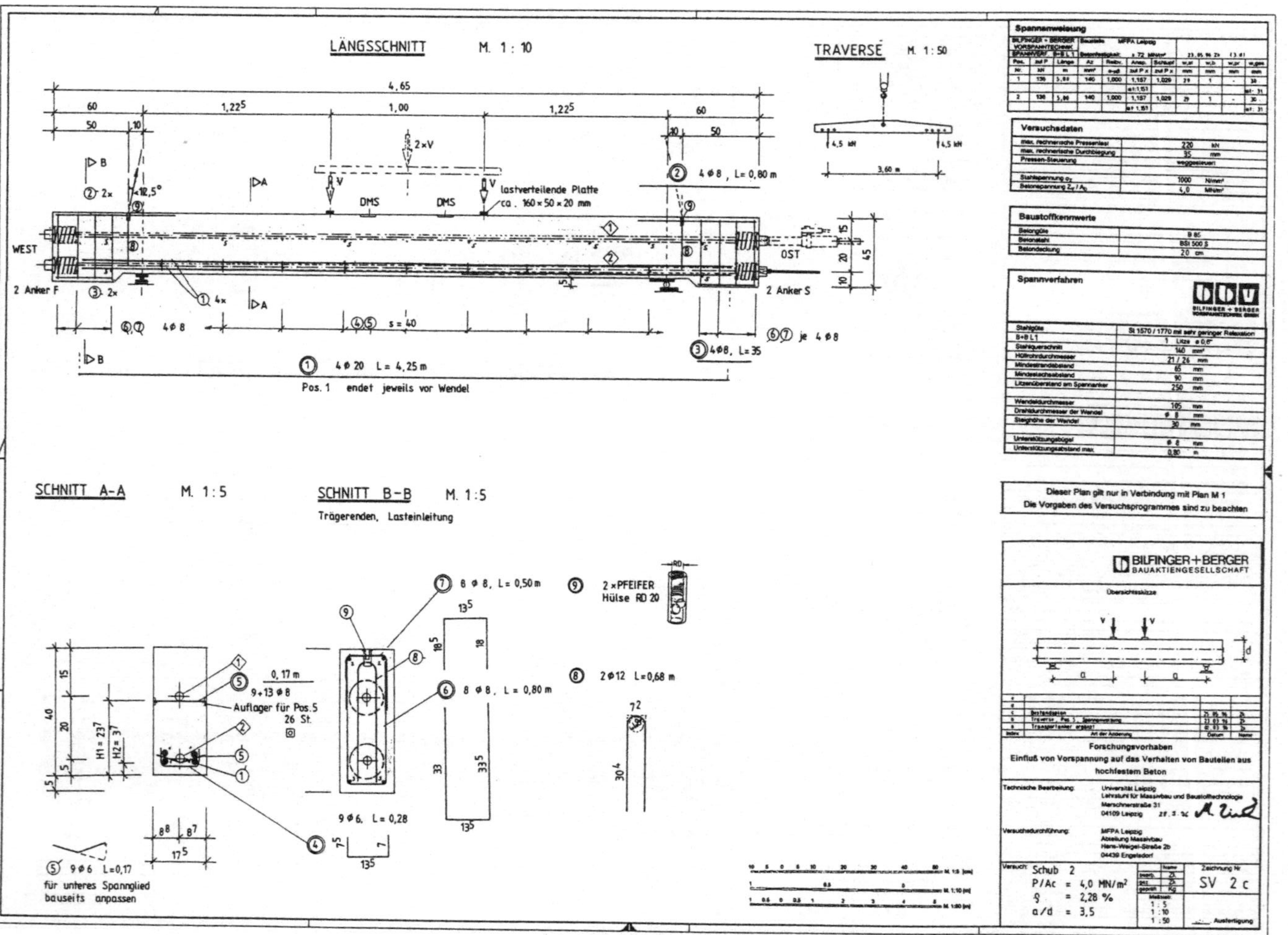

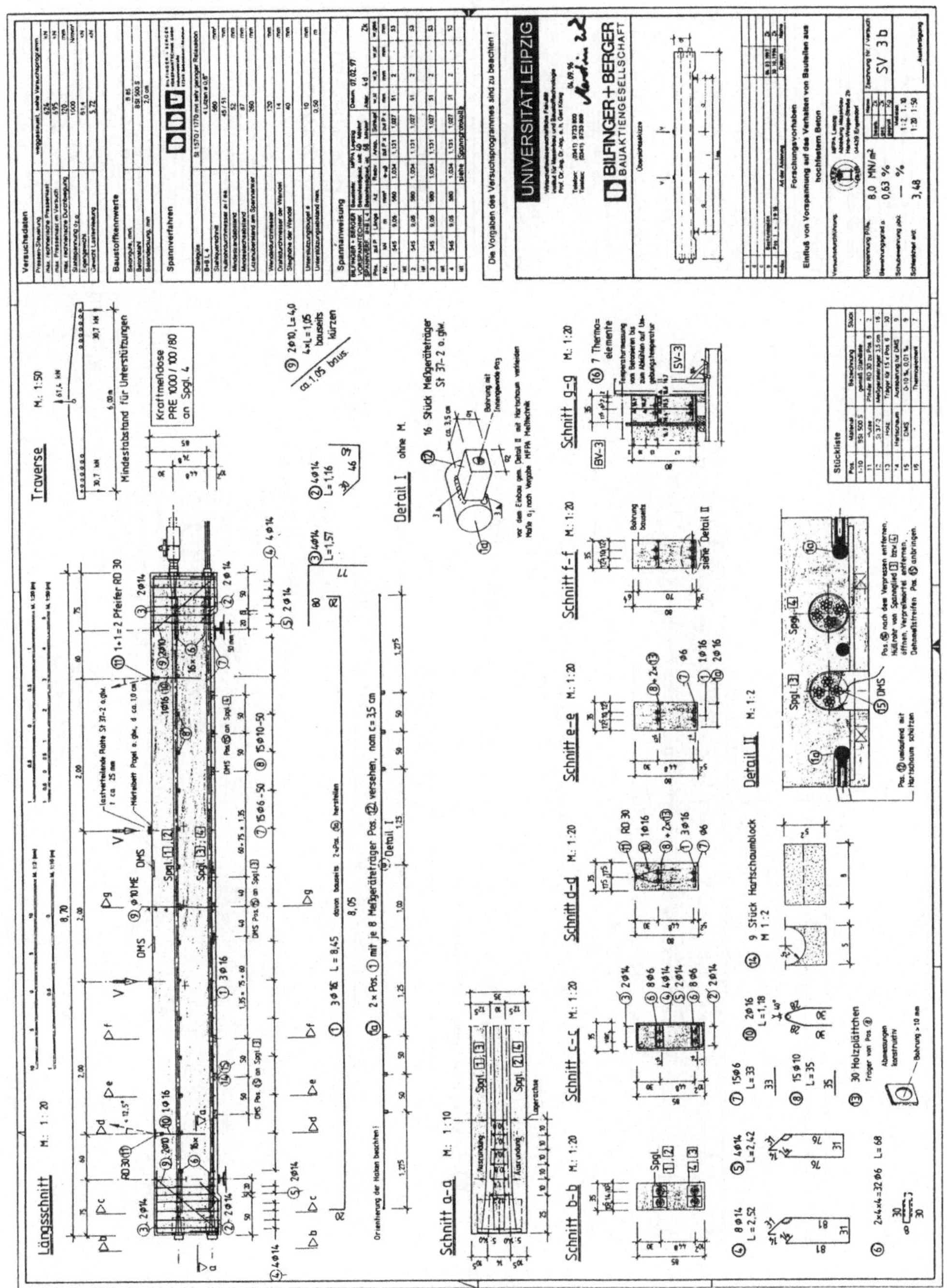

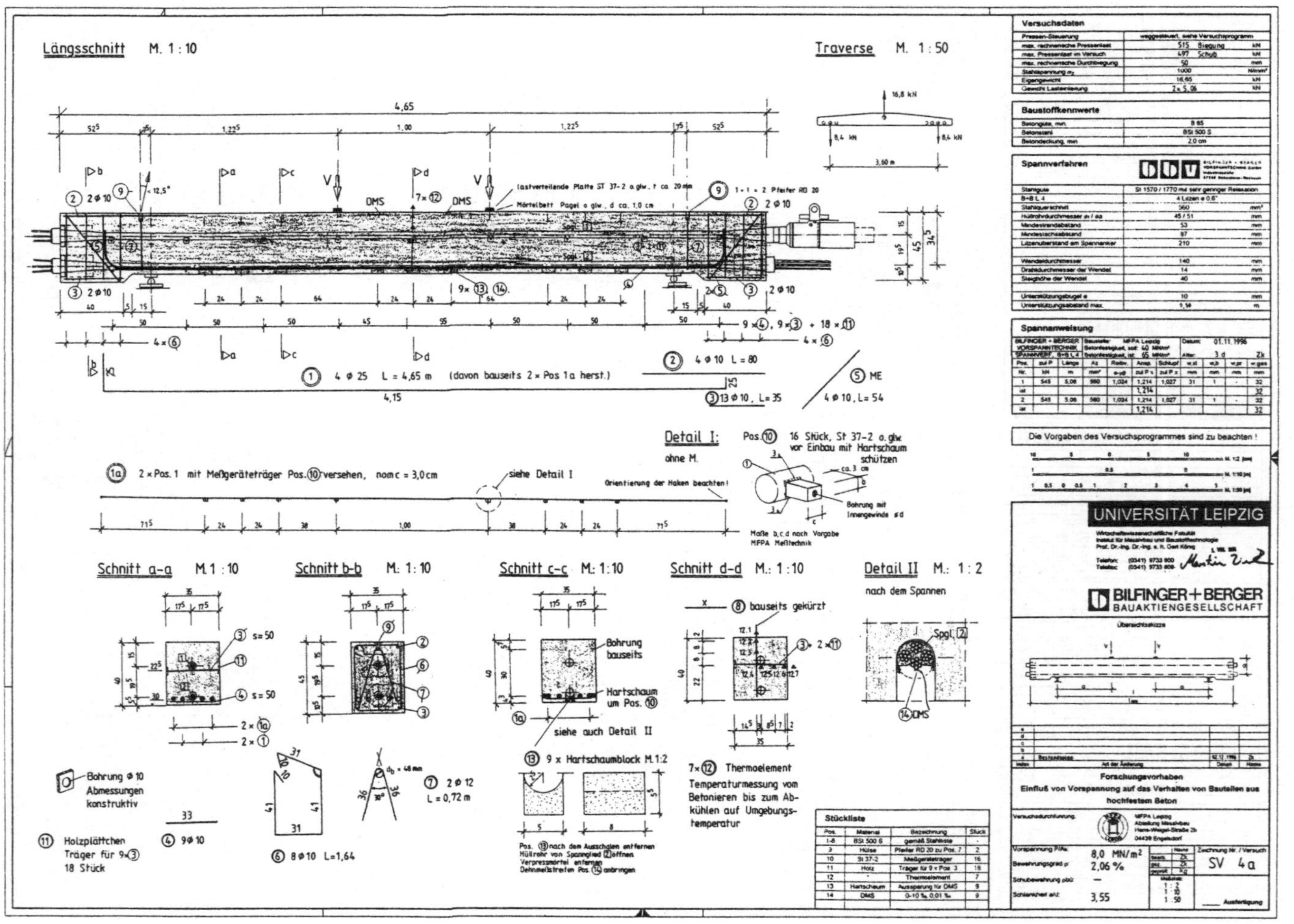

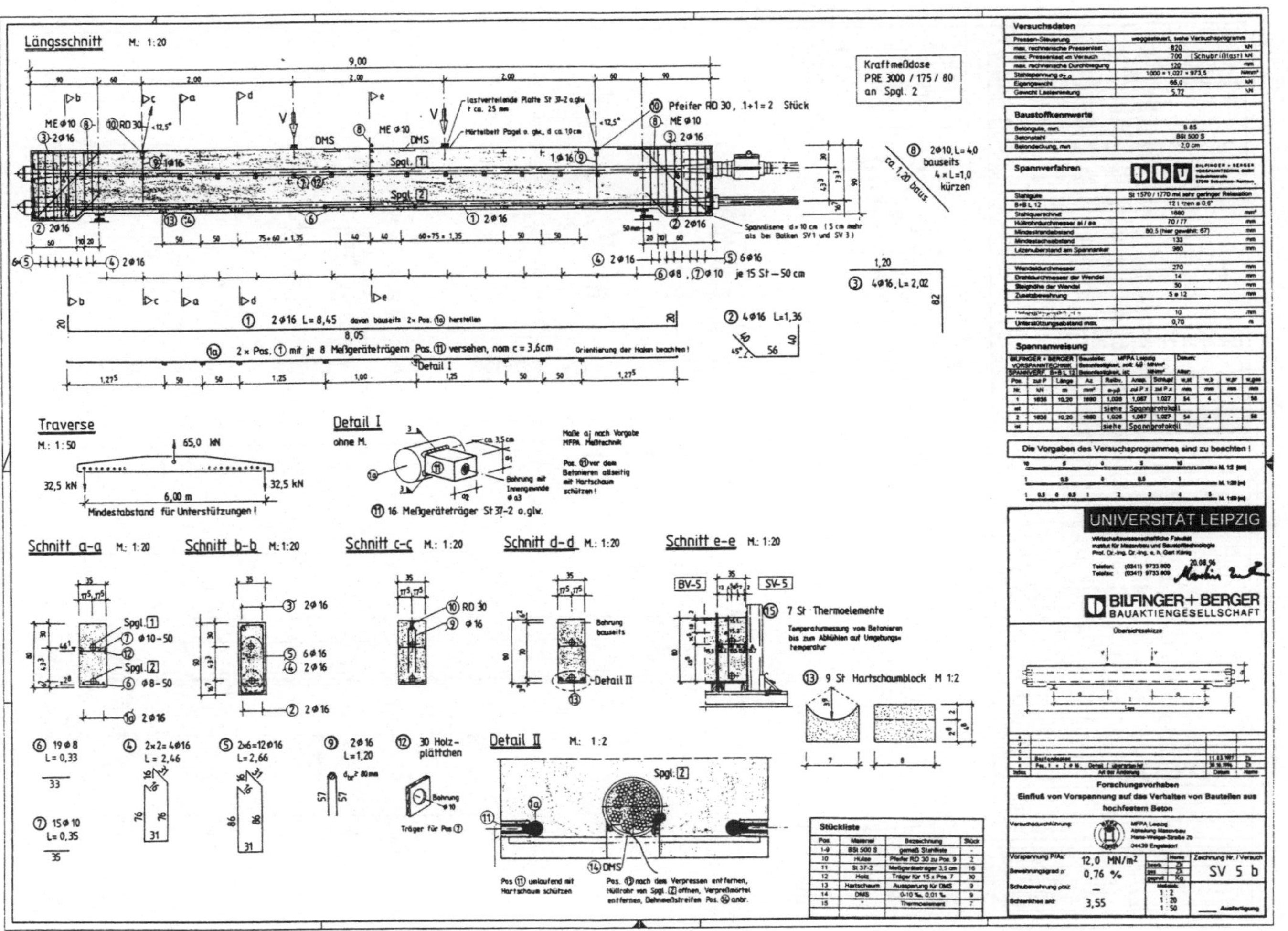

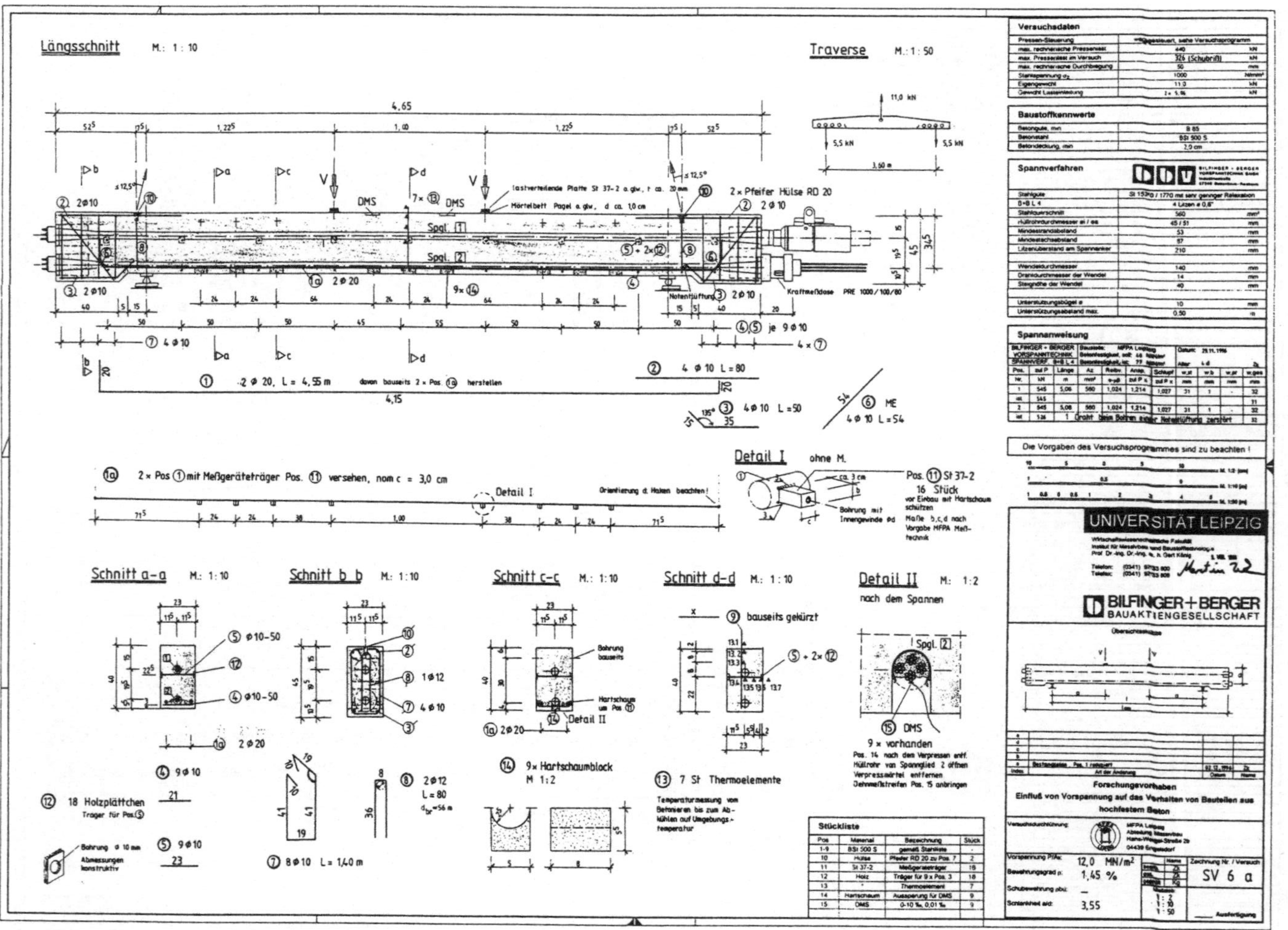

Anhang

2 Biegeversuche an Spannbetonbalken aus Hochleistungsbeton

Inhalt

Die Ausführungszeichnungen sind verkleinert (ohne Maßstab) beigefügt. Abzüge in Originalgröße können über das Institut für Massivbau und Baustofftechnologie der Universität Leipzig bezogen werden.

Datenübersicht

Versuch	BV-1	BV-2	BV-3	BV-4	BV-5		Einheit
Datum	18.02.97	04.07.96	19.03.97	10.12.97	21.04.97		
Beton							
Festigkeitsklasse	B 105	B 105	B 85	B 85	B 105		N/mm^2
$f_{c,cube200}$ [1])	114	112	99	98	114		N/mm^2
f_{ck}	99,1	97,3	85,5	84,5	99,1		N/mm^2
$f_{ct,sp}$	4,9	6,1	5,0	5,2	5,0		N/mm^2
E_c	42800	43600	46700	32900	42100		N/mm^2
cal f_{ct}	5,07	5,03	4,78	4,76	5,07		N/mm^2
cal E_c	43961	43691	41844	41695	43961		N/mm^2
cal G_f	143	143	143	143	143		Nm/m^2
cal l_{ch}	0,245	0,247	0,262	0,263	0,245		m
Geometrie:							
ρ_{s+pl}	0,510	2,260	0,630	2,060	0,760		%
h	0,800	0,400	0,800	0,400	0,800		m
b	0,350	0,175	0,350	0,350	0,350		m
b - $\Sigma\o_s$	0,235	0,109	0,200	0,199	0,241		m
a	4,000	1,225	4,000	1,225	4,000		m
a/d	5,35	3,50	5,35	3,55	5,46		-
l	10,00	3,45	10,00	3,45	10,00		m
l - 2 a	2,00	1,00	2,00	1,00	2,00		m
l_{ges}	11,50	4,65	11,50	4,65	11,80		m
Volumen	3,25	0,33	3,25	0,66	3,31		m^3
Gewicht	8125	825	8125	1650	8275		kg
Spannstahl St 1570/1770 sn: 7 drähtige Litzen ø 15,3 mm à 140 mm²							
E_p			195000				N/mm^2
P / A_c	3,92	3,92	7,76	7,76	11,52		N/mm^2
Typ: B+B L	2 x L 4	2 x L 1	4 x L 4	2 x L 4	2 x L 12		-
P	1097,6	274,4	2172,8	1086,4	3225,6		kN
$A_{p1} = A_{p2}$	5,6	1,4	11,2	5,6	16,8		cm^2
d_{p1}	0,748	0,350	0,748	0,345	0,733		m
$\varepsilon_{p1,0}$	5,175	5,143	5,280	5,202	5,334		‰
d_{p2}	0,280	0,150	0,300	0,150	0,300		m
$\varepsilon_{p2,0}$	5,080	5,078	5,085	5,079	5,082		‰
Hüllrohr $\o_i/\o_a$	45 / 51	21 / 26	45 / 51	45 / 51	70 / 77		mm
f_{gr} [2])	27	31	51	60	38		N/mm^2

[1]) Lagerung 7 Tage im Wasserbad, dann feucht bis zur Prüfung nach DIN 1048-5 [06.91]
[2]) Festigkeit des Einpreßmörtels (grout) nach DIN 4227-5 [12/79]

(Fortsetzung der Datenübersicht)

Versuch	BV-1	BV-2	BV-3	BV-4	BV-5		
Betonstahl BSt 500/550							
E_s			210000				N/mm²
A_s	8,04	12,56	6,03	19,63	4,02		cm²
$\varnothing_s$	16	20	16	25	16		mm
Anzahl n_s	4	2 x 2	3	4	2		-
d_s	0,765	0,350	0,765	0,358	0,763		m
a_{sw}	3,53	7,06	4,71	12,57	5,91		cm²/m
$a_{sw}(V=0)$	0,06	0	0,07	0,23	0,11		%
Querschnittswerte:							
A_i	0,2869	0,0758	0,2906	0,1520	0,2931		m²
$z_{s,o}^{I}(\rho,n)$	0,405	0,210	0,407	0,210	0,406		m
$z_{s,u}^{I}(\rho,n)$	0,395	0,190	0,393	0,190	0,394		m
I_c^{I}	0,014933	0,000933	0,014933	0,001867	0,014933		m⁴
$I_i^{I}(\rho,n)$	0,015590	0,001045	0,015781	0,002099	0,015819		m⁴
$W_{ui}(\rho n)$	0,039508	0,005505	0,040109	0,011020	0,040197		m³
Schnittgrößen:							
cal M_o	289	32	589	128	864		kNm
$f_{ctm} \times W_{u,i}$	200	28	192	52	204		kNm
cal M_{cr}	489	60	781	180	1067		kNm
cal M_{sr}	932	157	1412	377	1716		kNm
exp M_{sr}	887	143	1826	371	1966		kNm
cal $M_{u,RiLi}$ [1])	1037	265	1597	549	1999		kNm
cal M_u	1153	310	1839	655	2352		kNm
exp M_u	1314	338	2071	665	2513		kNm
cal M_0 / cal $M_{u,R}$	0,28	0,12	0,37	0,23	0,43		-
zugehörige Querkräfte:							
cal V_0	72	26	147	104	216		kN
cal V_{cr}	122	49	195	147	267		kN
cal V_{sr} [2])	233	128	353	308	429		kN
exp V_{sr}	222	117	456	303	491		kN
exp V_u	329	276	518	543	628		kN
Wirkungsgrad für Aktivierung der Schubbewehrung:							
exp V_{sr} / cal V_{sr}	0,95	0,91	1,29	0,98	1,15		-
Wirkungsgrad η für Biegung:							
exp M_u / cal M_u	1,14	1,09	1,13	1,02	1,07		-
exp M_u / cal $M_{u,RiLi}$[1])	1,27	1,28	1,30	1,21	1,26		-

[1]) Begrenzungen: Stahldehnung $\leq$ 5 ‰, Stahlspannung $\leq f_{sy}$, Spannstahlspannung $\leq f_{p0,1}$
[2]) Rechnerische Schubrißlast nach Kapitel 7

Rißbild von Biegeversuch BV-1

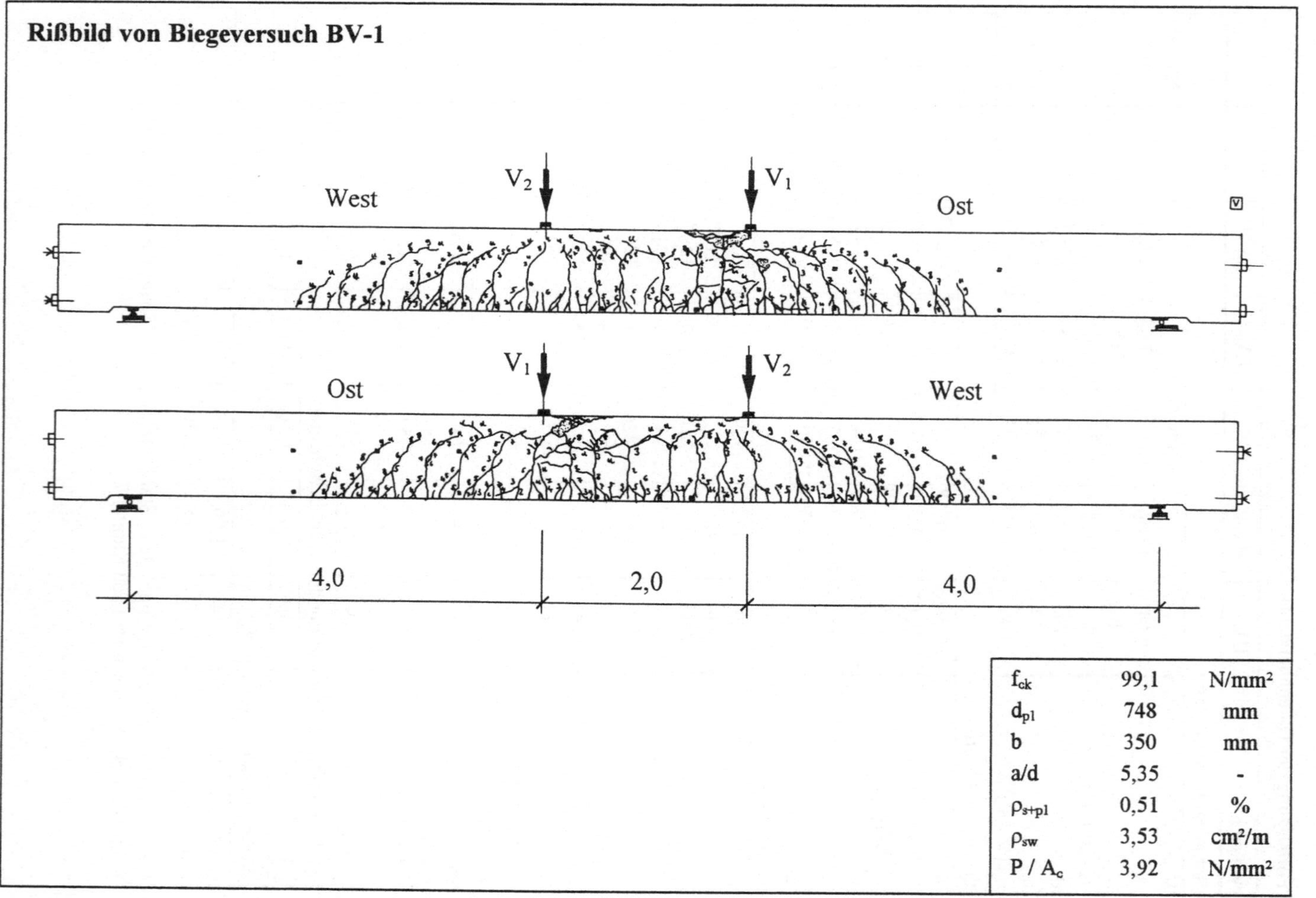

f_{ck}	99,1	N/mm²
d_{pl}	748	mm
b	350	mm
a/d	5,35	-
ρ_{s+pl}	0,51	%
ρ_{sw}	3,53	cm²/m
P / A_c	3,92	N/mm²

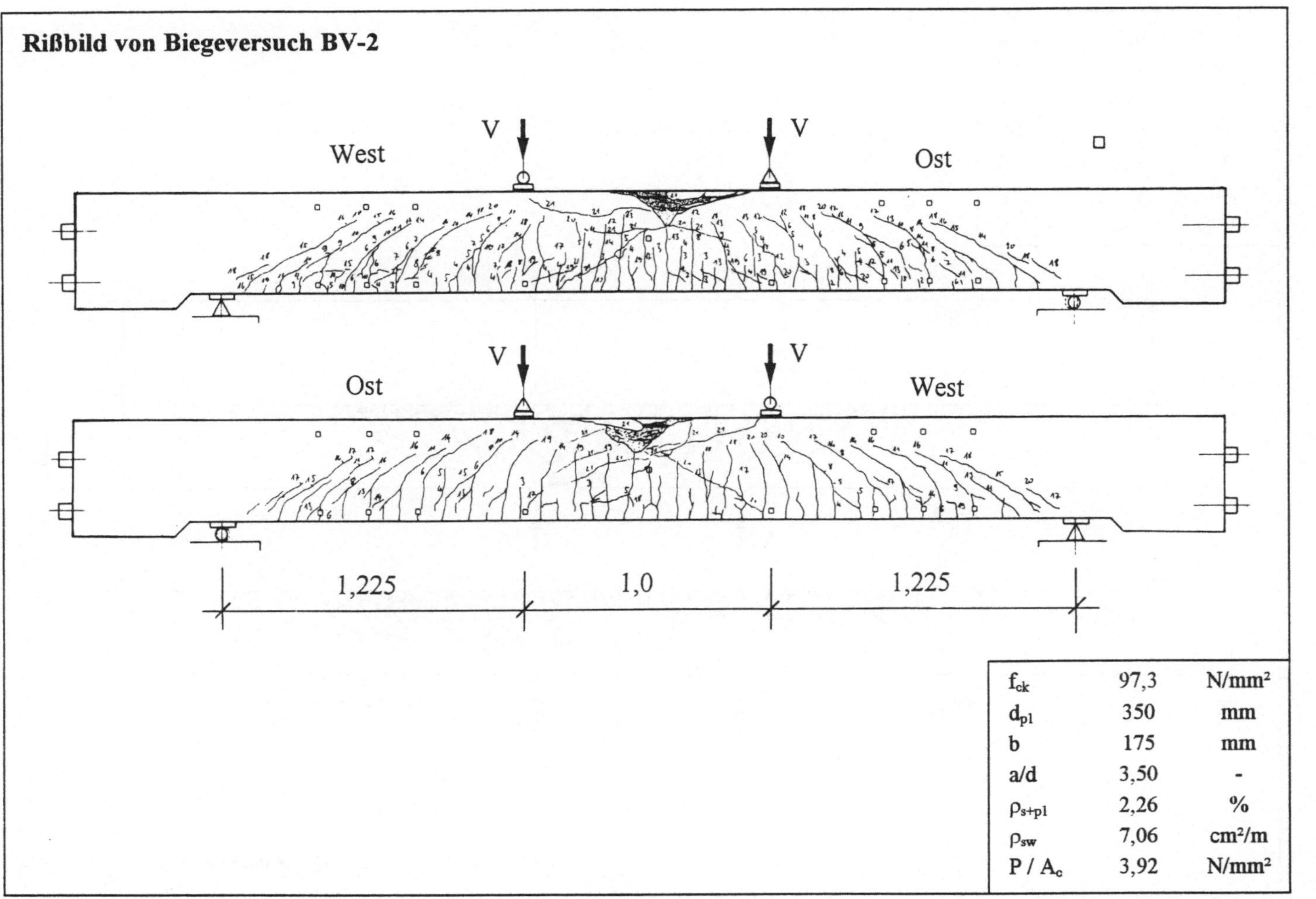
Rißbild von Biegeversuch BV-2
West
V   V
Ost
Ost
V   V
West
1,225   1,0   1,225
f_{ck} 97,3   N/mm²
d_{pl} 350   mm
b   175   mm
a/d   3,50   -
ρ_{s+pl} 2,26   %
ρ_{sw} 7,06   cm²/m
P / A_c 3,92   N/mm²

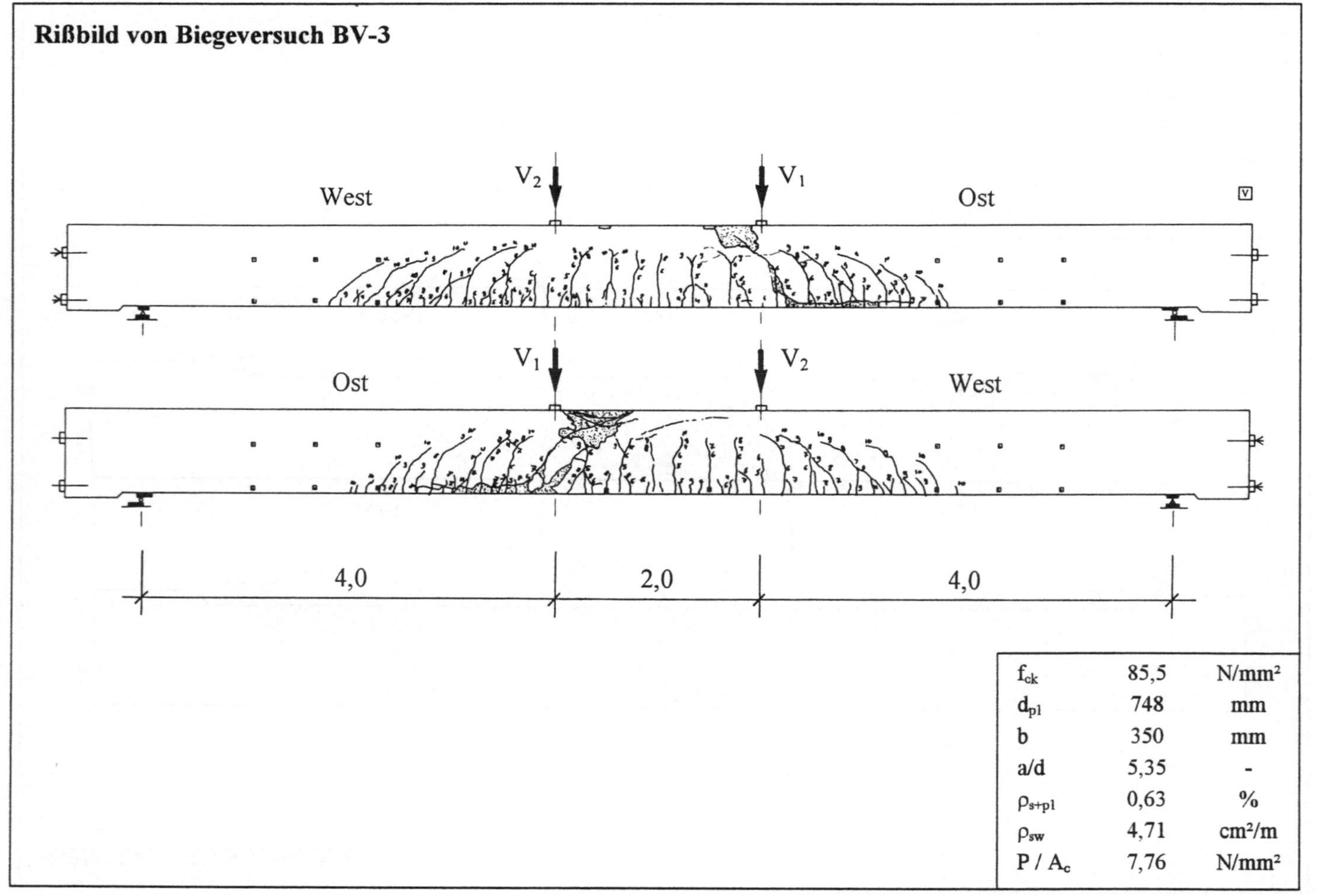
Rißbild von Biegeversuch BV-3
West
V₂
V₁
Ost
Ost
V₁
V₂
West
4,0
2,0
4,0
f_ck   85,5   N/mm²
d_pl   748   mm
b   350   mm
a/d   5,35   -
ρ_s+pl   0,63   %
ρ_sw   4,71   cm²/m
P / A_c   7,76   N/mm²

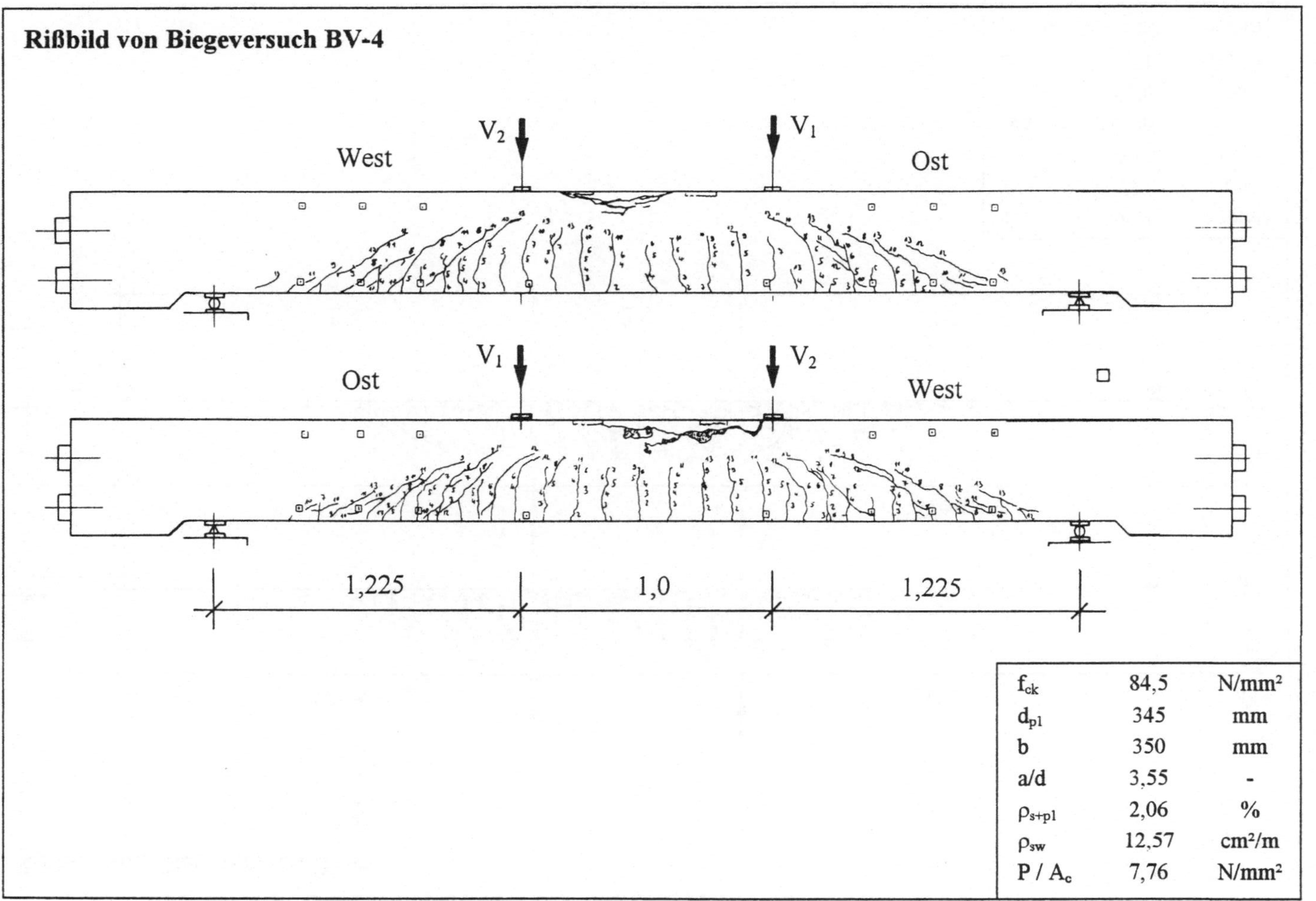

Rißbild von Biegeversuch BV-4

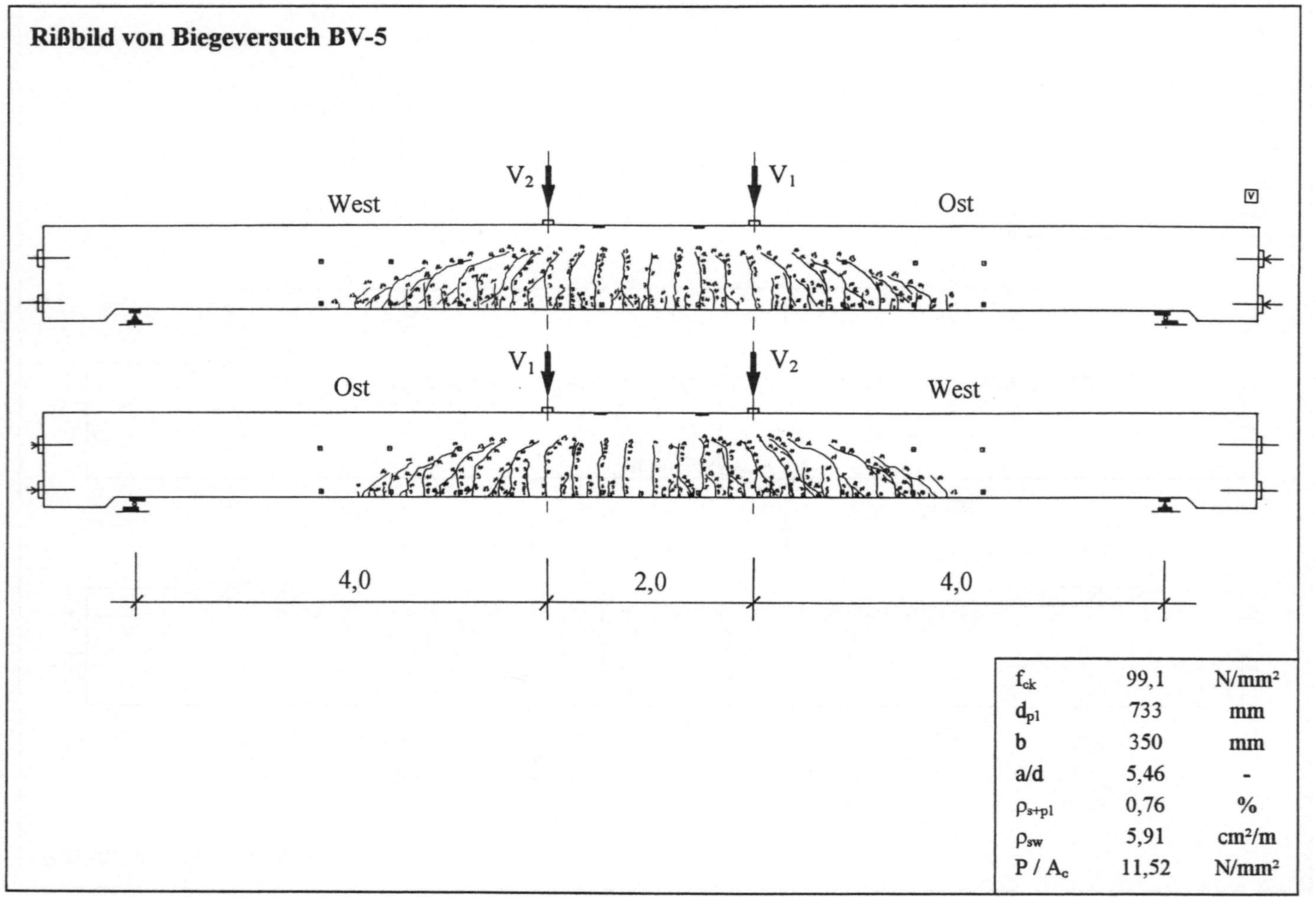

Rißbild von Biegeversuch BV-5
V₂ V₁
West
Ost
V₁ V₂
Ost
West
4,0
2,0
4,0
f_ck   99,1   N/mm²
d_p1   733   mm
b   350   mm
a/d   5,46   -
ρ_s+p1   0,76   %
ρ_sw   5,91   cm²/m
P / A_c   11,52   N/mm²

Meßwerte zu Versuch BV-1

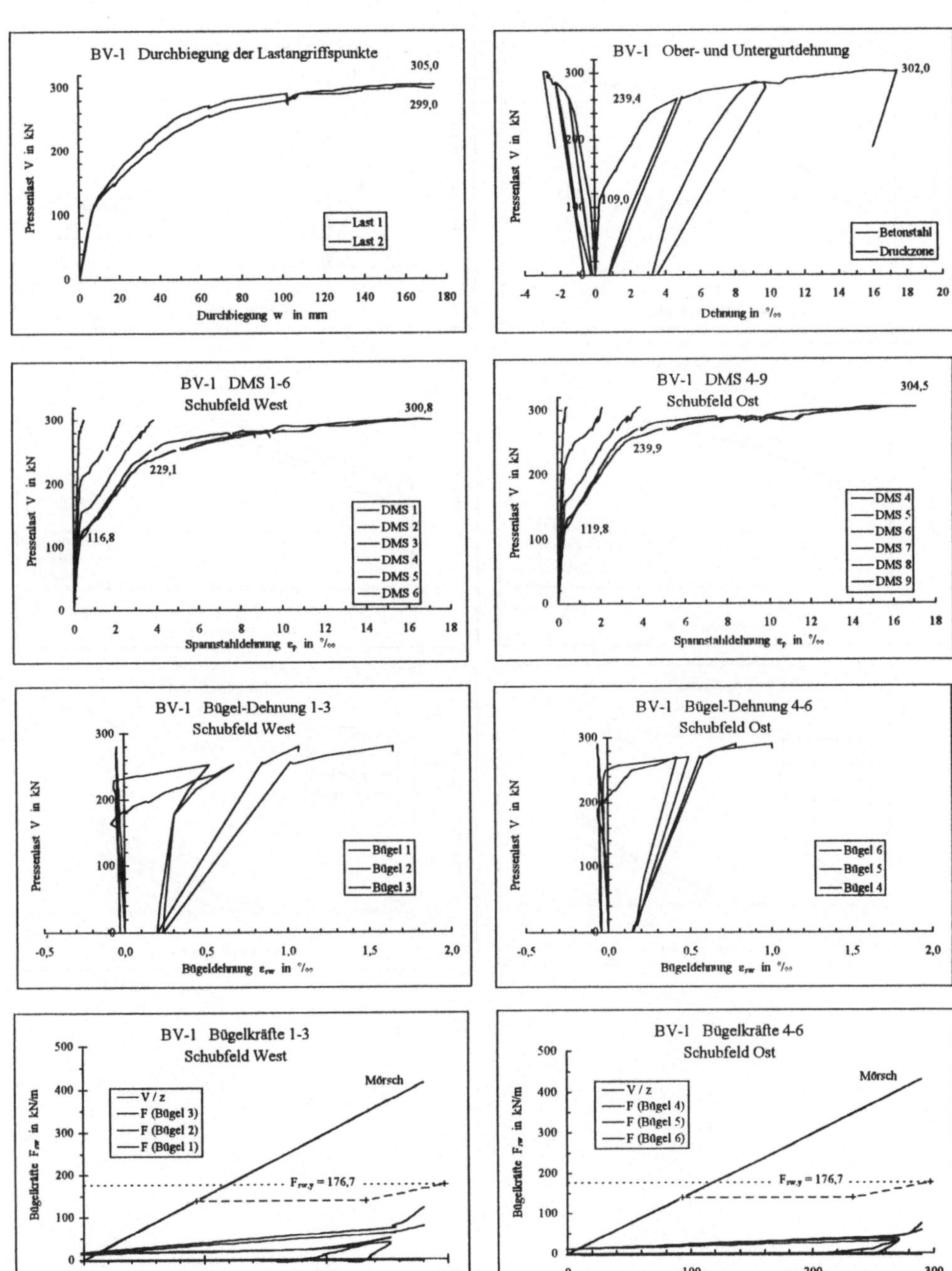

Meßwerte zu Versuch BV-2

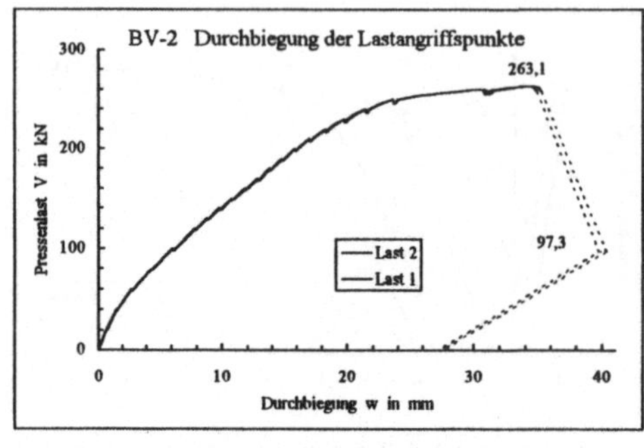

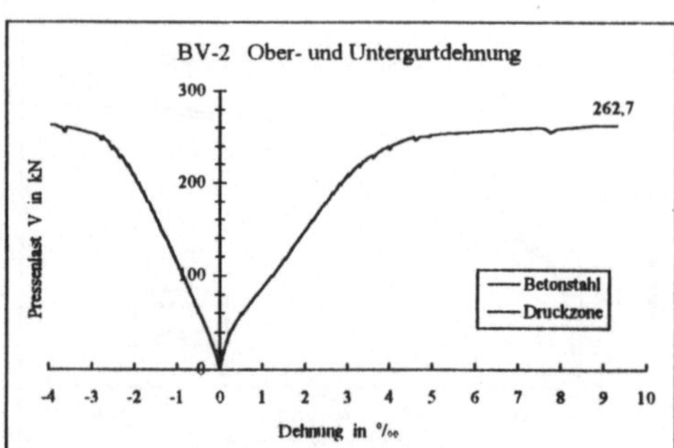

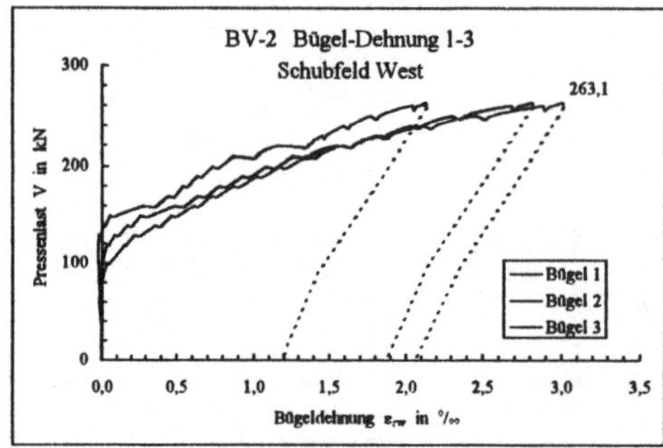

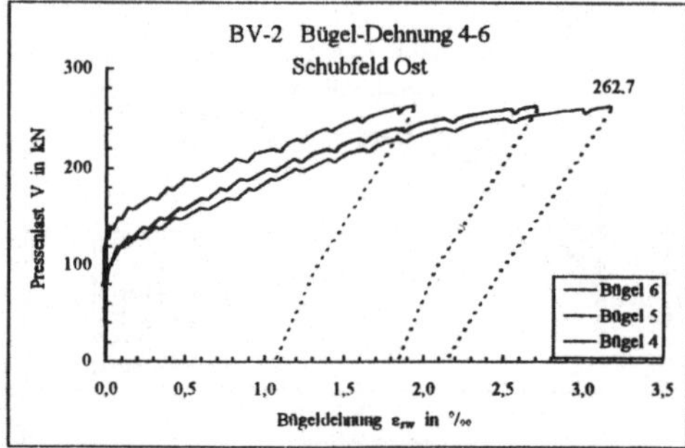

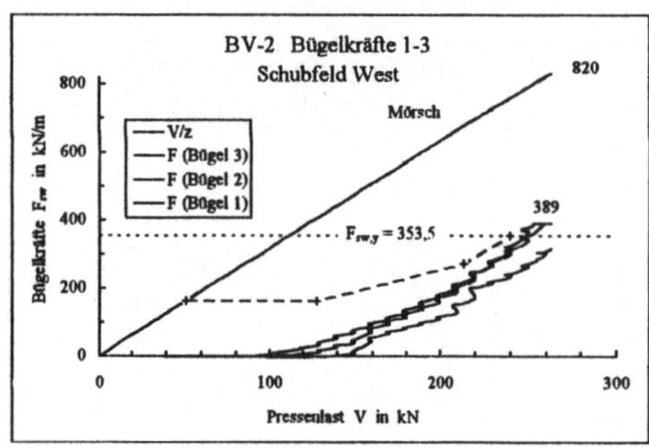

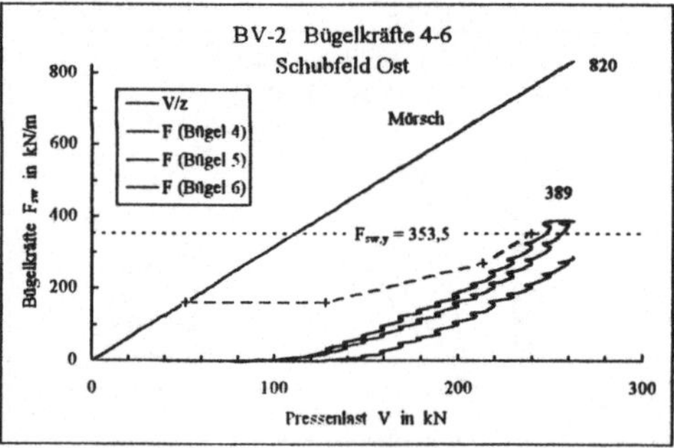

Meßwerte zu Versuch BV-3

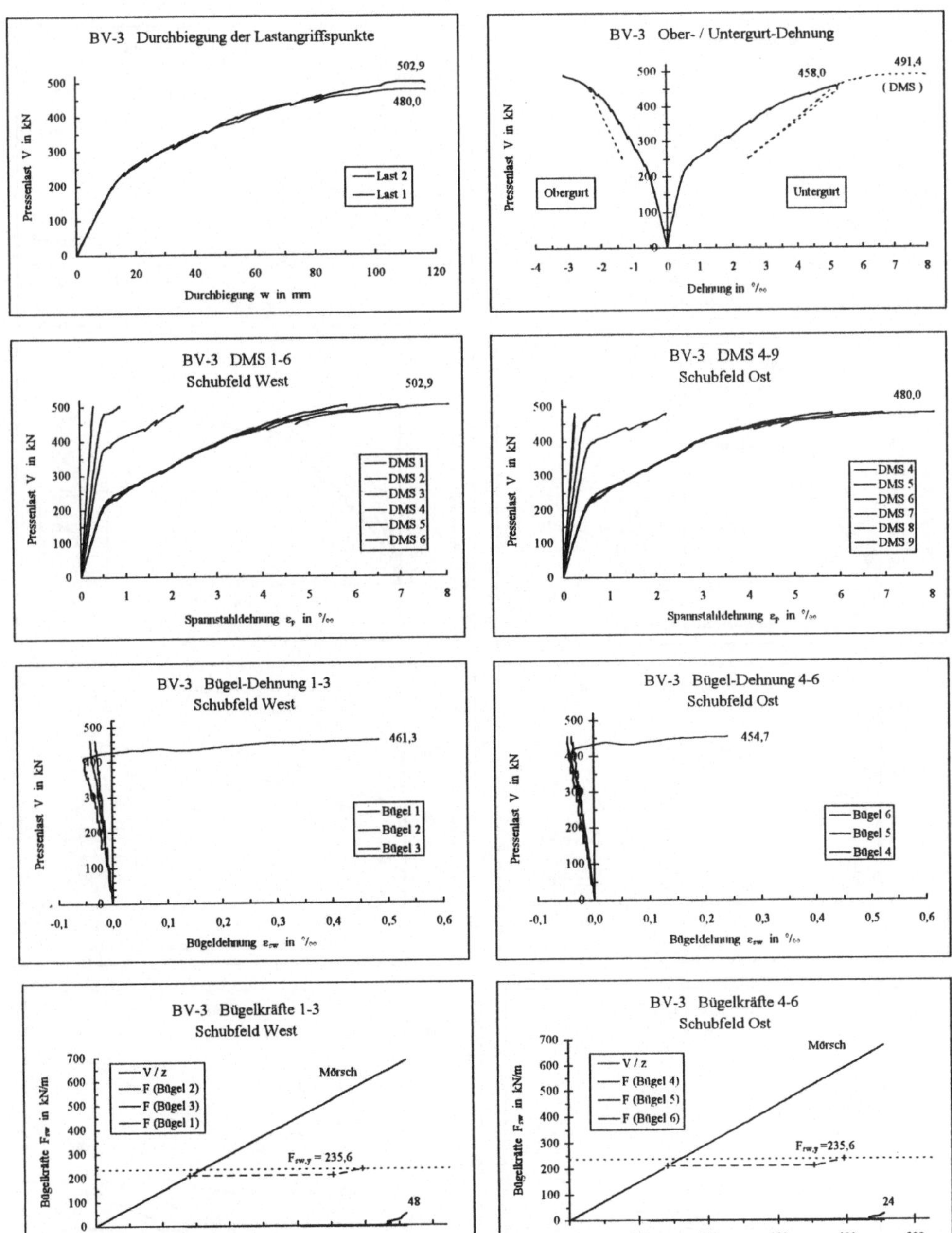

Meßwerte zu Versuch BV-4

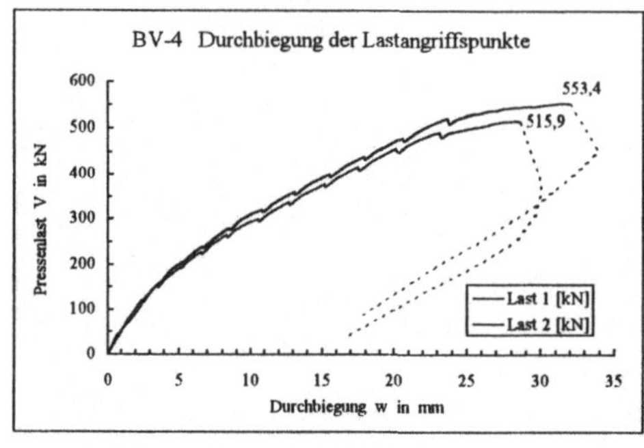

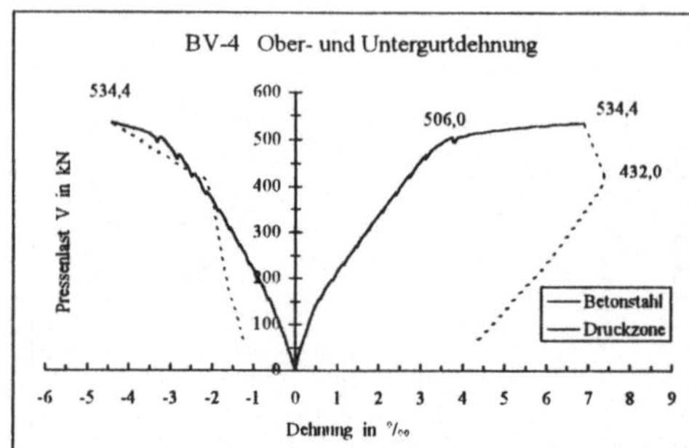

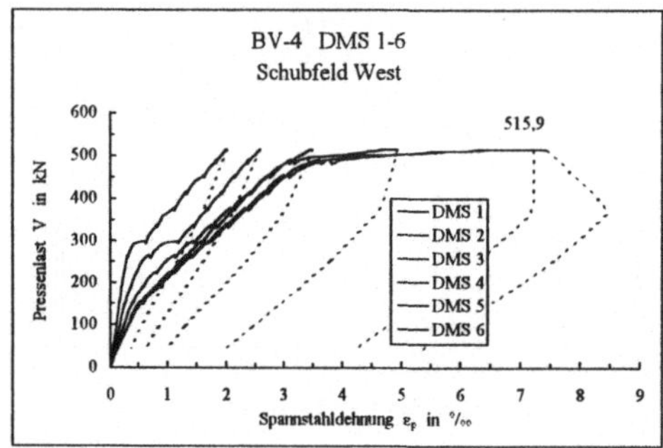

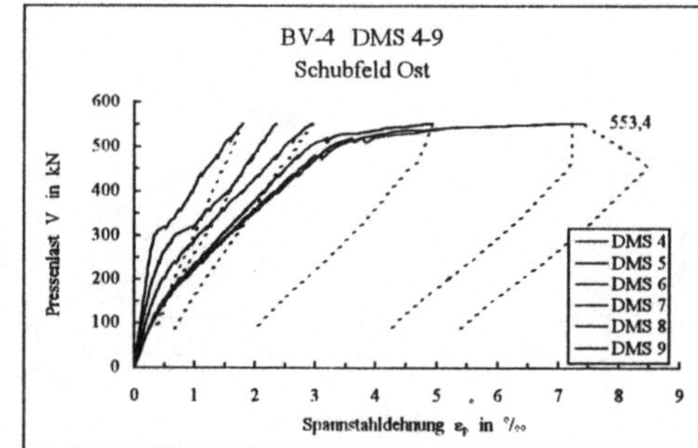

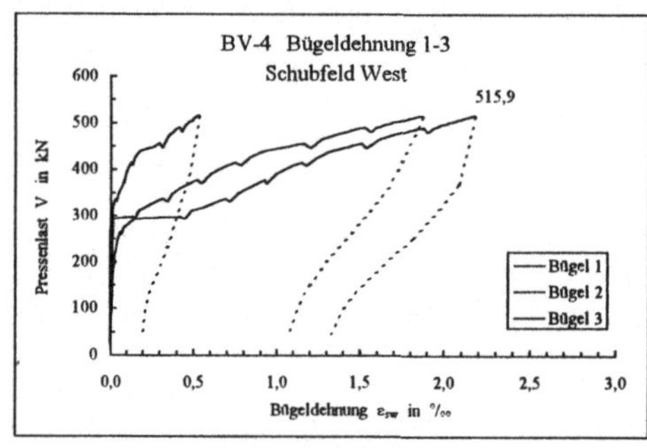

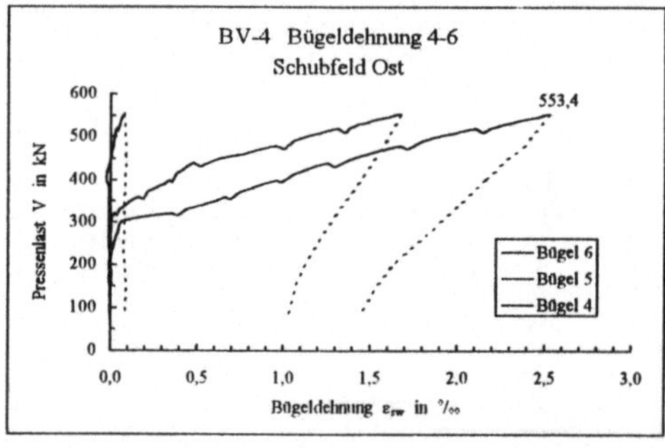

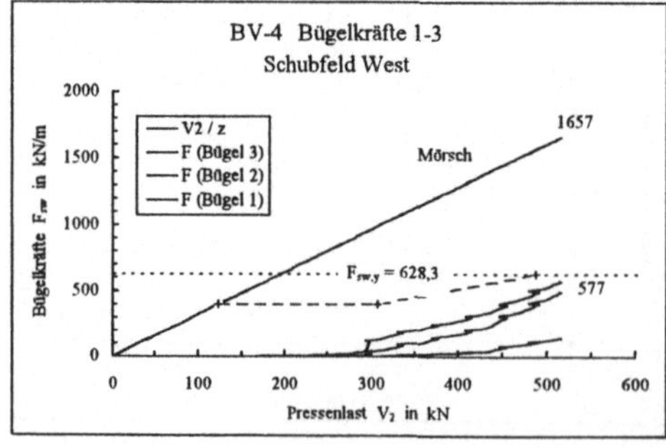

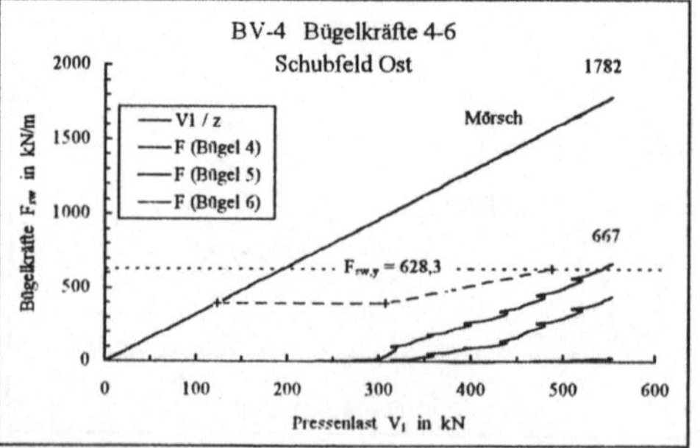

Meßwerte zu Versuch BV-5

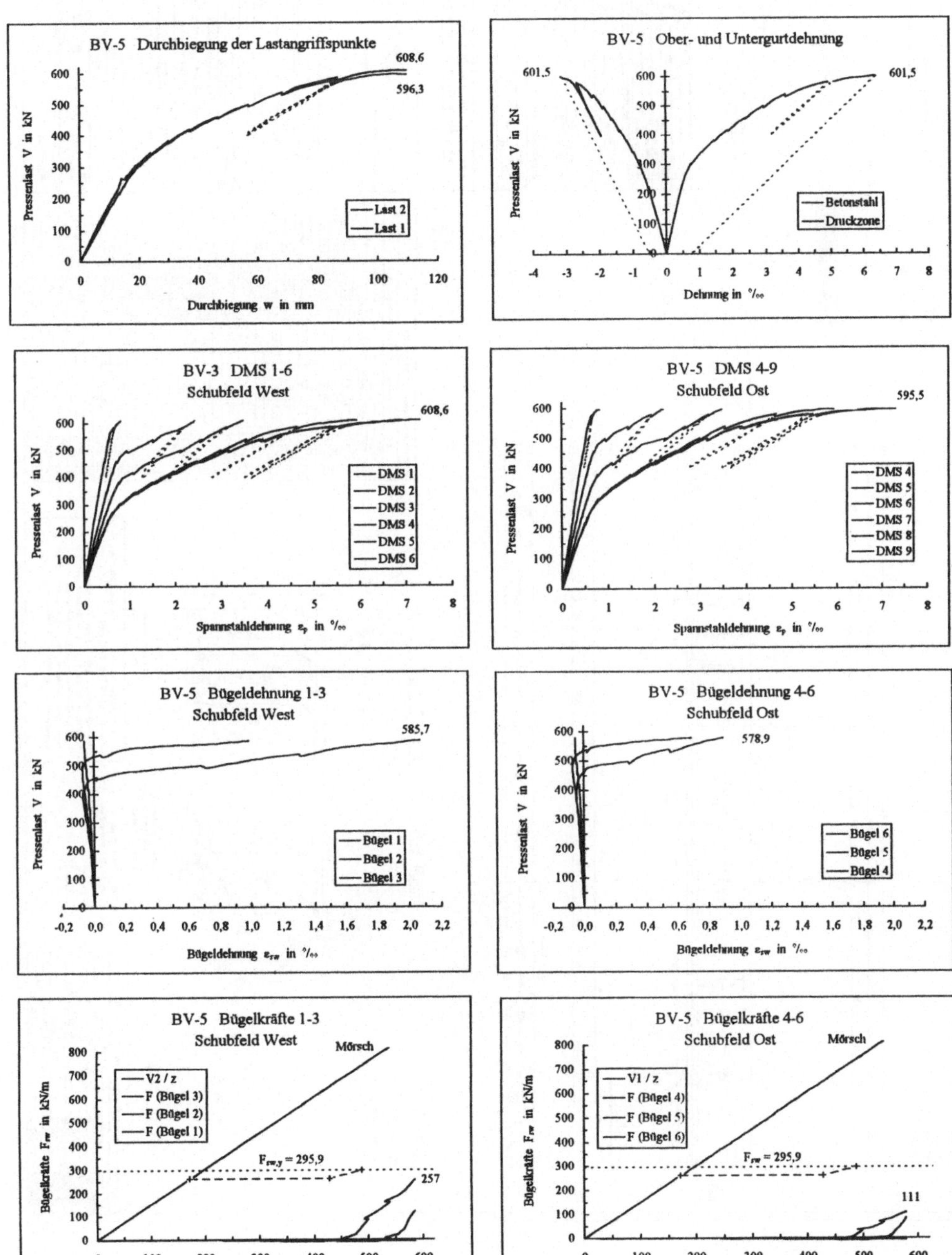

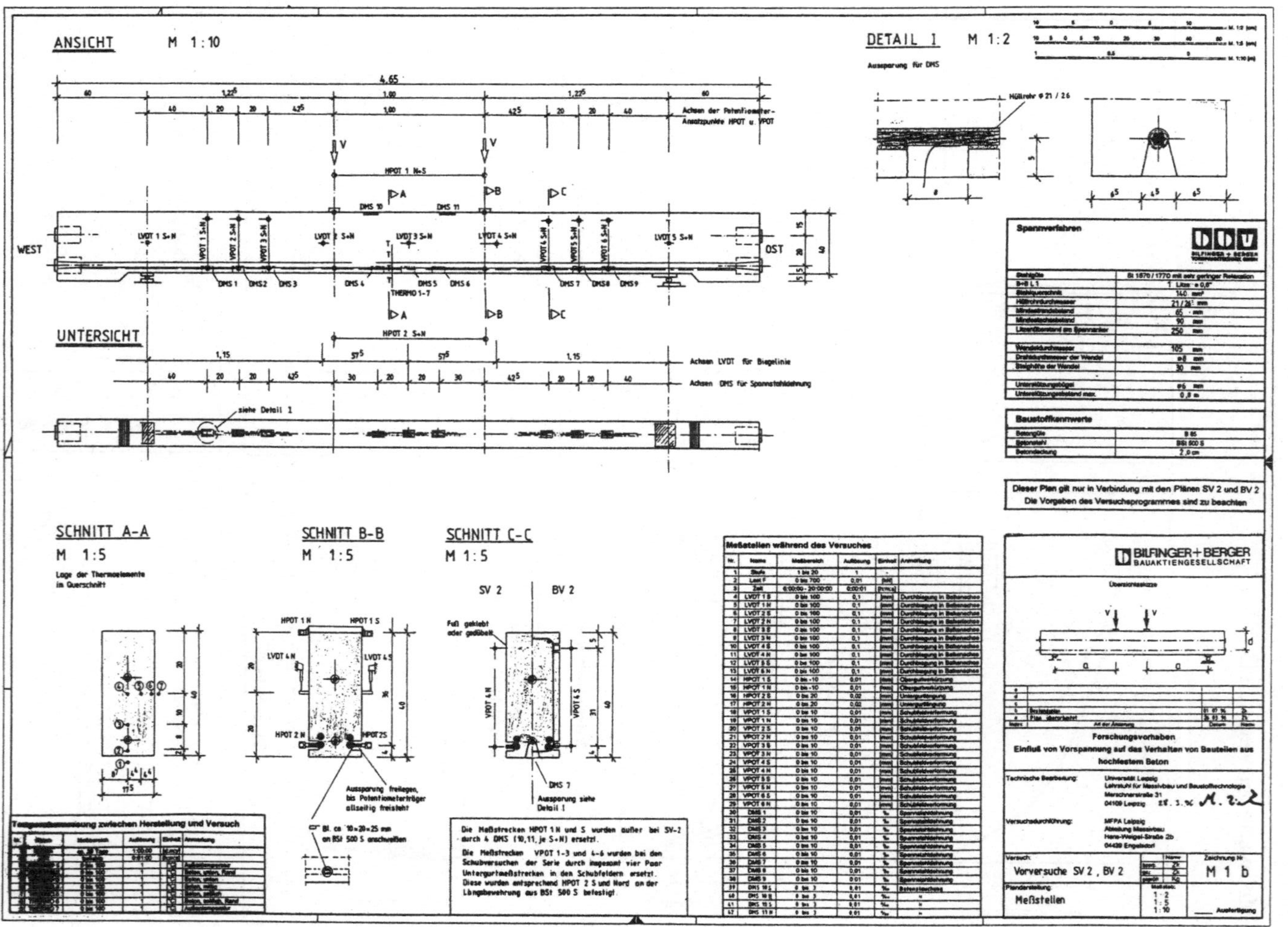

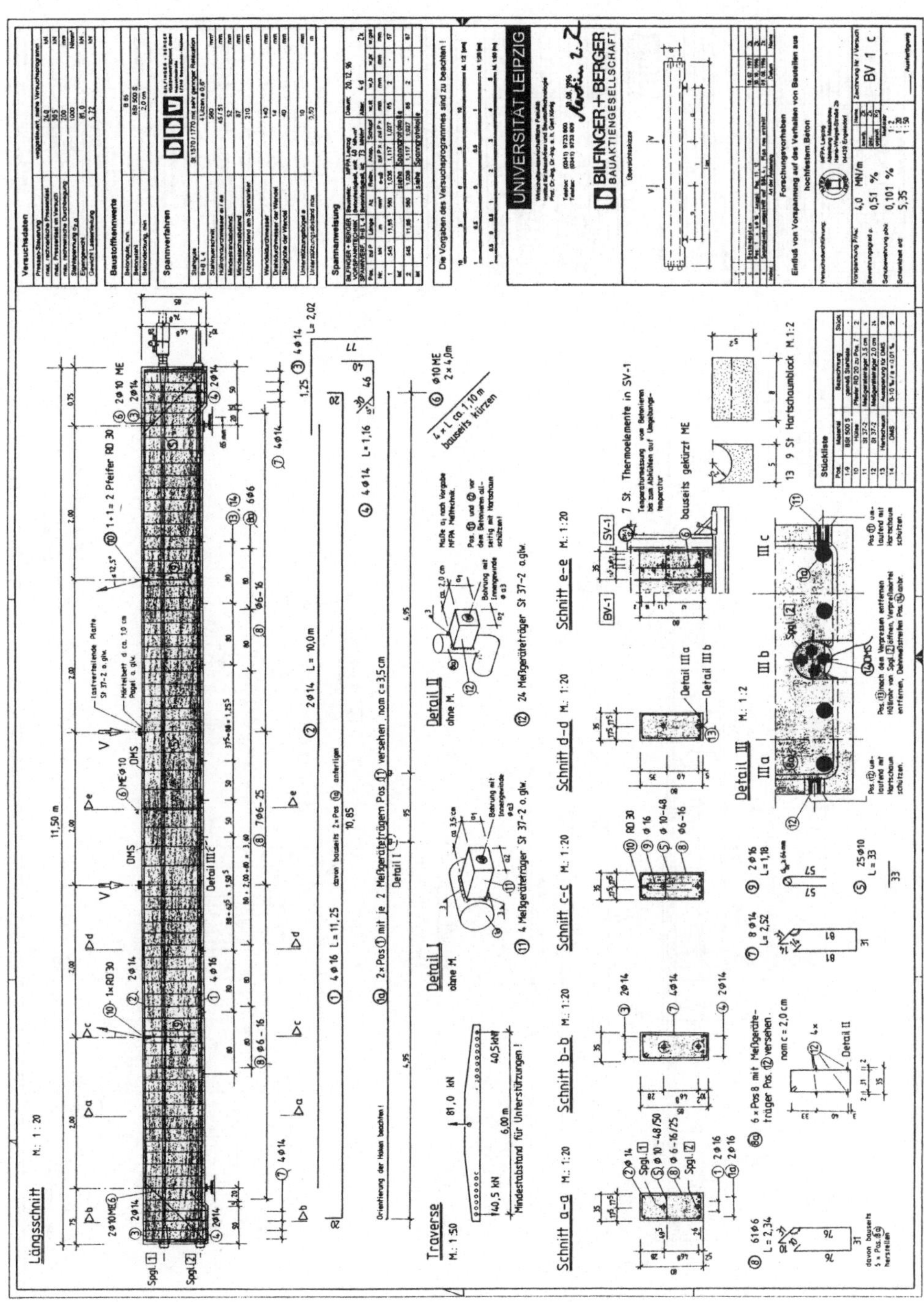

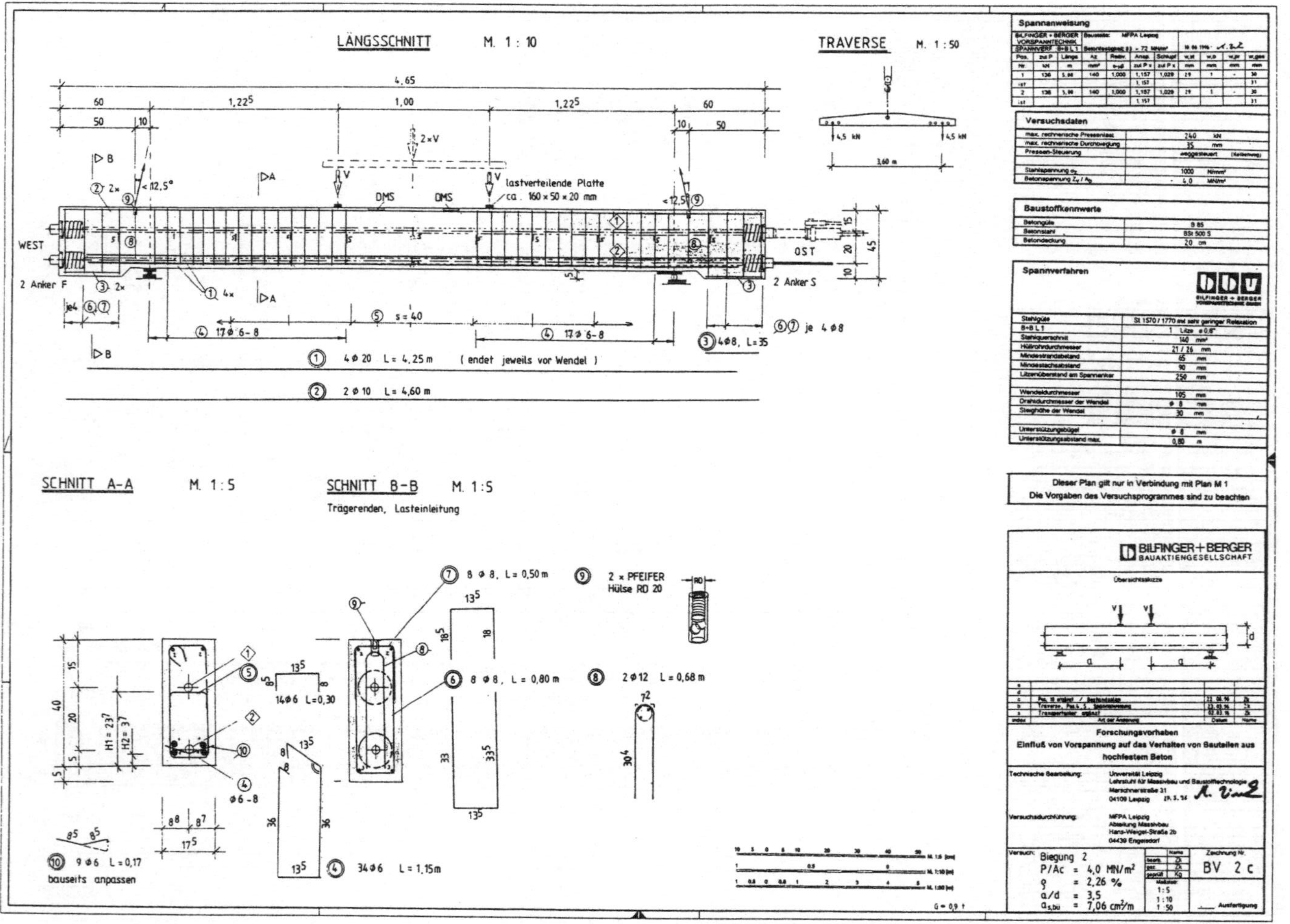
LÄNGSSCHNITT   M. 1:10
TRAVERSE   M. 1:50
4,65
50   1,22⁵   1,00   1,22⁵   60
50   10   10   50
2×V
▷B   ▷A
2×   <12,5°
lastverteilende Platte
DMS   DMS   ca. 160×50×20 mm   <12,5°
WEST
OST
2 Anker F   2 Anker S
3   2×   je4   1   4×   ▷A
▷B
4,5 kN   4,5 kN
3,60 m
5   s=40
17 ⌀6-8   17 ⌀6-8
3   4⌀8, L=35
6 7   je 4⌀8
1   4⌀20   L=4,25 m   (endet jeweils vor Wendel)
2   2⌀10   L=4,60 m
SCHNITT A-A   M. 1:5
SCHNITT B-B   M. 1:5
Trägerenden, Lasteinleitung
7   8⌀8, L=0,50 m
9   2 × PFEIFER Hülse RD 20
14⌀6 L=0,30
6   8⌀8, L=0,80 m
8   2⌀12   L=0,68 m
H1=23⁷   H2=37
⌀6-8
10   9⌀6   L=0,17
bauseits anpassen
4   34⌀6   L=1,15 m
G=0,9 t

Spannanweisung
BILFINGER+BERGER   Baustelle: MFPA Leipzig
VORSPANNTECHNIK
SPANNVERF. B+B L1
Versuchsdaten
max. rechnerische Pressenlast   240 kN
max. rechnerische Durchbiegung   35 mm
Pressen-Steuerung   weggesteuert (Kraftweg)
Stahlspannung σ₀   1000 N/mm²
Betonspannung Z₀/A₀   4,0 MN/m²
Baustoffkennwerte
Betongüte   B 85
Betonstahl   BSt 500 S
Betondeckung   20 cm
Spannverfahren
Stahlgüte   St 1570/1770 mit sehr geringer Relaxation
B+B L1   1 Litze ⌀0,6"
Stahlquerschnitt   140 mm²
Hüllrohrdurchmesser   21/26 mm
Mindestrandabstand   65 mm
Mindestachsabstand   90 mm
Litzenüberstand am Spannanker   250 mm
Wendeldurchmesser   105 mm
Drahtdurchmesser der Wendel   ⌀8 mm
Steighöhe der Wendel   30 mm
Unterstützungsbügel   ⌀8 mm
Unterstützungsabstand max.   0,80 m

Dieser Plan gilt nur in Verbindung mit Plan M 1
Die Vorgaben des Versuchsprogrammes sind zu beachten

BILFINGER+BERGER
BAUAKTIENGESELLSCHAFT
Übersichtsskizze
Forschungsvorhaben
Einfluß von Vorspannung auf das Verhalten von Bauteilen aus hochfestem Beton
Technische Bearbeitung: Universität Leipzig
Lehrstuhl für Massivbau und Baustofftechnologie
Marschnerstraße 31
04109 Leipzig
Versuchsdurchführung: MFPA Leipzig
Abteilung Massivbau
Hans-Weigel-Straße 2b
04439 Engelsdorf
Versuch: Biegung 2
P/Ac = 4,0 MN/m²
ρ = 2,26 %
a/d = 3,5
a_{s,bü} = 7,06 cm²/m
1:5   1:10   1:50
Zeichnung Nr.   BV 2 c
Ausfertigung

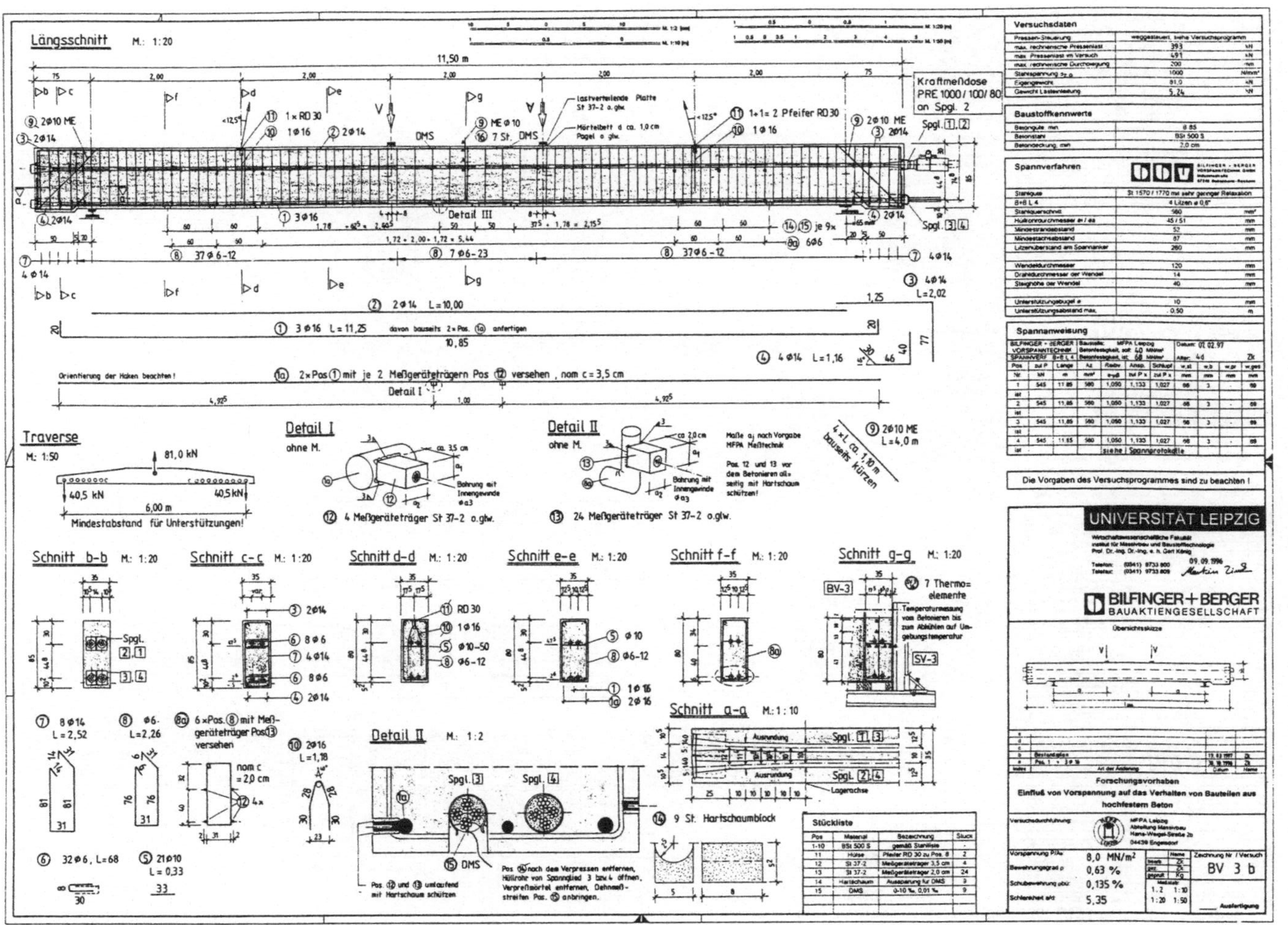

Längsschnitt   M.: 1:20
11,50 m
Kraftmeßdose PRE 1000 / 100 / 80 an Spgl. 2
Lastverteilende Platte St 37-2 o.glw.
Mörtelbett d ca. 1,0 cm
Pagel o. glw.
1×RD 30
1 Ø 16
2 Ø 14
DMS
ME Ø 10
7 St. DMS
1+1= 2 Pfeifer RD 30
2 Ø 10 ME
2 Ø 14
Detail III
Detail I
① 3 Ø 16   L = 11,25   davon bauseits 2×Pos. ⑩ anfertigen
10,85
② 2 Ø 14   L = 10,00
③ 4 Ø 14   L = 2,02
④ 4 Ø 14   L = 1,16
⑧ 37 Ø 6-12
⑧ 7 Ø 6-23
⑧ 37 Ø 6-12
⑦ 4 Ø 14
⑨ 2 Ø 10 ME
Orientierung der Haken beachten!
⑩ 2×Pos ① mit je 2 Meßgeräteträgern Pos ⑫ versehen , nom c = 3,5 cm
Traverse   M: 1:50
81,0 kN
40,5 kN   40,5 kN
6,00 m
Mindestabstand für Unterstützungen!
Detail I   ohne M.
Bohrung mit Innengewinde Ø a3
⑫ 4 Meßgeräteträger St 37-2 o.glw.
Detail II   ohne M.
Maße aj nach Vorgabe MFPA Meßtechnik
Pos. 12 und 13 vor dem Betonieren allseitig mit Hartschaum schützen!
⑬ 24 Meßgeräteträger St 37-2 o.glw.
⑨ 2 Ø 10 ME   L = 4,0 m
4 × L ca. 1,10 m bauseits kürzen
Schnitt b-b   M: 1:20
Spgl. ②①
③④
⑦ 8 Ø 14   L = 2,52
⑥ 32 Ø 6, L=68
Schnitt c-c   M: 1:20
⑥ 8 Ø 6
⑦ 4 Ø 14
⑥ 8 Ø 6
④ 2 Ø 14
② 2 Ø 14
⑧ Ø 6.   L=2,26
⑤ 21 Ø 10   L = 0,33
Schnitt d-d   M: 1:20
⑪ RD 30
⑩ 1 Ø 16
⑤ Ø 10-50
⑧ Ø 6-12
① 1 Ø 16
⑩ 2 Ø 16
⑧ₐ 6×Pos. ⑧ mit Meßgeräteträger Pos ⑬ versehen
nom c = 2,0 cm
⑩ 2 Ø 16   L = 1,18
Detail II   M: 1:2
Spgl. ③   Spgl. ④
⑮ DMS
Pos. ⑫ und ⑬ umlaufend mit Hartschaum schützen
Schnitt e-e   M: 1:20
⑤ Ø 10
⑧ Ø 6-12
Schnitt f-f   M: 1:20
⑧ₐ
Schnitt g-g   M: 1:20
BV-3
7 Thermoelemente
Temperaturmessung vom Betonieren bis zum Abkühlen auf Umgebungstemperatur
SV-3
Schnitt a-a   M: 1:10
Ausrundung   Spgl. ①③
Ausrundung   Spgl. ②④
Lagerachse
⑭ 9 St. Hartschaumblock
Pos. ⑮ nach dem Verpressen entfernen, Hüllrohr von Spanngl. 3 bzw. 4 öffnen, Verpreßmörtel entfernen, Dehnmeßstreifen Pos. ⑮ anbringen.

Versuchsdaten
Pressen-Steuerung   weggesteuert, siehe Versuchsprogramm
max. rechnerische Pressenlast   393   kN
max. Pressenkraft im Versuch   491   kN
max. rechnerische Durchbiegung   200   N/mm²
Stahlspannung σz,0   1000   N/mm²
Eigengewicht   81,0   kN
Gewicht Lasteinleitung   5,24   kN

Baustoffkennwerte
Betongüte min   B 85
Betonstahl   BSt 500 S
Betondeckung, cnin   2,0 cm

Spannverfahren
Stahlgüte   St 1570 / 1770 mit sehr geringer Relaxation
8+8 L 4   4 Litzen a 0,6"
Stahlquerschnitt   560   mm²
Hüllrohrdurchmesser øi / øa   45/51   mm
Mindestrandabstand   52   mm
Mindestachsabstand   87   mm
Litzenüberstand am Spannanker   280   mm
Wendeldurchmesser   120   mm
Drahtdurchmesser der Wendel   14   mm
Steighöhe der Wendel   40   mm
Unterstützungsbügel e   10   mm
Unterstützungsabstand max.   0,50   m

Die Vorgaben des Versuchsprogrammes sind zu beachten !

UNIVERSITÄT LEIPZIG
Wirtschaftswissenschaftliche Fakultät
Institut für Massivbau und Baustofftechnologie
Prof. Dr.-Ing. Dr.-Ing. e. h. Gert König
09.09.1996

BILFINGER + BERGER
BAUAKTIENGESELLSCHAFT
Übersichtsskizze

Forschungsvorhaben
Einfluß von Vorspannung auf das Verhalten von Bauteilen aus hochfestem Beton

Versuchsdurchführung   MFPA Leipzig
Abteilung Massivbau
Hans-Weigel-Straße 2b
04439 Engelsdorf

Vorspannung P/Ac   8,0 MN/m²
Bewehrungsgrad ρ   0,63 %
Schubbewehrung ρBü   0,135 %
Schlankheit a/d   5,35

Zeichnung Nr / Versuch
BV 3 b
M 1:2 1:10
1:20 1:50
Ausfertigung

Stückliste
Pos | Material | Bezeichnung | Stück
1-10 | BSt 500 S | gemäß Stahlliste |
11 | Hülse | Pfeiler RD 30 zu Pos. 8 | 2
12 | St 37-2 | Meßgeräteträger 3,5 cm | 4
13 | St 37-2 | Meßgeräteträger 2,0 cm | 24
14 | Hartschaum | Aussparung für DMS | 9
15 | DMS | 0-10 %, 0,01 % | 9

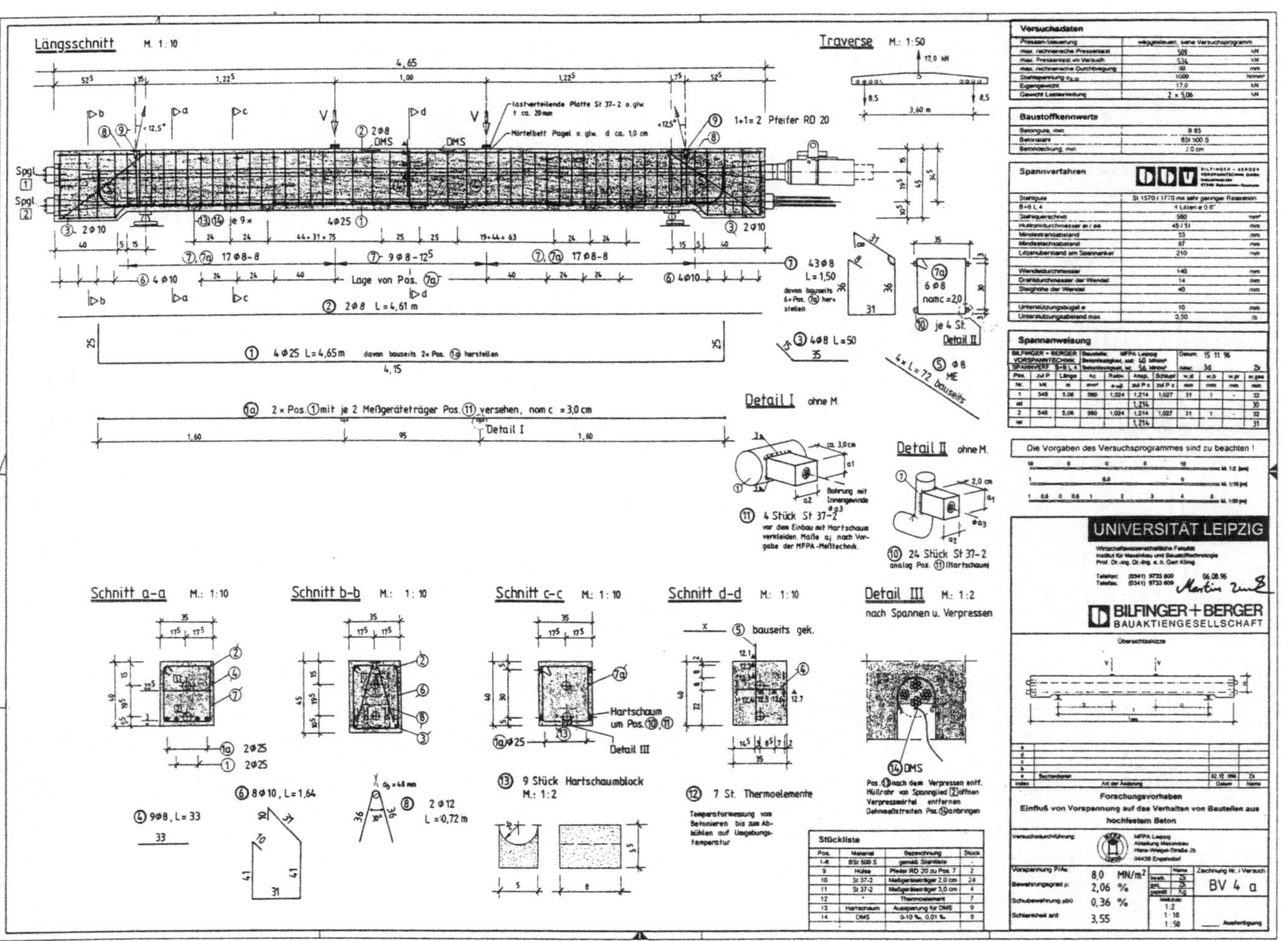

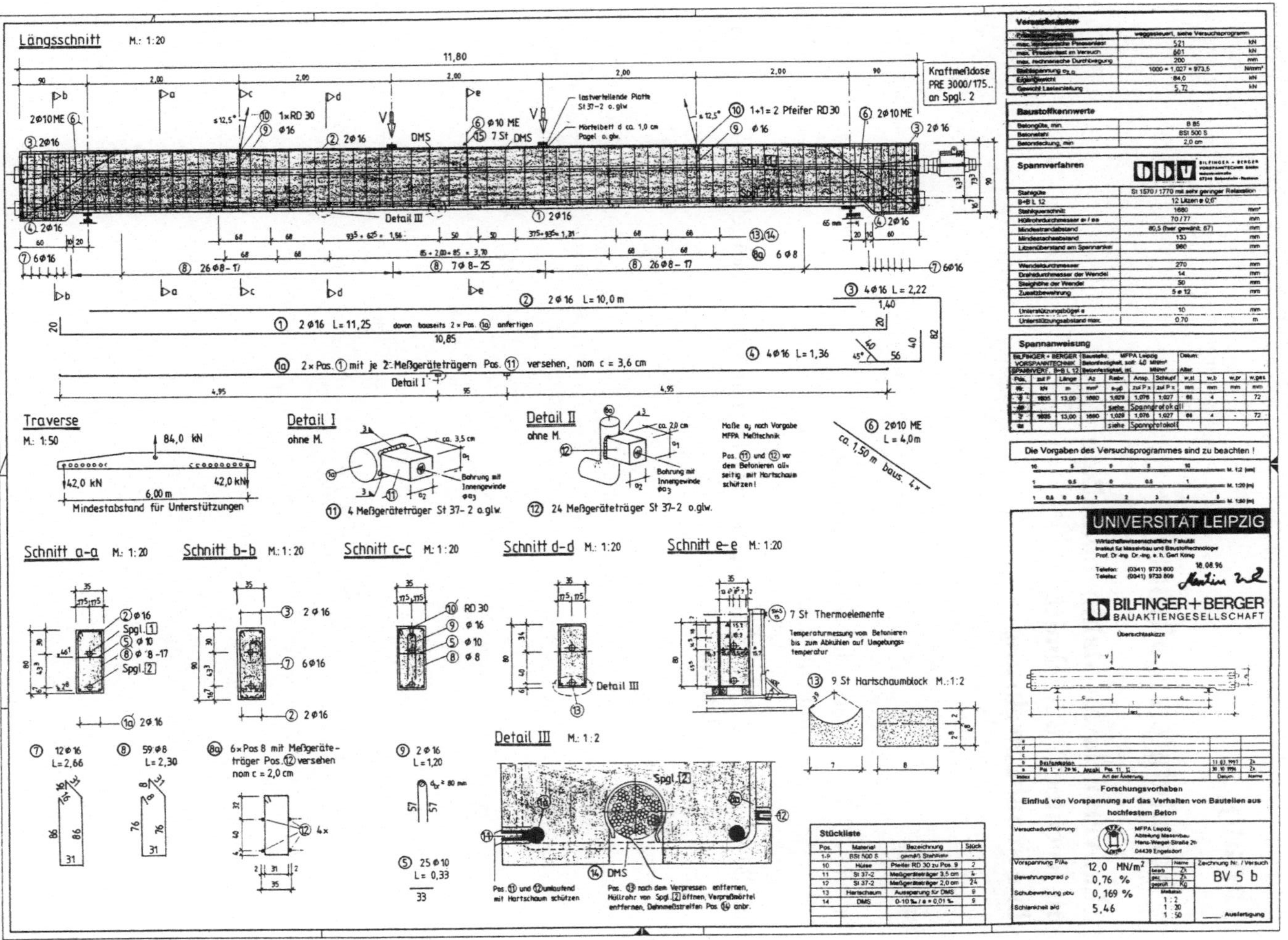
Längsschnitt   M.: 1:20
11,80
Kraftmeßdose PRE 3000/175.. an Spgl. 2
lastverteilende Platte St 37-2 o.glw.
Mörtelbett d ca. 1,0 cm Pagel o.glw.
1+1= 2 Pfeifer RD 30
2Ø10ME
Detail III
① 2Ø16
② 2Ø16 L=10,0 m
③ 4Ø16 L=2,22
① 2Ø16 L=11,25   davon bauseits 2 × Pos. ⑩ anfertigen
10,85
④ 4Ø16 L=1,36
⑩ 2×Pos.① mit je 2 Meßgeräteträgern Pos.⑪ versehen, nom c = 3,6 cm
Detail I
Traverse   M.: 1:50
84,0 kN
42,0 kN   42,0 kN
6,00 m
Mindestabstand für Unterstützungen
Detail I   ohne M.
Bohrung mit Innengewinde
⑪ 4 Meßgeräteträger St 37-2 o.glw.
Detail II   ohne M.
Maße a₁ nach Vorgabe MFPA Meßtechnik
Pos.⑪ und ⑫ vor dem Betonieren allseitig mit Hartschaum schützen!
⑫ 24 Meßgeräteträger St 37-2 o.glw.
⑥ 2Ø10 ME L=4,0m
ca. 1,50 m baus.
Schnitt a-a   M.: 1:20
Schnitt b-b   M.: 1:20
Schnitt c-c   M.: 1:20
Schnitt d-d   M.: 1:20
Schnitt e-e   M.: 1:20
Spgl.①
Spgl.②
⑥ 6Ø16
RD 30
7 St Thermoelemente
Temperaturmessung vom Betonieren bis zum Abkühlen auf Umgebungstemperatur
⑬ 9 St Hartschaumblock M.:1:2
Detail III   M.: 1:2
Spgl.②
DMS
⑦ 12Ø16 L=2,66
⑧ 59Ø8 L=2,30
⑧ₐ 6×Pos 8 mit Meßgeräteträger Pos.⑫ versehen nom c = 2,0 cm
⑨ 2Ø16 L=1,20
⑤ 25Ø10 L=0,33
Pos.⑪ und ⑫ umlaufend mit Hartschaum schützen
Pos.⑬ nach dem Verpressen entfernen, Hüllrohr von Spgl.② öffnen, Verpreßmörtel entfernen, Dehnmeßstreifen Pos.⑭ anbr.
Versuchsbedarf
Baustoffkennwerte
Spannverfahren
Spannanweisung
Die Vorgaben des Versuchsprogrammes sind zu beachten !
M.: 1:2
M.: 1:20
M.: 1:50
UNIVERSITÄT LEIPZIG
Wirtschaftswissenschaftliche Fakultät
Institut für Massivbau und Baustofftechnologie
Prof. Dr.-Ing. Dr.-Ing. e.h. Gert König
Telefon: (0341) 9733 800
Telefax: (0341) 9733 809
18.06.96
BILFINGER + BERGER BAUAKTIENGESELLSCHAFT
Übersichtsskizze
Forschungsvorhaben
Einfluß von Vorspannung auf das Verhalten von Bauteilen aus hochfestem Beton
Versuchsdurchführung
MFPA Leipzig Abteilung Massivbau Hans-Weigel-Straße 2b 04439 Engelsdorf
Vorspannung P/Ac   12,0 MN/m²
Bewehrungsgrad ρ   0,76 %
Schubbewehrung ρbu   0,169 %
Schlankheit a/d   5,46
Zeichnung Nr. / Versuch
BV 5 b
Ausfertigung
Stückliste
Pos.	Material	Bezeichnung	Stück
1-9	BSt 500 S	gemäß Stahlliste	
10	Huzex	Pfeifer RD 30 zu Pos. 9	2
11	St 37-2	Meßgeräteträger 3,5 cm	4
12	St 37-2	Meßgeräteträger 2,0 cm	24
13	Hartschaum	Aussparung für DMS	9
14	DMS	0-10 ‰ / e = 0,01 ‰	9

Anhang

3 Schubdaten Stahlbeton

**Schubversuche an Stahlbetonbalken
mit Rechteckquerschnitt
ohne Schubbewehrung**

Inhalt

Schubversuche an Stahlbetonbalken mit Rechteckquerschnitt ohne Schubbewehrung

Tabelle A3.1: Daten der Schubversuche

Nr.	Bezeichnung	f_c	d	b	a/d	ρ	ρn [1]	k_x	$V_{sr,exp}$	$\tau_{sr,exp}$
		[N/mm²]	[mm]	[mm]	-	[%]	[-]	[-]	[kN]	[N/mm²]
Shuaib H. Ahmad, A. R. Khaloo und A. Poveda [2]										
1	A1	60,8	203	127	4,00	3,93	0,221	0,480	57	2,22
2	A2	60,8	203	127	3,00	3,93	0,221	0,480	69	2,67
3	A7	60,8	208	127	4,00	1,77	0,099	0,358	47	1,77
4	A8	60,8	208	127	3,00	1,77	0,099	0,358	49	1,85
5	B1	67,0	202	127	4,00	5,04	0,274	0,516	51	2,00
6	B2	67,0	202	127	3,00	5,04	0,274	0,516	69	2,69
7	B7	67,0	208	127	4,00	2,25	0,122	0,387	45	1,69
8	B8	67,0	208	127	3,00	2,25	0,122	0,387	47	1,77
9	C1	64,3	184	127	4,00	6,64	0,366	0,565	54	2,32
10	C2	64,3	184	127	3,00	6,64	0,366	0,565	75	3,23
11	C7	64,3	206	127	4,00	3,26	0,180	0,446	45	1,73
12	C8	64,3	206	127	3,00	3,26	0,180	0,446	44	1,70
Helmut Aster und Rainer Koch [5]										
13	2 : h-25/D 5	28,1	250	1000	3,68	0,64	0,047	0,262	221	0,88
14	3 : h-25/D 7	28,6	250	1000	3,68	0,91	0,066	0,303	225	0,90
15	11 : h-50/D	28,1	500	1000	3,65	0,46	0,033	0,227	266	0,53
16	12 : h-50/D 5	27,7	500	1000	3,65	0,65	0,048	0,265	330	0,66
17	16 : h-75/D	28,9	750	1000	3,67	0,42	0,030	0,217	400	0,53
Zdenek P. Bazant und Mohammad T. Kazemi [11]										
18	I-8,1	46,8	163	38	3,00	1,65	0,101	0,360	9	1,47
19	I-8,2	46,8	163	38	3,00	1,65	0,101	0,360	10	1,58
20	I-8,3	46,8	163	38	3,00	1,65	0,101	0,360	10	1,64
21	II-8,1	46,2	165	38	3,00	1,62	0,100	0,358	7	1,16
22	II-8,2	46,2	165	38	3,00	1,62	0,100	0,358	8	1,33
23	II-8,3	46,2	165	38	3,00	1,62	0,100	0,358	8	1,30
Carl Johan Bernhardt und Carl Christian Fynboe [16]										
24	S9A	88,4	159	150	3,46	5,27	0,262	0,508	79	3,33
25	S9B	88,4	159	150	3,46	5,27	0,262	0,508	63	2,66
26	S9C	104,6	159	150	3,46	5,27	0,247	0,498	67	2,83
Nripendra Singh Bhal [18]										
27	B1	24,2	297	240	3,00	1,29	0,099	0,356	71	1,00
28	B2	30,9	600	240	3,00	1,28	0,090	0,344	120	0,83
29	B3	28,7	900	240	3,00	1,28	0,092	0,347	164	0,76
30	B4	26,4	1200	240	3,00	1,28	0,095	0,351	181	0,63
31	B5	27,8	600	240	3,00	0,64	0,047	0,262	107	0,74
32	B6	25,8	600	240	3,00	0,60	0,045	0,258	114	0,79
33	B7	28,5	900	240	3,00	0,64	0,046	0,262	138	0,64
Boris Bresler und A. C. Scordelis [19]										
34	OA-1	22,6	461	310	4,00	1,81	0,142	0,409	167	1,17
35	OA-2	23,7	466	305	4,90	2,27	0,175	0,442	178	1,25
36	OA-3	37,6	462	307	6,90	2,74	0,181	0,447	189	1,33
Roger Diaz de Cossio und Chester P. Siess [30]										
37	L-2	21,5	252	152	3,00	3,36	0,267	0,511	76	1,97

[1] mit: $E_s = 210000 \text{ N/mm}^2$, $E_c = 9500 \, f_c^{1/3}$

1. Fortsetzung der Tabelle A3.1

Nr.	Bezeichnung	f_c	d	b	a/d	ρ	ρn [1]	k_x	$V_{sr,exp}$	$\tau_{sr,exp}$
		[N/mm²]	[mm]	[mm]	-	[%]	[-]	[-]	[kN]	[N/mm²]
38	L-2a	36,7	252	152	3,00	3,36	0,224	0,481	80	2,08
39	L-3	28,0	252	152	4,00	3,36	0,245	0,496	53	1,39
40	L-4	25,8	252	152	5,00	3,36	0,251	0,501	51	1,33
41	L-5	27,9	252	152	6,00	3,36	0,245	0,496	51	1,32
42	A-2	31,5	254	152	3,00	1,00	0,070	0,311	42	1,08
43	A-3	20,0	254	152	4,00	1,00	0,081	0,330	34	0,88
44	A-4	26,8	254	152	5,00	1,00	0,074	0,317	35	0,91
45	A-12	26,7	252	152	3,00	3,36	0,249	0,499	59	1,53
46	A-13	22,1	252	152	4,00	3,36	0,265	0,509	47	1,22
47	A-14	27,5	252	152	5,00	3,36	0,246	0,497	55	1,42
48	A-15	25,0	252	152	6,00	3,36	0,254	0,503	49	1,28
Ashraf H. Elzanaty, Arthur H. Nilson und Floyd O. Slate [40]										
49	F7	20,7	274	178	4,00	0,60	0,048	0,266	35	0,71
50	F11	20,7	272	178	4,00	1,20	0,097	0,353	45	0,94
51	F12	20,7	269	178	4,00	2,50	0,201	0,464	55	1,14
52	F8	40,0	273	178	4,00	1,00	0,065	0,301	47	0,96
53	F13	40,0	272	178	4,00	1,20	0,078	0,324	47	0,97
54	F14	40,0	269	178	4,00	2,50	0,162	0,429	65	1,35
55	F1	65,5	272	178	4,00	1,20	0,066	0,303	59	1,23
56	F2	65,5	269	178	4,00	2,50	0,137	0,404	67	1,40
57	F10	65,5	267	178	4,00	3,30	0,181	0,447	78	1,64
58	F9	79,3	271	178	4,00	1,60	0,082	0,332	64	1,33
59	F15	79,3	269	178	4,00	2,50	0,129	0,395	68	1,42
60	F5	63,4	272	178	4,00	1,20	0,067	0,304	44	0,92
61	F6	63,4	269	178	4,00	2,50	0,139	0,406	62	1,29
Rainer Grimm [46]										
62	s1,1	90,1	153	300	3,73	1,34	0,066	0,303	70,1	1,53
63	s1,2	91,2	152	300	3,75	2,21	0,109	0,370	75,8	1,66
64	s2,1	94,4	350	300	3,51	0,60	0,029	0,214	125,2	1,19
65	s2,2	91,3	348	300	3,54	1,88	0,092	0,347	187,1	1,79
66	s2,3	93,7	348	300	3,55	0,94	0,046	0,260	123,1	1,18
67	s2,4	94,1	328	300	3,75	3,76	0,183	0,449	229,8	2,34
68	s3,1	91,3	750	300	3,51	0,42	0,021	0,183	137,7	0,61
69	s3,2	93,7	718	300	3,66	1,72	0,084	0,334	259,1	1,20
70	s3,3	94,4	746	300	3,53	0,83	0,040	0,246	192,8	0,86
71	s3,4	94,1	690	300	3,81	3,57	0,174	0,441	379,0	1,83
72	s4,1	110,9	153	300	3,73	1,34	0,062	0,295	74,2	1,62
73	s4,2	110,9	152	300	3,75	2,21	0,102	0,361	90,3	1,98
Mikael Hallgren [48]										
74	B90SB5-2-33	32,8	191	156	3,66	2,30	0,159	0,427	56	1,88
75	B90SB6-2-33	32,8	194	156	3,61	2,20	0,152	0,420	54	1,77
76	B90SB9-2-31	31,1	192	156	3,65	2,30	0,162	0,429	49	1,64
77	B90SB10-2-31	31,1	193	157	3,63	2,20	0,155	0,423	54	1,77
78	B90SB13-2-86	86,2	192	163	3,70	2,20	0,110	0,372	83	2,64
79	B90SB14-2-86	86,2	194	158	3,60	2,20	0,110	0,372	77	2,50
80	B90SB17-2-45	44,9	191	157	3,70	2,30	0,143	0,411	59	1,97
81	B90SB18-2-45	44,9	194	155	3,60	2,30	0,143	0,411	63	2,10
82	B90SB21-2-85	84,6	194	155	3,60	2,30	0,116	0,379	69	2,29
83	B90SB22-2-85	84,6	193	158	3,60	2,20	0,111	0,373	76	2,48
84	B91SC1-2-62	61,8	193	156	3,60	2,30	0,129	0,395	71	2,36

[1]) mit: $E_s = 210000$ N/mm², $E_c = 9500\, f_c^{1/3}$

2. Fortsetzung der Tabelle A3.1

Nr.	Bezeichnung	f_c	d	b	a/d	ρ	ρn [1]	k_x	$V_{sr,exp}$	$\tau_{sr,exp}$
		[N/mm²]	[mm]	[mm]	-	[%]	[-]	[-]	[kN]	[N/mm²]
85	B91SC2-2-62	61,8	196	155	3,60	2,20	0,123	0,388	70	2,29
86	B91SC4-2-69	69,1	195	156	3,60	2,20	0,119	0,383	74	2,43
87	B91SD1-4-61	60,8	194	156	3,60	4,00	0,225	0,482	88	2,92
88	B91SD2-4-61	60,8	195	156	3,60	4,00	0,225	0,482	90	2,96
89	B91SD3-4-66	65,7	195	156	3,60	4,00	0,219	0,478	82	2,68
90	B91SD4-4-66	65,7	195	155	3,60	4,00	0,219	0,478	79	2,61
91	B91SD5-4-58	58,3	196	156	3,60	4,00	0,228	0,485	78	2,55
92	B91SD6-4-58	58,3	196	150	3,60	4,10	0,234	0,489	83	2,81
Y. D. Hamadi und P. E. Regan [49]										
93	G1	34,2	370	100	3,46	1,70	0,116	0,379	44	1,20
94	G2	26,5	372	100	3,44	1,08	0,080	0,328	45	1,20
95	G3	26,2	374	100	3,42	0,60	0,045	0,258	38	1,01
96	G4	24,7	372	100	5,97	1,08	0,082	0,331	30	0,81
J. A. Hanson [50]										
97	8B2	30,8	264	152	5,00	2,50	0,176	0,443	52	1,30
98	8A4	20,9	264	152	5,00	1,25	0,100	0,359	34	0,84
99	8B4	31,0	264	152	5,00	1,25	0,088	0,341	43	1,06
100	8BW4	29,7	264	152	5,00	1,25	0,089	0,343	40	1,00
M. Iguro, T. Shioya, Y. Nojiri und H. Akiyama [57]										
101	3	21,1	600	300	3,00	0,43	0,034	0,230	84	0,46
102	4	27,2	1000	500	3,00	0,40	0,029	0,215	178	0,36
103	5	21,9	1000	500	3,00	0,40	0,032	0,222	199	0,40
104	6	28,5	2000	1000	3,00	0,40	0,029	0,213	698	0,35
105	7	24,3	3000	1500	3,00	0,41	0,031	0,221	1413	0,31
G. N. J. Kani [61]										
106	81	27,9	274	153	5,94	2,76	0,201	0,464	52	1,23
107	83	27,9	271	156	3,00	2,73	0,199	0,462	66	1,56
108	84	27,9	271	151	4,01	2,83	0,206	0,468	56	1,37
109	91	27,9	269	154	6,10	2,71	0,198	0,461	52	1,25
110	93	30,7	273	155	6,50	2,66	0,188	0,453	55	1,29
111	96	25,7	275	153	3,90	2,76	0,207	0,469	57	1,35
112	64	26,1	541	156	8,00	2,75	0,205	0,467	80	0,95
113	66	26,8	541	156	6,00	2,75	0,203	0,466	92	1,09
114	74	27,7	523	152	3,10	2,84	0,208	0,469	109	1,37
115	75	27,7	524	152	3,10	2,83	0,207	0,469	109	1,37
116	79	26,5	556	153	6,80	2,72	0,202	0,465	86	1,01
117	3043	27,4	1092	154	3,00	2,72	0,199	0,463	166	0,99
118	3044	30,0	1097	152	4,00	2,73	0,194	0,459	160	0,96
119	3045	28,7	1092	155	5,00	2,70	0,195	0,459	154	0,91
120	3046	27,1	1097	155	7,00	2,72	0,200	0,463	156	0,92
121	3047	27,1	1095	155	8,00	2,68	0,197	0,461	149	0,88
122	271	27,4	269	611	6,10	2,75	0,202	0,465	222	1,35
123	272	27,4	271	611	5,00	2,72	0,199	0,463	232	1,40
124	273	27,6	271	612	4,00	2,72	0,199	0,462	209	1,26
125	274	27,6	270	612	3,00	2,73	0,200	0,463	253	1,53
William J. Krefeld und Charles W. Thurston [72]										
126	IV-14A2	20,7	243	152	3,80	1,05	0,085	0,335	35	0,95
127	IV-16A2	22,2	240	152	3,80	1,77	0,139	0,407	42	1,14
128	IV-17A2	22,0	243	152	3,80	2,09	0,165	0,433	44	1,19

[1]) mit: $E_s = 210000$ N/mm², $E_c = 9500\, f_c^{1/3}$

3. Fortsetzung der Tabelle A3.1

Nr.	Bezeichnung	f_c	d	b	a/d	ρ	ρn [1]	k_x	$V_{sr,exp}$	$\tau_{sr,exp}$
		[N/mm²]	[mm]	[mm]	-	[%]	[-]	[-]	[kN]	[N/mm²]
129	IV-19A2	20,6	240	152	3,80	3,53	0,285	0,522	46	1,27
130	V-2AC	23,0	254	152	4,80	1,32	0,103	0,362	38	0,98
131	V-3AC	20,8	256	152	4,80	1,99	0,160	0,428	44	1,13
132	V-3CC	20,5	256	152	6,00	1,99	0,161	0,429	36	0,91
133	V-4CC	20,6	254	152	6,00	2,64	0,213	0,473	40	1,03
134	V-5CC	20,3	252	152	6,00	3,35	0,271	0,514	44	1,16
135	V-4EC	21,2	254	152	7,20	2,63	0,210	0,471	42	1,08
136	V-5EC	19,5	252	152	7,20	3,35	0,275	0,516	39	1,03
137	V-4GC	21,0	254	152	8,40	2,63	0,211	0,472	37	0,95
138	V-5GC	21,9	252	152	8,50	3,35	0,265	0,510	42	1,09
139	VII-6C	20,1	252	152	3,60	3,35	0,272	0,514	51	1,33
140	VIII-3AAC	34,6	256	152	3,60	1,99	0,135	0,402	56	1,43
141	VIII-4AAC	29,2	254	152	3,60	2,63	0,189	0,454	58	1,49
142	VIII-5AAC	32,8	252	152	3,60	3,35	0,231	0,487	57	1,48
143	VIII-3AC	31,9	256	152	4,80	1,99	0,139	0,406	53	1,37
144	VIII-4AC	30,5	254	152	4,80	2,63	0,186	0,452	54	1,39
145	VIII-5AC	32,8	252	152	4,80	3,35	0,231	0,487	54	1,41
146	VIII-4CC	38,4	254	152	6,00	2,63	0,172	0,440	53	1,36
147	VIII-5CC	37,5	252	152	6,00	3,35	0,221	0,480	57	1,49
148	VIII-5EC	37,5	252	152	7,20	3,35	0,221	0,480	53	1,39
149	s-I-OCa	35,7	254	152	6,00	2,63	0,177	0,443	48	1,25
150	s-I-OCb	39,0	254	152	6,00	2,63	0,171	0,439	53	1,36
Fritz Leonhardt und René Walther [75]										
151	5	32,3	270	190	3,00	2,07	0,144	0,411	61	1,18
152	6	32,3	270	190	4,00	2,07	0,144	0,411	61	1,19
153	7-1	33,8	278	190	5,00	2,01	0,137	0,405	62	1,18
154	7-2	33,8	278	190	5,00	2,01	0,137	0,405	68	1,29
155	8-1	33,9	278	190	6,00	2,01	0,137	0,404	65	1,24
156	8-2	33,9	274	190	6,00	2,04	0,139	0,407	66	1,26
157	D-3/1	39,3	210	150	3,00	1,62	0,105	0,366	46	1,47
158	D-3/2	39,3	210	150	3,00	1,62	0,105	0,366	41	1,31
159	D-4/1	38,6	280	200	3,00	1,67	0,109	0,371	74	1,32
160	D-4/2	38,6	280	200	3,00	1,67	0,109	0,371	69	1,23
161	C1	42,8	150	100	3,00	1,33	0,084	0,334	22	1,44
162	C2	42,8	300	150	3,00	1,33	0,084	0,334	65	1,44
163	C3	42,8	450	200	3,00	1,33	0,084	0,334	102	1,13
164	C4	42,8	600	225	3,00	1,33	0,084	0,334	153	1,13
Robert G. Mathey und David Watstein [80]										
165	IIIa-17	29,7	400	203	3,80	2,54	0,181	0,448	89	1,09
166	IIIa-18	25,6	400	203	3,80	2,54	0,191	0,456	81	1,00
167	Va-19	23,9	400	203	3,80	0,93	0,071	0,313	64	0,79
168	Va-20	26,0	400	203	3,80	0,93	0,069	0,310	67	0,82
169	VIa-24	26,8	400	203	3,80	0,47	0,035	0,231	55	0,68
170	VIa-25	26,2	400	203	3,80	0,47	0,035	0,232	50	0,62
K. G. Moody, I. M. Viest, R. C. Elstner und E. Hognestad [82]										
171	A-A1	30,3	262	178	3,06	2,17	0,154	0,422	60	1,29
172	A-A2	31,0	267	178	3,00	2,15	0,151	0,419	67	1,41
173	A-B1	21,2	267	178	3,00	1,62	0,129	0,396	57	1,19
174	B-1	36,7	268	152	3,40	1,89	0,126	0,391	57	1,41
175	B-3	25,8	268	152	3,40	1,89	0,141	0,409	52	1,28

[1]) mit: $E_s = 210000$ N/mm², $E_c = 9500\, f_c^{1/3}$

4. Fortsetzung der Tabelle A3.1

Nr.	Bezeichnung	f_c	d	b	a/d	ρ	ρn [1])	k_x	$V_{sr,exp}$	$\tau_{sr,exp}$
		[N/mm²]	[mm]	[mm]	-	[%]	[-]	[-]	[kN]	[N/mm²]
176	B-5	30,7	268	152	3,40	1,89	0,133	0,400	52	1,27
177	B-7	30,9	268	152	3,40	1,89	0,133	0,400	51	1,25
178	B-9	41,2	268	152	3,40	1,89	0,121	0,386	53	1,31
179	B-10	23,9	268	152	3,40	1,89	0,145	0,413	49	1,20
180	B-11	38,1	268	152	3,40	1,89	0,124	0,389	60	1,47
181	B-12	20,2	268	152	3,40	1,89	0,153	0,421	47	1,15
182	B-13	37,8	268	152	3,40	1,89	0,124	0,390	55	1,36
183	B-14	22,6	268	152	3,41	1,89	0,148	0,416	43	1,06
184	B-15	37,4	268	152	3,41	1,89	0,125	0,390	51	1,25
J. Morrow und I. M. Viest [83]										
185	B40B4	34,8	368	305	3,20	1,85	0,125	0,391	156	1,39
186	B56B4	27,2	368	305	4,30	1,85	0,136	0,403	122	1,09
187	B56E4	28,4	368	305	4,34	1,24	0,090	0,343	109	0,97
188	B56B6	45,7	372	305	4,30	1,83	0,113	0,376	137	1,21
189	B84B4	27,2	363	305	6,40	1,88	0,138	0,405	113	1,02
190	B113B4	32,6	365	305	8,40	1,86	0,129	0,395	105	0,94
Andrew G. Mphonde und Gregory C. Frantz [85]										
191	AO-3-3b	20,8	298	152	3,60	3,36	0,270	0,513	64	1,42
192	AO-3-3c	27,1	298	152	3,60	2,32	0,171	0,438	67	1,47
193	AO-7-3a	37,7	298	152	3,60	3,36	0,222	0,480	82	1,81
194	AO-7-3b	41,6	298	152	3,60	3,36	0,214	0,475	82	1,82
195	AO-11-3a	74,9	298	152	3,60	3,36	0,176	0,443	89	1,97
196	AO-11-3b	74,6	298	152	3,60	3,36	0,176	0,443	89	1,97
197	AO-15-3a	81,3	298	152	3,60	3,36	0,171	0,439	93	2,05
198	AO-15-3b	93,7	298	152	3,60	3,36	0,164	0,431	100	2,20
199	AO-15-3c	91,8	298	152	3,60	3,36	0,165	0,432	97	2,15
Gerd Remmel [97]										
200	s1_1	85,1	165	150	4,00	1,87	0,094	0,350	46	1,87
201	s1_2	85,1	165	150	3,06	1,87	0,094	0,350	48	1,94
202	s1_4	87,4	160	150	4,00	4,09	0,204	0,466	58	2,40
203	s1_5	87,4	160	150	3,06	4,09	0,204	0,466	60	2,51
Hubert Rüsch, Finn Robert Haugli und Horst Mayer [101]										
204	Y	23,0	199	120	3,60	2,65	0,206	0,468	30	1,26
205	Z	24,3	262	180	3,62	2,64	0,202	0,465	55	1,16
Hans Scholz [103]										
206	A-2	80,6	372	200	3,00	0,81	0,041	0,249	83	1,12
207	A-3	80,6	372	200	4,00	0,81	0,041	0,249	81	1,09
208	D-2	96,8	362	200	3,00	1,94	0,093	0,349	121	1,67
209	D-3	96,8	362	200	4,00	1,94	0,093	0,349	121	1,67
R. Taylor [110]										
210	2A	24,0	222	190	4,11	0,90	0,069	0,309	38	0,90
211	2B	22,9	222	190	4,11	0,90	0,070	0,311	41	0,97
212	2C	22,6	222	190	4,11	1,19	0,093	0,348	49	1,16
213	2D	26,0	222	190	4,11	1,19	0,089	0,342	40	0,94
214	2E	25,2	222	190	4,11	1,49	0,112	0,375	45	1,07
215	2F	22,7	222	190	4,11	1,49	0,116	0,380	45	1,07
Erik Thorenfeldt und Geir Drangsholt [111]										
216	B11	54,0	221	150	3,00	1,82	0,106	0,367	58	1,75

[1]) mit: $E_s = 210000$ N/mm², $E_c = 9500\, f_c^{1/3}$

5. Fortsetzung der Tabelle A3.1

Nr.	Bezeichnung	f_c	d	b	a/d	ρ	ρn [1])	k_x	$V_{sr,exp}$	$\tau_{sr,exp}$
		[N/mm²]	[mm]	[mm]	-	[%]	[-]	[-]	[kN]	[N/mm²]
217	B13	54,0	207	150	4.00	3,23	0.189	0,454	70	2,27
218	B14	54,0	207	150	3.00	3,23	0.189	0,454	83	2,66
219	B21	77,8	221	150	3.00	1,82	0.094	0,350	68	2,05
220	B23	77,8	207	150	4.00	3,23	0.167	0,435	78	2,51
221	B24	77,8	207	150	3.00	3,23	0.167	0,435	83	2,66
222	B43	86,4	207	150	4.00	3,23	0.161	0,429	86	2,77
223	B44	86,4	207	150	3.00	3,23	0.161	0,429	107	3,45
224	B51	97,7	221	150	3.00	1,82	0.087	0,340	56	1,69
225	B53	97,7	207	150	4.00	3,23	0.155	0,423	77	2,47
226	B54	97,7	207	150	3.00	3,23	0.155	0,423	78	2,50
227	B61	77,8	442	300	3.00	1,82	0.094	0,350	180	1,36
228	B63	77,8	414	300	4.00	3,23	0.167	0,435	222	1,79
229	B64	77,8	414	300	3.00	3,23	0.167	0,435	281	2,26
Joost C. Walraven [118]										
230	A2	34,2	420	200	3.00	0,74	0.050	0,271	71	0,84
231	A3	34,8	720	200	3.00	0,79	0.053	0,278	101	0,70
Yuliang Xie, Shuaib H. Ahmad, Tiejun Yu, S. Hino und W. Chung [123]										
232	NNN-3	38,5	216	127	3.00	2,07	0.135	0,402	37	1,34
233	NHN-3	101,1	216	127	3.00	2,07	0.098	0,356	46	1,67
Statistik für Versuche 1 bis 233										
Maximum		111	3000	1500	8.50	6,64	0.366	0.565		3,45
Mittelwert		**46**	**340**	**211**	**4,00**	**2,26**	**0,145**	**0,398**		**1,45**
Minimum		20	150	38	3.00	0,40	0,021	0,183		0,31

[1]) mit: $E_s = 210000$ N/mm², $E_c = 9500\, f_c^{1/3}$

Tabelle A3.2: Vergleich der Rechenansätze mit den Versuchsergebnissen

Ansatz		Zink (siehe Kapitel 6)					Remmel [97]		CEB-FIP Model Code 1990 [26], [28]				DAfStb-Richtlinie [31]		Entwurf DIN 1045-1 [33]	
		Gleichung 6.13			$\tau_j = \tau_0 (20\, l_{ch}/a)^{1/4}$		$\tau_u = 1{,}4\,(\rho\, l_d/d)^{1/3} f_{ct}$		Gleichung 8.3		Gleichung 8.4		cal $\tau_{uk} = \gamma$ zul τ_k		cal $\tau_{uk} = \gamma_M\, \tau_{Rd,ct}$	
Nr.	Bezeichnung	$\tau_0 = 2/3\, k_c f_{ct}$	$k(a/d)$	$k(d/l_{ch})$	cal τ_j	cal $\tau_j/\tau_{j,exp}$	cal τ_j	cal $\tau_j/\tau_{j,exp}$	τ_{uk} [1]	cal $\tau_{uk}/\tau_{u,exp}$	τ_{Rd1} [1]	cal $\tau_{Rd1}/\tau_{u,exp}$	cal τ_{uk}	cal $\tau_{uk}/\tau_{u,exp}$	cal τ_{uk}	cal $\tau_{uk}/\tau_{u,exp}$
		[N/mm²]	[N/mm²]	[N/mm²]	[N/mm²]	[-]	[N/mm²]	[-]	[N/mm²]	[-]	[N/mm²]	[-]	[N/mm²]	[-]	[N/mm²]	[-]
Shuaib H. Ahmad, A. R. Khaloo und A. Poveda [2]																
1	A1	1,327	1,000	1,615	2,144	0,966	2,189	0,986	1,649	0,743	1,452	0,654	1,645	0,741	1,481	0,667
2	A2	1,327	1,075	1,615	2,304	0,863	2,189	0,820	1,815	0,680	1,452	0,544	1,645	0,616	1,481	0,555
3	A7	0,990	1,000	1,605	1,589	0,898	1,665	0,941	1,256	0,710	1,106	0,625	1,314	0,742	1,413	0,798
4	A8	0,990	1,075	1,605	1,708	0,923	1,665	0,900	1,383	0,747	1,106	0,598	1,314	0,710	1,413	0,764
5	B1	1,488	1,000	1,613	2,401	1,200	2,476	1,238	1,829	0,914	1,610	0,805	1,822	0,911	1,531	0,766
6	B2	1,488	1,075	1,613	2,580	0,959	2,476	0,920	2,013	0,748	1,610	0,599	1,822	0,677	1,531	0,569
7	B7	1,118	1,000	1,602	1,791	1,059	1,874	1,109	1,388	0,821	1,222	0,723	1,453	0,860	1,520	0,899
8	B8	1,118	1,075	1,602	1,924	1,087	1,874	1,059	1,527	0,863	1,222	0,690	1,453	0,821	1,520	0,859
9	C1	1,602	1,000	1,653	2,648	1,141	2,756	1,188	2,036	0,878	1,793	0,773	1,977	0,852	1,514	0,653
10	C2	1,602	1,075	1,653	2,845	0,881	2,756	0,853	2,241	0,694	1,793	0,555	1,977	0,612	1,514	0,469
11	C7	1,266	1,000	1,607	2,034	1,176	2,094	1,210	1,561	0,903	1,375	0,795	1,590	0,919	1,503	0,869
12	C8	1,266	1,075	1,607	2,186	1,286	2,094	1,231	1,719	1,011	1,375	0,809	1,590	0,935	1,503	0,884
Helmut Aster und Rainer Koch [5]																
13	2 : h-25/D 5	0,496	1,021	1,581	0,801	0,908	0,795	0,901	0,696	0,789	0,596	0,676	0,718	0,814	0,745	0,845
14	3 : h-25/D 7	0,579	1,021	1,580	0,933	1,037	0,901	1,001	0,787	0,874	0,674	0,749	0,799	0,888	0,842	0,936
15	11 : h-50/D	0,428	1,023	1,330	0,582	1,095	0,563	1,057	0,536	1,008	0,458	0,861	0,559	1,050	0,573	1,076
16	12 : h-50/D 5	0,497	1,023	1,331	0,676	1,025	0,630	0,955	0,602	0,912	0,514	0,779	0,618	0,937	0,643	0,974
17	16 : h-75/D	0,417	1,022	1,200	0,512	0,960	0,484	0,909	0,488	0,916	0,418	0,784	0,511	0,959	0,522	0,980
Zdenek P. Bazant und Mohammad T. Kazemi [11]																
18	I-8,1	0,884	1,075	1,720	1,634	1,112	1,582	1,076	1,346	0,916	1,077	0,733	1,251	0,851	1,278	0,869
19	I-8,2	0,884	1,075	1,720	1,634	1,034	1,582	1,001	1,346	0,852	1,077	0,682	1,251	0,792	1,278	0,809
20	I-8,3	0,884	1,075	1,720	1,634	0,996	1,582	0,965	1,346	0,821	1,077	0,657	1,251	0,763	1,278	0,779
21	II-8,1	0,874	1,075	1,716	1,611	1,389	1,557	1,342	1,328	1,145	1,062	0,916	1,235	1,064	1,264	1,090
22	II-8,2	0,874	1,075	1,716	1,611	1,211	1,557	1,171	1,328	0,999	1,062	0,799	1,235	0,928	1,264	0,951
23	II-8,3	0,874	1,075	1,716	1,611	1,239	1,557	1,198	1,328	1,022	1,062	0,817	1,235	0,950	1,264	0,973
Carl Johan Bernhardt und Carl Christian Fynboe [16]																
24	S9A	1,641	1,037	1,687	2,870	0,862	2,988	0,897	2,172	0,652	1,822	0,547	2,040	0,613	1,684	0,506
25	S9B	1,641	1,037	1,687	2,870	1,079	2,988	1,123	2,172	0,816	1,822	0,685	2,040	0,767	1,684	0,633
26	S9C	1,718	1,037	1,657	2,951	1,043	3,110	1,099	2,216	0,783	1,859	0,657	2,047	0,723	1,781	0,629
Nripendra Singh Bhal [18]																
27	B1	0,620	1,075	1,528	1,017	1,017	0,881	0,881	0,860	0,860	0,688	0,688	0,800	0,800	0,860	0,860
28	B2	0,685	1,075	1,264	0,931	1,122	0,782	0,942	0,806	0,972	0,645	0,777	0,754	0,908	0,806	0,972

[1] Einschließlich γ_{HSC} nach CEB-Bulletin 228 [28]

1. Fortsetzung der Tabelle A3.2

		Zink (siehe Kapitel 6)					Remmel [97]		CEB-FIP Model Code 1990 [26], [28]				DAfStb-Richtlinie [31]		Entwurf DIN 1045-1 [33]	
	Ansatz	Gleichung 6.13			$\tau_u = \tau_0 (20\, l_{ch}/a)^{1/4}$		$\tau_u = 1{,}4\,(\rho\, l_{ch}/d)^{1/3}\, f_{ct}$		Gleichung 8.3		Gleichung 8.4		cal $\tau_{u,k} = \gamma$ zul τ_k		cal $\tau_{u,k} = \gamma_M\, \tau_{Rd,ct}$	
Nr.	Bezeichnung	$\tau_0 = 2/3\, k_c f_{ct}$	$k(a/d)$	$k(d/l_{ch})$	cal τ_u	cal $\tau_u / \tau_{u,exp}$	cal τ_u	cal $\tau_u / \tau_{u,exp}$	$\tau_{u,k}$ [1]	cal $\tau_{u,k}/\tau_{u,exp}$	τ_{Rd1} [1]	cal $\tau_{Rd1}/\tau_{u,exp}$	cal $\tau_{u,k}$	cal $\tau_{u,k}/\tau_{u,exp}$	cal $\tau_{u,k}$	cal $\tau_{u,k}/\tau_{u,exp}$
		[N/mm²]	[N/mm²]	[N/mm²]	[N/mm²]	[-]	[N/mm²]	[-]	[N/mm²]	[-]	[N/mm²]	[-]	[N/mm²]	[-]	[N/mm²]	[-]
29	B3	0,665	1,075	1,147	0,819	1,078	0,660	0,868	0,734	0,966	0,587	0,773	0,685	0,901	0,734	0,966
30	B4	0,641	1,075	1,072	0,739	1,172	0,575	0,913	0,682	1,083	0,546	0,867	0,636	1,010	0,682	1,083
31	B5	0,494	1,075	1,271	0,674	0,911	0,590	0,797	0,618	0,835	0,494	0,668	0,595	0,804	0,618	0,835
32	B6	0,466	1,075	1,277	0,639	0,809	0,557	0,706	0,590	0,747	0,472	0,597	0,569	0,721	0,590	0,747
33	B7	0,498	1,075	1,147	0,614	0,960	0,522	0,815	0,581	0,908	0,465	0,726	0,560	0,875	0,581	0,908
Boris Bresler und A. C. Scordelis [19]																
34	OA-1	0,683	1,000	1,375	0,939	0,803	0,823	0,703	0,779	0,666	0,686	0,586	0,782	0,668	0,857	0,733
35	OA-2	0,759	0,951	1,367	0,986	0,789	0,906	0,725	0,796	0,637	0,750	0,600	0,844	0,675	0,898	0,719
36	OA-3	0,986	0,873	1,337	1,151	0,865	1,203	0,904	0,883	0,664	0,933	0,701	1,047	0,787	1,050	0,789
Roger Diaz de Cossio und Chester P. Siess [30]																
37	L-2	0,829	1,075	1,603	1,428	0,725	1,206	0,612	1,181	0,599	0,945	0,479	1,034	0,525	0,993	0,504
38	L-2a	1,049	1,075	1,557	1,755	0,844	1,557	0,749	1,411	0,679	1,129	0,543	1,250	0,601	1,187	0,571
39	L-3	0,937	1,000	1,578	1,478	1,067	1,373	0,991	1,172	0,845	1,032	0,744	1,136	0,819	1,085	0,783
40	L-4	0,903	0,946	1,585	1,354	1,019	1,320	0,994	1,058	0,797	1,004	0,756	1,103	0,831	1,055	0,795
41	L-5	0,936	0,904	1,578	1,335	1,009	1,372	1,037	1,023	0,773	1,031	0,779	1,135	0,858	1,084	0,819
42	A-2	0,625	1,075	1,566	1,052	0,975	0,968	0,897	0,894	0,829	0,715	0,663	0,846	0,784	0,894	0,829
43	A-3	0,513	1,000	1,608	0,825	0,933	0,774	0,876	0,698	0,790	0,615	0,695	0,722	0,817	0,768	0,869
44	A-4	0,585	0,946	1,579	0,874	0,964	0,896	0,988	0,715	0,788	0,678	0,747	0,800	0,882	0,847	0,934
45	A-12	0,917	1,075	1,582	1,559	1,019	1,342	0,877	1,269	0,829	1,015	0,663	1,117	0,730	1,067	0,697
46	A-13	0,841	1,000	1,600	1,346	1,104	1,224	1,004	1,083	0,889	0,954	0,783	1,045	0,857	1,003	0,823
47	A-14	0,930	0,946	1,579	1,389	0,978	1,362	0,959	1,081	0,761	1,026	0,722	1,129	0,795	1,078	0,759
48	A-15	0,891	0,904	1,588	1,278	0,997	1,301	1,015	0,986	0,769	0,994	0,775	1,092	0,851	1,045	0,815
Ashraf H. Elzanaty, Arthur H. Nilson und Floyd O. Slate [40]																
49	F7	0,422	1,000	1,575	0,665	0,936	0,648	0,912	0,585	0,824	0,515	0,726	0,620	0,873	0,644	0,907
50	F11	0,560	1,000	1,577	0,884	0,941	0,818	0,870	0,739	0,786	0,650	0,692	0,757	0,805	0,813	0,865
51	F12	0,736	1,000	1,582	1,165	1,022	1,049	0,920	0,946	0,829	0,833	0,730	0,929	0,815	0,966	0,848
52	F8	0,684	1,000	1,521	1,041	1,084	1,053	1,097	0,865	0,901	0,762	0,793	0,904	0,942	0,952	0,992
53	F13	0,737	1,000	1,523	1,122	1,157	1,120	1,155	0,920	0,948	0,810	0,835	0,953	0,983	1,013	1,044
54	F14	0,977	1,000	1,527	1,492	1,105	1,436	1,064	1,178	0,873	1,037	0,768	1,173	0,869	1,204	0,892
55	F1	0,866	1,000	1,499	1,297	1,055	1,378	1,120	1,051	0,854	0,925	0,752	1,133	0,921	1,194	0,970
56	F2	1,155	1,000	1,503	1,736	1,240	1,766	1,261	1,345	0,961	1,185	0,846	1,396	0,997	1,419	1,013
57	F10	1,279	1,000	1,505	1,925	1,174	1,942	1,184	1,478	0,902	1,302	0,794	1,508	0,920	1,421	0,867
58	F9	1,027	1,000	1,494	1,534	1,153	1,635	1,230	1,198	0,901	1,055	0,793	1,286	0,967	1,401	1,054
59	F15	1,222	1,000	1,497	1,829	1,288	1,902	1,340	1,393	0,981	1,227	0,864	1,460	1,028	1,512	1,065
60	F5	0,858	1,000	1,500	1,286	1,398	1,360	1,478	1,044	1,135	0,919	0,999	1,120	1,217	1,181	1,283
61	F6	1,144	1,000	1,504	1,721	1,334	1,743	1,351	1,337	1,036	1,177	0,912	1,380	1,070	1,404	1,088

[1]) Einschließlich γ_{HSC} nach CEB-Bulletin 228 [28]

2. Fortsetzung der Tabelle A3.2

	Ansatz	Zink (siehe Kapitel 6)					Remmel [97]		CEB-FIP Model Code 1990 [26], [28]				DAfStb-Richtlinie [31]		Entwurf DIN 1045-1 [33]	
		Gleichung 6.13			$\tau_u = \tau_0 (20\, l_{ch}/a)^{1/4}$		$\tau_u = 1{,}4\,(\rho\, l_{ch}/d)^{1/3} f_{ct}$		Gleichung 8.3		Gleichung 8.4		cal $\tau_{uk} = \gamma$ zul τ_k		cal $\tau_{uk} = \gamma_M\, \tau_{Rd,ct}$	
Nr.	Bezeichnung	$\tau_0 = 2/3\, k_f f_{ct}$	k(a/d)	k(d/l_{ch})	cal τ_u	cal $\tau_u/\tau_{u,exp}$	cal τ_u	cal $\tau_u/\tau_{u,exp}$	τ_{uk} [1]	cal $\tau_{uk}/\tau_{u,exp}$	τ_{Rd1} [1]	cal $\tau_{Rd1}/\tau_{u,exp}$	cal τ_{uk}	cal $\tau_{uk}/\tau_{u,exp}$	cal τ_{uk}	cal $\tau_{uk}/\tau_{u,exp}$
		[N/mm²]	[N/mm²]	[N/mm²]	[N/mm²]	[-]	[N/mm²]	[-]	[N/mm²]	[-]	[N/mm²]	[-]	[N/mm²]	[-]	[N/mm²]	[-]
Rainer Grimm [46]																
62	s1,1	0,988	1,018	1,700	1,709	1,119	1,926	1,261	1,359	0,890	1,169	0,766	1,412	0,925	1,483	0,971
63	s1,2	1,210	1,016	1,700	2,091	1,258	2,288	1,376	1,608	0,968	1,386	0,834	1,631	0,981	1,701	1,024
64	s2,1	0,710	1,033	1,375	1,008	0,846	1,131	0,949	0,875	0,734	0,737	0,618	0,915	0,767	1,012	0,848
65	s2,2	1,137	1,031	1,382	1,619	0,904	1,645	0,918	1,272	0,710	1,076	0,600	1,276	0,712	1,466	0,818
66	s2,3	0,860	1,030	1,378	1,222	1,036	1,314	1,114	1,012	0,859	0,857	0,727	1,046	0,887	1,173	0,995
67	s2,4	1,487	1,016	1,398	2,112	0,904	2,129	0,912	1,599	0,685	1,378	0,590	1,566	0,671	1,531	0,656
68	s3,1	0,601	1,033	1,141	0,708	1,157	0,773	1,263	0,668	1,091	0,563	0,920	0,709	1,158	0,767	1,253
69	s3,2	1,104	1,022	1,150	1,298	1,079	1,262	1,049	1,065	0,885	0,910	0,757	1,082	0,899	1,247	1,037
70	s3,3	0,817	1,032	1,138	0,960	1,114	0,979	1,137	0,841	0,976	0,710	0,824	0,871	1,011	0,974	1,131
71	s3,4	1,460	1,012	1,161	1,715	0,937	1,633	0,892	1,351	0,738	1,170	0,639	1,334	0,729	1,322	0,722
72	s4,1	1,039	1,018	1,663	1,758	1,088	2,024	1,252	1,391	0,860	1,196	0,740	1,417	0,877	1,589	0,983
73	s4,2	1,271	1,016	1,665	2,151	1,086	2,396	1,210	1,643	0,830	1,416	0,715	1,636	0,826	1,816	0,917
Mikael Hallgren [48]																
74	B90SB5-2-33	0,877	1,022	1,678	1,505	0,801	1,431	0,761	1,200	0,638	1,026	0,546	1,161	0,618	1,210	0,644
75	B90SB6-2-33	0,863	1,026	1,672	1,480	0,836	1,403	0,793	1,183	0,669	1,007	0,569	1,143	0,646	1,210	0,684
76	B90SB9-2-31	0,858	1,023	1,680	1,476	0,900	1,394	0,850	1,179	0,719	1,007	0,614	1,138	0,694	1,189	0,725
77	B90SB10-2-31	0,845	1,025	1,678	1,452	0,820	1,371	0,774	1,162	0,656	0,990	0,560	1,123	0,634	1,189	0,672
78	B90SB13-2-86	1,190	1,020	1,614	1,959	0,742	2,084	0,790	1,506	0,571	1,292	0,489	1,531	0,580	1,670	0,632
79	B90SB14-2-86	1,190	1,027	1,610	1,968	0,787	2,077	0,831	1,516	0,606	1,289	0,516	1,527	0,611	1,670	0,668
80	B90SB17-2-45	0,989	1,020	1,656	1,669	0,847	1,647	0,836	1,328	0,674	1,139	0,578	1,297	0,659	1,343	0,682
81	B90SB18-2-45	0,989	1,027	1,649	1,674	0,797	1,638	0,780	1,335	0,636	1,135	0,540	1,292	0,615	1,343	0,640
82	B90SB21-2-85	1,205	1,027	1,613	1,996	0,871	2,099	0,916	1,534	0,670	1,304	0,570	1,545	0,675	1,659	0,725
83	B90SB22-2-85	1,184	1,027	1,615	1,964	0,792	2,071	0,835	1,514	0,610	1,287	0,519	1,528	0,616	1,659	0,669
84	B91SC1-2-62	1,100	1,027	1,635	1,847	0,782	1,874	0,794	1,451	0,615	1,234	0,523	1,448	0,614	1,494	0,633
85	B91SC2-2-62	1,082	1,027	1,629	1,809	0,790	1,837	0,802	1,425	0,622	1,211	0,529	1,425	0,622	1,494	0,653
86	B91SC4-2-69	1,119	1,027	1,627	1,868	0,769	1,924	0,792	1,458	0,600	1,240	0,510	1,484	0,611	1,551	0,638
87	B91SD1-4-61	1,335	1,027	1,634	2,240	0,767	2,235	0,766	1,737	0,595	1,477	0,506	1,672	0,572	1,486	0,509
88	B91SD2-4-61	1,335	1,027	1,632	2,237	0,756	2,232	0,754	1,735	0,586	1,475	0,498	1,669	0,564	1,486	0,502
89	B91SD3-4-66	1,369	1,027	1,628	2,288	0,854	2,302	0,859	1,763	0,658	1,498	0,559	1,716	0,640	1,525	0,569
90	B91SD4-4-66	1,369	1,027	1,628	2,288	0,877	2,302	0,882	1,763	0,675	1,498	0,574	1,716	0,657	1,525	0,584
91	B91SD5-4-58	1,317	1,027	1,631	2,206	0,865	2,190	0,859	1,718	0,674	1,460	0,573	1,643	0,644	1,466	0,575
92	B91SD6-4-58	1,328	1,027	1,631	2,224	0,792	2,208	0,786	1,732	0,616	1,472	0,524	1,653	0,588	1,466	0,522
Y. D. Hamadi und P. E. Regan [49]																
93	G1	0,796	1,037	1,420	1,172	0,977	1,058	0,881	0,961	0,801	0,806	0,672	0,929	0,775	1,008	0,840
94	G2	0,600	1,038	1,437	0,896	0,746	0,805	0,671	0,760	0,633	0,636	0,530	0,747	0,623	0,795	0,663

[1]) Einschließlich γ_{HSC} nach CEB-Bulletin 228 [28]

3. Fortsetzung der Tabelle A3.2

Ansatz		Zink (siehe Kapitel 6)					Remmel [97]		CEB-FIP Model Code 1990 [26], [28]				DAfStb-Richtlinie [31]		Entwurf DIN 1045-1 [33]	
		Gleichung 6.13			$\tau_1 = \tau_0 (20\, l_{ch}/a)^{1/4}$		$\tau_1 = 1{,}4\,(\rho\, l_{ct}/d)^{1/3} f_{ct}$		Gleichung 8.3		Gleichung 8.4		cal $\tau_{1k} = \gamma\ \text{zul}\ \tau_k$		cal $\tau_{1k} = \gamma_M\, \tau_{Rd,ct}$	
Nr.	Bezeichnung	$\tau_0 = 2/3\, k_{ef} f_{ct}$	$k(a/d)$	$k(d/l_{ch})$	cal τ_1	cal $\tau_1/\tau_{1,exp}$	cal τ_1	cal $\tau_1/\tau_{1,exp}$	τ_{1k} [1]	cal $\tau_{1k}/\tau_{1,exp}$	τ_{Rd1} [1]	cal $\tau_{Rd1}/\tau_{1,exp}$	cal τ_{1k}	cal $\tau_{1k}/\tau_{1,exp}$	cal τ_{1k}	cal $\tau_{1k}/\tau_{1,exp}$
		[N/mm²]	[N/mm²]	[N/mm²]	[N/mm²]	[-]	[N/mm²]	[-]	[N/mm²]	[-]	[N/mm²]	[-]	[N/mm²]	[-]	[N/mm²]	[-]
95	G3	0,468	1,040	1,436	0,699	0,692	0,657	0,650	0,622	0,616	0,520	0,515	0,627	0,621	0,650	0,644
96	G4	0,583	0,905	1,442	0,760	0,939	0,778	0,961	0,618	0,763	0,622	0,767	0,730	0,901	0,777	0,959
J. A. Hanson [50]																
97	8B2	0,881	0,946	1,552	1,294	0,995	1,283	0,987	1,007	0,774	0,955	0,735	1,074	0,826	1,108	0,852
98	8A4	0,572	0,946	1,588	0,859	1,023	0,842	1,002	0,702	0,836	0,666	0,793	0,774	0,921	0,832	0,991
99	8B4	0,680	0,946	1,552	0,997	0,941	1,021	0,963	0,801	0,755	0,760	0,717	0,888	0,838	0,949	0,896
100	8BW4	0,668	0,946	1,555	0,982	0,982	1,001	1,001	0,789	0,789	0,749	0,749	0,875	0,875	0,936	0,936
M. Iguro, T. Shioya, Y. Nojiri und H. Akiyama [57]																
101	3	0,369	1,075	1,293	0,513	1,105	0,451	0,972	0,493	1,064	0,395	0,851	0,481	1,037	0,493	1,064
102	4	0,399	1,075	1,120	0,480	1,350	0,421	1,183	0,481	1,351	0,385	1,081	0,471	1,324	0,481	1,351
103	5	0,364	1,075	1,135	0,444	1,118	0,378	0,953	0,447	1,127	0,358	0,902	0,437	1,102	0,447	1,127
104	6	0,407	1,075	0,940	0,411	1,177	0,342	0,979	0,444	1,273	0,355	1,019	0,436	1,248	0,444	1,273
105	7	0,385	1,075	0,857	0,354	1,128	0,279	0,887	0,406	1,293	0,325	1,035	0,397	1,265	0,406	1,293
G. N. J. Kani [61]																
106	81	0,875	0,906	1,546	1,225	0,996	1,249	1,016	0,942	0,766	0,947	0,770	1,056	0,858	1,063	0,864
107	83	0,871	1,075	1,550	1,452	0,931	1,250	0,801	1,182	0,758	0,946	0,606	1,055	0,677	1,066	0,683
108	84	0,882	0,999	1,550	1,367	0,998	1,265	0,923	1,086	0,793	0,957	0,699	1,066	0,778	1,066	0,778
109	91	0,869	0,900	1,553	1,214	0,971	1,249	0,999	0,932	0,746	0,945	0,756	1,055	0,844	1,067	0,854
110	93	0,900	0,886	1,540	1,227	0,951	1,294	1,003	0,934	0,724	0,967	0,749	1,083	0,839	1,099	0,852
111	96	0,843	1,006	1,552	1,317	0,976	1,199	0,888	1,054	0,781	0,920	0,682	1,025	0,759	1,033	0,765
112	64	0,848	0,841	1,309	0,934	0,983	0,964	1,014	0,723	0,761	0,802	0,844	0,894	0,941	0,902	0,949
113	66	0,859	0,904	1,307	1,014	0,930	0,976	0,895	0,803	0,737	0,809	0,742	0,902	0,828	0,910	0,835
114	74	0,880	1,066	1,316	1,234	0,901	1,013	0,739	1,028	0,751	0,832	0,607	0,926	0,676	0,925	0,675
115	75	0,880	1,066	1,315	1,234	0,900	1,012	0,739	1,028	0,750	0,831	0,607	0,925	0,675	0,925	0,675
116	79	0,851	0,876	1,299	0,968	0,959	0,959	0,949	0,761	0,753	0,799	0,791	0,891	0,883	0,902	0,893
117	3043	0,863	1,075	1,095	1,016	1,026	0,777	0,785	0,901	0,910	0,721	0,728	0,804	0,813	0,813	0,822
118	3044	0,899	1,000	1,089	0,978	1,019	0,811	0,845	0,844	0,879	0,743	0,774	0,831	0,866	0,838	0,873
119	3045	0,879	0,946	1,093	0,908	0,998	0,793	0,872	0,770	0,846	0,731	0,803	0,817	0,897	0,826	0,908
120	3046	0,859	0,869	1,095	0,818	0,889	0,772	0,839	0,677	0,735	0,718	0,780	0,801	0,871	0,810	0,880
121	3047	0,855	0,841	1,095	0,787	0,895	0,769	0,874	0,644	0,732	0,715	0,812	0,798	0,907	0,810	0,921
122	271	0,866	0,900	1,555	1,212	0,898	1,244	0,922	0,931	0,690	0,944	0,699	1,052	0,779	1,061	0,786
123	272	0,863	0,946	1,552	1,267	0,905	1,237	0,883	0,990	0,707	0,939	0,670	1,047	0,748	1,059	0,756
124	273	0,866	1,000	1,551	1,343	1,066	1,241	0,985	1,069	0,848	0,941	0,747	1,050	0,834	1,062	0,843
125	274	0,867	1,075	1,553	1,447	0,946	1,244	0,813	1,179	0,770	0,943	0,616	1,052	0,688	1,063	0,694

[1]) Einschließlich γ_{HSC} nach CEB-Bulletin 228 [28]

4. Fortsetzung der Tabelle A3.2

Ansatz		Zink (siehe Kapitel 6)					Remmel [97]		CEB-FIP Model Code 1990 [26], [28]				DAfStb-Richtlinie [31]		Entwurf DIN 1045-1 [33]	
		Gleichung 6.13			$\tau_u = \tau_0 (20\, l_{ch}/a)^{1/4}$		$\tau_u = 1,4\,(\rho\, l_{ct}/d)^{1/3} f_{ct}$		Gleichung 8.3		Gleichung 8.4		cal $\tau_{uk} = \gamma$ zul τ_k		cal $\tau_{uk} = \gamma_M\, \tau_{Rd,ct}$	
Nr.	Bezeichnung	$\tau_0 = 2/3\, k_x f_{ct}$	$k(a/d)$	$k(d/l_{ch})$	cal τ_u	cal $\tau_u/\tau_{u,exp}$	cal τ_u	cal $\tau_u/\tau_{u,exp}$	τ_{uk} [1])	cal $\tau_{uk}/\tau_{u,exp}$	τ_{Rd1} [1])	cal $\tau_{Rd1}/\tau_{u,exp}$	cal τ_{uk}	cal $\tau_{uk}/\tau_{u,exp}$	cal τ_{uk}	cal $\tau_{uk}/\tau_{u,exp}$
		[N/mm²]	[N/mm²]	[N/mm²]	[N/mm²]	[-]	[N/mm²]	[-]	[N/mm²]	[-]	[N/mm²]	[-]	[N/mm²]	[-]	[N/mm²]	[-]
William J. Krefeld und Charles W. Thurston [72]																
126	IV-14A2	0,532	1,013	1,622	0,874	0,920	0,813	0,856	0,738	0,777	0,639	0,672	0,749	0,788	0,798	0,840
127	IV-16A2	0,672	1,013	1,620	1,103	0,968	1,006	0,883	0,902	0,791	0,780	0,685	0,890	0,781	0,975	0,856
128	IV-17A2	0,711	1,013	1,616	1,165	0,979	1,055	0,886	0,947	0,796	0,820	0,689	0,926	0,778	1,010	0,849
129	IV-19A2	0,825	1,013	1,628	1,361	1,071	1,220	0,960	1,107	0,872	0,958	0,754	1,044	0,822	0,991	0,780
130	V-2AC	0,611	0,955	1,594	0,930	0,949	0,912	0,930	0,755	0,771	0,707	0,721	0,820	0,837	0,883	0,901
131	V-3AC	0,681	0,955	1,601	1,041	0,921	0,991	0,877	0,836	0,740	0,782	0,692	0,885	0,783	0,978	0,865
132	V-3CC	0,676	0,904	1,602	0,979	1,075	0,984	1,081	0,772	0,848	0,778	0,855	0,880	0,967	0,973	1,069
133	V-4CC	0,749	0,904	1,605	1,086	1,054	1,086	1,055	0,851	0,827	0,858	0,833	0,954	0,926	0,978	0,949
134	V-5CC	0,805	0,904	1,610	1,172	1,010	1,170	1,009	0,919	0,792	0,926	0,798	1,013	0,873	0,975	0,840
135	V-4EC	0,758	0,863	1,602	1,049	0,971	1,101	1,019	0,808	0,748	0,865	0,801	0,962	0,891	0,987	0,914
136	V-5EC	0,789	0,863	1,614	1,100	1,068	1,146	1,113	0,853	0,828	0,914	0,887	0,998	0,969	0,962	0,934
137	V-4GC	0,755	0,831	1,603	1,005	1,058	1,096	1,153	0,765	0,805	0,863	0,908	0,959	1,010	0,984	1,036
138	V-5GC	0,836	0,828	1,602	1,109	1,017	1,216	1,116	0,839	0,770	0,950	0,871	1,040	0,955	1,000	0,917
139	VII-6C	0,801	1,027	1,611	1,326	0,997	1,164	0,875	1,086	0,816	0,923	0,694	1,009	0,759	0,972	0,731
140	VIII-3AAC	0,850	1,027	1,556	1,357	0,949	1,268	0,886	1,090	0,762	0,927	0,648	1,059	0,740	1,158	0,810
141	VIII-4AAC	0,877	1,027	1,572	1,415	0,950	1,289	0,865	1,132	0,760	0,963	0,646	1,078	0,723	1,098	0,737
142	VIII-5AAC	1,002	1,027	1,566	1,610	1,088	1,479	0,999	1,278	0,864	1,087	0,734	1,201	0,812	1,144	0,773
143	VIII-3AC	0,822	0,955	1,562	1,227	0,896	1,221	0,891	0,964	0,704	0,902	0,658	1,029	0,751	1,127	0,823
144	VIII-4AC	0,893	0,955	1,568	1,339	0,963	1,315	0,946	1,044	0,751	0,977	0,703	1,095	0,788	1,114	0,802
145	VIII-5AC	1,002	0,955	1,566	1,498	1,063	1,479	1,049	1,162	0,824	1,087	0,771	1,201	0,852	1,144	0,811
146	VIII-4CC	0,980	0,904	1,551	1,374	1,010	1,462	1,075	1,046	0,769	1,055	0,776	1,188	0,873	1,203	0,885
147	VIII-5CC	1,057	0,904	1,556	1,486	0,998	1,572	1,055	1,127	0,757	1,136	0,763	1,260	0,845	1,196	0,803
148	VIII-5EC	1,057	0,863	1,556	1,420	1,022	1,572	1,131	1,061	0,763	1,136	0,818	1,260	0,906	1,196	0,861
149	s-I-OCa	0,953	0,904	1,556	1,340	1,072	1,415	1,132	1,021	0,817	1,029	0,824	1,158	0,926	1,174	0,940
150	s-I-OCb	0,986	0,904	1,550	1,381	1,016	1,472	1,082	1,052	0,773	1,060	0,780	1,194	0,878	1,210	0,889
Fritz Leonhardt und René Walther [75]																
151	5	0,838	1,075	1,540	1,388	1,176	1,222	1,035	1,132	0,960	0,906	0,768	1,031	0,874	1,120	0,949
152	6	0,838	1,000	1,540	1,291	1,085	1,222	1,027	1,029	0,865	0,906	0,761	1,031	0,867	1,120	0,941
153	7-1	0,845	0,946	1,525	1,219	1,033	1,224	1,038	0,954	0,809	0,905	0,767	1,033	0,876	1,130	0,957
154	7-2	0,845	0,946	1,525	1,219	0,945	1,224	0,949	0,954	0,740	0,905	0,702	1,033	0,801	1,130	0,876
155	8-1	0,846	0,904	1,525	1,166	0,940	1,226	0,989	0,899	0,725	0,906	0,731	1,034	0,834	1,131	0,912
156	8-2	0,851	0,904	1,531	1,177	0,934	1,238	0,983	0,906	0,719	0,913	0,725	1,042	0,827	1,134	0,900
157	D-3/1	0,825	1,075	1,625	1,441	0,980	1,339	0,911	1,184	0,805	0,947	0,644	1,097	0,746	1,184	0,805
158	D-3/2	0,825	1,075	1,625	1,441	1,100	1,339	1,022	1,184	0,904	0,947	0,723	1,097	0,838	1,184	0,904
159	D-4/1	0,829	1,075	1,514	1,349	1,022	1,220	0,924	1,110	0,841	0,888	0,673	1,027	0,778	1,110	0,841

[1]) Einschließlich γ_{HSC} nach CEB-Bulletin 228 [28]

5. Fortsetzung der Tabelle A3.2

Ansatz		Zink (siehe Kapitel 6)					Remmel [97]		CEB-FIP Model Code 1990 [26], [28]				DAfStb-Richtlinie [31]		Entwurf DIN 1045-1 [33]	
		Gleichung 6.13			$\tau_u = \tau_0 (20\, l_{ch}/a)^{1/4}$		$\tau_u = 1{,}4\,(\rho\, l_{ch}/d)^{1/3}\, f_{ct}$		Gleichung 8.3		Gleichung 8.4		cal $\tau_{uk} = \gamma$ zul τ_k		cal $\tau_{uk} = \gamma_M\, \tau_{Rd,ct}$	
Nr.	Bezeichnung	$\tau_0 = 2/3\, k_x f_{ct}$	$k(a/d)$	$k(d/l_{ch})$	cal τ_u	cal $\tau_u / \tau_{u,exp}$	cal τ_u	cal $\tau_u / \tau_{u,exp}$	τ_{uk} [1]	cal $\tau_{uk}/\tau_{u,exp}$	τ_{Rd1} [1]	cal $\tau_{Rd1}/\tau_{u,exp}$	cal τ_{uk}	cal $\tau_{uk}/\tau_{u,exp}$	cal τ_{uk}	cal $\tau_{uk}/\tau_{u,exp}$
		[N/mm²]	[N/mm²]	[N/mm²]	[N/mm²]	[-]	[N/mm²]	[-]	[N/mm²]	[-]	[N/mm²]	[-]	[N/mm²]	[-]	[N/mm²]	[-]
160	D-4/2	0,829	1,075	1,514	1,349	1,097	1,220	0,992	1,110	0,903	0,888	0,722	1,027	0,835	1,110	0,903
161	C1	0,787	1,075	1,762	1,490	1,035	1,457	1,012	1,243	0,864	0,995	0,691	1,166	0,810	1,154	0,802
162	C2	0,787	1,075	1,482	1,253	0,870	1,156	0,803	1,048	0,728	0,839	0,582	0,983	0,683	1,048	0,728
163	C3	0,787	1,075	1,339	1,132	1,002	1,010	0,894	0,962	0,851	0,769	0,681	0,902	0,798	0,962	0,851
164	C4	0,787	1,075	1,246	1,054	0,933	0,918	0,812	0,910	0,806	0,728	0,644	0,854	0,756	0,910	0,806
Robert G. Mathey und David Watstein [80]																
165	IIIa-17	0,872	1,013	1,402	1,239	1,137	1,104	1,012	1,000	0,917	0,865	0,794	0,972	0,891	0,999	0,917
166	IIIa-18	0,817	1,013	1,414	1,170	1,170	1,027	1,027	0,951	0,951	0,823	0,823	0,921	0,921	0,950	0,950
167	Va-19	0,540	1,013	1,419	0,777	0,983	0,710	0,899	0,665	0,842	0,576	0,729	0,680	0,861	0,720	0,911
168	Va-20	0,561	1,013	1,412	0,802	0,978	0,740	0,903	0,684	0,834	0,592	0,722	0,701	0,855	0,740	0,903
169	VIa-24	0,425	1,013	1,410	0,607	0,893	0,598	0,880	0,550	0,809	0,476	0,700	0,580	0,853	0,595	0,876
170	VIa-25	0,422	1,013	1,412	0,603	0,972	0,592	0,955	0,546	0,881	0,473	0,763	0,576	0,929	0,591	0,954
K. G. Moody, I. M. Viest, R. C. Elstner und E. Hognestad [82]																
171	A-A1	0,832	1,069	1,557	1,384	1,073	1,218	0,944	1,127	0,874	0,908	0,704	1,030	0,798	1,104	0,856
172	A-A2	0,837	1,075	1,547	1,391	0,987	1,220	0,865	1,135	0,805	0,908	0,644	1,031	0,731	1,108	0,786
173	A-B1	0,636	1,075	1,582	1,082	0,909	0,921	0,774	0,910	0,764	0,728	0,611	0,834	0,700	0,910	0,764
174	B-1	0,853	1,041	1,534	1,362	0,966	1,260	0,894	1,102	0,781	0,919	0,652	1,054	0,748	1,149	0,815
175	B-3	0,737	1,041	1,562	1,199	0,937	1,068	0,834	0,980	0,765	0,817	0,638	0,931	0,727	1,021	0,798
176	B-5	0,794	1,041	1,547	1,279	1,007	1,161	0,914	1,038	0,817	0,866	0,682	0,990	0,780	1,082	0,852
177	B-7	0,796	1,041	1,546	1,282	1,026	1,165	0,932	1,040	0,832	0,868	0,694	0,992	0,794	1,085	0,868
178	B-9	0,890	1,041	1,526	1,415	1,080	1,327	1,013	1,145	0,874	0,955	0,729	1,098	0,838	1,194	0,911
179	B-10	0,713	1,041	1,569	1,165	0,971	1,029	0,858	0,955	0,796	0,797	0,664	0,907	0,756	0,996	0,830
180	B-11	0,865	1,041	1,531	1,380	0,939	1,282	0,872	1,116	0,759	0,931	0,633	1,069	0,727	1,164	0,792
181	B-12	0,659	1,041	1,586	1,088	0,946	0,945	0,822	0,903	0,785	0,753	0,655	0,854	0,743	0,942	0,819
182	B-13	0,862	1,041	1,532	1,375	1,011	1,277	0,939	1,113	0,818	0,928	0,682	1,065	0,783	1,160	0,853
183	B-14	0,694	1,041	1,574	1,137	1,072	0,999	0,943	0,936	0,883	0,781	0,737	0,888	0,838	0,977	0,921
184	B-15	0,859	1,041	1,533	1,369	1,096	1,271	1,017	1,107	0,886	0,925	0,740	1,061	0,849	1,156	0,925
J. Morrow und I. M. Viest [83]																
185	B40B4	0,828	1,057	1,420	1,244	0,895	1,099	0,790	1,022	0,735	0,835	0,601	0,959	0,690	1,044	0,751
186	B56B4	0,749	0,982	1,438	1,057	0,970	0,979	0,898	0,853	0,783	0,770	0,706	0,879	0,807	0,962	0,883
187	B56E4	0,654	0,980	1,435	0,919	0,947	0,875	0,902	0,755	0,779	0,683	0,705	0,798	0,823	0,854	0,881
188	B56B6	0,913	0,982	1,401	1,255	1,038	1,231	1,017	1,008	0,833	0,910	0,752	1,050	0,868	1,137	0,940
189	B84B4	0,753	0,889	1,443	0,966	0,947	0,988	0,969	0,753	0,739	0,776	0,761	0,885	0,868	0,970	0,951
190	B113B4	0,809	0,831	1,427	0,959	1,020	1,071	1,140	0,727	0,774	0,820	0,873	0,940	1,000	1,025	1,091

[1]) Einschließlich γ_{HSC} nach CEB-Bulletin 228 [28]

6. Fortsetzung der Tabelle A3.2

Ansatz		Zink (siehe Kapitel 6)					Remmel [97]		CEB-FIP Model Code 1990 [26], [28]				DAfStb-Richtlinie [31]		Entwurf DIN 1045-1 [33]	
		Gleichung 6.13			$\tau_{.1} = \tau_0 (20\, l_{ch}/a)^{1/4}$		$\tau_{.1} = 1,4\,(\rho\, l_d/d)^{1/3}\, f_{ct}$		Gleichung 8.3		Gleichung 8.4		cal $\tau_{uk} = \gamma$ zul τ_k		cal $\tau_{uk} = \gamma_M\, \tau_{Rd,ct}$	
Nr.	Bezeichnung	$\tau_0 = 2/3\, k_c f_{ct}$	$k(a/d)$	$k(d/l_{ch})$	cal $\tau_{.1}$	cal $\tau_{.1}/\tau_{.1,exp}$	cal $\tau_{.1}$	cal $\tau_{.1}/\tau_{.1,exp}$	τ_{uk} [1]	cal $\tau_{uk}/\tau_{.1,exp}$	τ_{Rd1} [1]	cal $\tau_{Rd1}/\tau_{.1,exp}$	cal τ_{uk}	cal $\tau_{uk}/\tau_{.1,exp}$	cal τ_{uk}	cal $\tau_{uk}/\tau_{.1,exp}$
		[N/mm²]	[N/mm²]	[N/mm²]	[N/mm²]	[-]	[N/mm²]	[-]	[N/mm²]	[-]	[N/mm²]	[-]	[N/mm²]	[-]	[N/mm²]	[-]
Andrew G. Mphonde und Gregory C. Frantz [85]																
191	AO-3-3b	0,815	1,027	1,541	1,290	0,908	1,121	0,789	1,057	0,744	0,899	0,633	0,983	0,692	0,945	0,665
192	AO-3-3c	0,812	1,027	1,516	1,265	0,860	1,131	0,770	1,021	0,695	0,868	0,591	0,979	0,666	1,033	0,703
193	AO-7-3a	1,060	1,027	1,492	1,624	0,897	1,491	0,824	1,289	0,712	1,096	0,606	1,215	0,671	1,153	0,637
194	AO-7-3b	1,102	1,027	1,486	1,680	0,923	1,559	0,856	1,333	0,732	1,133	0,623	1,259	0,692	1,192	0,655
195	AO-11-3a	1,340	1,027	1,460	2,009	1,020	1,985	1,008	1,541	0,782	1,310	0,665	1,544	0,784	1,449	0,736
196	AO-11-3b	1,339	1,027	1,461	2,007	1,019	1,982	1,006	1,540	0,782	1,309	0,664	1,544	0,784	1,448	0,735
197	AO-15-3a	1,372	1,027	1,456	2,051	1,000	2,044	0,997	1,562	0,762	1,328	0,648	1,547	0,755	1,490	0,727
198	AO-15-3b	1,426	1,027	1,433	2,098	0,954	2,115	0,961	1,594	0,725	1,355	0,616	1,551	0,705	1,561	0,710
199	AO-15-3c	1,419	1,027	1,436	2,091	0,973	2,105	0,979	1,590	0,740	1,352	0,629	1,551	0,721	1,551	0,721
Gerd Remmel [97]																
200	s1_1	1,113	1,000	1,679	1,869	1,000	2,070	1,107	1,443	0,771	1,270	0,679	1,521	0,813	1,626	0,869
201	s1_2	1,113	1,069	1,679	1,999	1,030	2,070	1,067	1,577	0,813	1,270	0,655	1,521	0,784	1,626	0,838
202	s1_4	1,501	1,000	1,687	2,531	1,055	2,732	1,138	1,895	0,790	1,669	0,695	1,902	0,793	1,677	0,699
203	s1_5	1,501	1,069	1,687	2,706	1,078	2,732	1,089	2,072	0,826	1,669	0,665	1,902	0,758	1,677	0,668
Hubert Rüsch, Finn Robert Haugli und Horst Mayer [101]																
204	Y	0,791	1,027	1,694	1,375	1,091	1,248	0,991	1,113	0,883	0,946	0,751	1,054	0,836	1,075	0,853
205	Z	0,809	1,025	1,576	1,307	1,127	1,167	1,006	1,056	0,911	0,900	0,776	1,003	0,865	1,025	0,884
Hans Scholz [103]																
206	A-2	0,777	1,075	1,379	1,152	1,028	1,179	1,053	0,983	0,877	0,786	0,702	0,985	0,880	1,047	0,935
207	A-3	0,777	1,000	1,379	1,072	0,983	1,179	1,081	0,893	0,819	0,786	0,721	0,985	0,904	1,047	0,960
208	D-2	1,168	1,075	1,360	1,707	1,022	1,664	0,996	1,357	0,813	1,086	0,650	1,278	0,765	1,497	0,897
209	D-3	1,168	1,000	1,360	1,588	0,951	1,664	0,996	1,233	0,738	1,086	0,650	1,278	0,765	1,497	0,897
R. Taylor [110]																
210	2A	0,534	0,993	1,644	0,872	0,969	0,857	0,952	0,733	0,814	0,651	0,724	0,771	0,857	0,814	0,905
211	2B	0,524	0,993	1,649	0,858	0,884	0,838	0,864	0,722	0,745	0,642	0,662	0,759	0,782	0,802	0,827
212	2C	0,582	0,993	1,650	0,954	0,822	0,913	0,787	0,789	0,680	0,701	0,604	0,817	0,705	0,876	0,755
213	2D	0,620	0,993	1,636	1,007	1,071	0,979	1,042	0,827	0,880	0,735	0,781	0,859	0,914	0,918	0,977
214	2E	0,666	0,993	1,639	1,085	1,014	1,038	0,970	0,881	0,823	0,783	0,732	0,904	0,845	0,978	0,914
215	2F	0,636	0,993	1,650	1,042	0,974	0,986	0,921	0,851	0,795	0,756	0,707	0,871	0,814	0,945	0,883
Erik Thorenfeldt und Geir Drangsholt [111]																
216	B11	0,964	1,075	1,587	1,643	0,939	1,568	0,896	1,340	0,766	1,072	0,613	1,251	0,715	1,351	0,772
217	B13	1,192	1,000	1,613	1,923	0,847	1,941	0,855	1,498	0,660	1,319	0,581	1,489	0,656	1,416	0,624
218	B14	1,192	1,075	1,613	2,066	0,777	1,941	0,730	1,649	0,620	1,319	0,496	1,489	0,560	1,416	0,533

[1]) Einschließlich γ_{HSC} nach CEB-Bulletin 228 [28]

7. Fortsetzung der Tabelle A3.2

Ansatz		Zink (siehe Kapitel 6)					Remmel [97]		CEB-FIP Model Code 1990 [26], [28]				DAfStb-Richtlinie [31]		Entwurf DIN 1045-1 [33]	
		Gleichung 6.13			$\tau_{l} = \tau_0 (20\, l_{ch}/a)^{1/4}$		$\tau_{l} = 1,4\,(\rho\, l_{ch}/d)^{1/3}\, f_{ct}$		Gleichung 8.3		Gleichung 8.4		cal $\tau_{u,k} = \gamma$ zul τ_k		cal $\tau_{u,k} = \gamma_M\, \tau_{Rd,ct}$	
Nr.	Bezeichnung	$\tau_0 = 2/3\, k_{\varepsilon} f_{ct}$	k(a/d)	k(d/l_{ch})	cal τ_{l}	cal $\tau_{l}/\tau_{l,exp}$	cal τ_{l}	cal $\tau_{l}/\tau_{l,exp}$	$\tau_{u,k}$ ¹⁾	cal $\tau_{u,k}/\tau_{u,exp}$	τ_{Rd1} ¹⁾	cal $\tau_{Rd1}/\tau_{u,exp}$	cal $\tau_{u,k}$	cal $\tau_{u,k}/\tau_{u,exp}$	cal $\tau_{u,k}$	cal $\tau_{u,k}/\tau_{u,exp}$
		[N/mm²]	[N/mm²]	[N/mm²]	[N/mm²]	[-]	[N/mm²]	[-]	[N/mm²]	[-]	[N/mm²]	[-]	[N/mm²]	[-]	[N/mm²]	[-]
219	B21	1,075	1,075	1,573	1,817	0,886	1,814	0,885	1,441	0,703	1,153	0,562	1,399	0,683	1,525	0,744
220	B23	1,336	1,000	1,599	2,135	0,851	2,244	0,894	1,610	0,642	1,418	0,565	1,667	0,664	1,600	0,637
221	B24	1,336	1,075	1,599	2,294	0,863	2,244	0,844	1,773	0,666	1,418	0,533	1,667	0,627	1,600	0,601
222	B43	1,376	1,000	1,583	2,178	0,786	2,312	0,835	1,638	0,591	1,442	0,521	1,670	0,603	1,657	0,598
223	B44	1,376	1,075	1,583	2,341	0,679	2,312	0,670	1,802	0,522	1,442	0,418	1,670	0,484	1,657	0,480
224	B51	1,142	1,075	1,537	1,885	1,115	1,924	1,139	1,489	0,881	1,191	0,705	1,405	0,831	1,646	0,974
225	B53	1,422	1,000	1,562	2,220	0,899	2,381	0,964	1,664	0,674	1,465	0,593	1,674	0,678	1,726	0,699
226	B54	1,422	1,075	1,562	2,386	0,954	2,381	0,952	1,832	0,733	1,465	0,586	1,674	0,670	1,726	0,690
227	B61	1,075	1,075	1,322	1,528	1,123	1,439	1,058	1,235	0,908	0,988	0,726	1,200	0,882	1,308	0,961
228	B63	1,336	1,000	1,344	1,795	1,003	1,781	0,995	1,377	0,769	1,212	0,677	1,425	0,796	1,367	0,764
229	B64	1,336	1,075	1,344	1,929	0,854	1,781	0,788	1,515	0,670	1,212	0,536	1,425	0,630	1,367	0,605
Joost C. Walraven [118]																
230	A2	0,570	1,075	1,375	0,842	1,002	0,769	0,915	0,744	0,886	0,595	0,709	0,715	0,851	0,744	0,886
231	A3	0,589	1,075	1,201	0,761	1,086	0,662	0,945	0,691	0,988	0,553	0,790	0,662	0,946	0,691	0,988
Yuliang Xie, Shuaib H. Ahmad, Tiejun Yu, S. Hino und W. Chung [123]																
232	NNN-3	0,899	1,075	1,616	1,560	1,163	1,427	1,063	1,267	0,944	1,014	0,755	1,158	0,863	1,253	0,933
233	NHN-3	1,211	1,075	1,540	2,004	1,203	2,041	1,225	1,569	0,942	1,255	0,753	1,466	0,880	1,728	1,037
Statistik für Versuche 1 bis 233:																
Maximum		1,718	1,075	1,762		1,398		1,478		1,351		1,081		1,324		1,351
Mittelwert		0,912	1,010	1,509		0,990		0,958		0,804		0,701		0,809		0,833
Minimum		0,364	0,828	0,857		0,679		0,612		0,522		0,418		0,484		0,469
Standardabweichung		0,284				0,124		0,142		0,123		0,107		0,131		0,153
5 % cal $\tau \leq \tau_{\pi,exp}$		0,445				0,787		0,725		0,602		0,525		0,594		0,582
95 % cal $\tau \leq \tau_{\pi,exp}$		1,380				1,193		1,191		1,006		0,877		1,024		1,084
Variationskoeffizient		0,311				0,125		0,148		0,153		0,153		0,162		0,183
Korrelationskoeffizient		0,888				0,933		0,915		0,930		0,919		0,919		0,869

¹⁾ Einschließlich γ_{HSC} nach CEB-Bulletin 228 [28]

Anhang

4 Schubdaten Spannbeton

**Schubversuche an Spannbetonbalken
mit Rechteckquerschnitt
ohne Schubbewehrung**

Inhalt

Schubversuche an Spannbetonbalken mit Rechteckquerschnitt ohne Schubbewehrung

Tabelle A4.1:   Daten der Schubversuche

Nr. Bezeichnung	f_c	d_i	b	a/d	h	ρ_s	ρ_p [1]	ρ_i [2]	$\rho_i\,n_s$	P	$-\sigma_{cp}$	$V_{sr,exp}$	$\tau_{sr,exp}$	M_0	$M_{0,p}$	$k_x(\varepsilon_{p0}=0)$	$k_x(a\,V_{sr})$	$\Delta z_p/a$	$\lambda\,P$
	[N/mm²]	[mm]	[mm]	-	[mm]	[%]	[%]	[%]	[-]	[kN]	[N/mm²]	[kN]	[N/mm²]	[kNm]	[kNm]	[-]	[-]	[-]	[kN]
J. N. Kar [63]																			
1 A-1	35,9	175	125	5,09	250	-	0,46	0,41	0,0274	80,1	2,56	22,0	1,01	7,4	9,6	0,208	0,328	0,164	13,2
2 A-2	34,8	175	125	5,09	250	-	0,37	0,33	0,0222	64,6	2,07	19,6	0,89	6,0	7,7	0,190	0,296	0,167	10,8
3 A-4	28,8	175	125	3,54	250	-	0,89	0,82	0,0588	82,7	2,65	40,1	1,83	7,8	10,1	0,289	0,403	0,225	18,6
4 A-5	34,5	175	125	3,03	250	-	0,89	0,82	0,0554	104,8	3,35	51,4	2,35	9,9	12,9	0,282	0,414	0,262	27,4
5 A-6	28,1	175	125	4,06	250	-	0,71	0,65	0,0474	49,0	1,57	24,5	1,12	4,6	6,0	0,264	0,341	0,204	10,0
6 A-7	30,2	175	125	3,94	250	-	0,89	0,82	0,0579	82,6	2,64	34,3	1,57	7,8	10,2	0,287	0,402	0,203	16,7
7 A-8	34,2	175	125	4,23	250	-	0,89	0,82	0,0555	125,9	4,03	39,2	1,79	11,9	15,5	0,282	0,446	0,184	23,1
8 A-9	33,8	175	125	3,94	250	-	0,89	0,82	0,0557	145,8	4,66	46,5	2,13	13,7	18,0	0,283	0,465	0,195	28,4
9 A-10	31,8	175	125	5,09	250	-	0,89	0,82	0,0569	145,8	4,66	34,3	1,57	13,7	18,0	0,285	0,486	0,149	21,7
10 A-12	34,9	175	125	4,06	250	-	0,71	0,65	0,0440	102,8	3,29	36,7	1,68	9,6	12,5	0,256	0,385	0,199	20,5
11 B-3	29,2	150	100	3,53	200	-	1,03	0,95	0,0682	49,0	2,45	24,5	1,63	4,3	5,3	0,307	0,415	0,224	11,0
12 B-4	32,0	150	100	4,07	200	-	1,03	0,95	0,0661	48,3	2,42	19,6	1,31	4,2	5,2	0,303	0,419	0,194	9,4
13 B-5	28,1	150	100	4,60	200	-	1,03	0,95	0,0691	41,2	2,06	17,6	1,18	3,6	4,5	0,309	0,401	0,174	7,2
14 B-6	30,2	150	100	4,73	200	-	1,29	1,19	0,0844	59,6	2,98	23,0	1,53	5,3	6,5	0,335	0,449	0,164	9,8
15 B-7	33,2	150	100	3,53	200	-	1,03	0,95	0,0654	65,5	3,28	26,4	1,76	5,7	7,1	0,302	0,451	0,219	14,4
16 B-9	33,3	150	100	5,07	200	-	1,03	0,95	0,0653	65,5	3,28	19,1	1,27	5,7	7,1	0,302	0,443	0,154	10,1
17 B-10	35,5	150	100	5,07	200	-	1,03	0,95	0,0639	82,7	4,14	28,4	1,89	7,2	9,0	0,299	0,440	0,154	12,7
König, Zink: Anhang 3. [68]																			
18 SV-1,1	93,6	748	350	3,48	800	0,31	0,21	0,51	0,0246	1097,6	3,92	356,0	1,36	289,0	299,0	0,204	0,307	0,157	172,7
19 SV-1,2	93,6	748	350	3,48	800	0,31	0,21	0,51	0,0246	1097,6	3,92	362,2	1,38	289,0	299,0	0,204	0,305	0,158	173,0
20 SV-2,1	110,9	350	175	3,50	400	2,05	0,23	2,26	0,1041	274,4	3,92	136,8	2,23	32,0	37,6	0,351	0,429	0,143	39,2
21 SV-2,2	110,9	350	175	3,50	400	2,05	0,23	2,26	0,1041	274,4	3,92	144,6	2,36	32,0	37,6	0,351	0,425	0,143	39,3
22 SV-3,1	83,6	748	350	3,48	800	0,23	0,43	0,63	0,0317	2172,8	7,76	541,6	2,07	588,8	601,2	0,230	0,398	0,144	313,6
23 SV-3,2	83,6	748	350	3,48	800	0,23	0,43	0,63	0,0317	2172,8	7,76	562,8	2,15	588,8	601,2	0,230	0,387	0,146	317,1

[1])   Für Versuchsserie Zink / König nur Querschnitt der unteren Spannstahllage   [2])   Idealer Bewehrungsgrad bezogen auf $E_s = 210\,000$ N/mm²

1. Fortsetzung der Tabelle A4.1

Nr. Bezeichnung	f_c	d_i	b	a/d	h	ρ_s	ρ_p [1]	ρ_i [2]	$\rho_i\,n_s$	P	$-\sigma_{cp}$	$V_{sr,exp}$	$\tau_{sr,exp}$	M_0	$M_{0,p}$	$k_x(\varepsilon_{p0}=0)$	$k_x(a\,V_{sr})$	$\Delta z_p/a$	$\lambda\,P$
	[N/mm²]	[mm]	[mm]	-	[mm]	[%]	[%]	[%]	[-]	[kN]	[N/mm²]	[kN]	[N/mm²]	[kNm]	[kNm]	[-]	[-]	[-]	[kN]
24 SV-4,1	98,2	345	350	3,55	400	1,63	0,46	2,06	0,0985	1086,4	7,76	281,6	2,33	127,7	144,9	0,352	0,536	0,127	137,4
25 SV-4,2	98,2	345	350	3,55	400	1,63	0,46	2,06	0,0985	1086,4	7,76	287,8	2,38	127,7	144,9	0,352	0,532	0,127	138,1
26 SV-5,1	93,6	733	350	3,55	800	0,16	0,65	0,76	0,0372	3225,6	11,52	721,7	2,81	863,5	898,0	0,241	0,445	0,136	438,6
27 SV-5,2	93,6	733	350	3,55	800	0,16	0,65	0,76	0,0372	3225,6	11,52	720,8	2,81	863,5	898,0	0,241	0,446	0,136	438,2
28 SV-6,1	100,0	345	230	3,55	400	0,79	0,71	1,45	0,0689	1075,2	11,69	245,7	3,10	128,8	144,1	0,309	0,524	0,128	137,9
29 SV-6.2	100,0	345	230	3,55	400	0,79	0,71	1,45	0,0689	1075,2	11,69	262,1	3,30	128,8	144,1	0,309	0,503	0,131	141,0
Sozen, Zwoyer, Siess [25], [106]																			
30 A.11.43	43,5	209	152	6,56	305	-	0,89	0,82	0,0516	231,0	4,98	43,1	1,36	25,4	33,8	0,274	0,455	0,118	27,2
31 A.11.51	20,3	214	152	6,41	305	-	0,49	0,45	0,0369	128,0	2,76	29,5	0,91	14,7	19,0	0,237	0,421	0,123	15,8
32 A.11.53	30,5	204	152	6,73	305	-	0,78	0,71	0,0505	210,0	4,53	38,6	1,24	21,9	29,9	0,271	0,467	0,114	23,9
33 A.11.96	20,3	214	152	6,41	305	-	0,93	0,85	0,0689	244,0	5,26	38,6	1,19	28,4	37,3	0,309	0,623	0,107	26,2
34 A.12.23	39,6	237	155	3,86	305	-	0,44	0,40	0,0261	128,0	2,71	52,2	1,42	17,8	21,0	0,204	0,300	0,220	28,2
35 A.12.31	40,6	219	152	4,17	305	-	0,60	0,55	0,0357	160,0	3,45	45,4	1,36	19,2	24,3	0,234	0,414	0,190	30,4
36 A.12.34	55,9	208	152	4,39	305	-	0,90	0,83	0,0477	219,0	4,64	63,5	2,01	23,7	30,2	0,265	0,414	0,180	39,5
37 A.12.36	24,1	233	155	3,92	305	-	0,42	0,38	0,0292	116,0	2,50	47,2	1,31	15,6	18,8	0,214	0,336	0,212	24,6
38 A.12.42	43,8	211	152	4,33	305	-	0,89	0,81	0,0510	206,0	4,38	61,2	1,91	23,1	29,0	0,272	0,422	0,182	37,5
39 A.12.46	32,6	208	152	4,39	305	-	0,72	0,66	0,0457	209,0	4,44	52,2	1,65	22,7	30,3	0,260	0,484	0,173	36,1
40 A.12.53	23,8	218	152	4,19	305	-	0,61	0,56	0,0428	152,0	3,24	40,8	1,23	18,1	23,1	0,253	0,464	0,183	27,8
41 A.12.56	26,5	218	152	4,19	305	-	0,71	0,65	0,0481	198,0	4,19	49,9	1,51	23,7	30,3	0,266	0,517	0,177	35,0
42 A.12.69	20,7	206	155	4,44	305	-	0,69	0,64	0,0512	179,0	3,74	47,6	1,49	19,1	25,8	0,273	0,509	0,168	30,1
43 A.12.73	24,9	214	152	4,27	305	-	0,87	0,80	0,0607	207,0	4,47	52,2	1,60	24,0	31,4	0,293	0,543	0,171	35,3
44 A.12.81	18,2	220	152	4,16	305	-	0,70	0,64	0,0540	196,0	4,23	48,8	1,46	24,0	30,5	0,279	0,566	0,173	33,8
45 A.14.39	23,5	212	152	2,88	305	-	0,44	0,40	0,0310	115,0	2,48	63,5	1,97	12,9	16,8	0,220	0,361	0,285	32,7
46 A.14.44	23,5	216	152	2,82	305	-	0,49	0,45	0,0348	133,0	2,87	62,4	1,90	15,5	19,9	0,231	0,388	0,285	38,0
47 A.14.55	23,2	217	152	2,81	305	-	0,61	0,56	0,0434	165,0	3,56	74,8	2,27	19,5	25,0	0,254	0,446	0,276	45,6
48 A.14.68	17,1	214	152	2,85	305	-	0,56	0,51	0,0439	149,0	3,21	65,8	2,02	17,1	22,2	0,256	0,503	0,263	39,1
49 A.21.29	23,5	215	152	6,38	305	-	0,31	0,28	0,0219	43,0	0,93	15,9	0,49	4,9	6,3	0,189	0,240	0,138	5,9
50 A.21.39	21,9	227	152	6,04	305	-	0,41	0,38	0,0297	58,0	1,25	18,1	0,52	7,4	9,1	0,216	0,291	0,141	8,2

[1]) Für Versuchsserie Zink / König nur Querschnitt der unteren Spannstahllage   [2]) Idealer Bewehrungsgrad bezogen auf E_s = 210 000 N/mm²

2. Fortsetzung der Tabelle A4.1

	f_c	d_i	b	a/d	h	ρ_s	ρ_p [1]	ρ_i [2]	$\rho_i\,n_s$	P	$-\sigma_{cp}$	$V_{sr,exp}$	$\tau_{sr,exp}$	M_0	$M_{0,p}$	$k_x(\varepsilon_{p0}=0)$	$k_x(a\,V_{sr})$	$\Delta z_p/a$	$\lambda\,P$
	[N/mm²]	[mm]	[mm]	-	[mm]	[%]	[%]	[%]	[-]	[kN]	[N/mm²]	[kN]	[N/mm²]	[kNm]	[kNm]	[-]	[-]	[-]	[kN]
51 A.21.51	39,4	206	152	6,66	305	-	0,96	0,88	0,0574	125,0	2,70	31,8	1,02	13,3	18,1	0,286	0,391	0,121	15,1
52 A.22.20	37,5	215	152	4,25	305	-	0,35	0,32	0,0212	49,0	1,06	27,2	0,83	5,6	7,2	0,186	0,232	0,208	10,2
53 A.22.24	24,3	224	152	4,08	305	-	0,28	0,26	0,0196	39,0	0,84	22,7	0,67	4,8	6,0	0,179	0,225	0,217	8,5
54 A.22.26	25,7	236	152	3,87	305	-	0,32	0,29	0,0219	40,0	0,86	31,8	0,89	5,5	6,4	0,188	0,226	0,229	9,2
55 A.22.27	27,2	213	155	4,29	305	-	0,35	0,32	0,0233	48,0	1,02	27,2	0,82	5,4	7,0	0,194	0,243	0,205	9,8
56 A.22.28	24,4	222	152	4,12	305	-	0,34	0,31	0,0237	39,0	0,84	24,9	0,74	4,8	5,9	0,195	0,237	0,214	8,4
57 A.22.31	24,7	205	152	4,46	305	-	0,37	0,34	0,0255	72,0	1,55	25,6	0,82	7,5	10,1	0,202	0,295	0,191	13,8
58 A.22.34	29,1	211	152	4,33	305	-	0,47	0,43	0,0311	62,0	1,34	29,5	0,92	6,9	9,0	0,220	0,286	0,198	12,3
59 A.22.36	20,2	212	152	4,31	305	-	0,35	0,33	0,0264	70,0	1,51	27,2	0,84	7,8	10,2	0,205	0,303	0,197	13,8
60 A.22.39	18,1	224	152	4,08	305	-	0,33	0,31	0,0259	29,0	0,63	22,7	0,67	3,6	4,5	0,203	0,249	0,215	6,2
61 A.22.40	40,5	208	152	4,39	305	-	0,78	0,72	0,0460	124,0	2,67	47,6	1,51	13,4	18,0	0,261	0,360	0,187	23,1
62 A.22.49	33,3	208	152	4,39	305	-	0,78	0,72	0,0491	98,0	2,11	36,3	1,15	10,6	14,2	0,268	0,387	0,184	18,0
63 A.32.22	30,0	238	152	3,84	305	-	0,32	0,29	0,0206	19,0	0,41	27,2	0,75	2,6	3,1	0,183	0,200	0,234	4,5
64 A.32.49	33,3	208	152	4,39	305	-	0,78	0,72	0,0491	59,0	1,27	28,6	0,90	6,4	8,6	0,268	0,339	0,189	11,1
Statistik für Versuche 1 bis 64:																			
Maximum	111	748	350	6,73	800	2,05	1,29	2,26	0,104		11,69		3,30			0,352	0,623	0,285	
Mittelwert	42	264	170	4,26	340	0,16	0,64	0,75	0,047		3,72		1,53			0,257	0,396	0,181	
Minimum	17	150	100	2,81	200	0,00	0,21	0,26	0,020		0,41		0,49			0,179	0,200	0,107	

[1]) Für Versuchsserie Zink / König nur Querschnitt der unteren Spannstahllage   [2]) Ideeler Bewehrungsgrad bezogen auf E_s = 210 000 N/mm²

Tabelle A4.2: Vergleich der Rechenansätze mit den Versuchsergebnissen

Ansatz				Zink (siehe Kapitel 7)				Grimm [46]		DIN 4227-1 [07.88]		CEB-FIP Model-Code 1990 [26], [28]				DAfStb-Richtlinie [31]		Entwurf DIN 1045-1[33]	
				Gleichung 7.7				$\tau_0(k_{x0}) \, k_1 \, k_2 + \tau_\lambda(P)$		$1,4(\rho L_b/d)^{1/3} f_{ct} - 0,27\,\sigma_{cp}$		Gleichung 8.11 b		Gleichung $8.3 + \tau_\lambda$		Gleichung $8.4 + \tau_\lambda$		$\tau_{\pi k} = \gamma\ \text{zul}\ \tau_k - 0,10\,\sigma_{cp}$		$\tau_{\pi k} = \gamma_M \tau_{Rd,ct} - 0,12\,\sigma_{cp}$	
Nr.	Bezeichnung			$\tau_0(P{=}0)$	$k(a/d)$	$k(d/l_{ch})$	$\tau_\lambda(P)$	cal τ_π	cal $\tau_\pi/\tau_{\pi,exp}$	cal τ_π	cal $\tau_\pi/\tau_{\pi,exp}$	cal $\tau_{\pi k}$	cal $\tau_{\pi k}/\tau_{\pi,exp}$	cal $\tau_{\pi k}$ ¹)	cal $\tau_{\pi k}/\tau_{\pi,exp}$	τ_{Rd1} ¹)	$\tau_{Rd1}/\tau_{\pi,exp}$	cal $\tau_{\pi k}$	cal $\tau_{\pi k}/\tau_{\pi,exp}$	cal $\tau_{\pi k}$	cal $\tau_{\pi k}/\tau_{\pi,exp}$
				[N/mm²]	[-]	[-]	[N/mm²]	[N/mm²]	[-]	[N/mm²]	[-]	[N/mm²]	[-]	[N/mm²]	[-]	[N/mm²]	[-]	[N/mm²]	[-]	[N/mm²]	[-]
J. N. Kar [63]																					
1	A-1			0,449	0,787	1,358	0,602	1,081	1,074	1,555	1,545	1,013	1,006	1,239	1,231	1,210	1,201	0,971	0,964	1,072	1,065
2	A-2			0,402	0,787	1,360	0,495	0,925	1,033	1,349	1,508	1,008	1,127	1,081	1,208	1,054	1,177	0,871	0,974	0,951	1,063
3	A-4			0,554	1,129	1,373	0,852	1,711	0,933	1,695	0,924	0,866	0,472	1,693	0,923	1,563	0,852	1,068	0,582	1,201	0,655
4	A-5			0,595	1,321	1,361	1,254	2,323	0,989	1,972	0,839	0,956	0,407	2,195	0,934	2,009	0,855	1,191	0,507	1,340	0,570
5	A-6			0,499	0,986	1,375	0,458	1,134	1,013	1,322	1,181	0,884	0,790	1,197	1,070	1,111	0,993	0,921	0,823	1,001	0,894
6	A-7			0,565	1,014	1,370	0,765	1,550	0,990	1,717	1,097	0,895	0,572	1,589	1,015	1,487	0,950	1,086	0,694	1,215	0,776
7	A-8			0,593	0,946	1,361	1,058	1,821	1,017	2,150	1,201	0,939	0,525	1,896	1,060	1,810	1,011	1,244	0,695	1,419	0,793
8	A-9			0,590	1,014	1,362	1,297	2,113	0,994	2,317	1,090	0,921	0,433	2,153	1,013	2,047	0,963	1,293	0,608	1,492	0,702
9	A-10			0,576	0,786	1,366	0,992	1,611	1,029	2,287	1,461	0,886	0,566	1,762	1,125	1,726	1,103	1,271	0,812	1,473	0,941
10	A-12			0,543	0,986	1,360	0,935	1,664	0,992	1,883	1,123	0,973	0,580	1,730	1,031	1,638	0,976	1,135	0,676	1,269	0,756
11	B-3			0,593	1,132	1,426	0,732	1,689	1,035	1,754	1,075	0,876	0,537	1,658	1,016	1,514	0,928	1,132	0,694	1,227	0,752
12	B-4			0,616	0,984	1,419	0,626	1,485	1,138	1,794	1,375	0,922	0,706	1,537	1,178	1,433	1,098	1,158	0,887	1,253	0,960
13	B-5			0,584	0,870	1,429	0,477	1,203	1,024	1,629	1,387	0,862	0,734	1,315	1,119	1,250	1,064	1,087	0,925	1,169	0,995
14	B-6			0,659	0,845	1,423	0,651	1,443	0,941	2,002	1,306	0,874	0,570	1,567	1,022	1,504	0,981	1,246	0,812	1,375	0,897
15	B-7			0,624	1,132	1,417	0,957	1,959	1,112	2,045	1,161	0,927	0,526	1,924	1,092	1,774	1,007	1,242	0,705	1,367	0,776
16	B-9			0,625	0,789	1,417	0,671	1,370	1,076	2,047	1,608	0,933	0,732	1,529	1,201	1,489	1,169	1,247	0,980	1,369	1,075
17	B-10			0,640	0,789	1,412	0,849	1,563	0,825	2,313	1,222	0,938	0,495	1,725	0,911	1,683	0,889	1,328	0,701	1,493	0,788
König, Zink: siehe auch Anhang 1. [68]																					
18	SV-1,1			0,674	1,149	1,000	0,660	1,435	1,055	1,886	1,387	0,735	0,541	1,375	1,011	1,261	0,927	0,956	0,703	1,302	0,957
19	SV-1,2			0,674	1,149	1,000	0,661	1,436	1,038	1,886	1,363	0,739	0,534	1,376	0,995	1,262	0,912	0,958	0,693	1,302	0,941
20	SV-2,1			1,236	1,143	1,075	0,639	2,159	0,966	2,887	1,293	1,233	0,552	2,025	0,907	1,807	0,809	1,515	0,678	2,065	0,924
21	SV-2,2			1,236	1,143	1,075	0,642	2,162	0,916	2,887	1,223	1,244	0,527	2,028	0,859	1,810	0,767	1,526	0,646	2,065	0,875
22	SV-3,1			0,727	1,149	1,000	1,198	2,034	0,983	2,961	1,431	0,643	0,311	1,954	0,945	1,834	0,886	1,330	0,643	1,797	0,869
23	SV-3,2			0,727	1,149	1,000	1,211	2,047	0,952	2,961	1,377	0,651	0,303	1,968	0,915	1,847	0,859	1,336	0,622	1,797	0,836

¹) Einschließlich γ_{HSC} nach CEB-Bulletin 228 [28]

1. Fortsetzung der Tabelle A4.2

Ansatz		Zink (siehe Kapitel 7)						Grimm [46]		DIN 4227-1 [07.88]		CEB-FIP Model-Code 1990 [26], [28]				DAfStb-Richtlinie [31]		Entwurf DIN 1045-1[33]	
		Gleichung 7.7				$\tau_0(k_{\pi 0}) k_1 k_2 + \tau_\lambda(P)$		$1,4(\rho L_{sb}/d)^{1/3} f_{ct} - 0,27 \sigma_{cp}$		Gleichung 8.11 b		Gleichung $8.3 + \tau_\lambda$		Gleichung $8.4 + \tau_\lambda$		$\tau_{\pi,k} = \gamma$ zul $\tau_k - 0,10 \sigma_{cp}$		$\tau_{\pi,k} = \gamma_M \tau_{Rd,ct} - 0,12 \sigma_{cp}$	
Nr.	Bezeichnung	$\tau_0(P{=}0)$	$k(a/d)$	$k(d/L_{sb})$	$\tau_\lambda(P)$	cal τ_π	cal $\tau_\pi/\tau_{\pi,exp}$	cal τ_π	cal $\tau_\pi/\tau_{\pi,exp}$	cal $\tau_{\pi,k}$	cal $\tau_{\pi,k}/\tau_{\pi,exp}$	cal $\tau_{\pi,k}$	cal $\tau_{\pi,k}/\tau_{\pi,exp}$	τ_{Rd1}	$\tau_{Rd1}/\tau_{\pi,exp}$	cal $\tau_{\pi,k}$	cal $\tau_{\pi,k}/\tau_{\pi,exp}$	cal $\tau_{\pi,k}$	cal $\tau_{\pi,k}/\tau_{\pi,exp}$
		[N/mm²]	[-]	[-]	[N/mm²]	[N/mm²]	[-]	[N/mm²]	[-]	[N/mm²]	[-]	[N/mm²]	[-]	[N/mm²]	[-]	[N/mm²]	[-]	[N/mm²]	[-]
24	SV-4,1	1,185	1,127	1,093	1,138	2,597	1,113	3,825	1,640	1,031	0,442	2,462	1,056	2,259	0,969	1,723	0,739	2,467	1,058
25	SV-4,2	1,185	1,127	1,093	1,144	2,603	1,092	3,825	1,605	1,039	0,436	2,468	1,036	2,264	0,950	1,730	0,726	2,467	1,035
26	SV-5,1	0,796	1,127	1,000	1,709	2,607	0,927	4,067	1,446	0,655	0,233	2,528	0,899	2,402	0,854	1,726	0,613	2,350	0,835
27	SV-5,2	0,796	1,127	1,000	1,708	2,605	0,927	4,067	1,448	0,655	0,233	2,526	0,899	2,400	0,854	1,725	0,614	2,350	0,836
28	SV-6,1	1,047	1,127	1,091	1,738	3,025	0,977	4,701	1,518	1,009	0,326	2,918	0,942	2,737	0,884	1,987	0,642	2,805	0,906
29	SV-6,2	1,047	1,127	1,091	1,777	3,064	0,928	4,701	1,423	1,033	0,313	2,958	0,895	2,776	0,840	2,007	0,607	2,805	0,849
Sozen, Zwoyer, Siess [25], [106]																			
30	A.11.43	0,649	0,610	1,289	0,856	1,366	1,007	2,464	1,816	1,061	0,782	1,609	1,186	1,638	1,207	1,373	1,012	1,603	1,182
31	A.11.51	0,372	0,624	1,334	0,485	0,794	0,875	1,381	1,522	0,681	0,751	0,965	1,064	0,980	1,080	0,814	0,898	0,968	1,067
32	A.11.53	0,536	0,594	1,317	0,772	1,192	0,957	2,140	1,719	0,861	0,691	1,409	1,132	1,439	1,156	1,179	0,947	1,401	1,126
33	A.11.96	0,484	0,624	1,334	0,805	1,208	1,018	2,204	1,857	0,615	0,518	1,397	1,177	1,415	1,193	1,124	0,947	1,416	1,193
34	A.12.23	0,462	1,037	1,254	0,768	1,368	0,963	1,543	1,086	1,076	0,757	1,434	1,009	1,347	0,948	0,959	0,675	1,070	0,753
35	A.12.31	0,536	0,958	1,277	0,913	1,569	1,150	1,869	1,370	1,043	0,764	1,655	1,214	1,576	1,155	1,099	0,806	1,266	0,928
36	A.12.34	0,706	0,910	1,280	1,250	2,072	1,032	2,500	1,245	1,213	0,604	2,177	1,084	2,092	1,042	1,434	0,714	1,653	0,823
37	A.12.36	0,371	1,020	1,291	0,681	1,170	0,895	1,310	1,002	0,799	0,611	1,235	0,945	1,165	0,892	0,808	0,618	0,923	0,706
38	A.12.42	0,648	0,923	1,286	1,170	1,939	1,016	2,297	1,204	1,079	0,565	2,032	1,065	1,950	1,022	1,322	0,693	1,528	0,801
39	A.12.46	0,532	0,910	1,307	1,140	1,774	1,074	2,114	1,280	0,906	0,549	1,868	1,131	1,801	1,091	1,174	0,711	1,383	0,837
40	A.12.53	0,435	0,954	1,314	0,840	1,386	1,126	1,607	1,305	0,767	0,623	1,462	1,188	1,397	1,134	0,943	0,766	1,104	0,897
41	A.12.56	0,486	0,954	1,306	1,057	1,663	1,104	1,943	1,290	0,798	0,530	1,735	1,152	1,663	1,104	1,080	0,717	1,282	0,852
42	A.12.69	0,433	0,902	1,345	0,942	1,466	0,984	1,736	1,165	0,665	0,446	1,559	1,046	1,504	1,009	0,964	0,646	1,172	0,786
43	A.12.73	0,518	0,937	1,316	1,086	1,724	1,074	2,056	1,281	0,755	0,471	1,797	1,120	1,726	1,076	1,131	0,705	1,359	0,847
44	A.12.81	0,409	0,963	1,335	1,012	1,537	1,053	1,809	1,240	0,602	0,413	1,608	1,102	1,544	1,058	0,970	0,664	1,192	0,817
45	A.14.39	0,376	1,390	1,324	1,016	1,708	0,867	1,328	0,674	0,772	0,392	1,650	0,837	1,516	0,770	0,812	0,412	0,941	0,477
46	A.14.44	0,395	1,416	1,318	1,156	1,894	0,996	1,454	0,765	0,774	0,407	1,816	0,955	1,673	0,880	0,872	0,459	1,009	0,531
47	A.14.55	0,431	1,423	1,318	1,383	2,192	0,967	1,686	0,743	0,741	0,327	2,089	0,921	1,936	0,854	0,960	0,423	1,138	0,502
48	A.14.68	0,360	1,403	1,350	1,203	1,885	0,932	1,472	0,727	0,582	0,288	1,821	0,900	1,689	0,835	0,824	0,407	1,011	0,500

¹) Einschließlich γ_{BSc} nach CEB-Bulletin 228 [28]

2. Fortsetzung der Tabelle A4.2

Ansatz		Zink (siehe Kapitel 7)						Grimm [46]		DIN 4227-1 [07.88]		CEB-FIP Model-Code 1990 [26], [28]				DAfStb-Richtlinie [31]		Entwurf DIN 1045-1[33]	
		Gleichung 7.7				$\tau_0(k_{z0})\,k_1\,k_2 + \tau_\lambda(P)$		$1,4(\rho l_{sb}/d)^{1/3} f_{ct} - 0,27\,\sigma_{cp}$		Gleichung 8.11 b		Gleichung $8.3 + \tau_\lambda$		Gleichung $8.4 + \tau_\lambda$		$\tau_{zzk} = \gamma\,\text{zul}\,\tau_k - 0,10\,\sigma_{cp}$		$\tau_{zzk} = \gamma_M\,\tau_{Rd,ct} - 0,12\,\sigma_{cp}$	
	Wert	$\tau_0(P{=}0)$	$k(a/d)$	$k(d/L_{sb})$	$\tau_\lambda(P)$	cal τ_{zz}	cal $\tau_{zz}/\tau_{zz,exp}$	cal τ_{zz}	cal $\tau_{zz}/\tau_{zz,exp}$	cal τ_{zzk}	cal $\tau_{zzk}/\tau_{zz,exp}$	cal τ_{zzk}	cal $\tau_{zzk}/\tau_{zz,exp}$	τ_{Rd1}	$\tau_{Rd1}/\tau_{zz,exp}$	cal τ_{zzk}	cal $\tau_{zzk}/\tau_{zz,exp}$	cal τ_{zzk}	cal $\tau_{zzk}/\tau_{zz,exp}$
		[N/mm²]	[-]	[-]	[N/mm²]	[N/mm²]	[-]	[N/mm²]	[-]	[N/mm²]	[-]	[N/mm²]	[-]	[N/mm²]	[-]	[N/mm²]	[-]	[N/mm²]	[-]
49 A.21.29		0,322	0,627	1,320	0,181	0,448	0,921	0,834	1,715	0,827	1,701	0,613	1,260	0,625	1,285	0,630	1,295	0,682	1,402
50 A.21.39		0,354	0,662	1,308	0,238	0,544	1,037	0,945	1,802	0,781	1,489	0,702	1,339	0,707	1,348	0,684	1,304	0,754	1,437
51 A.21.51		0,646	0,601	1,299	0,482	0,986	0,971	1,830	1,802	1,037	1,021	1,228	1,209	1,260	1,241	1,163	1,145	1,324	1,303
52 A.22.20		0,409	0,941	1,288	0,312	0,807	0,970	1,044	1,254	1,072	1,288	0,913	1,097	0,852	1,023	0,763	0,917	0,821	0,987
53 A.22.24		0,312	0,980	1,303	0,249	0,648	0,972	0,793	1,189	0,850	1,276	0,734	1,100	0,679	1,018	0,608	0,912	0,653	0,980
54 A.22.26		0,339	1,033	1,282	0,255	0,704	0,794	0,830	0,936	0,874	0,985	0,773	0,872	0,707	0,797	0,634	0,715	0,684	0,771
55 A.22.27		0,360	0,932	1,311	0,298	0,738	0,895	0,927	1,125	0,899	1,091	0,835	1,014	0,782	0,950	0,688	0,835	0,745	0,904
56 A.22.28		0,341	0,972	1,306	0,247	0,680	0,921	0,833	1,129	0,848	1,149	0,764	1,036	0,707	0,958	0,641	0,869	0,692	0,937
57 A.22.31		0,355	0,897	1,331	0,442	0,866	1,054	1,062	1,293	0,836	1,018	0,971	1,182	0,925	1,126	0,729	0,888	0,807	0,983
58 A.22.34		0,424	0,923	1,310	0,383	0,896	0,974	1,111	1,208	0,921	1,001	0,992	1,078	0,934	1,015	0,791	0,860	0,869	0,945
59 A.22.36		0,320	0,928	1,337	0,427	0,825	0,977	0,976	1,156	0,734	0,870	0,918	1,088	0,870	1,031	0,671	0,795	0,751	0,889
60 A.22.39		0,297	0,980	1,329	0,183	0,569	0,854	0,686	1,029	0,702	1,053	0,650	0,974	0,596	0,895	0,560	0,839	0,607	0,910
61 A.22.40		0,597	0,910	1,294	0,732	1,435	0,953	1,759	1,168	1,063	0,706	1,535	1,020	1,462	0,971	1,115	0,740	1,259	0,836
62 A.22.49		0,555	0,910	1,305	0,569	1,229	1,071	1,520	1,324	0,953	0,830	1,322	1,151	1,253	1,091	0,997	0,869	1,133	0,987
63 A.32.22		0,359	1,042	1,269	0,123	0,598	0,795	0,750	0,998	0,965	1,283	0,667	0,888	0,596	0,793	0,623	0,828	0,657	0,874
64 A.32.49		0,555	0,910	1,305	0,353	1,013	1,120	1,293	1,429	0,970	1,072	1,105	1,222	1,036	1,146	0,928	1,025	1,032	1,141
Statistik für Versuche 1 bis 64:																			
Maximum		1,236	1,423	1,429	1,777		1,150		1,857		1,701		1,339		1,348		1,304		1,437
Mittelwert		0,574	0,980	1,280	0,811		0,992		1,283		0,685		1,051		0,999		0,766		0,895
Minimum		0,297	0,594	1,000	0,123		0,794		0,674		0,233		0,837		0,767		0,407		0,477
Standardabweichung							0,080		0,266		0,318		0,114		0,133		0,179		0,188
5 % cal $\tau \leq \tau_{zz,exp}$							0,860		0,845		0,162		0,863		0,780		0,471		0,586
95 % cal $\tau \leq \tau_{zz,exp}$							1,123		1,721		1,208		1,239		1,218		1,061		1,205
Variationskoeffizient							0,081		0,208		0,464		0,109		0,133		0,234		0,210
Korrelation							0,982		0,875		0,106		0,970		0,956		0,857		0,866

[1]) Einschließlich γ_{HSC} nach CEB-Bulletin 228 [28]

Anhang

5 Hochleistungsbeton im Brückenbau (Auswahl)

Jahr	Brückenbauwerk	Land	max s [m]	f_{ck} [MPa]
1968	Nitta Highway Bridge	Japan	30	59
1970	Kaminoshima Highway Bridge	Japan	86	59
1973	Ayaragigawa Bridge, Sanyo Shinkansen	Japan	50	65
1973	Iwahana Railway Bridge, Sanyo Shinkansen	Japan	45	80
1973	Ootanabe Railway Bridge	Japan	24	80
1974	Fukamitsu Highway Bridge	Japan	26	69
1976	Akkagawa Railway Bridge	Japan	46	79
1981	Tower Road Bridge, Washington	U. S. A.	49	62
1986	Sylans / Glacières Viaduct	Frankreich		60
1987	Endrestø Pedestrian Bridge / Leichtbeton	Norwegen		65
1988	Pont de Ile de Rè, La Rochelle	Frankreich	110	65
1988	Perthuiset Bridge	Frankreich	132	80
1989	Sandhornøya Bridge / Leichtbeton	Norwegen	154	55
1989	Joigny Bridge	Frankreich	22	78
1990	Boknasundet Bridge / Leichtbeton	Norwegen	190	60
1990	Helgeland Bridge	Norwegen	425	65
1990	Stongasundet	Norwegen	65	68
1990	Roize Bridge, Grenoble	Frankreich		104
1991	Arc sur la Rance (pont Chateaubriand)	Frankreich	261	74
1991	Skarnsundet Schrägkabelbrücke	Norwegen	530	60
1991	Sundbru Bridge, Vorma River, Eidsvoll	Norwegen	40	67
1991	Oporto Railway Bridge	Portugal	250	60
1991	2 Fußgängerbr., Olympiapark, Barcelona	Spanien	31	80
1992	St. Eustache, Quebec	Kanada	17	60
1992	Laval, Quebec	Kanada	35	70

Jahr	Brückenbauwerk	Land	max s [m]	f_{ck} [MPa]
1992	Portneuf, Quebec	Kanada	25	75
1992	Aomori Ohashi, Pylon	Japan		60
1993	Støvset Bridge	Norwegen	220	74
1993	CNT Super Bridge, Takenaka R&D Center	Japan	40	100
1993	Salhus High Bridge	Norwegen	163	70
1993	Mirabel Highway Overpass	Kanada		60
1994	Pont sur l'Elorn, Quimper, Pylon	Frankreich	400	87
1995	Highway 20, Stoney Creek Bridge, Ontario	Kanada	30	77
1995	Stobdrup Bridge, Randers	Dänemark		75
1995	Gadholt Bridge, Randers	Dänemark	45	75
1995	Viadukt Burgerveen	Niederlande	33	80
1995	Guadalete River Bridge	Spanien	26	80
1996	Great Belt Link, West Bridge	Dänemark	110	70
1996	Louretta Road Overpass, Texas	U. S. A.	41	91
1996	San Angelo Overpass, Texas	U. S. A.	48	101
1997	Pont de Normandie, Pylon	Frankreich	856	60
1997	Viaduc sur le Rhone, près de Lyon	Frankreich	80	65
1997	Ouvrage PS 1 de la Rocade de Bourges	Frankreich	26	114
1997	Ouvrage PS 2 de la Rocade de Bourges	Frankreich	21	114
1997	2. Stichtse Brücke, A 27	Niederlande	160	80
1997	Wanxian Yangtze Bogenbrücke	China	420	60
1998	Great Belt Link, East Bridge	Dänemark	1600	70
1998	Pilotprojekt bei Sasbach	Deutschland	16	100
1998	Pilotprojekt bei Bad Wörrishofen	Deutschland	22	90
1999	Betriebsbrücke über die Weißeritz	Deutschland	32	80

max s   maximale Spannweite
f_{ck} charakteristische Zylinderdruckfestigkeit

Literatur

[1] D. N. Acharya und K. O. Kemp: Significance of Dowel Forces on the Shear Failure of Rectangular Reinforced Concrete Beams Without Web Reinforcement. Journal of the American Concrete Institute (ACI), S. 1265 ff. October 1965.

[2] Shuaib H. Ahmad, A. R. Khaloo und A. Poveda: Shear Capacity of Reinforced High-Strength Concrete Beams. Journal of the American Concrete Institute (ACI), March-April 1986, S. 297 ff.

[3] A. H. Ahmad und Surendra P. Shah: Stress-Strain Curves of Concrete Confined by Spiral Reinforcement. Journal of the American Concrete Institute (ACI), November-December 1982.

[4] P. C. Aïtcin: High Performance Concrete. E & FN SPON, London. 1998.

[5] Helmut Aster und Rainer Koch: Schubtragfähigkeit dicker Platten. Beton- und Stahlbetonbau, Heft 11/1974, S. 266 ff. Verlag Ernst & Sohn, Berlin. 1974.

[6] Hugo Bachmann und Bruno Thürlimann: Schubbemessung von Balken und Platten aus Stahlbeton, Stahlbeton mit Spannzulagen und Spannbeton. Institut für Baustatik, Eidgenössische Technische Hochschule (ETH) Zürich, Bericht Nr. 8. August 1966.

[7] Theodor Baumann und Hubert Rüsch: Versuche zum Studium der Verdübelungswirkung der Biegezugbewehrung eines Stahlbetonbalkens. Deutscher Ausschuß für Stahlbeton (DAfStb), Heft 210 der Schriftenreihe. Verlag Ernst & Sohn, Berlin. 1970.

[8] Zdenek P. Bazant und B. H. Oh: Crack Band Theory for Fracture of Concrete. Materials and Structures, Vol. 16, No. 93, S. 155 ff. 1983.

[9] Zdenek P. Bazant und J.-K. Kim: Size Effect in Shear Failure of Longitudinally Reinforced Beams. ACI Journal, September-October 1984.

[10] Zdenek P. Bazant und Hsu-Huei Sun: Size Effect in Diagonal Shear Failure: Influence of Aggregate Size and Stirrups. ACI Journal, July-August 1987.

[11] Zdenek P. Bazant und Mohammad T. Kazemi: Size Effect on Diagonal Shear Failure of Beams Without Stirrups. ACI Structural Journal, May-June 1991, S. 268 ff.

[12] Zdenek P. Bazant: Fracturing Truss Model: Size Effect in Shear Failure of Reinforced Concrete. Journal of Engineering Mechanics, December 1997.

[13]   A. Bentur: The Role of the Interface in Controlling the Performance of High Quality Cement Composites; in: Advances in Cement Manufacture and Use, E. Gardner (Editor). Proc. Eng. Foundation Conference, Potosi, Missouri. 1988.

[14]   Harald Bergner: Rißbreitenbeschränkung zwangsbeanspruchter Bauteile aus hochfestem Beton. Dissertation, Technische Hochschule Darmstadt. 1995.

[15]   Harald Bergner: Crack Width Control of High-Strength Concrete Members Under Centrical Restraint - Description of the Test Arrangement. Darmstadt Concrete 7, S. 195-199, Technische Hochschule Darmstadt. 1992.

[16]   Carl Johan Bernhardt und Carl Christian Fynboe: High Strength Concrete Beams. Nordic Concrete Research 1986, S. 19 ff.

[17]   Klaus Bernhardt, Wolfgang Brameshuber, Gert König, Alfred Krill und Martin Zink: Vorgespannter Hochleistungsbeton: Erstanwendung in Deutschland beim Pilotprojekt Sasbach. Beton- und Stahlbetonbau 94, Heft 5, S. 216 ff. Verlag Ernst & Sohn, Berlin. 1999.

[18]   Nripendra Singh Bhal: Über den Einfluß der Balkenhöhe auf die Schubtragfähigkeit von einfeldrigen Stahlbetonbalken mit und ohne Schubbewehrung. Otto-Graf-Institut, Heft 35 der Schriftenreihe, Stuttgart. 1968.

[19]   Boris Bresler und A. C. Scordelis: Shear Strength of Reinforced Concrete Beams. ACI Journal January 1963, S. 51 ff.

[20]   David Broek: Elementary Engineering Fracture Mechanics. Kluwer Academic Publishers, Dordrecht, 4. überarbeitete Auflage. 1992.

[21]   B. B. Broms: Stress Distribution in Reinforced Concrete Members with Tension Cracks. Journal of the American Concrete Institute (ACI), Vol. 62, No. 9, Sept. 1965, S. 1095 ff.

[22]   P. S. Chana: Some Aspects of Modelling the Behaviour of Reinforced Concrete under Shear Loading. Technical Report No. 543, Cement and Concrete Association, Wexham Springs, July 1981.

[23]   P. S. Chana: Investigation of the Mechanism of Shear Failure of Reinforced Concrete Beams. Magazine of Concrete Research, Vol. 39, No. 141, S. 196 ff, Waxham Springs. December 1987.

[24]   Comité Euro-International du Béton (CEB): Shear, Torsion and Punching - Progress Report. Bulletin d'Information N° 146, Lausanne. January 1982.

[25]   Comité Euro-International du Béton (CEB): Shear in Prestressed Concrete Members - A State of the Art Report. Bulletin d'Information N° 180, Lausanne. April 1987.

[26]   Comité Euro-International du Béton (CEB): CEB-FIP Model Code 1990. Bulletin d'Information N° 213-214, Thomas Telford Services, London. 1993.

[27]   Comité Euro-International du Béton (CEB): Application of High Performance Concrete. Bulletin d'Information N° 222, Lausanne. 1994.

[28]   Comité Euro-International du Béton (CEB): High Performance Concrete, Recommended Extensions to the Model Code 90, Research Needs. Bulletin d'Information N° 228, Lausanne. 1995.

[29]   Comité Euro-International du Béton (CEB): Concrete Tension and Size Effects. Bulletin d'Information N° 237, Lausanne, 1993.

[30]   Roger Diaz de Cossio und Chester P. Siess: Behavior and Strength in Shear of Beams and Frames Without Web Reinforcement. ACI Journal February 1960, S. 695 ff.

[31]   Deutscher Ausschuß für Stahlbeton (DAfStb) im DIN (Deutsches Institut für Normung e. V.): DAfStb-Richtlinie für hochfesten Beton. Beuth Verlag, Berlin. 1995.

[32]   Deutsches Institut für Bautechnik (DIBt): Allgemeine bauaufsichtliche Zulassung Z-13.1-91 für Bilfinger + Berger Vorspanntechnik GmbH, Litzenspannverfahren B+BL in B 85. November 1998.

[33]   DIN 1045 [07.88]: Beton- und Stahlbeton, Bemessung und Ausführung. Beuth Verlag, Berlin. 1988.

[34]   Entwurf zu DIN 1045-1, NABau 07.01.00: Tragwerke aus Beton, Stahlbeton und Spannbeton. Teil 1: Bemessung und Konstruktion. Bearbeitungsstand 16.06.1998.

[35]   DIN 1048-1 [06.91]: Prüfverfahren für Beton, Frischbeton. Beuth Verlag, Berlin. 1991.

[36]   DIN 1048-5 [06.91]: Prüfverfahren für Beton; Festbeton, gesondert hergestellte Probekörper. Beuth Verlag, Berlin. 1991.

[37]   DIN 4227-1 [07.88]: Spannbeton; Bauteile aus Normalbeton mit beschränkter und voller Vorspannung. Beuth Verlag, Berlin. 1996.

[38]   DIN 4227-1/A1 [12.95]: Spannbeton; Bauteile aus Normalbeton mit beschränkter und voller Vorspannung, Änderung A1. Beuth Verlag, Berlin. 1995.

[39]   DIN 4227-5 [12.79]: Spannbeton; Einpressen von Zement in Spannkanäle. Beuth Verlag, Berlin. 1982.

[40]   Ashraf H. Elzanaty, Arthur H. Nilson und Floyd O. Slate: Shear Capacity of Reinforced Concrete Beams Using High-Strength Concrete. ACI Journal May-June 1986, title N° 83-81, S. 290-296.

[41]   Eurocode 2, Teil 1 [1991], Deutsche Fassung, Vornorm DIN V ENV 1992 Teil 1 [06.92]: Planung von Stahlbeton- und Spannbetontragwerken. Beuth Verlag, Berlin. 1992.

[42]   R. C. Fenwick und Thomas Paulay: Mechanisms of Shear Resistance of Concrete Beams. Journal of the Structural Division of the American Society of Civil Engineers (ACSE), October 1968, S. 2325-2350.

[43]   Jürgen Fischer: Versagensmodell für schubschlanke Balken. Dissertation, TU Darmstadt, Fachbereich Bauingenieurwesen, Darmstadt. 1996

[44]   Chen Ganwei: Plastic Analysis of Shear in Beams, Deep Beams and Corbels. Afdelingen for Bærende Konstruktioner, Danmarks Tekniske Højskole, Lyngby. 1988.

[45]   Rainer Grimm: Biegetragverhalten von Balken aus hochfestem Beton. Beiträge zum 26. Forschungskolloquium des Deutschen Ausschuß für Stahlbeton (DAfStb), Technische Hochschule Darmstadt, Institut für Massivbau. 1992.

[46]   Rainer Grimm: Einfluß bruchmechanischer Kenngrößen auf das Biege- und Schubtragverhalten hochfester Betone. Dissertation, Technische Hochschule Darmstadt, Fachbereich Bauingenieurwesen. 1996.

[47]   Per Johan Gustafsson und Arne Hillerborg: Sensivity in Shear Strength of Longitudinally Reinforced Beams to Fracture Energy of Concrete. ACI Structural Journal, May-June 1988, S. 286-294.

[48]   Mikael Hallgren: Shear Tests on Reinforced High and Normal Strength Concrete Beams without Stirrups. Department of Structural Engineering, Royal Institute of Technology, Stockholm. 1994.

[49]   Y. D. Hamadi und P. E. Regan: Behaviour in Shear of Beams with flexural Cracks. Magazine of Concrete Research, Vol. 32, No. 111, June 1980, S. 67-78.

[50]   J. A. Hanson: Tensile Strength and Diagonal Tension Resistance of Structural Lightweight Concrete. ACI Journal July 1961, S. 1-39.

[51]   U. Hartz, Gert König, Herbert Kupfer, Gerd Remmel und Karl-Heinz Reineck: Querkrafttragfähigkeit nach EC 2, Teil 1. Stellungnahme an den Deutschen Ausschuß für Stahlbeton (DAfStb). Oktober 1992.

[52]   Ove Hedmann und Anders Losberg: Design of Concrete Structures with Regard to Shear Forces; in: Comité Euro-International du Béton (CEB): Shear and Torsion. Bulletin d'Information No. 126, S. 184-209, Lausanne. November 1978.

[53]   Josef Hegger: Einfluß der Verbundart auf die Grenztragfähigkeit von Spannbetonbalken. Dissertation, Institut für Baustoffe, Massivbau und Brandschutz der Technischen Universität Braunschweig, Heft 66 der Schriftenreihe. 1985.

[54]   Josef Hegger: Hochfester Beton beim Hochhaus Mainzer Landstraße 16-28 in Frankfurt am Main. Beton- und Stahlbetonbau 87 (1992), Heft 1, Verlag Ernst & Sohn, Berlin. 1992.

[55]   Arne Hillerborg: Shear Strength of Reinforced Concrete Beams. in: Application of Fracture Mechanics to Reinforced Concrete. Alberto Carpinteri (Herausgeber), Elsevier Science Publishers, Barking (UK). 1992.

[56]   Arne Hillerborg: Analysis of one Single Crack. in: Fracture Mechanics of Concrete. F. H. Wittmann (Herausgeber), Elsevier Science Publishers, Amsterdam. 1983.

[57]   M. Iguro, T. Shioya, Y. Nojiri und H. Akiyama: Experimental Studies on the Shear Strength of large Reinforced Concrete Beams under Uniformly Distributed Load. Japan Society of Civil Engineerings, Nr. 348, S. 175-184.

[58]   R. Jimenez, R. N. White und P. Gergely: Bond and Dowel Capacities of Reinforced Concrete. Journal of the American Concrete Institute (ACI), January 1979, S. 73-92.

[59]   G. N. J. Kani: The Riddle of Shear Failure and Its Solution. Journal of the American Concrete Institute, April 1964, S. 441-467.

[60]   G. N. J. Kani: Basic Facts Concerning Shear Failure. Journal of the American Concrete Institute, June 1966, S. 675-691.

[61]   G. N. J. Kani: How Safe are Our Large Reinforced Concrete Beams?. Journal of the American Concrete Institute (ACI), March 1967, S. 128 ff.

[62]   N. Kaptijn: High-Strength Concrete in large balanced Catilever Bridges in the Netherlands; New Developments; The pros and cons. Proceedings of the 13th FIP Congress on Challenges for Concrete in the next Millenium in Amsterdam. published by A. A. Balkema, Rotterdam. 1998.

[63]   J. N. Kar: Shear Strength of Prestressed Concrete Beams without Web Reinforcement. Magazine of Concrete Research, Vol. 21, No. 68, September 1969, S. 159-170, Waxham Springs. 1969.

[64]   Gert König und Nguyen Viet Tue: Grundlagen und Bemessungshilfen für die Rißbreitenbeschränkung im Stahlbeton und Spannbeton. Deutscher Ausschuß für Stahlbeton (DAfStb), Heft 466 der Schriftenreihe. Beuth Verlag, Berlin. 1996.

[65] Gert König und Nguyen Viet Tue: Grundlagen des Stahlbetonbaus - Einführung in die Bemessung nach Eurocode 2. Verlag B. G. Teubner, Leipzig. 1998.

[66] Gert König und Rainer Grimm: Hochleistungsbeton. Betonkalender 1996, S. II/441-546. Verlag Ernst & Sohn, Berlin. 1996.

[67] Gert König, Rainer Grimm und Julian Meyer: Erläuterungen zu Richtlinie hochfester Beton. Bautechnik 74, Heft 4/1997, S. 256-272. Verlag Ernst & Sohn, Berlin. 1997.

[68] Gert König, Peter Wagner, Detlef Schmidt und Martin Zink: Hochleistungsbeton für den Brückenbau. Beton- und Stahlbetonbau, Heft 5/1998, S. 117-124. Verlag Ernst & Sohn, Berlin. 1998.

[69] Karl Kordina und Franz Blume: Empirische Zusammenhänge zur Ermittlung der Schubtragfähigkeit stabförmiger Stahlbetonelemente. Deutscher Ausschuß für Stahlbeton (DAfStb), Heft 364 der Schriftenreihe. Verlag Ernst & Sohn, Berlin. 1985.

[70] Karl Kordina und Josef Hegger: Systematische Auswertung von Schubversuchen an Spannbetonbalken. Deutscher Ausschuß für Stahlbeton (DAfStb), Heft 381 der Schriftenreihe. Verlag Ernst & Sohn, Berlin. 1987.

[71] Michael D. Kotsovos und Jan Bobrowski: Design Model for Structural Concrete Based on the Compressive Path Concept. American Concrete Institute (ACI), Structural Journal, January-February 1993, S. 12-20.

[72] William J. Krefeld und Charles W. Thurston: Studies of Shear and Diagonal Tension Strength of Simply Supported Reinforced Concrete Beams. Journal of the American Concrete Institute (ACI), April 1966, S. 451-476.

[73] Wolfgang Kurz: Ein mechanisches Modell zur Beschreibung des Verbundes zwischen Stahl und Beton. Dissertation, Technische Universität Darmstadt, Institut für Massivbau, Darmstadt. 1997.

[74] N. Lehwalter: Die Tragfähigkeit von Betondruckstreben in Fachwerkmodellen am Beispiel von gedrungenen Balken. Dissertation, Technische Hochschule Darmstadt, Institut für Massivbau. 1988.

[75] Fritz Leonhardt und René Walther: Schubversuche an einfeldrigen Stahlbetonbalken mit und ohne Schubbewehrung. Deutscher Ausschuß für Stahlbeton (DAfStb), Heft 151 der Schriftenreihe. Verlag Ernst & Sohn, Berlin. 1962.

[76] Fritz Leonhardt: Schub bei Stahlbeton und Spannbeton - Grundlagen der neueren Schubbemessung. Beton- und Stahlbetonbau, Heft 11/1977. Verlag Ernst & Sohn, Berlin. 1977.

[77]   Fritz Leonhardt: Shear in Concrete Structures. in: Comité Euro-International du Béton (CEB): Shear and Torsion. Bulletin d'Information No. 126, S. 66-124, Lausanne. 1978.

[78]   James G. Mac Gregor und J. R. V. Walters: Analysis of Inclined Cracking Shear in Slender Reinforced Concrete Beams. Journal of the American Concrete Institute (ACI), S. 644-653, October 1967.

[79]   Gro Markeset: Failure of Concrete under Compressive Strain Gradients. Doktor Ingeniøraforhandling 1993:110, Institutt for Konstruksjonsteknikk, Norsge Tekniske Høgskole Trondheim. 1993.

[80]   Robert G. Mathey und David Watstein: Shear Strength of Beams Without Web Reinforcement Containing Deformed Bars of Different Yield Strength. ACI-Journal February 1963, S. 183-206.

[81]   Julian Meyer: Ein Beitrag zur Untersuchung der Verformungsfähigkeit von Bauteilen aus Beton unter Biegedruckbeanspruchung. Dissertation, Institut für Massivbau und Baustofftechnologie, Universität Leipzig. 1998.

[82]   K. G. Moody, I. M. Viest, R. C. Elstner und E. Hognestad: Shear Strength of Reinforced Concrete Beams / Part 1 - Tests of Simple Beams. ACI-Journal December 1954, S. 317-332.

[83]   J. Morrow und I. M. Viest: Shear Strength of Reinforced Concrete Frame Members Without Web Reinforcement. ACI-Journal March 1957, S. 833-869.

[84]   Emil Mörsch: Der Eisenbetonbau - seine Anwendung und Theorie. Verlag Konrad Wittwer, Stuttgart. 1922 (Ersterscheinung 1908).

[85]   Andrew G. Mphonde und Gregory C. Frantz: Shear Tests of High- and Low-Strength Concrete Beams Without Stirrups. ACI Journal July-August 1984, S. 350-357.

[86]   A. Muttoni: Applicability of the Theory of Plasticity for Dimensioning Reinforced Concrete (Originalfassung in Deutsch). Dissertation, Eidgenössische Technische Hochschule (ETH), Zürich. 1989.

[87]   Mogens P. Nielsen und M. W. Bræstrup: Shear Strength of Prestressed Concrete Beams without Web Reinforcement. Magazine of Concrete Research, Vol. 30, No. 104, September 1978, S. 119-128.

[88]   Andreas Nitsch: Spannbetonfertigteile aus hochfestem Beton - Verbundverankerung und Rißbreitenbeschränkung. in: Beiträge zum 36. Forschungskolloquium des DAfStb. Institut für Massivbau und Institut für Bauforschung der RWTH Aachen. 1998.

[89]   Junichiro Niwa: Size Effect in Shear of Concrete Beams Predicted by Fracture Mechanics. in: Comité Euro-International du Béton (CEB): Concrete Tension and Size Effects. Bulletin d'Information N° 237, Lausanne. April 1997.

[90]   Josko Ozbolt: Maßstabseffekt und Duktilität von Beton- und Stahlbetonkonstruktionen. Dissertation, Institut für Werkstoffe im Bauwesen der Universität Stuttgart, Stuttgart. 1995.

[91]   Alexander Placas and Paul E. Regan: Shear Failure of Reinforced Concrete Beams. Journal of the American Concrete Institute (ACI), October 1971, S. 763-773.

[92]   S. Popovic: A Numerical Approach to the Complete Stress-Strain Curve of Concrete. Cement and Concrete Research, Vol. 3, S. 583-599. Pergamon Press, Inc.. 1973.

[93]   Karl-Heinz Reineck: Ein mechanisches Modell für den Querkraftbereich von Stahlbetonbauteilen; Dissertation, Universität Stuttgert. 1990.

[94]   Karl-Heinz Reineck: Ultimate Shear Force of Structural Concrete Members without Transverse Reinforcement Derived from a Mechanical Model. American Concrete Institute (ACI), ACI Structural Journal, September-October 1991, S. 592-602.

[95]   Hans-Wolf Reinhardt: Maßstabseinfluß bei Schubversagen im Licht der Bruchmechanik. Beton- und Stahlbetonbau, Heft 1/1981, S. 19-21, Verlag Ernst & Sohn, Berlin.

[96]   Hans-Wolf Reinhardt und Silvia Weber: Selbsttätig wirkende Nachbehandlung von hochfestem Beton. Universität Stuttgart, Institut für Werkstoffe im Bauwesen. 1997.

[97]   Gerd Remmel: Zum Zugtragverhalten hochfester Betone und seinem Einfluß auf die Querkrafttragfähigkeit von schlanken Bauteilen ohne Schubbewehrung. Dissertation, Technische Hochschule Darmstadt. 1992.

[98]   Pierre Richard: Reactive Powder Concrete: A new ultra-high-strength cementitious Material. Proceedings of BHP '96, part 3, S. 1343-1349. Presses de l'école nationale des Ponts et Chaussées, Paris. 1996.

[99]   Pierre Richard und Marcel Cheyrezy: Les Bétons de Poudres Réactives. Annales de l'ITBTB, Nr. 532, Mars-Avril 1995.

[100]   M. Roikjær, M. P. Nielson, M. W. Bræstrup og Finn Bach: Forskydningsforsøg med Spænbetonbjælker uden Forskydningsarmering. Afdelingen for Bærende Konstruktioner, Danmarks Tekniske Højskole, Intern Rapport Nr. 157. Lyngby. 1977.

[101] Hubert Rüsch, Finn Robert Haugli und Horst Mayer: Schubversuche an Stahlbeton-Rechteckbalken mit gleichmäßig verteilter Belastung. Deutscher Ausschuß für Stahlbeton (DAfStb), Heft 145 der Schriftenreihe. Verlag Ernst & Sohn, Berlin. 1962.

[102] Ulrich Schmelter: Erfahrungen mit verschiedenen Mischungsentwürfen. in: Leipziger Massivbau-Seminar Band 7: Erfahrungen mit Hochleistungsbeton. Universität Leipzig, Institut für Massivbau und Baustofftechnologie. 1998.

[103] Hans Scholz: Ein Querkrafttragmodell für Bauteile ohne Schubbewehrung im Bruchzustand aus normalfestem und hochfestem Beton. Dissertation D 83, Berichte aus dem konstruktiven Ingenieurbau, Heft 21, Technische Universität Berlin. 1994.

[104] T. Shioya, M. Iguro, Y. Nojiri, H. Akiyama und T. Okada: Shear Strength of Large Reinforced Concrete Beams. in: V. C. Li und Z. P. Bazant (Herausgeber): Fracture Mechanics: Application to Concrete. S. 259-279. 1989.

[105] Mohammad M. Smadi und Floyd O. Slate: Microcracking of High and Normal Strength Concretes under Short- and Long-Term Loadings. ACI Materials Journal, March-April 1989, S. 117-127.

[106] M. A. Sozen, E. M. Zwoyer und Chester P. Siess: Strength in shear in beams without web reinforcement. University of Illinois, Engineering Experiment Station, Bulletin No. 452. 1959.

[107] Manfred Specht: Modellstudie zu Querkrafttragfähigkeit von Stahlbetonbiegegliedern ohne Schubbewehrung im Bruchzustand. Bautechnik, Heft 10/1986, S. 339-350. Verlag Ernst & Sohn, Berlin.

[108] H. P. J. Taylor: The Fundamental Behaviour of Reinforced Concrete Beams in Bending and Shear. in: ACI SP-42 Shear in Reinforced Concrete, Vol. 1, 1974, S. 43-78.

[109] H. P. J. Taylor: Further Tests to Determine Shear Stresses in Reinforced Concrete Beams. Cement and Concrete Association, Publication 42.407, London. 1968.

[110] R. Taylor: Some Shear Tests on Reinforced Concrete Beams without Shear Reinforcement. Magazine of Concrete Research, Vol. 12, No. 36, November 1960, S. 145-154.

[111] Erik Thorenfeldt und Geir Drangsholt: Shear Capacity of Reinforced Concrete Beams. ACI-Journal, March-April 1986.

[112] Joop A. den Uijl: Hoogwaarding beton in de prefab-industrie - Deel 5: Verankeringscapaciteit van Voorspanstrengen (Transfer Length of Prestressing Strand in HPC). TU Delft, Stevinrapport 25.5-95-5. 1995.

[113] Adri Vervuurt, Erik Schlangen und Jan G. M. Van Mier: Tensile cracking in concrete and sandstone: part 1 - basic instruments. RILEM, Materials and Structures, Vol. 29, January-February 1996, S. 9-18.

[114] Elizabeth N. Vintzileou und T. P. Tassios: Mathematical Models for Dowel Action under monotonic and cyclic Conditions. Magazine of Concrete Research, Vol. 38, No. 134, March 1986, S. 13-22.

[115] René Walther: The ultimate strength of prestressed and conventionally reinforced concrete under the combined action of moment and shear. Ph. D. Dissertation, Lehigh University (USA). October 1957.

[116] Joost C. Walraven: Aggregate Interlock: A Theoretical and Experimental Analysis. Doctor Thesis, TU Delft, Delft University Press. 1980.

[117] Joost C. Walraven: Shear in Prestressed Concrete Members / State-of-the-Art Report. Bulletin 180 of the Comité Euro-International du Béton (CEB), Lausanne. 1987.

[118] Joost C. Walraven: Scale Effects in Beams with Unreinforced Webs, Loaded in Shear. in: Progress in Concrete Research, Vol. 1, S. 103-112, TU Delft. 1990.

[119] Joost C. Walraven, Niek Kaptijn und Cor van der Veen: Die Stichtse Brücke: erste Freivorbaubrücke aus Hochleistungsbeton in den Niederlanden. TU München, Münchner Massivbau-Seminar 1997, S. VIII.1-VIII.12.

[120] Hiroshi Watanabe, Hirotaka Kawano und Sadahiro Nomura: Study on the Bending and Shear Crack Strength of PC Beams using HSC. Proceedings of BHP '96, part 3, S. 935-943. Presses de l'école nationale des Ponts et Chaussées, Paris. 1996.

[121] Norbert Will: Spannungsumlagerungen und Rißbreiten in Spannbetonbauteilen. in: Beiträge zum 36. Forschungskolloquium des DAfStb, Institut für Massivbau und Institut für Bauforschung der RWTH Aachen. 1998.

[122] Ekkehard Wollrab: Fracture Behaviour of Plain and Reinforced Concrete Panels subjected to uniaxial Tension. Dissertation, Universität Leipzig, Institut für Massivbau und Baustofftechnologie. 1998.

[123] Yuliang Xie, Shuaib H. Ahmad, Tiejun Yu, S. Hino und W. Chung: Shear Ductility of Reinforced Concrete Beams of Normal and High-Strength Concrete. ACI Structural Journal, March-April 1994, S. 140-149.

[124] Tilman Zichner und Herbert Frankort: Die Kylltalbrücke mit 223 m weit gespanntem Bogen. Bauingenieur 73 (1998), Heft 9, Springer Verlag, Berlin.

[125] Martin Zink: FE-Modellierung von Versuchen zum Schubtragverhalten von Bauteilen aus hochfestem Beton ohne Schubbewehrung. Vertieferarbeit, Institut für Massivbau, Technische Hochschule Darmstadt. 1992.

[126] Martin Zink: Vorgespannte Bauteile aus hochfestem Beton. Beiträge zum 35. Forschungskolloquium des Deutschen Ausschuß für Stahlbeton (DAfStb), Universität Leipzig, Institut für Massivbau und Baustofftechnologie. 1998.

Symbole und Einheiten

Symbole

Die in dieser Arbeit verwendeten Bezeichnungen sind weitgehend an die Nomenklatur des Model Code 1990 [26] angelehnt.

Abmessungen, Geometrie

a	Schubhebelarm, Abstand einer Einzellast vom Auflager
a_{sw}	Querschnitt der Bügelbewehrung pro Längeneinheit
b	Plattenbreite, Breite eines Balkens mit Rechteckquerschnitt
b_0	Stegbreite
b_n	Nettobreite des Betonquerschnittes unter Dübelbeanspruchung
b_{red}	minimale Stegbreite, Hüllrohre innerhalb des statischen Querschnitts sind abzuziehen
b_w	Stegbreite
d	statische Höhe
d_0	Plattendicke bei Plattenbalken
d_m	wirksame Bauteildicke $2 \cdot A_c/u$
d_s	Stabdurchmesser, Betonstahl
h	Bauteilhöhe
h_0	Bezugshöhe 100 mm nach Model Code [26]
u	Umfang des der Trocknung ausgesetzten Betonquerschnittes
v	Versatzmaß bei geneigten Rissen
z	Hebelarm der inneren Kräfte
Δz_p	Hebelarmänderung für die Vorspannkraft P gegenüber der Längsbewehrung
k_x	auf die statische Höhe d normierte Druckzonenhöhe
$k_{x,0}$	normierte Druckzonenhöhe des nicht vorgespannten Querschnittes
$k_{x,sr}$	normierte Druckzonenhöhe unter dem maximalen Moment bei Schubrißbildung
k_z	auf die statische Höhe d normierter Hebelarm der inneren Zug- und Druckkräfte
s	Abstand
$s_{Bü}$	Abstand von Bügeln
A_c	Querschnittsfläche, Beton
$A_{c,eff}$	effektive Querschnittsfläche des Betons in der Zugzone
A_s	Querschnittsfläche, Betonstahl
$A_{s,Bü}$	Querschnitt eines Bügels

A_p Querschnittsfläche, Spannstahl

α Winkel zwischen Achse der Schubbewehrung und Balkenlängsachse

φ Drehung des Koordinatensystems für die Spannungen gegenüber der Stabachse

φ^* Richtung der Hauptzugspannung σ_1 gegenüber der Stabachse (x-Achse)

θ Winkel der Betondruckstreben gegenüber der Balkenlängsachse, mittlere Rißneigung gegenüber der Balkenachse

ρ auf die Fläche b·d bezogener Bewehrungsquerschnitt: $\rho = A_s / b / d$

ρ_i ideeler Bewehrungsgrad bezogen auf E_s: $\rho_i = (A_s + E_p/E_s \cdot A_p) / b / d$

ρ_p auf die Fläche b·d bezogener Spannstahlquerschnitt: $\rho_p = A_p / b / d$

ρ_w Bügelbewehrungsgrad $\rho_w = A_{s,Bü} / s_{Bü} b_w$

Mechanische Eigenschaften

f_c Zylinderdruckfestigkeit

f_{cm} Mittelwert von f_c

f_{ck} charakteristischer Wert von f_c, i. d. R. der 5 % Fraktilwert

$f_{c,cube}$ Würfeldruckfestigkeit, nach EC ohne weiteren Index wie $f_{c,cube150}$

$f_{c,cube100}$ Druckfestigkeit des Würfels mit 100 mm Kantenlänge

$f_{c,cube150}$ Druckfestigkeit des Würfels mit 150 mm Kantenlänge

$f_{c,cube200}$ Druckfestigkeit des Würfels mit 200 mm Kantenlänge

f_{ct} zentrische Betonzugfestigkeit

f_{ctm} Mittelwert von f_{ct}

$f_{ct,sp}$ Spaltzugfestigkeit

$f_{ct,fl}$ Biegezugfestigkeit

$f_{s,y}$ Streckgrenze des Betonstahls

$f_{s,t}$ Zugfestigkeit des Betonstahls

$f_{p0,1}$ Spannstahlspannung bei 0,1 % bleibender Dehnung

f_p Zugfestigkeit des Spannstahls

E_c Elastizitätsmodul des Betons

E_s Elastizitätsmodul des Betonstahls

$E_{s,mod}$ modifizierter Elastizitätsmodul des Betonstahls bei Mitwirkung des Betons in der Zugzone

E_p Elastizitätsmodul des Spannstahles

G_f Bruchenergie

l_{ch} Charakteristische Länge nach Hillerborg $E_c \cdot G_f/f_{ct}^2$

n Verhältnis der E-Moduln E_s/E_c

n_p Verhältnis der E-Moduln E_p/E_c bei Spannbetonbauteilen

μ mechanischer Bewehrungsgrad $\rho \cdot n$

Schnittgrößen, Kräfte

F Kraft
F_s Stahlkraft
F_{sw} Bügelkraft pro Längeneinheit
F_c Betonkraft
M Biegemoment M_y
M_0 Dekompressionsmoment aus äußeren Lasten bei vorgespannten Balken
$M_{0,s}$ Dekompressionsmoment für Bewehrungslage (bei Spannbeton auch $M_{0,p}$)
M_{cr} Rißmoment: Äußerste gezogene Faser erreicht die Betonzugfestigkeit
$M_{cr,s}$ Betonspannung auf Höhe der Stahllage erreicht die Betonzugfestigkeit
M_{sr} Biegemoment bei instabiler Biegeschubrißbildung
P Vorspannkraft, verankerte Vorspannkraft
P_0 Vorspannkraft für $\varepsilon_c = 0$ in Höhe des Spannstahls, Spannbettkraft
V Querkraft V in lokaler z Richtung
V_0 Grundwert der Schubtragfähigkeit $V_0 = 2/3 \; k_x \; b \; d \; f_{ct}$
V_c Querkraftkomponente der Betondruckzone
V_d Querkraftkomponente aus Dübelwirkung der Zugbewehrung
$V_{d,cr}$ Rißlast des Dübels
V_i Querkraftkomponente aus Rißuferverzahnung bzw. Rißreibung
V_p Querkraftkomponente aus geneigtem Spannglied
V_{sr} Querkraft bei Ausbildung eines Biegeschubrisses
V_{Rd1} Bemessungswert der Querkrafttragfähigkeit von Balken ohne Schubbewehrung
V_{Sd} Bemessungswert der Schnittgröße Querkraft
V_u Querschnittstragfähigkeit für Querkraft $V_u = V_{sr}$
V_{u2} Systemtragfähigkeit für Querkraft nach Sprengwerkumlagerung

Spannungen

σ_{bN} Betonnormalspannung in Höhe der Schwerachse infolge Vorspannung (Druck positiv)
σ_{cp} Betonnormalspannung in Höhe der Schwerachse infolge Längskraft (Zug positiv)
$\sigma_{c,p}$ Betonnormalspannung in Höhe der Spannbewehrung infolge Vorspannung
σ_s Spannung, Betonstahl
σ_z Spannung, Spannstahl
τ Schubspannung allgemein, nominelle Schubspannung $V/b/d$
τ_0 Grundwert der Schubspannung: $\tau_0 = 2/3 \; k_x \; f_{ct}$
τ_{sr} Schubspannung bei Ausbildung eines Biegezugrisses, Schubrißspannung
τ_i Rißreibung bzw. Schubspannung infolge Rißverzahnung

$\tau_{d,cr}$ auf den statischen Querschnitt bezogene Dübelrißlast $V_{d,cr}/bd$

τ_{Rd1} Bemessungswert der Schubrißspannung im EC 2 oder Model Code 1990 mit Sicherheitsbeiwert γ_M [26]

$\tau_{Rd,ct}$ Bemessungswert der Schubrißspannung in DIN 1045-1 mit Sicherheitsbeiwert γ_M [34]

Dehnungen, Verzerrungen

φ Kriechzahl, Verhältnis von Kriechdehnung zu elastischer Dehnung

φ_∞ Endkriechzahl

$\varepsilon_{s\infty}$ Endschwindmaß

ε_s Dehnung, Betonstahl

ε_{s2} Dehnung, Betonstahl im Zustand II (ohne Mitwirkung des Betons)

ε_p Dehnung, Spannstahl

$\varepsilon_{p,0}$ Spannstahldehnung bei Dekompression der zugehörigen Betonfaser, Vordehnung, Spannbettdehnung

κ Rotation $d\varepsilon/dz$

Verformungen

v Rißgleitung, Rißuferverschiebung parallel zur Rißebene

w_r Rißweite

w Durchbiegung, Verformung in lokaler z-Richtung

Indizes und Präfixe

c   Beton; Druck

cal   rechnerisch

cr   Riß-

crit   kritisch

d   Bemessungswert

eff   effektiv, wirksam

exp   im Versuch ermittelt

i   ideell

I   Zustand I, ungerissen

II   Zustand II, ohne Mitwirkung des Betons in der Zugzone

k   charakteristischer Wert, häufig 5 % Fraktilwert

m   mittlere

o	oben
p	Spannstahl
R	Widerstand, Tragfähigkeit
s	Betonstahl
S	Schnittgröße
sr	Wert bei instabiler Schubrißbildung
t (ten)	Zug
t (tor)	Torsion
p	Spannstahl
u	ultimate, Grenz- bzw. Bruchzustand, unten
w	Steg-, Bügel-
x	Koordinate in der Balkenlängsrichtung
y	Koordinate für Hauptbiegung; bei Metallen: Fließ-, Streck-
z	Koordinate senkrecht zur Hauptbiegung
zul	zulässig

Einheiten

Die in dieser Arbeit beschriebenen physikalischen Größen werden in Basiseinheiten des SI-Maßsystemes oder in daraus durch Verschiebung des Kommas im Dezimalsystem direkt abgeleiteten Größen ausgedrückt. Ältere Quellen aus den englischsprachigen Bereichen der Erde, insbesondere Nordamerika, verwenden nicht das metrische System. In der nachfolgend abgedruckten Tabelle sind die wichtigsten nicht metrischen Einheiten und deren Kombinationen einschließlich der Umrechnung ins metrische System angegeben. Bei der Umrechnung von Massen in Kräfte wird die ortsabhängige Konstante der Erdbeschleunigung g näherungsweise mit $g = 9{,}806 \ m/s^2$ angesetzt.

Tabelle: Umrechnung der Einheiten

	Altes Maßsystem GB & USA				Metrisches System		
Strecke,	1	inch	[in]	=	25,3995	Millimeter	[mm]
Längenangabe:	1	feet	[ft]	=	30,479	Zentimeter	[cm]
Masse:	1	pound	[lb(s)]	=	0,4536	Kilogramm	[kg]
Kraft:	1	pound	[lb(s)]	=	4,448	Newton	[N]
	1	kilopound	[kip(s)]	=	4448	Newton	[N]
Spannung,	1	lb / inch^2	[psi]	=	1 / 145	Newton / mm^2	[N/mm^2]
Pressung:	1	kpound / inch^2	[ksi]	=	6,8966	Newton / mm^2	[N/mm^2]
Massengehalt:	1	lb / ft^3		=	16,0295	Kilogramm / m^3	[kg/m^3]

Index

König/Tue
Grundlagen des Stahlbetonbaus

Einführung in die Bemessung nach Eurocode 2

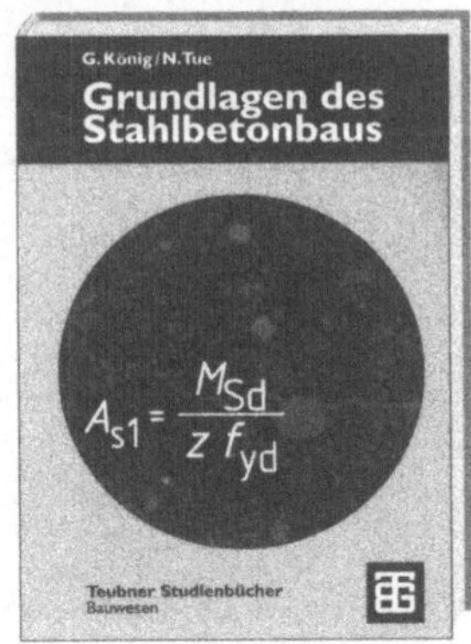

Von Prof. Dr.-Ing. Dr.-Ing. e. h.
Gert König, Universität Leipzig
und Dr.-Ing. habil.
Nguyen Viet Tue
Frankfurt/Main

1998. 426 Seiten.
13,7 x 20,5 cm.
(Teubner Studienbücher)
Kart. DM 49,–
ÖS 358,– / SFr 44,–
ISBN 3-519-00216-7

Zentrales Anliegen dieses Werkes ist eine widerspruchsfreie Grundlagenvermittlung. Nach einer dem neuesten Stand der Wissenschaft entsprechenden Beschreibung der Baustoffeigenschaften wird das Sicherheitskonzept vorgestellt. Sodann werden die Beanspruchung aus Last und Zwang charakterisiert. Nach der Erörterung des Kraftflusses in Stahlbetonbauteilen beschreiben die Autoren die einzelnen Bemessungsmodelle im Gebrauchs- und Bruchzustand. Die konstruktive Durchbildung der Bauteile wird begründet. An einem konkreten Gebäude werden die einzelnen Schritte der Ingenieurarbeit veranschaulicht. Besonderer Wert ist auf die Erläuterung der zweckmäßigen Systemwahl zur Beschreibung des Bauwerksverhaltens gelegt worden, so daß der Leser Einblicke in ingenieurmäßiges Vorgehen gewinnt.

B. G. Teubner Stuttgart · Leipzig
Postfach 80 10 69 · 70510 Stuttgart